Jetzt helfe ich mir selbst

Einbandgestaltung: Luis dos Santos

Bilder/Zeichnungen: Christoph Pandikow, Silke Pandikow, Hella KGaA Hueck & Co., Robert Bosch GmbH, lizenziert von AUDI AG.

Text und redaktionelle Bearbeitung:
Christoph Pandikow

Alle Angaben und Ratschläge in diesem Ratgeber sind nach bestem Wissen und Gewissen erteilt. Eine Haftung der Autoren oder des Verlages und seiner Beauftragten für Personen-, Sach- und Vermögensschäden ist jedoch ausgeschlossen.
Dieser Band entspricht dem Kenntnisstand zum Zeitpunkt der Drucklegung. Abweichungen durch Weiterentwicklung der beschriebenen Fahrzeuge, geänderte Anweisungen der Fahrzeughersteller bzw. neue gesetzliche Bestimmungen sind möglich.

ISBN 978-3-613-03076-3

1. Auflage 2010

Lizenznehmer des Motorbuch Verlag,
Postfach 10 37 43, 70032 Stuttgart
Ein Unternehmen der Paul
Pietsch-Verlage GmbH & Co

Sie finden uns im Internet unter:
www.motorbuch.de

Herstellung: Ipa, 71665 Vaihingen/Enz
Druck und Bindung: Druck + Verlag Südwest,
76131 Karlsruhe
Printed in Germany

Audi A3

mit Sportback
und
Cabrio, Benziner und Diesel

Inhalt

Karosserie

Innenraum

Elektrik

Motor

Wartung und Pflege

Technische Daten – Praxis

Ein Ratgeber stellt sich vor

»An den neuen Autos kann ich doch nichts mehr selber machen«, ist ein Satz, den wir häufig hören, dem wir aber ebenso wenig zustimmen wie Sie. Denn wozu sollten Sie sonst dieses Buch in den Händen halten? Wahr ist, dass durch den vermehrten Anteil von Elektronik und vor allem die Vernetzung der Systeme im Fahrzeug mancher Fehler nicht so leicht zu orten ist. Wahr ist aber auch, dass moderne Autos durch den Einsatz der Elektronik wesentlich zuverlässiger, sicherer und umweltfreundlicher sind, als die simpel aufgebauten, aber auch wartungsintensiven Fahrzeuge früherer Tage. Es liegt uns also fern den Fortschritt zu verdammen, auch wenn er uns und Ihnen ab und zu einen Streich spielt.

Hilfe zur Selbsthilfe

Was Sie tun können, wenn das Auto den Dienst verweigert, oder besser noch: was Sie tun können damit es gar nicht erst so weit kommt, soll Gegenstand dieses Ratgebers sein. Und auch wenn Sie den Fehler vielleicht nicht selbst beheben können – wir zeigen Ihnen, wie Sie die Ursache präzise einkreisen können. Und zwar ohne Profi-Ausrüstung. So können Sie der Werkstatt wichtige Informationen liefern und kostbare Arbeitszeit für die Fehlersuche einsparen.

Tipps und Wissenswertes

Damit Ihnen niemand etwas vormachen kann, gewähren wir Einblick in die Autotechnik, erläutern Fachbegriffe und informieren Sie über Wissenswertes aus der Welt der Technik. Darüber hinaus erhalten Sie Tipps, die zum Teil bares Geld wert sind: So können Sie zum Beispiel die Lebensdauer Ihrer Scheibenwischer erheblich verlängern. Wie das geht, erfahren Sie im Kapitel »Fit durch den Winter«. Diesem Thema widmen wir übrigens ein ganzes Kapitel, da in der kalten Jahreszeit besonders viel zu beachten ist. Das fängt bei der Wahl der richtigen Bereifung an und endet mit einem Paar robuster Schuhe im Kofferraum noch lange nicht. Denn immer noch wagen sich zu viele Autofahrer mit Sommerreifen auf die Piste. Fest in dem Glauben »wird schon gut gehen«. Damit auch wirklich alles gut geht, sollten Sie dieses Buch von Anfang bis Ende durchlesen.

Sicherheit hat Vorrang

Wie durch den Winter, wollen wir Sie mit diesem Ratgeber natürlich auch durch die übrigen Jahreszeiten begleiten. Ihre Sicherheit und Zufriedenheit stehen dabei an erster Stelle. Wichtiger als das Reparieren von sicherheitsrelevanten Baugruppen erscheint uns in diesem Band das frühzeitige Erkennen eines Schadens. Genau dabei wollen wir Sie unterstützen. Ein Störungsbeistand ist daher fester Bestandteil eines jeden Kapitels. Zudem bieten wir Ihnen ein Diagnose-Schema, das ganz allgemein eventuelle Unzulänglichkeiten am Auto entlarvt. Und zwar bevor etwas schief geht. Auch bei einem anstehenden Termin zur Hauptuntersuchung kann diese Schnelldiagnose jede Menge Ärger und Geld sparen. Abgesehen davon haben wir regelmäßig wiederkehrende Überprüfungsarbeiten für Sie zusammengefasst. Diese dürfen Sie sich gerne kopieren und für sich abheften.

Reparaturen in der heimischen Garage

Sollten Sie bereits im Umgang mit Werkzeug geübt sein, werden wir Sie Schritt für Schritt durch die einzelnen Arbeitsgänge führen. Dabei beschränken wir uns in dieser Reihe auf leichte Wartungs-, Pflege- und Reparaturmaßnahmen, die Sie ohne weiteres in der heimischen Garage durchführen können. Welche Grundausstattung Sie dafür benötigen und wie das Ganze ideal in Ihre Garage passt, haben wir für Sie gleich am Anfang dieses Buches zusammengefasst. Gut ausgestattete Werkstätten, ob privat oder gewerblich betrieben, möchten wir auf den entsprechenden Band »Reparaturanleitung« des Bucheli-Verlages verweisen. Dort wird mit gewohnter Präzision das Zerlegen komplizierter Baugruppen wie Motor und Getriebe beschrieben.

Für mehr Spaß am Auto

Zum Schluss möchten wir Sie auf ein besonderes »Schmankerl« unseres Buches hinweisen: Zu jedem Kapitel bieten wir Ihnen einen Überblick zum Thema »besser machen«. Dort stellen wir Ihnen eine Auswahl von empfehlenswerten Zubehör- und Anbauteilen vor, die Sie in Eigenregie montieren können. Damit Sie in Zukunft noch mehr Freude an Ihrem Auto haben.

Damit Sie sich besser zurechtfinden

Wenn Sie etwas Bestimmtes in diesem Buch suchen, haben Sie verschiedene Möglichkeiten. Natürlich können Sie auf das vertraute Inhaltsverzeichnis zurückgreifen. Aber auch beim schnellen Durchblättern werden Sie sich leicht zurechtfinden. Den Hinweis, in welchem Kapitel Sie sich bewegen, finden Sie oben links. Dazu die Information, ob es sich in diesem Abschnitt um theoretisches Wissen, konkrete Arbeitsanleitungen oder Vorschläge zur Optimierung handelt. Rechts oben auf jeder Seite haben wir den Bereich dargestellt, der im jeweiligen Abschnitt behandelt wird. Damit können Sie das Buch auf der Suche nach bestimmten Inhalten auch durch die Finger laufen lassen, ohne zuerst im Inhaltsverzeichnis suchen zu müssen.

INFORMATION

Bevor Teile ausgebaut oder etwas auseinandergenommen wird, ist es immer besser, die theoretischen Zusammenhänge zu kennen. Wenn Sie dieses Zeichen sehen, erklären wir die Funktion der Technik, ihre Bedeutung für das gesamte Auto und Ihren Alltag damit. Oder wir informieren Sie ganz einfach auch einmal über den historischen Hintergrund der Entwicklung. Dieser Abschnitt soll Sie also mit der Technik Ihres Autos vertraut machen. Mit dem nötigen theoretischen Wissen im Hinterkopf schraubt es sich viel leichter.

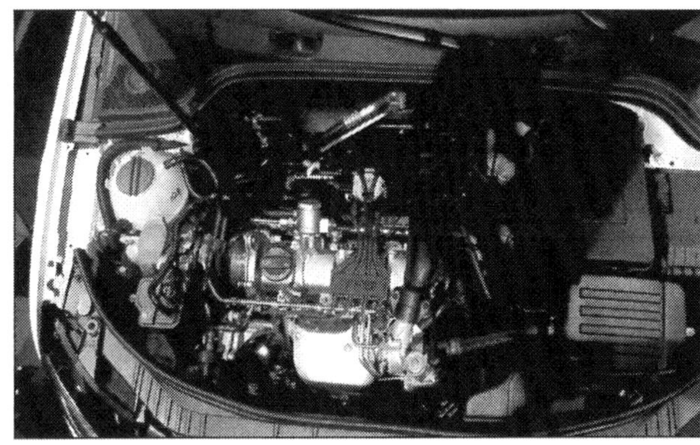

ARBEITSSCHRITTE

So bald am Auto gearbeitet wird, werden Sie dieses Symbol sehen. Auf diesen Seiten erhalten Sie Schritt für Schritt Anleitungen zum Ein- und Ausbau von Teilen. Bei der Auswahl haben wir uns strikt daran gehalten, was in der heimischen Garage noch machbar ist und was nicht. Und damit Sie sehen, dass wir uns gerne die Finger für Sie schmutzig machen, haben wir uns bewusst gebrauchtes Werkzeug benutzt und uns nicht ständig die Hände gewaschen. Wir hoffen, dass die Fotos Ihnen dennoch Appetit auf das Schrauben machen.

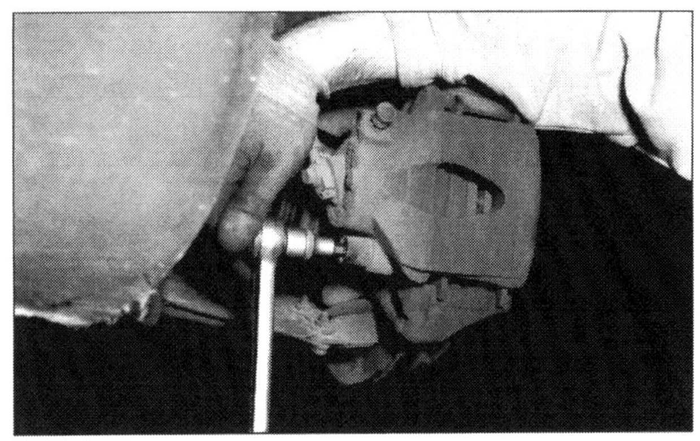

 BESSER MACHEN

Nicht alle Fahrzeuge müssen serienmäßig bleiben. In der Praxis gleicht sogar kaum ein Auto dem anderen. Autos werden tiefer gelegt, Karosseriebauteile werden verändert oder die Innenausstattung individualisiert. Vielleicht benutzen Sie dieses Buch ja auch, um Ihr Auto gezielt zu verbessern.

Damit wir uns richtig verstehen: Dieses Buch ist keine Tuninganleitung, aber immerhin stellen wir Ihnen verschiedenste zusätzliche Teile vor und verraten Ihnen, worauf Sie beim Einkauf von Zubehörteilen achten sollten.

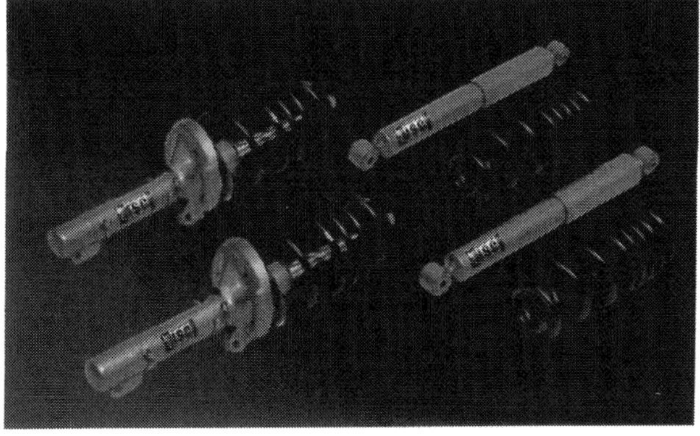

Rechte und Pflichten

Sie haben einen Wagen erworben und sind der Meinung, er ist kaputt oder funktioniert nicht so, wie er sollte? Bevor Sie sich unnötig aufregen, sollten Sie sich zuerst kundig machen, wie es um Ihre Rechte steht. Dann müssen Sie sicherstellen, dass Sie keinem Irrtum unterliegen und es sich hier tatsächlich um einen Mangel handelt

Was ist ein Mangel?

Vereinfachte Darstellung des § 434 BGB:
Eine Sache ist frei von Mängeln, wenn sie sich für die Verwendung eignet für die sie gemäß Kaufvertrag gedacht war, oder sie sich für die gewöhnliche Verwendung eignet oder die Beschaffenheit aufweist, die man üblicherweise erwarten kann. Das beinhaltet auch Eigenschaften, von denen der Käufer aufgrund von Aussagen, die in der Werbung oder von Mitarbeitern des Verkäufers gemacht wurden, ausgehen kann. Liegt also tatsächlich ein Mangel vor, wie z. B. eine deutlich geringere Höchstgeschwindigkeit als im Prospekt angegeben, sollten Sie sich auf das Gespräch mit dem Kundendiensttechniker vorbereiten und Ihr Recht einfordern. Damit Sie Ihr Anliegen präzise und fachlich richtig an den Mann bringen können, nachfolgend einige Begriffserklärungen und Zusammenhänge:

Gewährleistung, Sachmangelhaftung & Garantie

Garantie und Gewährleistung (Letzteres ist die so genannte Sachmangelhaftung) sind zwei völlig verschiedene und vor allem unabhängige Sachverhalte. Diese beiden Begriffe werden oft umgangssprachlich miteinander verwechselt. Um nicht missverstanden zu werden, sollten Sie diese Begriffe unbedingt voneinander trennen.

Die **Garantie** ist eine freiwillige und zusätzliche Leistung des Verkäufers oder Herstellers. Sie kann nach Belieben ausgestaltet oder befristet sein, und sie folgt aus einer eigenständigen Vereinbarung im Rahmen des Kaufvertrages bzw. in Verbindung mit dem Kaufvertrag. Die Garantie kann an bestimmte Voraussetzungen geknüpft sein, kann bestimmte Kosten ausschließen und auch die Leistungen einschränken. Dies könnte beispielsweise bedeuten, dass die Garantie nur greift, wenn Sie das Fahrzeug regelmäßig in der dem Händler angegliederten Werkstatt warten lassen und Sie nur die Materialkosten und nicht die Arbeitszeit bei einem Schaden erstattet bekommen. Also sollten Sie sich die Garantiebedingungen vor dem Kauf genau anschauen, um diese später nicht durch ein Falschverhalten zu verwirken. Auf Verlangen müssen Ihnen die Garantiebestimmungen, wenn sie Ihnen zugesprochen werden, auch in schriftlicher Form ausgehändigt werden.

Die **Gewährleistung** (Sachmangelhaftung) folgt aus den gesetzlichen Regelungen zum Kaufvertrag. Eine Gewährleistung ist in dem Augenblick gegeben, wenn ein rechtsgültiger Kaufvertrag geschlossen wird. Eine Ausnahme ist nur möglich, wenn die Gewährleistung wirksam ausgeschlossen ist. Ein vollständiger Ausschluss der Gewährleistung im Rahmen eines Kaufvertrags zwischen einem Unternehmer (z. B. Kfz-Händler) als Verkäufer und einer Privatperson als Käufer ist nicht möglich. Die Gewährleistung kann aber z. B. bei Abschluss eines Kaufvertrages zwischen Privatpersonen vollständig ausgeschlossen werden. Dies muss dann aber ausdrücklich und individuell im Kaufvertrag geregelt sein.

Mit dem **Gewährleistungsrechts-Änderungsgesetz** vom 01.01.2007 ergaben sich unter anderem folgende Neuerungen:

- Bei neuen Sachen beträgt die Frist grundsätzlich 2 Jahre ab Datum der Übergabe.
- Bei gebrauchten Sachen kann eine Frist von 1 Jahr vereinbart werden (nicht in Allgemeinen Geschäftsbedingungen!), wobei nur Kraftfahrzeuge, die älter als ein Jahr (ab Erstzulassung) sind, als gebrauchte Sachen gelten.
- Innerhalb der ersten sechs Monate hat bei einer Reklamation der Händler zu beweisen, dass die Sache zum Zeitpunkt der Übergabe dem Vertrag entsprach (also keinen Mangel hatte). Nach sechs Monaten hat der Kunde die Beweispflicht (bisher hatte ausschließlich der Kunde die Beweispflicht).

Diese beschriebenen Regelungen, die das Recht des Endkunden stärken, sind verständlicherweise bei den Händlern nicht so gut angekommen, und diese suchen nach Möglichkeiten, wie sie die Gewährleistung einschränken oder gar ausschließen können. In den letzten Jahren hat darum der Handel mit Bastlerfahrzeugen und Schrottfahrzeugen massiv zugenommen. In solchen Verträgen werden dann sämtliche Gewährleistungsansprüche ausgeschlossen, obwohl die Fahrzeuge teilweise mit frischer Plakette der Haupt- und Abgasuntersuchung versehen sind. Solche und ähnliche Vorgänge können die Gerichte allerdings recht gut einschätzen und entscheiden meistens zugunsten des Verbrauchers. Ebenso verhält es sich mit den Verkäufen, die »im Auftrag« stattfinden. Ein Händler, der in seinem Namen die aktuelle Hauptuntersuchen und weitere Instandsetzungsarbeiten durchgeführt hat, wird es vor Gericht schwer haben zu beweisen, dass er den Verkauf nur vermittelt hat. Er wird damit auch nicht die gesetzlichen Regelungen beschneiden können. Je klarer die Vereinbarung und je genauer die Fahrzeugbeschreibung, desto geringer ist das Haftungsrisiko. Wir raten Ihnen, einen Musterkaufvertrag für Gebrauchtfahrzeuge sowie einen Gebrauchtfahrzeuge-Zustandsprüfbericht zu verwenden. Damit lassen sich kostspielige Prozesse und unangenehme Streitigkeiten vermeiden.

Zusammenfassung:
Eine freiwillige Garantie besteht also zusätzlich zur gesetzlichen Gewährleistung (Sachmangelhaftung) und ist im Umfang der Leistungen, im Vergleich zur Gewährleistung meistens eingeschränkt. Allerdings greift sie oft auch noch für Mängel, die erst nach dem Kauf auftreten, was so nicht auf die gesetzliche Gewährleistung zutrifft.

Zum Reizthema Farbabweichung

Farbabweichung kann ein Sachmangel sein. Das Oberlandesgericht Köln hat zu diesem Thema eine wichtige Entscheidung getroffen: Danach gehört die Farbe eines Neufahrzeugs zu den Beschaffenheitsmerkmalen und stellt ein äußerliches Merkmal des Fahrzeugs dar, welches für den Käufer im Rahmen der Kaufentscheidung maßgeblich ist. Ergeben sich Abweichungen im Farbton des bestellten zu dem tatsächlich gelieferten Fahrzeug, so kann der Käufer hierauf grundsätzlich Gewährleistungsansprüche geltend machen. Durch das OLF Köln bestätigtes Urteil des LG Aachen vom 26.04.2005 (Az. 12 O 493/04).

Das Recht der Nachbesserung

Seit dem 01.01.2002 gibt die neue Rechtslage sowohl dem Käufer als auch dem Verkäufer einen Anspruch auf Beseitigung eines Mangels. Anstatt von Nachbesserung spricht jetzt das Gesetz von Nacherfüllung. Grundsätzlich hat der Händler das Recht bis zu drei Mal nachzuerfüllen. Hierbei hat der Verkäufer die zum Zwecke der Nacherfüllung erforderlichen Aufwendungen zu tragen, das sind Transport-, Wege-, Arbeits- und Materialkosten. Zu beachten ist in diesem Zusammenhang, dass der Verkäufer sein Recht einen Mangel nachzubessern behält, auch wenn Reparaturen bereits in einer fremden Werkstatt erfolglos waren. Der Verkäufer muss sich diese Nachbesserungsversuche nicht zurechnen lassen, er kann auf eine Nacherfüllung im eigenen Firmensitz bestehen. OLG Köln vom 14.02.2006 (Az. 20U 188/05).

Wandlung und Preisnachlass

Hat sich ein erheblicher Mangel nach drei Nacherfüllungsversuchen immer noch nicht beseitigen lassen oder fehlen zugesicherte Eigenschaften, haben Sie das Recht auf Wandlung oder Preisnachlass. Dies ist dann auch der Zeitpunkt, an dem Sie einen Rechtsanwalt zu Rate ziehen sollten. Sie werden sich auf jeden Fall eine Nutzungspauschale, die abhängig ist von der genutzten Laufleistung des Fahrzeugs, anrechnen lassen müssen. Eine Wandlung ist grundsätzlich nur dann möglich, wenn sich das Fahrzeug noch im Originalzustand befindet.

Der Kulanzantrag

Nach Ablauf der Gewährleistungszeit und gegebenenfalls der Garantiezeit bleibt Ihnen immer noch die Möglichkeit der Kulanzregelung beim Händler. Die Kulanz bezeichnet im Allgemeinen ein Entgegenkommen zwischen den Vertragspartnern nach Vertragsabschluss. Sie regelt den Ablauf der freiwilligen Reparatur- und Serviceleistungen nach Ablauf der gesetzlichen oder individualvertraglichen Gewährleistungspflicht.

Hinweis: Dieses Kapitel soll nur erste Hinweise geben und erlaubt daher keinen Anspruch auf Vollständigkeit. Obwohl es mit der größtmöglichen Sorgfalt erstellt wurde, kann eine Haftung für die inhaltliche Richtigkeit nicht übernommen werden.

Lernen Sie Ihr Auto kennen

Egal, ob Sie Ihren Audi A3 schon lange besitzen oder ihn eben erst erworben haben – nehmen Sie sich die Zeit und erkunden Sie Ihr Fahrzeug gründlich. Denn selbst wenn Sie die Bedienungsanleitung gelesen haben, wovon wir selbstverständlich ausgehen, kennen Sie bestimmt noch nicht alle Details Ihres Autos.

Die Fahrgestellnummer

Die Fahrgestellnummer enthält bereits etliche – in Zahlen- und Buchstabencodes verschlüsselte – Informationen zu Ihrem Audi A3. Die Fahrgestellnummer finden Sie an verschiedenen Stellen Ihres Audi A3 angebracht: in den Unterlagen für den Service, im Scheibenrahmen und im Typenschild auf der Federbeinaufnahme.

Stelle	Bedeutung	Beispiele	Auswertung
1-3	Welthersteller-code	WAU = Audi WV2 = VW Nutzfahrzeug	WV2
4-6	Füllzeichen	ohne Bedeutung	ZZZ
7-8	Fahrzeugmodell	8P = Audi 3-türig 8PA = Sportback 5-türig	8P
9	Füllzeichen	ohne Bedeutung	Z
10	Modelljahr	4 = 2004 5 = 2005 6 = 2006 7 = 2007 8 = 2008 9 = 2009	8
11	Produktions-standort	A = Ingolstadt N = Neckarsulm B = Brüssel D = Bratislava	A
12-17 1		Laufende Produktionsnummer	39490

Das Typenschild

Das Fahrzeugtypenschild kann im Motorraum am linken Federbeinturm gesehen werden. Es enthält:

- Fahrzeug-Identifizierungsnummer
- zul. Gesamtgewicht
- zul. Zuggewicht (Zugmaschine plus Anhänger)
- zul. Achslast vorn
- zul. Achslast hinten
- Fahrzeugtyp

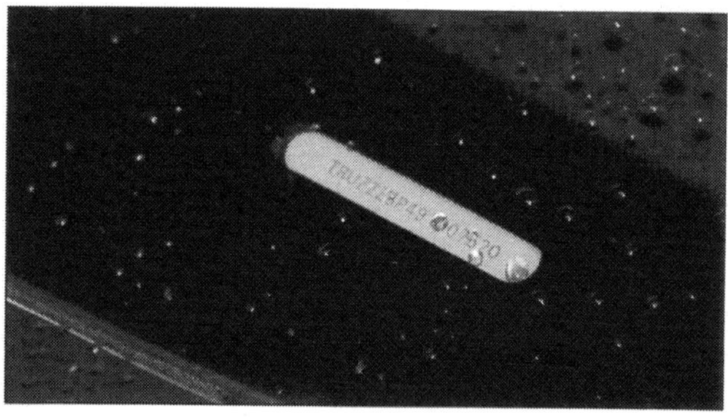

Die Fahrgestellnummer: Im Scheibenrahmen ist beim A3 die Fahrgestellnummer in die Karosserie eingeschlagen

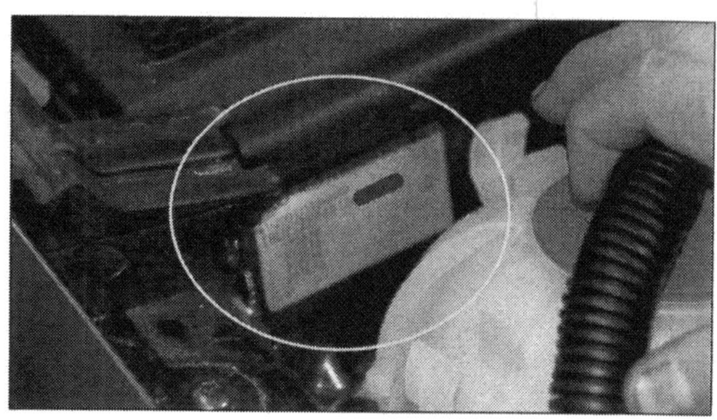

Das Typenschild: Angeklebt auf der Federbeinaufnahme enthält die Plakette Fahrgestellnummer und Achslasten.

Der Fahrzeugdatenträger: Ist auf dem Bodenblech links neben der Reserveradmulde im Gepäckraum angeklebt.

Der Fahrzeugdatenträger

Der Fahrzeugdatenträger findet sich unter der Kofferraummatte im Bereich der Reserveradmulde. Dort sind alle wichtigen Daten zur Fahrzeugerkennung wie Modell, Motor, Getriebe, Lackfarbennummer und Innenausstattung aufgeführt. Ein solcher Fahrzeugdatenträger befindet sich auch immer auf der ersten Seite Ihres Service-Heftes.

Fahrgestellnummer
Fahrzeugtyp
Modell
Motor und Getriebeart
Motorkennbuchstaben
Lacknummer
Getriebekennbuchstaben
Innenausstattungscode
Mehrausstattungscodes
Longlife Service
Freigabe für Biodiesel? (2G2)

WAUZZZ8Px3A000151
8P1 A7C 1975019
A3 FSI 2.0
110KW M6S 08/02
---- ---- ----
LY7W/LY7W N7A/MB
EOA 7A2 4UE 6XE
1KQ J1L 1ZE 1AT
3FE UA1 5MJ 7X1 4R4
FOA 8GU 0G4 0YZ L10
T58 3NZ 8JG U1A X9X 1N3
2ZG 8Q3 9Q2 8Z5
7Q0 CR4 7K0 4X1 6R2
3L3 3Y6 5D1
1SA 0GG QG1 4GH
1335 11.1 11.1 1.1 11.1

Aufgeschlüsselt: der Fahrzeugdatenträger.

Die Motorkennummer

Die Motornummer ist an der Verbindungsstelle Motor-Getriebe und am Zahnriemenschutzdeckel zu finden. Auch das Getriebe trägt eine Identifikationsnummer. Alle diese Nummern sind beim Bestellen von Ersatzteilen oder Austauschteilen unbedingt anzugeben. Denn viele Teile eignen sich einfach nur für den Audi A3 der letzten Generation, obwohl sie durchaus Ähnlichkeiten mit Teilen anderer Fahrzeuge in der VW-Konzerngruppe haben.

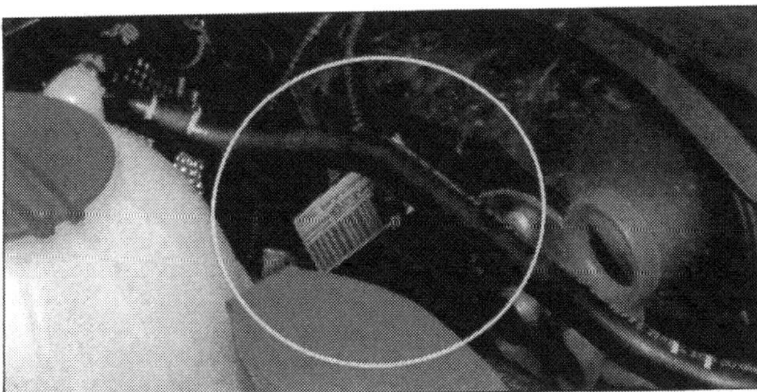

Motorkennnummer: An der Trennfuge zwischen Getriebe und Motor und auf dem Keilriemenschutz zu finden.

Der Fahrzeugschein

Eine sehr ergiebige Informationsquelle ist der Fahrzeugschein. Neben der Fahrgestellnummer finden Sie weitere, für die Ersatzteilbeschaffung oder den Reparaturauftrag wichtige Angaben und Schlüsselnummern (Angaben in Klammern gelten für neue Zulassungsbescheinigungen):

- zu 2: Herstellercode (2.1)
- zu 3: Typ und Ausführung (2.2)
- zu 32: Datum der Erstzulassung (B)
- zu 4: Fahrgestellnummer (E)

Serviceheft, Beschreibungen und der Schlüssel: Alles wichtig, um mit dem Audi umgehen zu können.

Natürlich ist es nicht der richtige Begriff aber »Zulassungsbescheinigung Teil 1« wird sich sicher nie im Volksmund durchsetzen. Auch die zwar europäisch einheitliche, aber für uns doch neue optische Ordnung löst bei der Suche nach den Informationen meist hilfloses Suchen aus. Deshalb haben wir die wichtigsten Informationen zum »schnell mal finden« kenntlich gemacht. HSN und TSN sind die Kürzel für den Herstellercode (früher »Ziffer2«) und den Typcode (früher die ersten drei Ziffern der »Ziffer3«) des Fahrzeugscheins. Diese beiden Nummern zusammen mit der Erstzulassung helfen bei der Teilebeschaffung im Zubehörmarkt.
Auch wenn diese Informationen bereits auf der Rückseite des Fahrzeugscheins vermerkt sind, hat man meist die Kennnummer vergessen, bis man im Fahrzeugschein auch nur in die Nähe der Information gekommen ist. Aus diesem Grund schlüsseln wir diese Informationen hier an dieser Stelle auf.

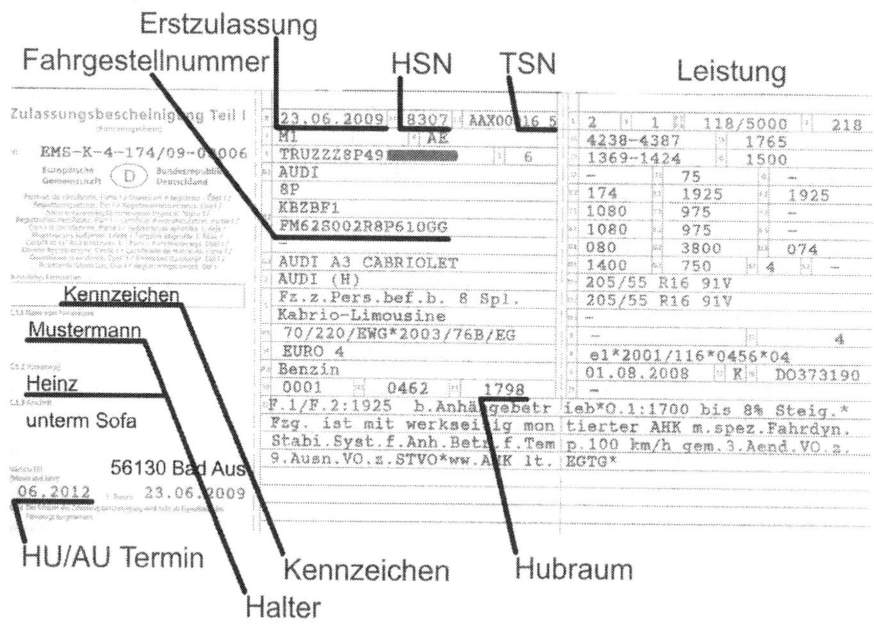

B Erstzulassung
D.1 Hersteller
D.2 Typ
D.3 Handelsbezeichnung
E Fahrgestellnummer
F.1 Zulässiges Gesamtgewicht
F.2 Zulässiges Gesamtgewicht in Deutschland
G Leergewicht
H Gültigkeitsdauer
I Ausstellungsdatum dieses Scheines
J Fahrzeugklasse (Pkw, Lkw)
K EG Typennummer
L Anzahl der Achsen
O.1 Anhängelast gebremst
O.2 Anhängelast ungebremst
P.1 Hubraum des Motors (in cm^3)
P.2 / P.4 Motorleistung (in kW)
P.3 Kraftstoffart
Q Leistungsgewicht (nur bei Motorrädern)
R Farbe des Fahrzeuges
S.1 Sitzplätze mit Fahrersitzplatz
S.2 Stehplätze
T Höchstgeschwindigkeit (in km/h)
U.1 Standgeräusch (in dB/A)
U.2 Drehzahl zum Standgeräusch
U.3 Fahrgeräusch (in dB/A)
V.7 CO2 Ausstoß (in g/km) kombinierter Wert
V.9 Schadstoffklasse
2 Kurzbezeichnung Hersteller

2.1 HSN Herstellerschlüsselnummer
2.2 Prüfziffer und TSN-Typschlüsselnummer
3 Prüfziffer für die Fahrgestellnummer
4 Art des Aufbaus (EG-Bezeichnung)
5 Bezeichnung der Fahrzeugklasse und des Aufbaus
6 Erstellungsdatum der EG-Typennummer
7.1 Zulässige Achslast Achse 1
7.2 Zulässige Achslast Achse 2
7.3 Zulässige Achslast Achse 3
8.1 Zulässige Achslast in Deutschland Achse 1
8.2 Zulässige Achslast in Deutschland Achse 2
8.3 Zulässige Achslast in Deutschland Achse 3
9 Anzahl der Achsen
10 Codenummer zur Kraftstoffart
11 Codenummer zur Fahrzeugfarbe
12 Rauminhalt des Tanks bei Tankfahrzeugen (in m^3)
13 Stützlast (in kg)
14 Bezeichnung der nationalen Emissionsklasse
14.1 Codenummer zu der Schadstoffklasse
15.1 Bereifung auf der Achse 1
15.2 Bereifung auf der Achse 2
15.3 Bereifung auf der Achse 3
16 Nummer der Zulassungsbescheinigung Teil 2 (Fahrzeugbrief)
17 Merkmal zur Betriebserlaubnis
18 Länge in mm
19 Breite in mm
20 Höhe in mm
21 Sonstige Vermerke
22 Bemerkungen und Ausnahmen

Next Generation

Länger als ein Jahrzehnt liegt nun das Debüt des ersten Audi A3 zurück. Audi eroberte sich auf Anhieb ein eigenes Feld, das als Premium-Kompaktklasse bezeichnet wird. Die recht langweilige Typbezeichnung 8P oder 8PA lässt nichts von den realen und durchaus überwältigenden Eigenschaften dieses Fahrzeuges erahnen.

Die Bezeichnung »Audi A3« kennen eigentlich alle Altersschichten von Autofahrern und bringen sie mit einem sportlichen Fahrzeug der Kompaktklasse in Verbindung, das nicht nur qualitativ schwer zu schlagen ist. Wer einmal einen Audi hatte, wird sich schwer tun, die vielen kleinen positiven Eigenschaften bei anderen Marken wiederzufinden. Qualität ist bei Audi kein Zufall. Auch wenn Ihr Audi A3 mal ein hohes Alter erreicht oder mehrere 100.000 km auf der Straße zurückgelegt hat, bleibt er bei entsprechender Pflege wertstabil und langlebig. Den Nutzzeitraum mit den Worten »... bis der TÜV uns scheidet« zu definieren, kann bei konsequenter Anwendung durchaus das eine oder andere Jahrzehnt andauern.

Der alte A3 als 5-Türer.

Bereits 1996 begründete Audi mit dem A3 ein neues Marktsegment: das Feld der Premium-Kompaktfahrzeuge. Der A3 wurde auf dem Markt gerne als edle Alternative in der Kompaktklasse angenommen. Die Basis des A3 bildete, wie bei anderen Herstellern des VW-Konzerns auch, die Plattform des Golf IV. Aus Rücksicht auf die Markteinführung des Golf IV wurde erst 1999 die fünftürige Variante vorgestellt. Die Vorgängerversion mit der Bezeichnung 8L gab es nur in zwei Karosserievarianten, die sich auch hinsichtlich der drei- und fünftürigen Version optisch kaum unterschieden. Die schmalere C-Säule des Fünftürers schaffte Platz und ermöglichte das dritte Seitenfenster. Die fünftürige Variante sieht hierdurch deutlich gestreckter aus.

Der erste A3

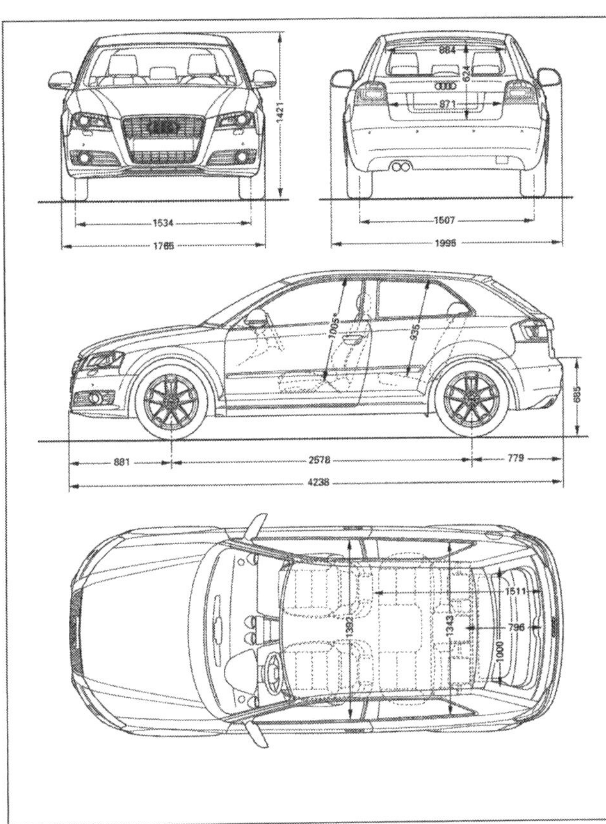

Abmessungen der Limousine.

Der neue A3.

Die neue Variante zeigt deutliche Unterscheidungsmerkmale der Karosserievarianten, die schon äußerlich leicht erkennbar sind. Die Limousine stellt den sportlichen Kompaktwagen dar, dessen Ruf sich schon im Vorgängermodell manifestiert hat. Die zweite geschlossene Karosserievariante stellt der Sportback dar. Die Karosserie weist zwar denselben Radstand auf, zeigt aber im Heckbereich einen größeren Überhang, was den Kombi um fünfeinhalb Zentimeter verlängert.

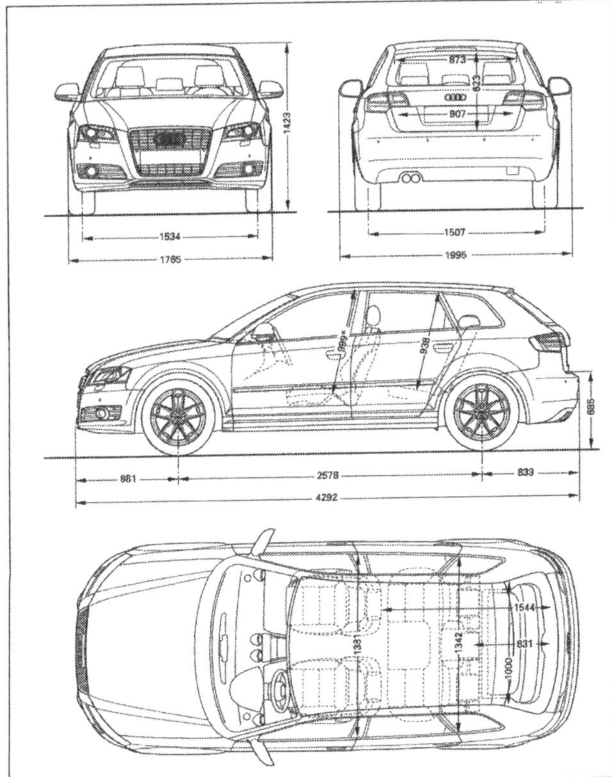

Abmessungen des Sportbacks.

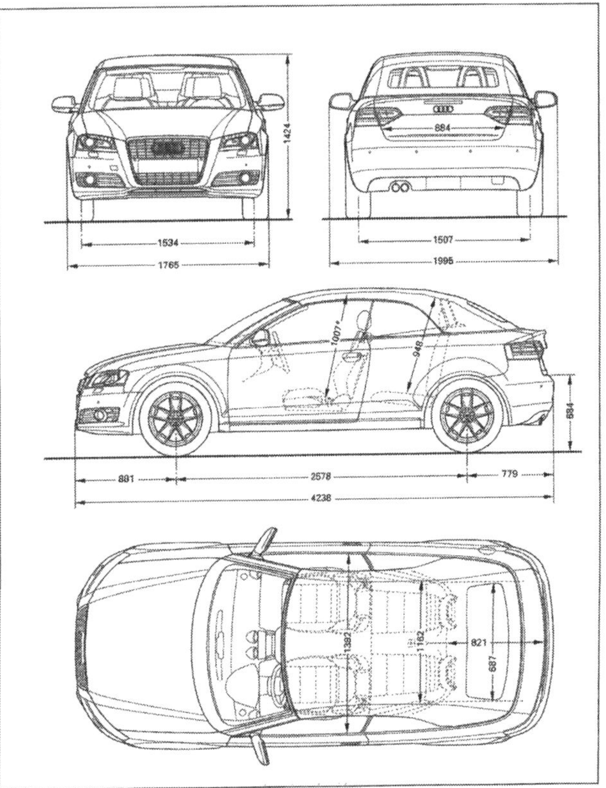

Abmessungen am Cabriolet.

Im Gegensatz zum alten A3 findet man in der neuen Bauserie auch wieder eine Oben-ohne-Variante.
In der Regel wurden aber nur wenige Prototypen und Kleinserien realisiert, die allerdings bei Sammlern Unterschlupf gefunden haben und noch immer am Straßenverkehr teilnehmen.

Der Cabriobau ist bei Audi schon in guter alter Tradition. Blieb die offene Variante bisher dem A4 vorbehalten, hat Audi nun mit der schnittigen Karosserie und der gelungenen Linienführung des A3 ein Cabrio geschaffen. Man darf schon heute davon ausgehen, dass dieses Fahrzeug in die Reihe der wertstabilen Fahrzeugklassiker der Zukunft einsortiert werden wird.

Modelle, Varianten und Motoren

Baujahr	Bezeichnung	Motorkonzept	Leistung
1996 – 2000 Ab 1999 auch 5-türig	8L	1,6 l Ottomotor	74 kW/101 PS
		1,8 l Ottomotor (Turbo)	92 kW/125 PS
		1,8 l Ottomotor (Turbo)	110 kW/150 PS
		1,8 l Ottomotor (Turbo)	132 kW/180 PS
		1,8 l Ottomotor (Turbo)	154 kW/210 PS
		1,9 l TDI (Diesel)	66 kW/90PS
		1,9 l TDI (Diesel)	81 kW/110PS
2000 – 2003 Facelift	8L	1, 6l Ottomotor	75 kW/102PS
		1,8 l Ottomotor	92 kW/125 PS
		1,8 l Ottomotor (Turbo)	110 kW/150 PS
		1,8 l Ottomotor (Turbo)	132 kW/180 PS
		1,9 l TDI (Diesel)	66 kW/90PS
		1,9 l TDI (Diesel)	74 kW/101PS
		1,9 l TDI (Diesel)	81 kW/110PS
		1,9 l TDI (Diesel)	81 kW/110PS
2003 – Heute	8P/8PA	1,4 l TFSI (Turbo)	96 kW/130 PS
		1,6 l Ottomotor	75 kW/102PS
		1,8 l TFSI (Turbo)	118 kW/160PS
		2,0 l TFSI (Turbo)	147 kW/200PS
		2,0 l TFSI (Turbo)	147 kW/200PS
		3,2 l Ottomotor	187 kW/250PS
		1,9 l TDI (Diesel)	77 kW/105PS
		2,0 l TDI (Diesel)	103 kW/140PS
		2,0 l TDI (Diesel)	125 kW/170PS

Interne Modellbezeichnungen

Auch die interne Modellbezeichnung bei VW/Audi-Fahrzeugen lässt sich aufschlüsseln:

Marke		Fahrzeugklasse		Generation	Ausführung		Erweiterung	
VW	Volkswagen	0/1	---	1	0	Steilheck	0	Kurzer Radstand
AU	Audi	2	Polo, Audi A2	2	1	Stufenheck	1	Langer Radstand
SK	Skoda	3	Golf, Audi A3	3	2	Kombi		
BY	Bentley	4	Passat, Audi A4	4	3	Sportback		
BU	Bugatti	5	Audi A6	5	4	Coupé, Sportwagen		
LA	Lamborghini	6	Phaeton, Audi A8	6	5	Cabrio, Roadster, Spider		
SE	Seat	7	Touareg, Audi Q7	7	6	Offroader, FunCar, SUV		
		8	---	8	7	Cityvan, Pickup		
		9	---		8	MPV		

Hieraus ergibt sich für einen Audi A3 Sportback in der fünften Generation: »AU 3 5 0«

Ausstattung und Bedeutung

Neben den unterschiedlichen Karosserieformen tritt der A3 in unterschiedlichsten Ausstattungsvarianten auf.
Die Serienausstattung wird von Audi in Ausstattungspakete verpackt, die eine gute Basis für die individuellen Anforderungen darstellen. Von der Ausstattungsvariante »Attraction« über die Ausstattungsvariante »Ambition« bis »Ambiente« werden die Ausstattungsmerkmale in drei Kategorien gegliedert. »Ambiente« ist die Ausstattungsvariante, die eine luxuriöse Ausrüstung für den A3 darstellt. Natürlich können alle Varianten auch weiterhin individuell angepasst werden. Die drei Ausstattungslinien sind so als Grundpaket zu verstehen, die den Fahrerwünschen möglichst nahe kommen und die Kosten aufgrund der Serienfertigung im Rahmen halten.

Das A3 Cabriolet wird in den Ausstattungslinien »Attraction« und »Ambition« ausgeliefert.
Die Quattro GmbH rundet die Ausrüstung in Sachen Sportlichkeit nach oben hin ab: das »S-Line Exterieurpaket« und ein »S-Line Sportpaket«. Zu der breiten Palette an Einzel-Optionen zählen verschiedene Infotainmentsysteme bis hin zum Bose-Soundsystem und diverse Ausstattungsmerkmale, die den A3 deutlich vom Serienfahrzeug abheben. Weiterhin bietet Audi die Aluminiumoptik an; hier werden die Überrollbügel und die Zierleisten auf den Türgriffen in Aluminiumoptik gefertigt. Die umlaufenden Fensterschachtleisten und die Verdeckabschlussleiste sind in Aluminium gehalten.

Zwischen 15 Farbtönen kann der Fahrzugkäufer wählen. Zwölf davon sind Metallic-/Perleffekt-Töne, drei weitere sind unifarben. Zu diesen Karosseriefarben kommen noch drei Verdeckfarben. Die Fahrzeuggestaltung ist somit durchaus als individuell einzustufen.

Karosseriefarbe	Verdeckfarbe	Bemerkung
Ibisweiß	Schwarz	Unifarbton
Brillantrot	Blau	Unifarbton
Brillantschwarz	Rot	Unifarbton
Metallic Eissilber		Metallic-/Perleffekt-Lack
Amethystgrau		Metallic-/Perleffekt-Lack
Liquidblau		Metallic-/Perleffekt-Lack
Dakarbeige		Metallic-/Perleffekt-Lack
Perleffekt Kondorgrau		Metallic-/Perleffekt-Lack
Meteorgrau		Metallic-/Perleffekt-Lack
Phantomschwarz		Metallic-/Perleffekt-Lack
Granatrot		Metallic-/Perleffekt-Lack
Eisvogelblau		Metallic-/Perleffekt-Lack
Arubablau		Metallic-/Perleffekt-Lack
Tiefseeblau		Metallic-/Perleffekt-Lack
Tiefgrün		Metallic-/Perleffekt-Lack

Verdeck am Cabrio

Verdeck in Aktion.

Zu einem Cabrio gehörte bei Audi schon immer ein hochwertiges Verdeck. Auch der A3 ist dieser Linie treu geblieben. Das Stoffverdeck passt sehr gut zum Gesamtkonzept des Cabrios. Ob offen oder geschlossen hinterlässt der Audi einen ausgewogenen und sportlichen Eindruck. Das Verdeckgestell sorgt für gute Passform, perfekte Dichtigkeit und die Silhouette eines Coupés. Die große beheizbare Glasheckscheibe ermöglicht eine gute Sicht nach hinten. Auch für das Verdeckkonzept gibt es zwei Auswahlmöglichkeiten. Die einfachere Variante weist einen zweilagigen Bezug auf und wird mit einem zentralen Griff manuell ent- und verriegelt. Bei der vollautomatischen Version übernimmt diese Arbeit auch ein Elektromotor. Der Bezugsstoff ist für diese Version dreilagig und wird aufgrund der geräuschdämmenden Funktion Akustikverdeck genannt. Weiterhin kann diese Verdeckvariante auch während der Fahrt bis 30 km/h geöffnet oder geschlossen werden. Ein Schalter auf der Mittelkonsole sorgt für die einfache Verdeckbedienung. Zudem kann das Verdeck mit dem Zündschlüssel im Türschloss betätigt werden. Die Seitenscheiben werden während der Verdeckbewegung etwas nach unten abgesenkt. Das Verdeckgestell wird bei beiden Varianten mit einer Hochdruckpumpe und zwei Hydraulikzylindern bewegt. Das Öffnen und Schließen erfolgt in ungefähr 10 Sekunden. Dem Wetterwechsel kann so recht schnell Rechnung getragen werden. Bei offenem Verdeck verschwindet das Z-förmig zusammengefaltete Verdeck in einem eigenen Stahlblechkasten mit schrägem Boden, der nur wenig Platz im Gepäckraum wegnimmt. Eine Persenning entfällt durch die automatisch hydraulisch verriegelte Verdeckspitze. Zum Lieferumfang der Ausstattungslinie »Ambition« gehört ab Werk ein Windschott, das über den Rücksitzen montiert wird. Durch eine intelligente Konstruktion lässt es sich mit wenigen Handgriffen aufklappen und leicht von einer Seite aus einsetzen. Wird es mal nicht gebraucht, verschwindet es in der dazugehörigen Tasche unauffällig im Kofferraum.

Gepäckversteck

	Limousine	Sportback	Cabrio
Kofferraum-Volumen	350 l	370 l	260 l
Ladevolumen mit geklappter Rückbank	1080 l	1100 l	674 l
Durchladehöhe	62,4 cm	62,3 cm	40,0 cm
Durchladebreite	87,1 cm	90,7 cm	88,4 cm
Ladelänge	152 cm	154 cm	82,1 cm

Bitte achten Sie bei der Ladelänge auf die Sitzstellung! Bei den Allradvarianten (alle Quattros) fallen diese Angaben aufgrund der speziellen Hinterachse etwas kleiner aus.
Die Rücklehnen der Rückbank sind bei allen Modellen im Verhältnis 1/3: 2/3 geteilt. Optional ist eine Ladeluke mit Armlehne und Cupholdern (Tassenhaltern) oder auch mit einem Skisack zu erwerben.
Zur Ladungssicherung sind im Kofferraum serienmäßig Taschenhaken und Verzurrösen verbaut. Zusätzlich ist hier noch ein Gepäckraumpaket lieferbar. Es enthält ein Sicherungsnetz und eine 12-Volt-Steckdose. Für alle nicht Allradvarianten bietet auch der Ladeboden des A3 ein cleveres Feature zur Wahl. Der Ladeboden zum Wenden bietet auf der einen Seite eine ebene Fläche oder auch eine Wanne für feuchte Gegenstände, die transportiert werden müssen.
Die Befestigung von Gepäckträgern und Fahrradträgern ist bei allen Varianten kein Problem. Für den A3 Sportback ist zudem eine Dachreling lieferbar. Über die weitere Ausrüstung sollten Sie sich aktuell bei Ihrem Vertragshändler beraten lassen.

Die Plattformstrategie

Wettbewerbsfähigkeit und Erfahrung sind zu einem guten Teil auch an den verwendeten Komponenten eines Fahrzeuges festzumachen. Eine moderne Strategie ist die Verwendung einer Plattform für den Bau mehrerer Fahrzeugtypen. Im VW/Audi-Konzern erfolgt dieses Konzept zudem noch markenübergreifend.

Unter einer Plattform versteht man die technische Basis, auf der verschiedene Modelle aufgebaut werden. Sie ist die Verbindung zwischen dem Radhaus sowie Chassis und hat so gut wie keinen Einfluss auf die Karosserieform (Außenhaut). Die Vorteile der Plattformbauweise sind vielfältig. VW nutzt Plattformen bei den unterschiedlichen Marken innerhalb des Konzernverbunds. Die daraus resultierenden Synergieeffekte führen sowohl in der Entwicklung als auch der Produktion zu einer enormen Kostenreduzierung. Ein wesentliches Merkmal der gemeinsamen Plattform sind das Fahrwerk und der Antrieb. Baugleiche Fahrzeuge beispielsweise, die sich nur durch das Kühlerlogo unterscheiden, können durch gemeinsame Crashtests Kosten sparen. Unterschiedliche Karosserie-Ausführungen wie Limousine, Kombi oder Schrägheck basieren meistens ebenfalls auf der gleichen Plattform, die sich oft nur in der Länge unterscheidet. Eine Einteilung, inwieweit sich Fahrzeuge der Plattformbauweise nach gleichen, ist recht komplex.

Es kann aber nach folgenden Abstufungen unterschieden werden:

- Baugleichheit: Unterschied nur durch Logo, Kühlerblende und ggf. andere Scheinwerfer.
- Gleiche Plattform: Verschiedene Karosserien haben dieselben Fixpunkte, somit können Motor, Getriebe und Radaufhängung ausgetauscht werden.
- Gleiche Bodengruppe: Der untere Abschnitt der Karosserie ist identisch.

Sicherheitssysteme im A3

Safety first
Man spricht von aktiven und passiven Sicherheitselementen eines Fahrzeuges. Die Bedeutung dieser Begriffe ist meist aber gar nicht klar. Aktive Sicherheitseinrichtungen tragen zusammen mit den Elementen der passiven Sicherheit zu Schutz für die Fahrzeuginsassen bei.
Bauteile, die zur **aktiven Sicherheitsausrüstung** eines Fahrzeuges zählen, sind diejenigen, die einen Unfall verhindern können. Betrachten wir zuerst einige Bauteile, die der aktiven Sicherheit zugerechnet werden. Für ein besseres Verständnis gliedern wir diese in drei Gruppen:

Konstruktive Maßnahmen zur aktiven Sicherheit:
In dieser Gruppe werden die Bauteile eingeordnet, die durch die Gestaltung und Auslegung der Karosserie realisiert werden. Dazu zählt beispielsweise eine leichtgängige, aber nicht rückmeldungsfreie Lenkung, die dem Fahrer den Fahrbahnkontakt vermitteln kann. Eine ausgewogene und für möglichst alle Betriebszustände gelungene Abstimmung des Fahrwerks, wirkungsvolle Bremsen und durchzugsstarke Motoren.

Ergonomische Maßnahmen zur aktiven Sicherheit:
Unter diesen Aspekt fällt die Fahrzeugausrüstung, die die Fahrzeugbedienung erleichtert und ein »entspanntes Fahren« ermöglicht. Der Konzentrationserhalt des Fahrers ist ein wichtiger Gesichtspunkt für die Unfallvermeidung. Man kann sich leicht vorstellen, welchen Einfluss komplizierte Bedienelemente verursachen können, wenn man sich die Gesetzeslage hinsichtlich der Benutzung von Telefonen während der Fahrt anschaut. Jeder kleine Moment der Unaufmerksamkeit kann zur Folge haben, in einen Unfall verwickelt zu werden. So gehören Fahrzeugausrüstungen wie gute Sitze, das Belüftungs- und Klimatisierungssystem, gute Rundumsicht und möglichst günstig angeordnete Schalter und Anzeigen dazu.

Maßnahmen zur Regelung für aktive Sicherheit:
In diese Gruppe werden die Bauteile eingegliedert, die auf der Elektronik basierende Eingriffe in elektronische oder hydraulische Regelsysteme vornehmen. Eingriffe werden beispielsweise in das Bremssystem vorgenommen. Das Anti-Blockier-System (ABS) verhindert, dass ein Rad überbremst wird und ermöglicht so sehr kurze Bremswege mit sicherer Lenkbarkeit des Fahrzeuges auch während der Bremsung. Die Elektronische Bremskraftverteilung(EBV), die Elektronische Differenzialsperre (EDS) sowie das Elektronische Stabilisierungsprogramm (ESP) greifen auch auf die Bremse ein. So wird in der EDS-Funktion beispielsweise das durchdrehende Rad so weit gezielt abgebremst, dass der Antrieb auf das nicht drehende Rad möglich wird. EBV ermöglicht eine optimale Verteilung der größtmöglichen Bremskraft auf jedes einzelne Rad der Hinterachse. Auch in wechselnden Situationen wie unterschiedlichen Untergründen, Eis und Laub ist es entgegen dem mechanischen Bremskraftregler nun möglich, jedes Rad entsprechend zu regeln. Durch das ESP wird durch gezielten Bremseinsatz das Ausbrechen des Fahrzeugs erfolgreich verhindert.
Die Antriebs- Schlupf-Regelung (ASR) trägt in Zusammenarbeit mit EDS und einer bedarfsgerechten Reduzierung des Motordrehmomentes einen wichtigen Teil für die Fahrt auf rutschigem Untergrund wie Schnee und Eis bei.

Die passiven Sicherheitselemente kommen dann zum Tragen, wenn der Unfall gerade passiert. Die Komponenten der passiven Sicherheit stellen alle konstruktiven Maßnahmen dar, die dazu dienen, die Fahrzeuginsassen vor Verletzungen zu schützen oder zumindest die Verletzungsgefahren zu verringern. Der Begriff »passiven Sicherheit« bezieht sich auf das Kollisionsverhalten (Crashtests) und berücksichtigt über den Schutz der Insassen hinaus auch den Schutz anderer Verkehrsteilnehmer.
Auch hier lassen sich Merkmale in einen Sortierungsraster bringen:

Insassenschutz
Unter dem Begriff Insassenschutz versteht man den Schutz des Fahrzeugführers und seiner Mitfahrer. Zu den wichtigsten Bauteilen gehören neben dem Gurtsystem die Airbags und eine »verformungssteife« Fahrgastzelle mit Knautschzonen in Front, Heck und Seiten-Bereich. Diese Komponenten sorgen für einen weitestgehend schützenden Abbau der Aufprallenergie und den sicheren Halt der unfallbeteiligten Fahrzeuginsassen.

Partnerschutz
Unfälle passieren eben nicht nur in einem Fahrzeug. Im Normalfall sind immer andere Verkehrsteilnehmer oder auch Verkehrspartner an einem Unfall beteiligt. Gerade bei Fußgängern, Radfahrern und natürlich

auch den Bikern ist kein System vorhanden, das eventuelle Unfallfolgen verringern kann. Dieser Aspekt wird bei der Fahrzeugentwicklung heute auch mit einbezogen. Frontbereiche sollen immer auch so konstruiert sein, dass sie die Aufprallenergie aufnehmen oder verringern können, die bei einem Fußgängerunfall den Verkehrspartner erheblich verletzen könnte. Hierin findet sich dann auch der Grund für Kunststoffstoßfänger und Motorhauben ohne Flächenverstrebungen.

Natürlich ist es heute schon normal, sich über den Schutz von Insassen Gedanken zu machen. Schließlich fordert ja nicht nur der Gesetzgeber Maßnahmen, die Unfälle vermeiden oder zumindest die Folgen daraus abmildern sollen. Der A3 ist mit einem Airbagsystem für Fahrer und Beifahrer sowie einem Sicherheitsgurtsystem ausgestattet.

Grundsätzlich ist es verboten Arbeiten an sicherheitsrelevanten Systemen durchzuführen, die entweder nicht durch den Hersteller freigegeben wurden oder besondere Kenntnisse erfordern. Airbag-Systeme sind Sprengmittel im Sinne des Gesetzgebers. Für den Umgang mit den sprengmittelhaltigen Bauteilen muss ein Sachkunde-Nachweis vorliegen. Zur Auslösung einer Airbageinheit kann im ungünstigen Fall schon die elektrostatische Aufladung der Kleidung ausreichen.

Die Aufgabe liegt darin, den Insassen im Falle des Unfalls zum einen zu schützen und gezielt und verträglich ihre Bewegungsenergie abzubauen. Das Airbagsystem besteht in der Regel aus dem Fahrerairbag, dem Beifahrerairbag sowie den in den vorderen Sitzen verbauten Sidebags. Die Airbagsysteme sind beim A3 nur für Fahrer und Beifahrer verbaut. Diese Serienausrüstung kann natürlich auch nur dann funktionieren, wenn sie nicht durch nachträgliche Einbauten daran gehindert werden. Hinsichtlich des Airbagsystems bedeutet das: Schon nicht geeignete Schonbezüge über den Sitzen können einen Einfluss auf das Entfaltungsverhalten des Luftsacks haben. Schon falsche Reinigungsmittel, die einen nicht kalkulierten Einfluss auf den Weichmacher in der Kunststoffabdeckung des Airbags haben, zeigen einen solchen Einfluss. Wer denkt schon daran, dass ein chemischer Reiniger für den Automobilbereich irgendeinen negativen Einfluss auf dieses System haben könnte. Meist ergibt auch die Befragung des Verkäufers wenig bis keine neuen Erkenntnisse über die Verwendbarkeit des Reinigers. Die Inhaltsstoffe werden schließlich meist nicht detailliert beschrieben.

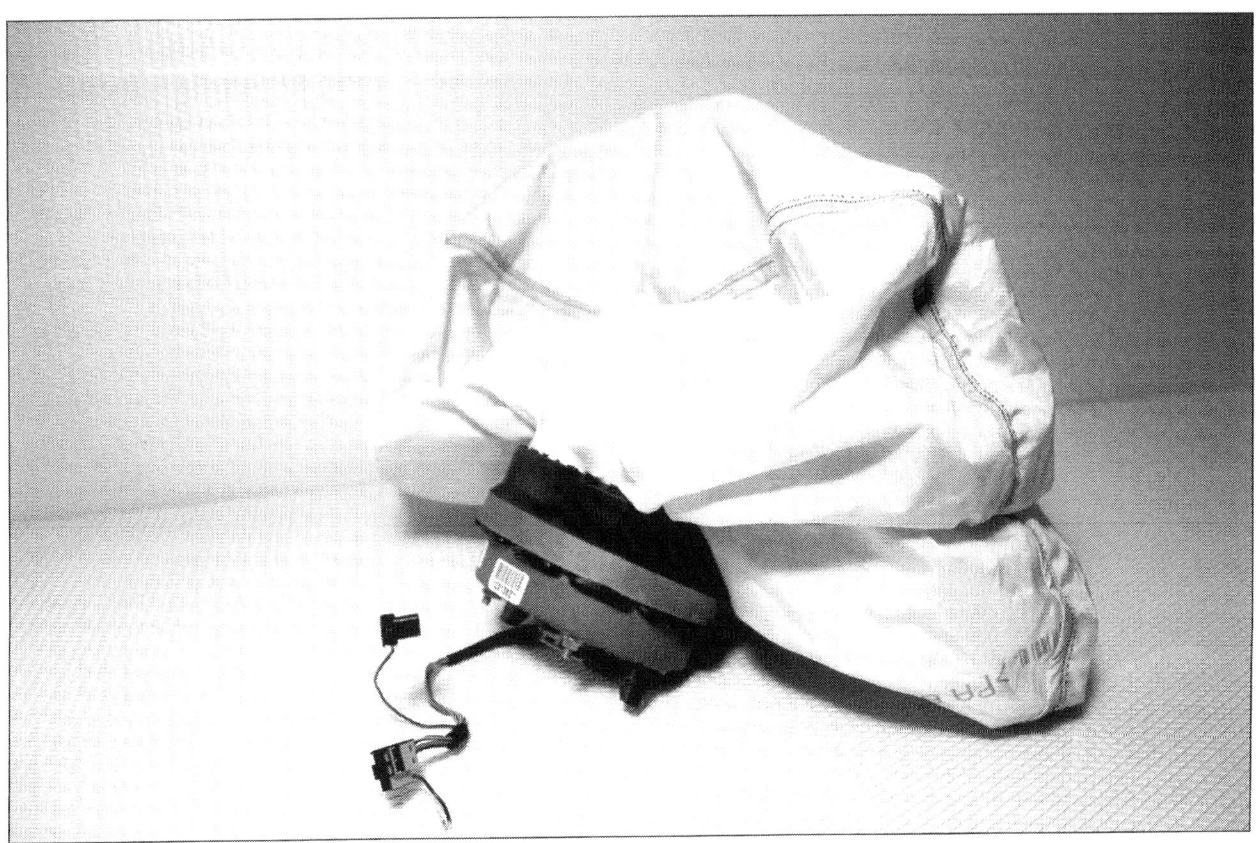

EXPLOSIONSGEFAHR: Die Kräfte, die der Airbag bei der Zündung freisetzt, können Sie tödlich verletzen!

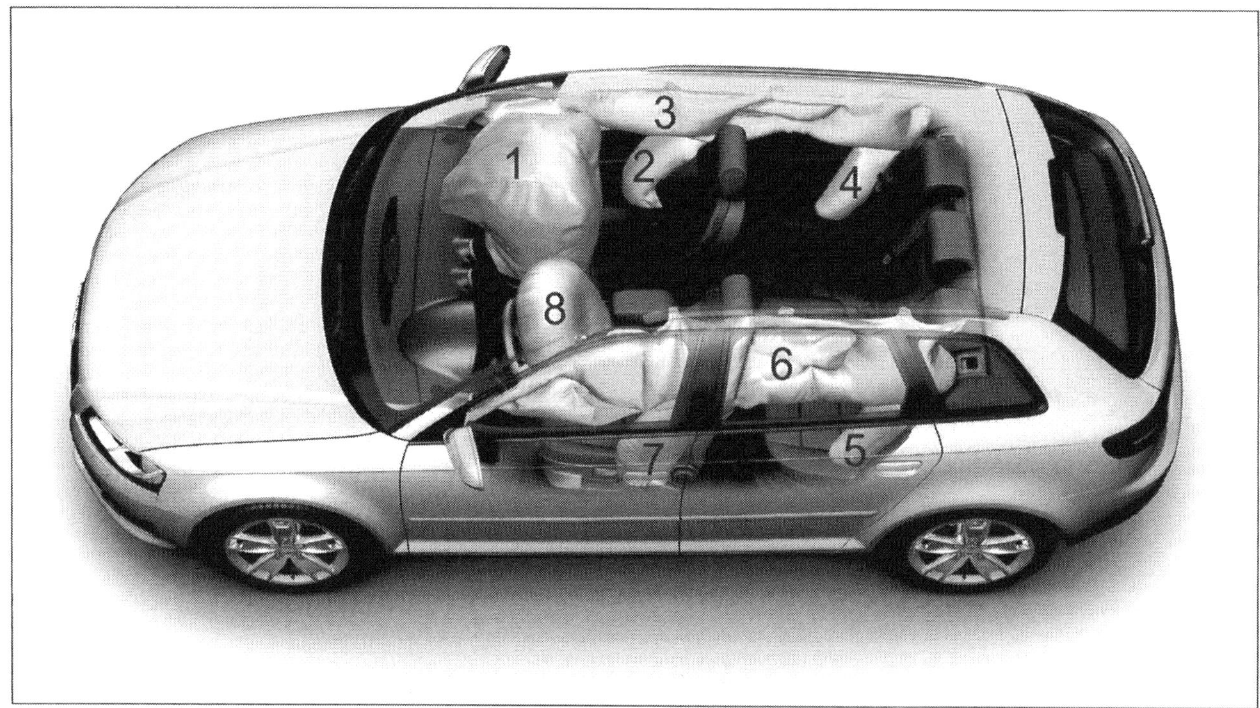

Der Insassenschutz im A3: 1 Beifahrerairbag, 2 Seitenairbag Beifahrer, 3 Dachholmairbag Beifahrerseite, 4 Seitenairbag Beifahrerseite hinten, 5 Seitenairbag Fahrerseite hinten, 6 Dachholmairbag Fahrerseite, 7 Seitenairbag Fahrerseite, 8 Fahrerairbag.

Investition in die Zukunft

Ohne das richtige Werkzeug geht nichts. Wenn Sie vorhaben, sich intensiv um Ihr Auto zu kümmern, müssen Sie sich zunächst Gedanken um das nötige Handwerkszeug machen. Was Sie dazu unbedingt brauchen und wie Sie alles in der heimischen Garage unterbringen können, wollen wir Ihnen in diesem Kapitel zeigen.

Egal, ob Sie nun häufig oder eher selten, aus purer Lust am Basteln oder um Geld zu sparen am Auto schrauben: Sie müssen dafür zuerst die richtigen Voraussetzungen schaffen. Leider ist das mit Kosten verbunden. Doch wenn Sie bedenken, was eine Arbeitsstunde in der Werkstatt kostet und dass hochwertiges Werkzeug fast ein Leben lang hält, rechnet sich die Investition früher oder später.

Was muss ich als Erstes anschaffen?

Beginnen Sie mit einem Ordnungssystem, bestehend aus einer stabilen Werkbank mit Unterschränken und einem abschließbaren Schrankaufsatz. Ohne ein Ordnungssystem und eine stabile Werkbank sollten Sie nicht beginnen, denn Ordnung und Sauberkeit sind beim Schrauben oberstes Gebot. Das Schöne daran: Das Ganze passt problemlos in eine normale Einzelgarage und bietet Ihnen auf Jahre die nötige Sicherheit. Bei einer Markenfirma wie Gedore kostet eine solche Kombination rund 4200 Euro ohne Inhalt. Der lässt sich mit der Zeit ergänzen. Lassen Sie sich doch von nun an zum Geburtstag oder zu Weihnachten hochwertiges Werkzeug schenken: Die Schränke werden sich schneller füllen, als Sie denken.

Woran erkenne ich gutes Werkzeug?

Gutes Werkzeug kann in der Regel nicht billig sein. Ein Ring-/Maulschlüssel kostet je nach Größe zwischen fünf und 15 Euro, sodass ein Satz mit den zehn gebräuchlichsten Größen schon auf rund 80 Euro kommt. Noch größer sind die Qualitäts- und Preisunterschiede bei den Steckschlüsselsätzen – oft auch Umschaltknarren mit Nüssen genannt.
Ein solider Kasten mit 19 Teilen und Verlängerungen kostet an die 200 Euro, hält dafür aber auch höchste Belastungen aus. Auch das Gewicht ist ein gutes Indiz: Je schwerer das Werkzeug ist, umso stabiler ist der Stahl. Nehmen Sie zum Vergleich ein paar Schlüssel in die Hand und achten Sie auf Maßhaltigkeit und die Oberfläche.

Was tun, wenn ich keine Garage habe?

Der ideale Ort zum Schrauben ist natürlich eine in sich abgeschlossene Garage – je größer umso besser. Aber auch wenn Sie lediglich über einen Stellplatz verfügen oder gar im Freien arbeiten müssen, gibt es eine Lösung: Ein Werkstattwagen (links im Bild) lässt sich nach getaner Arbeit leicht wegräumen. Zum Beispiel in den Keller. Nur allzu schwer beladen sollte er dann nicht sein. Achten Sie beim Kauf auf die Lagerung der Schubladen. Ein Werkstattwagen in Profi-Qualität kann ohne Inhalt um die 1000 Euro kosten.

Was kostet mich das alles?

Zunächst einmal viel Geld und bitte sparen Sie dabei nicht zu sehr. Ansonsten kostet es nämlich auch noch Ihre Gesundheit. Natürlich müssen Sie nicht auf Anhieb 8000 Euro ausgeben, so viel kostet nämlich die Ausrüstung in unserer voll ausgestatteten Garage im Bild links. Allerdings handelt es sich hier auch um einen kompletten Werkzeugsatz eines Markenherstellers in Profi-Qualität. Damit werden normalerweise Werkstätten ausgerüstet. Wir haben die Ausstattung zudem um einige pfiffige und günstige Hilfsmittel, zum Beispiel aus dem Programm von Conrad Elektronik ergänzt, auf die wir später noch genauer eingehen.

Lohnt sich das denn?

Wir meinen: Ja! Wie viel Geld Sie letztendlich ausgeben wollen, bleibt Ihnen überlassen. Beachten Sie dabei aber immer den Grundsatz: Weniger (dafür aber von hoher Qualität) ist mehr als viel (und viel kaputt). Rechnen Sie einfach über die nächsten 15 Jahre...

Die Grundausstattung

Gutes Werkzeug kann billig sein, ist es in der Regel aber nicht. Ein Satz Ring-/Maulschlüssel kostet schon rund 80 Euro. Noch größer sind die Qualitäts- und Preisunterschiede bei den Steckschlüsselsätzen – oft auch Knarrenkästen genannt. Das wichtigste Teil ist hierbei die Knarre selbst. Die Sperrklinken sollten austauschbar sein, gute Hersteller bieten dafür Ersatzteile und einen Service an. Besonders wichtig ist das bei einem Drehmomentschlüssel, der regelmäßig kalibriert werden sollte. Drehmomentschlüssel nach der Arbeit immer entspannen!
Sehr wichtig ist auch die Qualität von Schraubendrehern und Zangen. Damit werden hohe Kräfte übertragen, die das Werkzeug aushalten muss.

⚠ Schrauben ist gefährlich

GEFAHRENHINWEIS

Ob nun reines Hobby oder beruflich: Das Schrauben birgt gewisse Risiken. Vom kleinen Kratzer bis hin zum tödlichen Unfall ist schon alles vorgekommen. Beachten Sie daher stets folgende Grundregeln:

- Benutzen Sie nur hochwertiges Werkzeug!
- Schrauben Sie möglichst immer von sich weg!
- Sichern Sie angehobene Lasten lieber doppelt!
- Sorgen Sie für ausreichende Belüftung!
- Tragen Sie wann immer möglich Schutzkleidung!
- Das gilt ganz besonders für die Augen!
- Wenden Sie niemals Gewalt an, meist gibt es eine andere, elegantere Lösung für das Problem!
- Sorgen Sie dafür, dass immer jemand in der Nähe ist, der Ihnen in Notfällen helfen kann!

Dass Essen, Trinken und offenes Licht sowie Zigaretten am Arbeitsplatz nichts verloren haben, setzen wir als selbstverständlich voraus. Lagern Sie aber auch keine Flüssigkeiten in Trinkflaschen. Selbst an destilliertem Wasser kann ein Mensch sterben! Und zu guter Letzt: Legen Sie sich zur Sicherheit einen Verbandskasten und einen Feuerlöscher bereit.

Der Werkzeugwagen: Was sich in diesem Rollcontainer alles verbirgt, sehen Sie auf den Bildern rechts. Diese Luxusversion ist abschließbar und hat laufruhige Gummiräder.

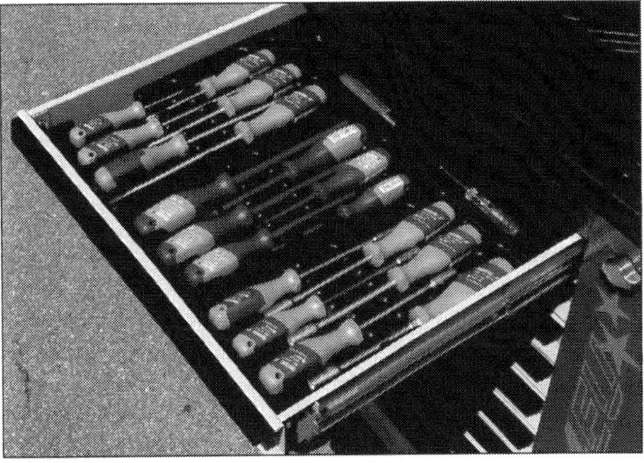

Schraubendreher: Entscheidend sind der Griff und die Qualität der Spitze. Je drei Größen von Schlitz- und Kreuzschlitzschraubendrehern sollten für den Anfang genügen.

Ring-Maulschlüssel: Ein kompletter Satz dieser Kombinationsschlüssel von acht bis 22 Millimeter reicht in den meisten Fällen. Zusätzlich gibt es Spezialschlüssel.

Steckschlüssel: Auch Nüsse und Knarre genannt. Ein guter Kompromiss ist ein Satz mit dem Verbindungsmaß 3/8 Zoll. Niemals an der Umschaltknarre sparen!

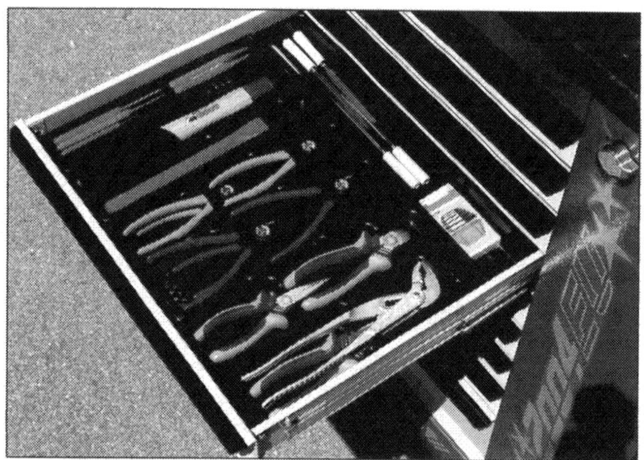

Zangen: Wichtig sind eine verstellbare Wasserpumpenzange, eine Flach- oder Spitzzange sowie eine Kombizange mit integriertem Seitenschneider.

T-Griffe: Werden meist im Karosseriebereich eingesetzt. Das übertragbare Drehmoment ist nicht sehr hoch, dafür sind auch tief sitzende Schrauben gut zu ereichen.

Torx-Abteilung: Immer mehr Schraubverbindungen haben Torx- oder Vielzahnköpfe. In diesem Fach ist alles versammelt, was beim Arbeiten an Torx-Schrauben dienlich ist.

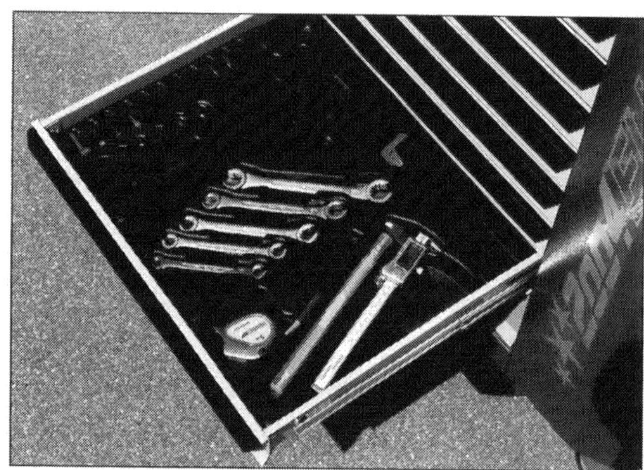

Spezialaufgaben: Selten benötigte Werkzeuge wie Bremsleitungsschlüssel, Messschieber oder auch die verschiedenen Spezialbits sollten ein extra Fach bekommen.

Gekröpfte Schlüssel: Manche Schrauben lassen sich überhaupt nur mit einem gekröpftem Schlüssel erreichen. Es gibt verschiedene Ausführungen, auch für Spezialfälle.

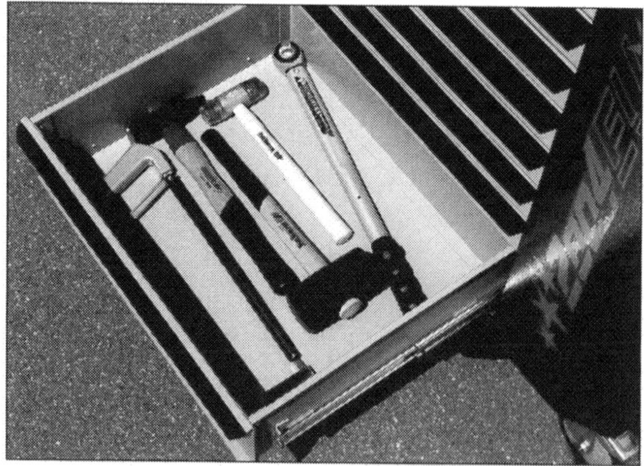

Hammer, Säge, Drehmoment: Die schweren Werzeuge sollten immer im untersten Schubfach ihren Platz finden. Meistens ist dieses Fach auch größer als die anderen.

Nützliches Zubehör

Wenn Sie genügend Platz haben, können Sie das gesamte Werkzeug auch in einer Werkbank-/Werkzeugschrank-Kombination unterbringen. Lassen Sie aber noch etwas Platz übrig, denn neben gutem Werkzeug beherbergt die Schraubergarage auch immer einige nützliche Helfer.

Sicherer Stand: Stabile Auffahrrampen sind für die meisten Arbeiten unter dem Auto völlig ausreichend. Zwar können Sie die Räder nicht abnehmen, dafür steht das Auto sicher.

Beste Bedingungen: Auf einem solchen Reifenbaum sind nicht benötigte Räder perfekt untergebracht. Zwischen den Rädern bleibt etwas Luft, das Gewicht trägt die Felge.

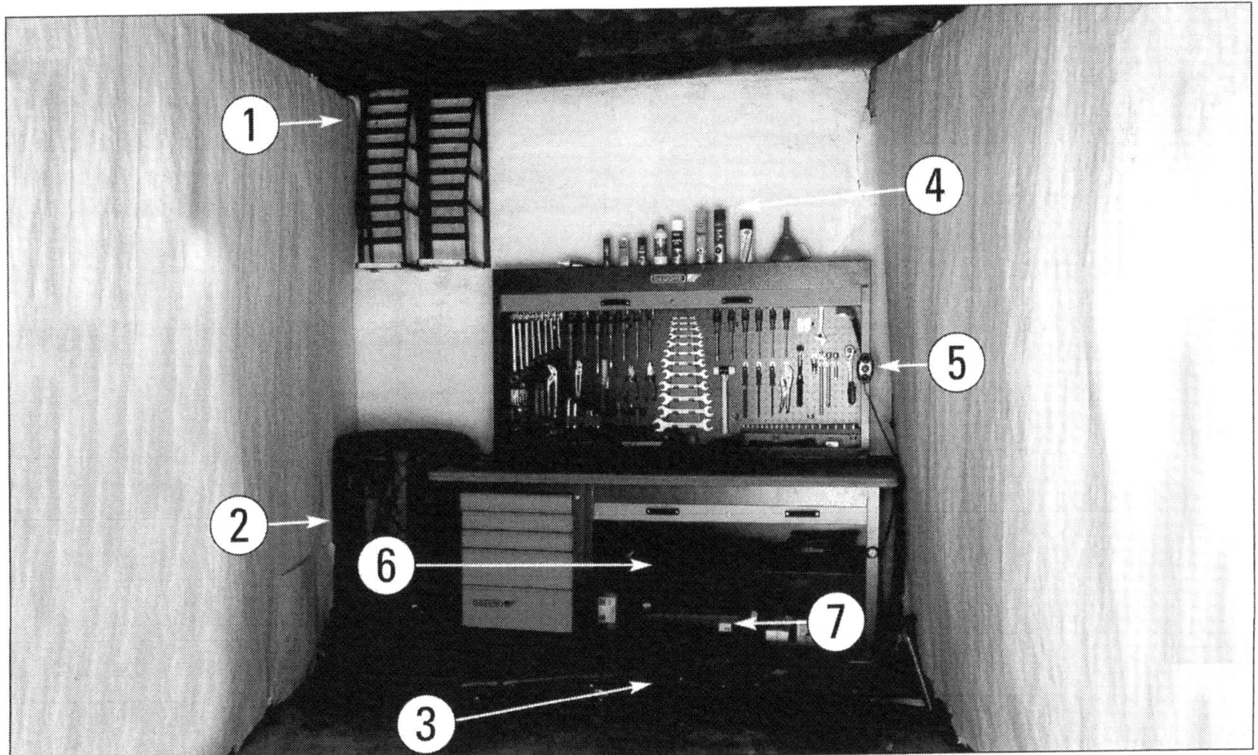

Des Schraubers Traum: Mit einem cleveren Werkstatt-System können Sie sich auch auf begrenztem Raum ein wahres Schrauberparadies schaffen. Tatsächlich steht diese Einzelgarage, was die Ausrüstung angeht, einer Profi-Werkstatt kaum nach. Alles was jetzt noch fehlt ist eine Hebebühne, doch diese braucht leider vier Meter Raumhöhe.

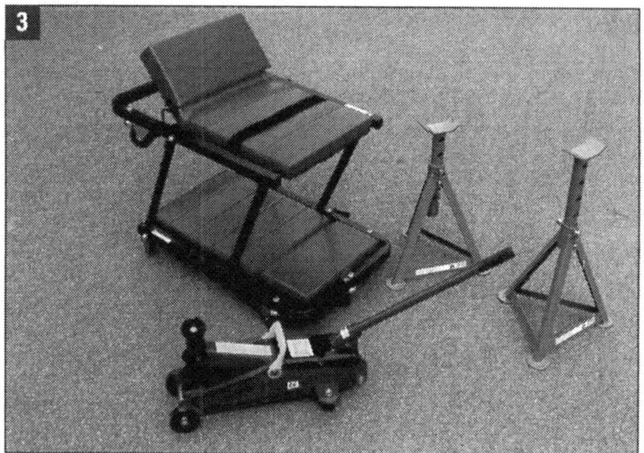

Helfer für unten: Unterstellböcke und ein hydraulischer Wagenheber sind ein Muss. Ein Rollbrett, das sich zum Hocker falten lässt, ist dagegen schon fast Luxus.

Werkstattapotheke: Auch ein kleines Sortiment von chemischen Produkten gehört zur Werkstatt. Unverzichtbar sind Teilereiniger und Sprühfett, aber auch die Kupferpaste werden wir noch brauchen.

Ampellösung: Damit wir die kostbare Werkbank nicht mit dem wertvollen Blech rammen, haben wir einen Abstandswarner montiert. Gefunden bei Conrad-Elektronik.

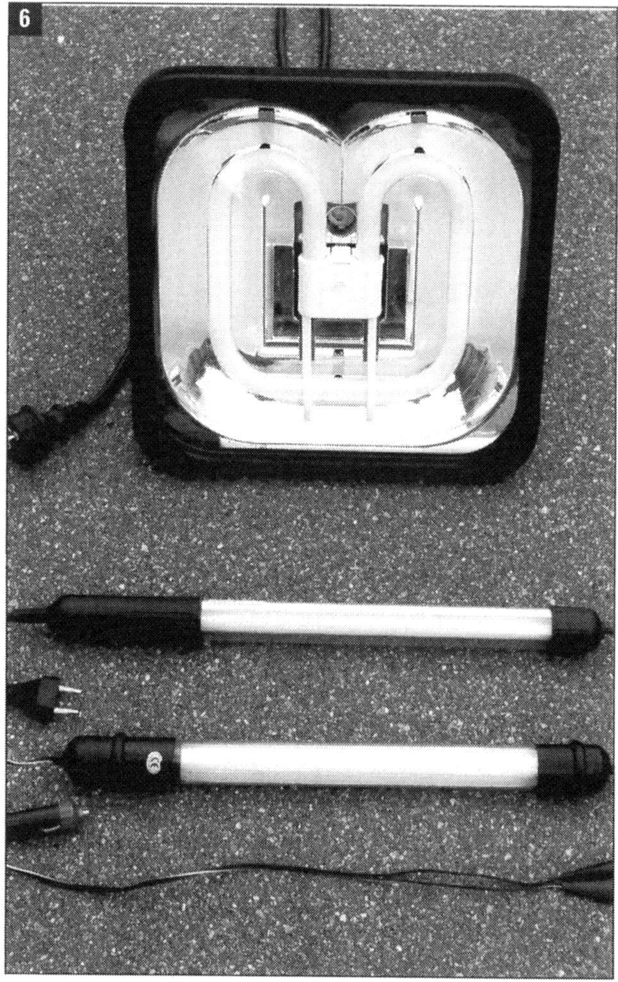

Es werde Licht: Wenn Sie nicht sehen, woran Sie schrauben, ist das Scheitern vorprogrammiert. Es gibt wirklich genug Möglichkeiten, für ordentliches Licht zu sorgen.

Ölige Helfer: Für den Ölwechsel empfehlen wir eine solche Wanne und ein Trichterset. Wer absaugen will, braucht eine Pumpe, die für Öl geeignet ist.

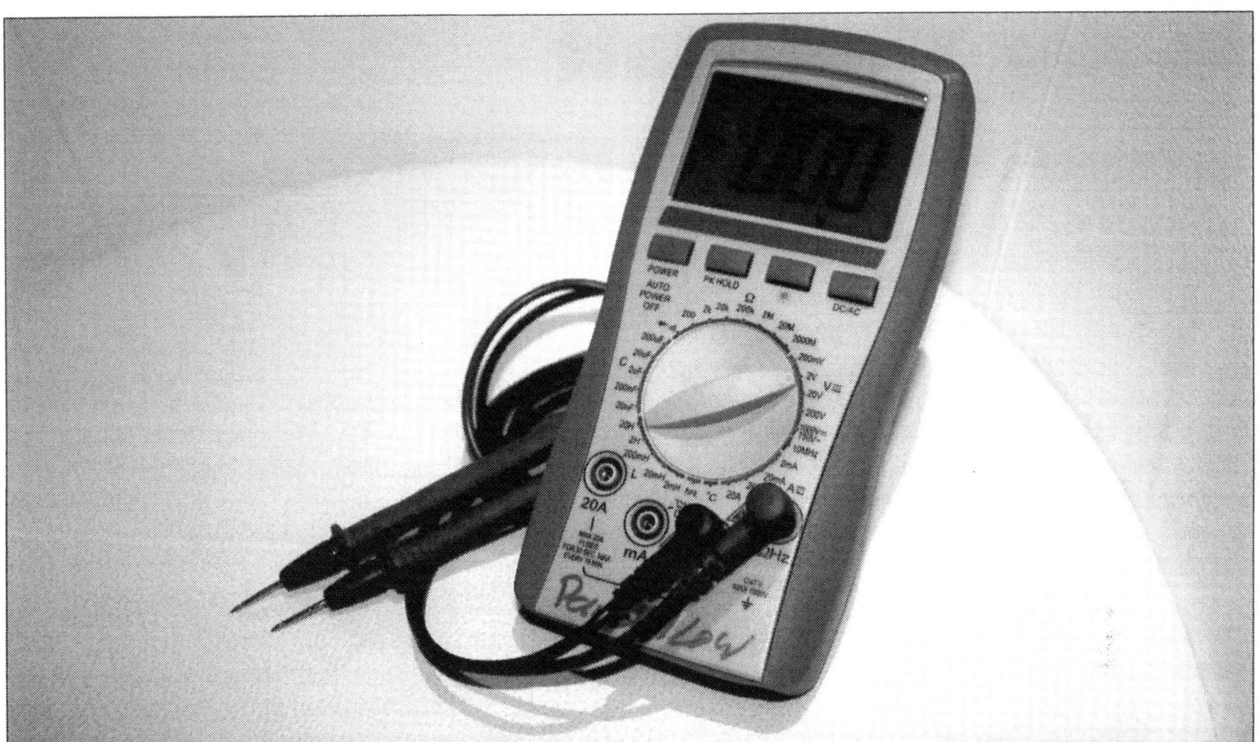

Multifunktionsmessgerät: Ohne Multimeter geht es heute leider nicht mehr. Ein einfaches Multimeter mit möglichst großem Display und brauchbaren Messspitzen kostet ab 40 Euro aufwärts. Es sollte möglichst keine automatische Bereichswahl (Auto-Range) haben. Für die Vergesslichen unter den Schraubern sorgt eine »Auto-Power-Off«-Schaltung für eine batterieschonende, automatische Abschaltung des Gerätes bei Nichtgebrauch.

Diagnose-Tool: Um den Fehlerspeicher auszulesen oder auch Prüffunktionen der Eigendiagnose ausführen zu können, reicht meist schon ein Diagnosetool, welche durchaus schon um 100 Euro in diversen Onlineversteigerungen angeboten werden. Wichtig hierbei ist, dass die entsprechende Software mitgeliefert wird

In der Werkstatt

Was braucht die Werkstatt?

Aufgrund der vielen Ausstattungsvarianten und verfügbaren Extras moderner Autos, ist eine genaue Bestimmung des Fahrzeugtyps nicht immer nur anhand der Fahrgestellnummer möglich. Wenn Sie also eine Werkstatt aufsuchen, die Ihren Wagen noch nicht kennt, sollten Sie alle Unterlagen mitnehmen (Serviceheft, Radiocode, ABEs und Zubehörunterlagen). Berücksichtigen Sie auch vorhandenes Zubehör wie Sonderfelgen mit Schloss. Bei Arbeiten an der Wegfahrsperre oder den Schließsystemen werden in der Regel alle Fahrzeugschlüssel benötigt. Ansonsten räumen Sie Ihr Auto aus und entfernen alle privaten Sachen und auch die Musik-CDs. So gibt es hinterher keine Diskussionen, ob Dinge fehlen oder nicht.

Diese Angaben braucht die Werkstatt:

- Schlüsselnummer (Hersteller)
- Schlüsselnummer (Typ)
- Zulassungsdatum
- Motorisierung
- Fahrgestellnummer

Das müssen Sie dabei haben:

- Fahrzeugschein
- Serviceheft
- Adapter oder Schlüssel für Felgenschlösser
- Radiocode
- alle Schlüssel (bei Arbeiten am Schließsystem)

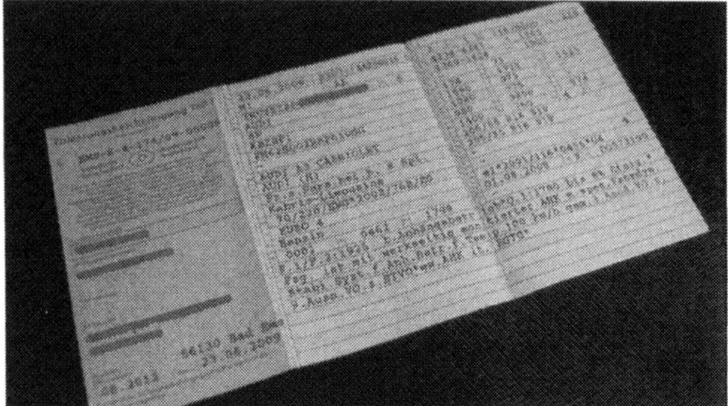

Der Fahrzeugschein: Hier findet die Werkstatt die wichtigsten Daten und auch die Fahrgestellnummer.

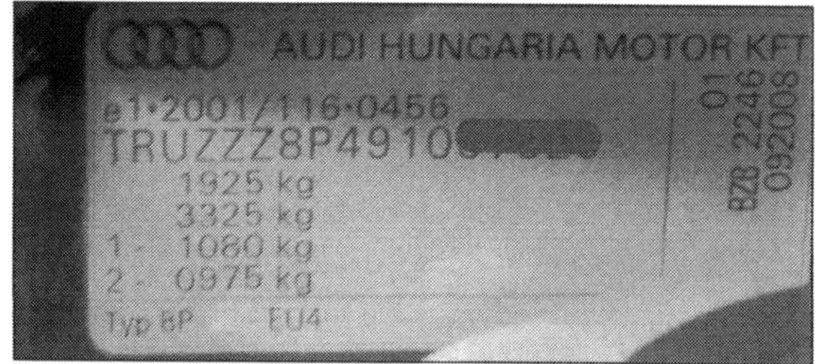

Das Typenschild: Das A3-Typenschild finden Sie auf dem rechten Stoßdämpferdom im Motorraum.

Eine klare Auftragserteilung

Um nicht mit einer Reparaturrechnung konfrontiert zu werden, die weit über dem Erwarteten liegt, sollten Sie der Werkstatt Ihres Vertrauens ein Kostenlimit angeben und darauf bestehen Sie zu kontaktieren, falls es zu unerwarteten Mehrarbeiten kommt. Erteilen Sie Ihren Arbeitsauftrag immer schriftlich, denn mündliche Absprachen sind nur schwer einklagbar und beweisbar. Die Kopie des schriftlichen Arbeitsauftrags in ihrer Tasche gibt Ihnen die Rechtssicherheit. Dank moderner EDV-Anlagen ist es auch oft kein Problem, auf die Schnelle einen schriftlichen Kostenvoranschlag zu erhalten. Dieser ist ebenfalls verbindlich und in der Regel noch detaillierter als der Arbeitsauftrag. Beachten Sie bitte: Der tatsächliche Rechnungsbetrag darf bis zu 10% über den geschätzten Kosten liegen, ohne dass es einer erneuten Zustimmung Ihrerseits bedarf. Eine termingerechte Fertigstellung einer Standardreparatur ist heutzutage üblich.
Oberste Voraussetzung für ein gutes Arbeitsergebnis in der Werkstatt und einen geringen Geldschwund in Ihrem Geldbeutel ist eine exakte Fehlerbeschreibung mit Angabe des gewünschten Ergebnisses.

Fehlerbeschreibung

Nehmen wir einmal an, Ihr Auto klappert hin und wieder und Sie möchten dieses in einer Werkstatt beseitigen lassen. Bei unserem jetzigen Beispiel spielt es keine Rolle, ob Sie selbst bezahlen oder andere Ansprüche stellen. Denn im Vordergrund steht erst einmal ein nicht funktionierendes Auto, das repariert werden soll, und dem Schaden ist es schließlich egal, wer die Rechnung bezahlt.

Damit also der Werkstattmeister nicht viele Stunden und Kilometer in Ihrem Auto zurücklegen muss, um ein Klappern zu lokalisieren, das eventuell gar nicht das ist, das Sie meinen, sollten Sie möglichst präzise Angaben machen. Der vorhandene Fehler muss reproduzierbar sein. Das heißt, Sie sollten genau beschreiben, wann der Wagen klappert.

Eine gute Hilfestellung bieten hier die W-Fragen:

Wann tritt das Problem immer auf? »Beim Befahren von Unebenheiten, wie zum Beispiel über die Brücke XY in eine bestimmte Richtung. Bei Temperaturen unter null Grad ist das Klappern am deutlichsten zu hören, die Motortemperatur spielt dabei keine Rolle.«

Wie kann man das Geräusch verstärken oder abschwächen?
»Die Geschwindigkeit, mit der man über die Brücke fährt ist egal, aber man darf kein Gas geben um das Klappern zu hören.«

Wo kommt das Geräusch her? »Es scheint von vorn rechts zu kommen, wenn ich meine Hand auf das Armaturenbrett lege, kann ich es sogar fühlen.«

Wieso sind Sie nicht schon früher damit gekommen?
»Weil das Klappern erst seit ein paar Wochen vorhanden ist.«

Wer hat zuletzt an dem Wagen Hand angelegt? »Sie haben hier den letzten Kundendienst gemacht, ich habe nur die Winterräder montiert.«

Was haben Sie schon dagegen unternommen? »Ich habe schon alle losen Gegenstände aus dem Wageninneren entfernt, aber es hat sich nichts geändert.«

Bei einer präzisen Fehlerbeschreibung können Sie sicher sein, dass der Mechaniker den Fehler schneller eingrenzen kann, und auch das Reparaturergebnis ist für alle Beteiligten einfach und schnell überprüfbar. Diese W-Fragen sind mit leichten Abwandlungen auf nahezu alle Mängel anwendbar. Möglicherweise finden Sie das Problem auch selbst, wenn Sie sich die richtigen Fragen stellen. Denn niemand kennt Ihren Wagen besser als Sie selbst. Oftmals sind es Kleinigkeiten, die Sie nebenher erwähnen, aber dem Mechaniker die richtige Richtung weisen.

Der Ton macht die Musik

Oft treten Probleme auf, wenn es um Leistungen der Gewährleistung oder Garantie geht. Auch wenn Sie sich im Recht fühlen und vielleicht auch Recht haben, beachten Sie bitte, dass Sie meistens nur mit einem Angestellten sprechen, und dessen Motivation entscheidet in der Regel über die Art und Dauer Ihrer Auftragsabwicklung. Damit Ihr Anliegen zur vollsten Zufriedenheit bearbeitet wird, sollten Sie die üblichen zwischenmenschlichen Verhaltensregeln einhalten, auch wenn Sie schon eine halbe Stunde in der Warteschlange stehen. Nicht jeder Zeitpunkt ist gleich gut für einen Werkstattbesuch, der Freitag vor einem langem Wochenende oder Ferienbeginn ist kein so guter Tag. Wir empfehlen Ihnen, sich vorher anzumelden und dem entsprechenden Mitarbeiter eine kurze Schilderung Ihres Anliegens zu geben, oft kann dieser schon im Vorfeld wichtige Informationen bereitstellen oder auf etwas hinweisen, das Sie nicht vergessen sollten mitzubringen.

Wenn es doch zu Differenzen kommt

Versuchen Sie, den Vorgang noch einmal mit dem Verantwortlichen sachlich durchzugehen, eventuell auch unter Beteiligung des Mechanikers oder Meisters. Dieses Gespräch sollte in einen separaten Raum stattfinden und nicht vor weiteren Kunden. Für das Unternehmen kann es sehr schädlich sein, wenn laute Streitereien vor der Kundschaft ausgetragen werden, entsprechend wird die Reaktion ausfallen. Nehmen Sie ruhig sachkundige Verstärkung mit, Ihr Gegenüber wird auch nicht alleine sein. Ein Zeuge kann später sehr wichtig sein. Sollte das nicht das gewünschte Ergebnis bringen, haben Sie noch die Möglichkeit ein Schlichtungsverfahren einzuleiten. Ein solches Verfahren, welches unter der Regie der jeweils zuständigen Handwerkskammer durchgeführt wird, stellt ein Angebot sowohl an das Mitgliedsunternehmen der Handwerkskammer als auch an dessen Auftraggeber dar, sich außergerichtlich zu einigen. Ziel eines Schlichtungsverfahrens ist, die Streitigkeiten zwischen dem Handwerker und dessen Auftraggeber schnell und unbürokratisch, möglichst durch eine gütliche Einigung, beizulegen. Sollte dies alles nicht funktionieren, können Sie immer noch den teilweise langwierigen und möglicherweise auch kostspieligen juristischen Weg einschlagen. So weit sollten Sie es aber nicht kommen lassen.

Großer Waschtag am AUDI

Sein eigenes Auto zu pflegen macht Spaß. Sie sichern damit nicht nur den Wert, sondern lernen Ihr Auto auch bis in den letzten Winkel kennen. Das ist die ideale Vorraussetzung, wenn wir später beginnen wollen Teile zu demontieren.

Wagenpflege und Werterhalt

Ein Auto zu besitzen ist für die meisten Menschen weitaus mehr als nur eine bequeme Alternative zu Straßenbahn oder Fahrrad. So auch für Sie. Schließlich haben Sie sich bewusst für ein bestimmtes Modell entschieden, in Ihrer Lieblingsfarbe und mit genau den Ausstattungsmerkmalen, die Sie mögen. Der Lack funkelt in der Sonne, der Innenraum riecht angenehm. Da stellt sich zu Recht ein gewisser Besitzerstolz ein, zumal ein Auto auch eine hübsche Stange Geld kostet. Diesen Wert gilt es zu erhalten, denn vielleicht kommt der Tag, an dem Sie sich doch von Ihrem Schmuckstück trennen wollen oder müssen. Dann geht es um Bares, und wie so oft im Leben zählt hier der erste Eindruck. Und stellen Sie sich einfach vor, Sie müssten ein jahrelang vernachlässigtes Auto vor dem Verkauf in Form bringen. Eine Wahnsinns-Arbeit, nur für den Käufer! Also pflegen Sie Ihr Auto regelmäßig. Sie werden sehen, das macht sogar Spaß! Wie das am besten geht und was Sie dabei beachten müssen, erfahren Sie hier.

Waschanlage oder Handwäsche?

Eine der wichtigsten Fragen, die ebenso heiß wie häufig diskutiert wird. Und leider können auch wir keine eindeutige Antwort darauf geben. Einerseits ist die Maschinenwäsche natürlich die bequemste Variante und auch in Sachen Umwelt erste Wahl (siehe auch Kasten auf Seite 34), andererseits haben die Vertreter der Handwasch-Fraktion natürlich recht, wenn sie vor Kratzern und anderen Beschädigungen warnen. Denn natürlich gehen in Waschanlagen manchmal Außenspiegel zu Bruch oder die Bürsten hinterlassen auf dunklen Lacken leichte Kratzer. Das passiert allerdings nur bei schlecht gewarteten oder veralteten Anlagen, aber auch genauso, wenn der Schwamm bei der Handwäsche nicht sauber ist. Wie die meisten Fahrzeuge hat auch die Karosserie Ihres A3 viele tückische Stellen. Dazu gehören zum Beispiel die Falze und Kanten an den Türinnenseiten oder auch am Kofferraum. Die Reinigung in der Waschanlage allein kann also zu unbefriedigenden Resultaten führen, und Sie müssen am Ende ein paar Stellen doch von Hand nachputzen.

Woran erkenne ich eine gute Waschanlage?

Zunächst einmal ist natürlich die neuere und weniger frequentierte Waschanlage die bessere Wahl. Moderne Anlagen steuern die Bürsten optisch und besitzen genügend Flexibilität, um auch mit den ungewöhnlichen Formaten moderner Autos zurecht zu kommen. Wenn Sie eine alte Anlage sehen, die noch mit Fühlern arbeitet, die über die Konturen der Karosserie schleifen, fahren Sie am besten gleich weiter. Auch gebogene oder ausgefranste Borsten sind kein gutes Zeichen. Dann wird diese Waschanlage sehr oft benutzt, ohne dass der Betreiber gerne Geld investiert. Die Folge ist eine Breitseite für den Lack, da die Borstenenden keine saubere Arbeit leisten können. Beobachten Sie einfach einen Waschgang eines anderen Kunden und achten Sie auch darauf, ob das Auto zu Beginn des Waschganges mit genügend Wasser benetzt wird. Denn auch hier wird manchmal gespart oder verstopfte Düsen werden erst gar nicht gereinigt.

Schadet häufiges Waschen dem Lack?

Heutige Lacke sind außerordentlich resistent gegen Umwelteinflüsse. Sie müssen selbst bei relativ frisch lackierten Teilen (zum Beispiel nach einer Unfallreparatur) keine Angst haben. Die größere Gefahr geht von Vogelkot, Insekten oder Pflanzensäften aus, die den Lack mit der Zeit angreifen. Also am besten gleich abwaschen!

Wichtige Hilfsmittel und Putzutensilien

Egal, ob Sie nur von Hand waschen oder Ihren Wagen zunächst durch eine Waschanlage jagen – Sie brauchen in jedem Fall noch ein paar Dinge, um Ihr Schmuckstück perfekt in Form zu bringen. Denn auch die beste Waschanlage lässt manchmal ein paar Stellen aus. Am besten entfernen Sie mit einer gründlichen Vorbehandlung hartnäckige Verunreinigungen und warten dann mit Schwamm und Leder bewaffnet am Ausgang der Waschanlage, um sofort nacharbeiten zu können.

Und natürlich sollten Sie sich bei dieser Gelegenheit auch gleich den Stellen widmen, die eine Waschanlage niemals erreichen kann: Hierzu zählen beispielsweise die Innenseiten der Scheiben oder auch die Einstiegsleisten. Wir haben darum für Sie hier die wichtigsten Utensilien zusammengestellt, die Sie beim Waschgang unbedingt parat haben sollten.

GEFAHRENHINWEIS

⚠ Putzen gefährdet die Umwelt

Ausnahmsweise gilt dieser Gefahrenhinweis nicht Ihnen, sondern der Umwelt. Den Wagen vor der eigenen Haustür zu waschen ist längst nicht mehr überall erlaubt und das aus gutem Grund: Mit dem Abwasser können gefährliche Stoffe in das Grundwasser gelangen. So zum Beispiel Öl oder Chemikalien, die Sie zum Reinigen verwenden. Auch der Trinkwasserverbrauch ist nicht zu unterschätzen. In Waschanlagen werden diese Stoffe durch Abscheider aufgefangen und das Wasser mehrmals aufbereitet und erneut verwendet. Auch die verschmutzten Lappen sind im Grunde genommen Sondermüll, besonders wenn Sie damit dicke Ölkrusten beseitigt haben. Wir raten Ihnen deshalb, grundsätzlich einen ausgewiesenen Waschplatz aufzusuchen. Am besten einen, der überdacht ist, so müssen Sie auch nicht darauf achten, dass Ihnen die Sonne unter Umständen hässliche Wasserflecken in den Lack brennt. Und Sie sind unter Ihresgleichen: Autoliebhaber, die ihr Fahrzeug nicht nur als Fortbewegungsmittel sehen, sondern es mit Hingabe pflegen. Also ein guter Ort für Benzingespräche. Putzen gefährdet die Umwelt.

Das Grundrüstzeug: Unterschiedliche Pflegesubstanzen und vor allem die richtige Auswahl an Tüchern, Schwämmen und Bürsten sind zur gründlichen Reinigung unerlässlich.

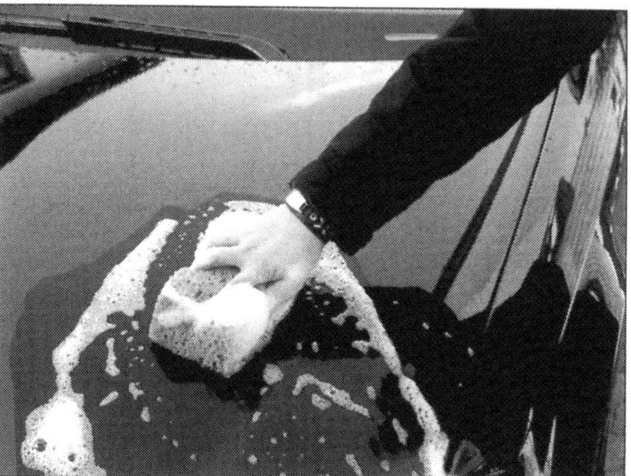

Der große Schwamm: Ein weicher Schwamm ist bei der Handwäsche das wichtigste Putzutensil. Er eignet sich aber auch gut zur Vorreinigung oder dem Nachputzen.

Gegen Insektenreste: Besonders hartnäckig können Insektenreste auf den Streuscheiben der Scheinwerfer anhaften. Rücken Sie dem Fliegendreck mit einem Zellstoffpapier und etwas Schaumreiniger oder Insektenlösemittel zu Leibe.

Vorbehandlung

Vor einer gründlichen Reinigung sollten Sie Ihren Wagen auch einer gründlichen Vorbehandlung unterziehen. Widmen Sie sich akribisch den großen Flächen der Karosserie. Inspizieren Sie gleichzeitig die gesamte Karosserie auf Kratzer. Später gehen wir darauf ein, wie Sie Ihren A3 vor Kleinschäden mit relativ geringem Aufwand und vor allen Dingen vertretbaren Kosten schützen können. Arbeiten Sie von oben nach unten, fangen Sie mit dem Dach an und verteilen Sie von dort den Waschschaum auf die restliche Karosserie. Hilfreich ist die Waschbürste, um alle Stellen am Dach zu erreichen, ohne auf Tuchfühlung mit der Fahrzeugflanke gehen zu müssen. Geben Sie aber Acht, dass die Dreckreste Ihres Vorgängers nicht mehr im Bürstenkopf hängen und so Ihre Lackoberfläche verkratzen. Besonders die Felgen müssen Sie sich gesondert vornehmen.

Bremsstaub an den Felgen: Der schwarze Abrieb an den Radzierblenden und Felgen sieht nicht nur hässlich aus, er greift auch das Material an. Daher immer gut einschäumen.

Grober Dreck an der Karosserie: Die starken Verschmutzungen lösen Sie zunächst mit der Waschbürste. Vorsicht: Kontrollieren Sie den Bürstenkopf, bevor Sie loslegen. Zurückgebliebener Sand und Staub könnten Ihren Lack verkratzen.

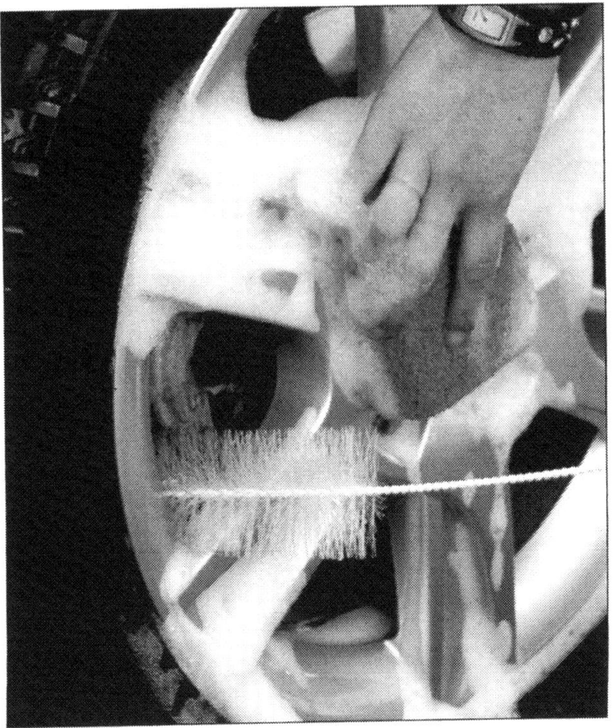

Kleiner Schwamm und Bürste: Die Feinarbeit an den Felgen erledigen Sie am besten mit einem kleinen Haushaltsschwamm und einer Bürste an einem fexiblen Drahtstiel.

Dampfstrahler marsch: Den Schaum mit dem Dampfstrahler von oben nach unten abwaschen. Dabei stets auf genügend Abstand, insbesondere von den Reifenflanken achten.

Vorsicht beim Dampfstrahlen

GEFAHRHINWEISE

Ein Dampfstrahler ist an sich eine tolle Erfindung: Heißes Wasser, das unter extrem hohen Druck aus einer Düse schießt, löst fast jede Schmutzkruste. Besonders gut natürlich dicke Ölkrusten an Motor und Getriebe. Hiervon raten wir aber dringend ab. Denn die im Motorraum verbauten Elektronikteile können durch die eindringende Feuchtigkeit erheblichen Schaden nehmen. Die Folge könnte ein kostspieliger Austausch des Motorsteuergerätes sein. Der Motorraum sollte daher nur mit geeigneten, so genannten Kaltreinigern und in Handarbeit, oder noch besser vom Profi gesäubert werden. Auch für den Kühler ist ein Dampfstrahler Gift. Denn der scharfe Strahl dringt mit großem Druck durch die feinen Lamellen und kann diese deformieren. Bleiben noch die Felgen. Tatsächlich kann der Dampfstrahler hier im Kampf mit Bremsstaub und anderen Verschmutzungen viel bewirken. Meistens reflektieren die Speichen den Strahl jedoch in die Richtung, in der Sie gerade stehen. Und wehe Sie kommen dem Reifen zu nah! Auch in der Seitenwand moderner Pneus kann der enorme Druck des Wasserstrahls Schaden anrichten. Also wenigstens 50 cm Abstand halten!

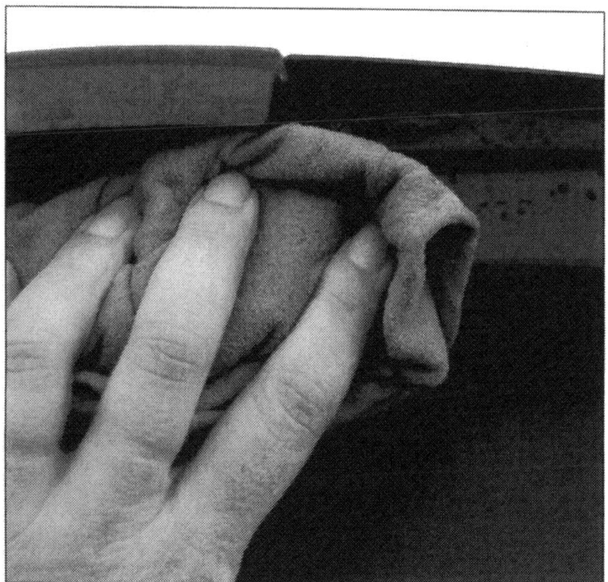

Heckdeckel innen: Kontrollieren Sie die Umlaufkante des Heckdeckels auf Restverschmutzungen. Reiben Sie die betreffenden Stellen gründlich, aber vorsichtig sauber.

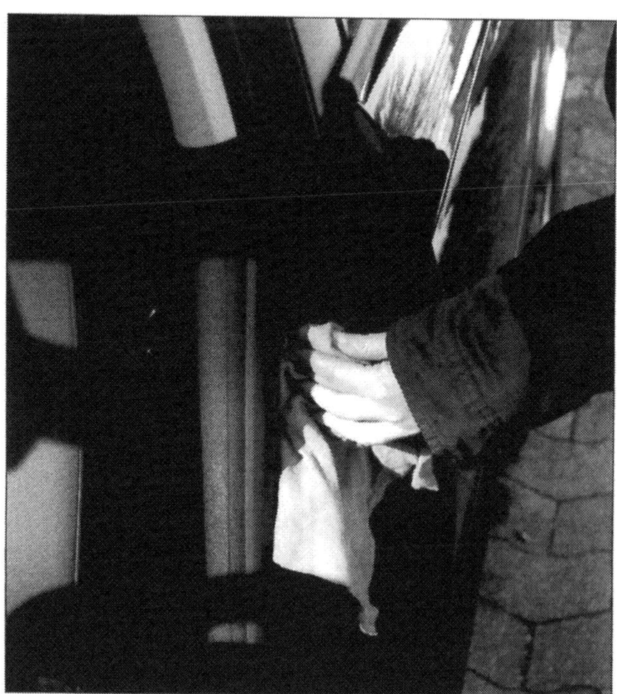

Türkanten: Jede Tür einzeln öffnen und mit dem Tuch nachfahren. Genauso an den Einstiegsleisten und eventuell auch die Schwellerkanten behandeln.

Spiegelgehäuse und Glas: Restfeuchtigkeit an den Seitenspiegeln mit dem Tuch vorsichtig abwischen. Dabei das Gehäuse mit dem Lappen von hinten festhalten und abreiben.

Denn an den Rädern setzt sich aggressiver Bremsstaub fest und kann dort die Oberfläche angreifen. Reinigen Sie daher die Felgen mit der Bürste vor, um anschließend noch mit dem kleinen Haushaltsschwamm (Vorsicht im Umgang mit der Scheuerfläche) und einer Bürste nachzuarbeiten. Für Insektenreste an der Front empfiehlt sich ein Insektenreiniger zur Vorbehandlung. Zum Schluss waschen Sie den Wagen großzügig mit dem Dampfstrahler ab. Halten Sie dabei aber unbedingt genügend Abstand.

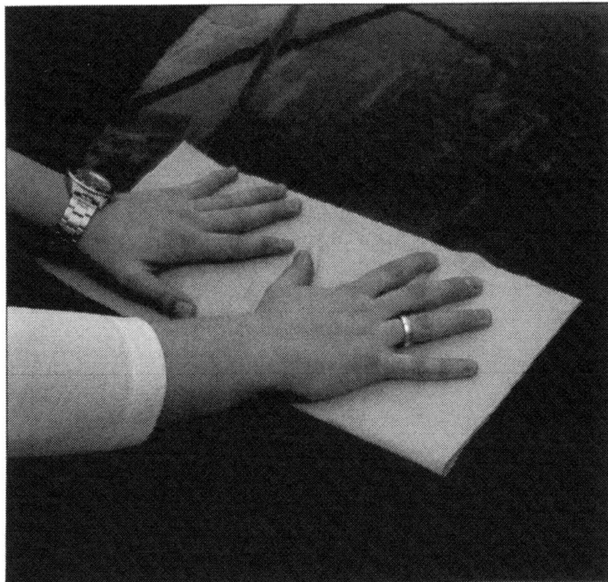

Große Flächen: Um die restlichen Wassertropfen zu entfernen ist das gute alte Leder immer noch unschlagbar. Aber Vorsicht: Niemals über noch schmutzige Stellen wischen!

Nachbehandlung der kritischen Stellen

Ein perfektes Finish macht den Unterschied. Also ist nach dem Waschgang nochmals Handarbeit angesagt. Nehmen Sie sich insbesondere der schwierigen Stellen an. Hierzu zählen wie bereits erwähnt die Einstiegsleisten, aber auch die Innenseiten und Aussparungen der Türen und des Heckdeckels. Fahren Sie auf gar keinen Fall sofort nach der Wäsche los, denn sonst war die Arbeit bis dahin vergebens. Die noch feuchten Stellen, zum Beispiel an der Unterkante der seitlichen Schweller, nehmen sofort wieder Straßenschmutz auf, der durch die Räder und den Fahrtwind aufgewirbelt wird.

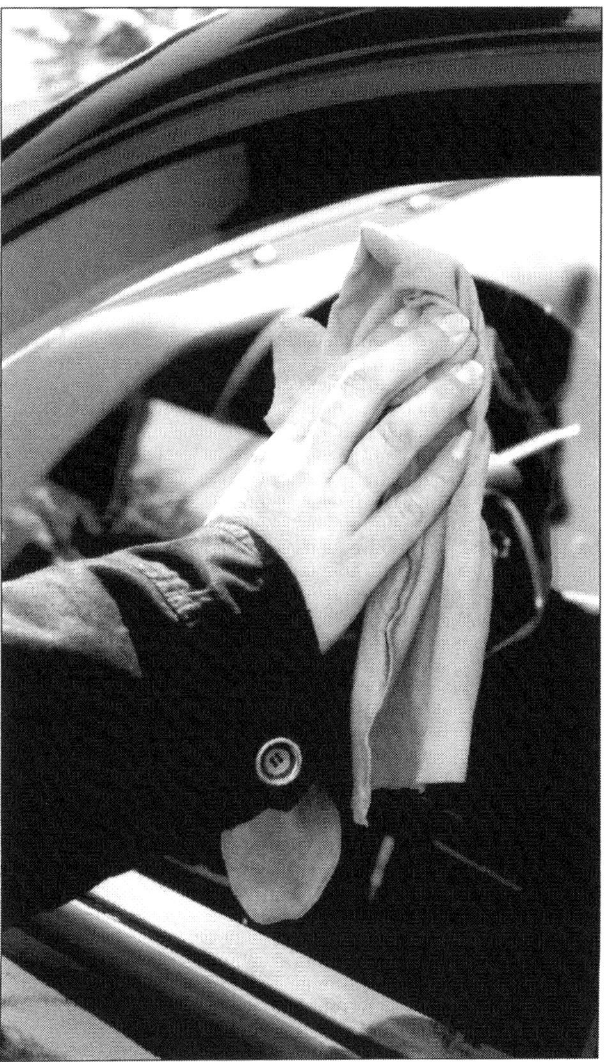

Scheiben: Für den klaren Durchblick sorgt ein fusselfreies Tuch, mit dem die Scheiben innen und außen abgewischt werden. Ohne Reiniger geht auch das Leder: Nachbehandlung der kritischen Stellen.

Nanotechnologie

WISSENSWERTES

Als Forschungsfeld mit Zukunftspotential bietet die Nanotechnologie schon heute viele Anwendungen im und rund ums Fahrzeug. Beispiele sind blendungsfreie Tachoverglasungen oder auch Verbundglas, das Infrarotstrahlung absorbiert und so die Wärmeeinwirkung aufs Fahrzeuginnnere reduziert. Der berühmteste Nanoeffekt ist aber der Lotusblüteneffekt, der selbstreinigende Oberflächen ermöglicht. Zur längerfristigen Versiegelung der Lackoberfläche bieten nun auch einige Pflegefachbetriebe diesen Lackschutz an. Was für den Oberflächenschutz

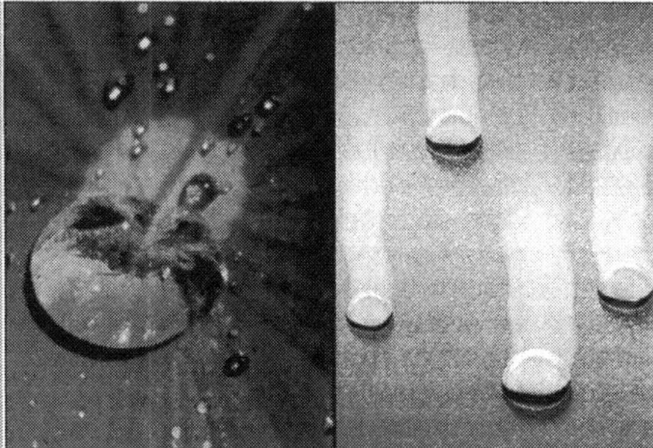

Nach dem Vorbild der Natur: Nanopartikel reduzieren die Benetzbarkeit und verhindern dadurch Schmutzanhaftungen an der Oberflächen.

durch Anstreichfarben an Häuserfassaden oder auch Dachziegeln gut funktioniert, birgt beim bewegten Fahrzeug noch gewisse Schwierigkeiten. Die Rauigkeit der mikroskopisch kleinen Strukturen, welche eine geringe Benetzbarkeit und damit auch ein hohes Maß an Selbstreinigung bewirken, könnten nämlich schnell durch Insekten verkrustet werden. Dennoch bieten immer mehr Pflegefachbetriebe Nanotechnologie als Langzeitschutz an. Im Unterschied zu einer Wachsversiegelung hält der Nanoschutz mitunter bis zu drei Jahre und das bei vergleichbaren Kosten. Wenige Fahrzeughersteller bieten mittlerweile auch den Nanoschutz ab Werk. Eine Nanoschicht im Klarlack sorgt für höhere Resistenz gegen mechanische Beanspruchung und Korrosion. Was in der Praxis eine höhere Kratzfestigkeit bedeutet. Die Forschung arbeitet derzeit an weiteren praktischen Anwendungen. Selbstreinigende Felgen oder auf Knopfdruck wechselnde Farbe sind so vielleicht schon bald mehr als nur eine Vision.

Polieren und Konservieren

Dem Lackkleid sollten Sie von Zeit zu Zeit eine Politur gönnen. Dadurch kann der Schmutz nicht so leicht anhaften und auch das Wasser perlt einfach ab. Das ist übrigens ein guter Indikator für den richtigen Zeitpunkt: Bildet das Wasser größere Pfützen auf der Karosserie, sollten Sie die Oberfläche neu versiegeln. Im Handel sind zahllose Produkte zu finden, vom leichten Mittel bis zum schleifenden Reiniger für stark verwitterte Lacke. Lesen Sie also die Beschreibung aufmerksam durch und verwenden Sie im Zweifelsfall stets das weniger aggressive Produkt. Etwas anders sieht es unter dem A3 aus. Obwohl hier ab Werk ausreichend Korrosionsschutz vorhanden ist, sollten Sie bei Gelegenheit nochmals nacharbeiten. Die Falze und Hohlräume freuen sich über eine Extraportion Wachs, die das Eindringen von Feuchtigkeit und den daraus resultierenden Kantenrost um Jahre verzögert. Dazu muss allerdings der Unterboden zuerst von allen Verkleidungen befreit werden. Behalten Sie diese Spezialbehandlung also im Kopf, wenn Sie weiter hinten im Buch beginnen Teile des Unterbodens zu demontieren. Langfristigen Schutz kann auch die Versiegelung mit Wachs vom Fachmann bieten. Sie kostet summiert auf die Wirkdauer, etwa so viel wie die Wagenwäschen, die man sich dadurch ersparen kann, und hält bis zu einem ganzen Jahr. Neuerdings bieten manche Pflegefachbetriebe auch die Versiegelung mittels Nanotechnologie (siehe Kasten) an. Diese Art das Fahrzeugäußere zu versiegeln kostet zwar mehr, hält dafür aber auch mitunter bis zu drei Jahre.

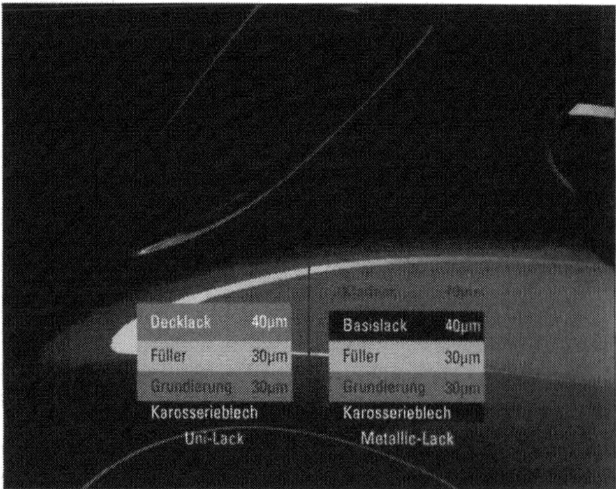

Lackschichten: Durch unterschiedlich dicke Schichten ist die Lackoberfläche aufgebaut und schützt das Blech darunter vor Korrosion.

Türschloss: Gelegentlich ein paar Spritzer Öl halten die Verriegelungsmechanik in Gang. Gelspray verteilt sich bis in den letzten Winkel und haftet länger als normales Öl.

Schließzylinder: Die Mechanik der Schließzylinder können Sie mit Sprayölen in Gang halten. Benutzen Sie bei der Anwendung ein Tuch, um überschüssiges Öl aufzufangen.

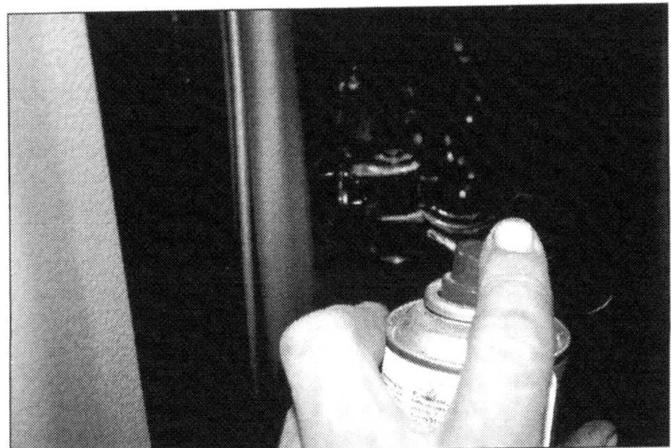

Türscharniere: Quitschende Scharniere sind nervig und außerdem der Beleg mangelnder Fürsorge. Beugen Sie durch regelmäßige Öl-Anwendung vor. Dabei auch gleich die Türfeststeller an den im Bild angezeigten Stellen schmieren.

Kleiner Schmierdienst

Überall, wo sich Teile der Karosserie relativ zueinander bewegen, entstehen Reibungskräfte, die nach und nach aber vor allen Dingen bei mangelnder Schmierung das Material der Kontaktflächen verschleißen. Türen, Schlösser und Scharniere müssen daher mit einem Spritzer Öl in Gang gehalten werden. Die Aufbringung der Schmiermittel macht Ihnen wenig Aufwand. Die meisten Spraydosen haben zum gezielten Einbringen einen Sprühkopf als längliches und flexibles Röhrchen. Dadurch ersparen Sie sich zumindest aufwändige Demontagen. Der langfristige Effekt dieser Arbeit ist aber dennoch nicht zu unterschätzen. Empfehlenswert sind so genannte Gelsprays. Sie haften aufgrund ihrer weniger flüchtigen Konsistenz besser und verteilen sich zugleich sehr weitläufig bis in den letzten Spalt. Außerdem haften diese Mittel länger als normales Öl an.

Pflege des Innenraumes

Natürlich gibt es unzählige Mittelchen für die Pflege unterschiedlichster Materialien. Und jede Woche kommt ein Neues hinzu. Wir können daher keine konkrete Produktempfehlung aussprechen, wollen Ihnen aber gerne erklären, welche Art von Produkt an welcher Stelle angebracht ist.

Glas: Für die Reinigung der Scheiben gibt es normale Haushaltsmittel. Wichtig ist ein nicht fusselnder Lappen. Sie können aber auch Spiritus nehmen und mit Zeitungspapier nachreiben.

Aufwändige Geschichte: Die Reinigung des A3-Innenraumes nimmt viel Zeit in Anspruch und braucht eine Menge unterschiedlicher Mittel. Auf den ersten Blick erkennen wir in diesem Cockpit verschiedene Materialien und Oberflächen. Fast jede braucht eine andere Behandlung. Hier natürlich nicht im Bild: die unangenehmen Gerüche. Aber auch dafür gibt es Lösungen: Eine Schale Essigwasser über Nacht in den Fahrzeuginnenraum gestellt wirkt Wunder.

Kunststoffoberflächen: Bewährt haben sich antistatische Mittel (Cockpitspray), die verhindern, dass Staub und Schmutz vom Kunststoff angezogen werden.

Knöpfe und Schalter: Etwas Cockpitspray auf einen Lappen sprühen und die Knöpfe gründlich säubern – schon setzt sich kein Speck mehr darauf ab.

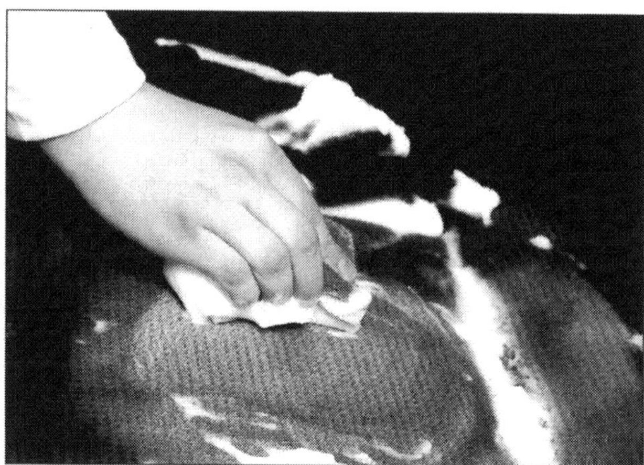

Textilien: Schwierig zu reinigen, da sich der Schmutz in den Fasern festkrallt. Probieren Sie Polsterreiniger, aber zunächst an einer unauffälligen Stelle, um die Verträglichkeit zu testen.

Gläser aus Kunststoff: Hier ist größte Vorsicht angebracht. Zu scharfe Mittel oder schmutzige Lappen verursachen sehr schnell Kratzer oder blinde Stellen.

Lüftungsdüsen: Zum Entfernen von Staub empfiehlt sich ein handelsüblicher Malerpinsel mit langen Borsten, der sich auch für sonstige schwer zugängliche Stellen eignet.

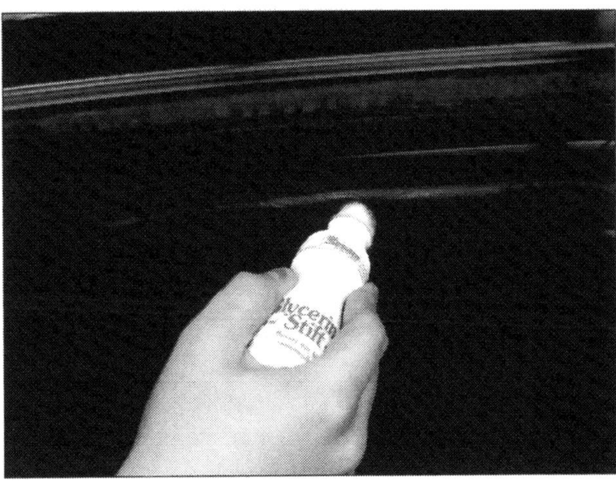

Gummidichtungen: Diese müssen innen wie außen geschmeidig bleiben. Besonders wichtig ist das im Winter. Spezielle Gummiplegemittel geben dem elastischen Material zusätzlich den Glanz.

Wertsteigerung durch Aufbereitung

Vielleicht kommt irgendwann leider auch mal die Zeit und Sie müssen oder wollen sich von Ihrem A3 trennen. Möchten Sie nun zur Wertsteigerung beitragen und einen höheren Erlös erzielen, gibt es vor dem Verkauf verschiedene Dinge zu beachten. Erstens sollten Sie Ihren A3 dem Nachbesitzer in einem technisch einwandfreien Zustand überlassen. Der TÜV nimmt Wertgutachten vor und checkt das Fahrzeug auf etwaige Mängel. Verschiedene Prüfpunkte werden in einem detaillierten Bericht aufgelistet, dazu gehören Bremsen, Lenkung, Fahrwerk, Antrieb, Auspuffanlage, Elektrik und Beleuchtung, Karosserie und Lackierung sowie der Innenraum. Ein Gebrauchtwagenzertifikat sorgt zusätzlich für Vertrauen und dient als neutrale Verhandlungsbasis. Außerdem bleiben Sie und der Käufer vor bösen Überraschungen bewahrt, die unnötigen Ärger verursachen. Doch was kann man, außer dem technischen Check-up und der obligatorischen Wagenreinigung innen und außen, noch tun?

Komplettsanierung innen und außen

Eine Möglichkeit, den Wagenwert zu steigern, ist die professionelle Aufbereitung Ihres Fahrzeugs. Innenraum und Karosserie erhalten dabei eine Komplettsanierung, kleinere Mängel und Schönheitsfehler werden beseitigt oder zumindest retuschiert. Ihr A3 steht anschließend im frischen Glanz da und macht so gleich auf den ersten Blick einen guten Eindruck. Ein A3, der vor allem als urbanes Fortbewegungsmittel dem harten Autoalltag ausgesetzt war, trägt wahrscheinlich auch dementsprechende Spuren davon. Kleine Kratzer oder Beulen außen, die Löcher der Handyhalterung im Armaturenträger oder des Rauchers Unachtsamkeit, die sich im Sitzpolster als Brandloch verewigt hat. Die vielfältigen Methoden der Kleinreparaturen helfen diese Schönheitsfehler bei relativ geringem Aufwand zu beseitigen. Aller Euphorie vorangestellt sollten Sie sich aber im Klaren sein, dass die Aufbereitung keinen Neuwagen hervorzaubert. Machen Sie sich daher mit den Leistungen Ihres Profiaufbereiters vertraut und besprechen Sie ausführlich den erwünschten Umfang Ihrer Fahrzeugrenovierung. Machen Sie ihn auf kritische Stellen aufmerksam. So fällt eine sorgfältige Einschätzung, wie das erreichbare Ergebnis aussehen könnte, leichter.

Auspolieren kleiner Kratzer

Kleinere Kratzer lassen sich oft mit wenig Aufwand und ohne besondere Hilfsmittel entfernen.
Wichtig hierbei ist, dass die Kratzer nur in der obersten Lackschicht vorhanden sind.
Zuerst einmal muss das Fahrzeug gründlich gewaschen werden. So wird sichergestellt, dass man beim Polieren nicht mit Schmutzpartikeln die nächsten Kratzer in den Lack einarbeitet. Für den nächsten Schritt darf das Blech der zu polierenden Stelle nicht heiß sein. Bei einem zum Beispiel durch die Sonne aufgeheizten Lack trocknet die Politur zu schnell ab und erschwert die Arbeit ungemein. Für das Auspolieren reicht ein etwas kräftigerer Lackreiniger aus. Er über-

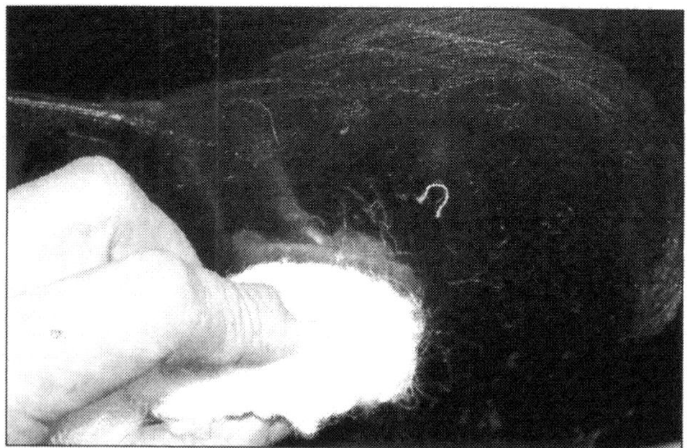

Auspolieren eines Kratzers: Auch wenn es nicht so aussieht, es wird geschliffen.

nimmt die Schleifarbeit. Der Trick liegt darin, die Lackdicke etwas abzuschleifen, um sie wieder in die gleiche Höhe zu bekommen wie den Kratzer. So fällt diese Stelle nicht mehr auf. Je nach Aggressivität des Lackreinigers, kann das sehr schnell gehen. Grundsätzlich sollte dann in einem zweiten Schritt die Umgebung des Kratzers leicht mitbehandelt werden. So wird vermieden, dass sich diese aufbereitete Stelle von dem umliegenden Lackbild abhebt.

Eine weitere Möglichkeit ist das Polieren mit Nassschleifpapier. Die Körnung sollte dann aber um 1500 liegen. Die Vorarbeit wird dann mit dem Schleifpapier und viel Wasser erledigt.
Es sollte aber trotzdem mit Lackreiniger nachgearbeitet werden. Im nächsten Schritt werden die Rückstände des Lackreinigers vollständig entfernt. Zum Abschluss wird die geschliffene Fläche mit einer Wachspolitur versiegelt und nach dem Abtrocknen der Wachsschicht gründlich mit einem weichen Lappen poliert.

Auspolieren eines Kratzers mit Schleifpapier: Sieht eigenartig aus, ist aber sehr effektiv. Wichtig ist die Handhaltung und etwas Erfahrung.

PRAXISTIPP

Aufbereitung vom Profi

Die Abwägung, ob es sich für die vorhandenen Kleinschäden an Ihrem Fahrzeug lohnt einen Profi zu engagieren oder nicht, wird dann relevant, wenn Sie sich von Ihrem Wagen trennen wollen oder müssen. Denn auch bei der Fahrzeugwartung und -pflege hat sich leider die »Geiz-ist-geil«-Mentalität in letzter Zeit bemerkbar gemacht. Trotz des gestiegenen Anteils älterer Fahrzeuge in Deutschland (das Durchschnittsalter des bundesweiten

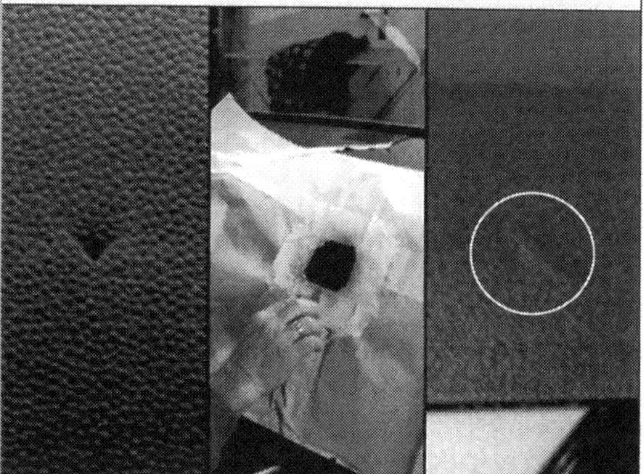

Befriedigendes Resultat: Ein Loch im Armaturenträger vor und nach der Reparatur.

Fahrzeugbestandes beträgt mittlerweile acht Jahre), scheinen sich immer weniger Besitzer um den Allgemeinzustand ihres Fahrzeugs Gedanken zu machen. Wartung und Kundendienst werden vernachlässigt, die Motivation sinkt, in das Fahrzeug und den fälligen Service Geld zu investieren. Die Folge sind sich anhäufende Kleinmängel, die in ihrer Summe das Gesamtbild und die Erscheinung eines Kfz schnell trüben. Dies ist eine Chance für Besitzer wie Sie, die pfleglich mit Ihrem Automobil umgehen. Sie können sich mit Ihrem ordentlich gepflegten Fahrzeug hervorheben und zusätzlich durch eine optische Generalüberholung den Wiederverkaufswert steigern. Praxistests haben gezeigt, dass professionell aufbereitete Fahrzeuge in aller Regel einen deutlich höheren Verkaufspreis erzielen als ohne vorherige Verschönerungsmaßnahmen. Die Schönheitskur kann so eine Wertsteigerung von bis zu 1000 Euro erzielen. Rechnet man die ca. 400 bis 500 Euro Aufwendungen ein, bleibt immer noch ein schöner Überschuss von mehreren hundert Euro.

Polieren der Fläche: Zum Abschluss muss nun Glanz entstehen.

Mehr als ärgerlich: Beulen und Kratzer

Wie schon erwähnt: Die Karosserie des A3 ist sehr widerstandsfähig. Doch irgendwann ist es vielleicht doch passiert: Es fällt irgendein Gegenstand auf das Blech oder der Lack ist durch einen tiefen Kratzer verunziert. Im Prinzip bleibt Ihnen dann fast nichts anderes übrig, als die Fahrt zum Lackierer beziehungsweise Karosseriebauer anzutreten. Reparaturversuche zu Hause sind bei allem Aufwand meistens nicht von dauerhaftem Erfolg. Daher wollen wir Ihnen hier bildhaft zeigen, wie der Profi einer Beule in einem Karosserie-blech zu Leibe rückt. Das Problem in diesem Fall ist: Die Beule ist von innen nicht zugänglich, muss also von außen Stück für Stück herausgezogen werden. Hierzu verwendet der Profi einen Zuganker, der an die betroffene Stelle angeschweißt wird. Mit dieser Behelfsvorrichtung kann der Profi durch Ziehen die Einwölbung wieder herausbekommen. Danach wird der Anker wieder entfernt und die Stelle geglättet sowie anschließend lackiert.

Mit sehr viel Geschick und Geduld lassen sich viele kleine Beulen ohne Lackschäden beim Beulendoktor beseitigen.

So sieht das Spezialwerkzeug für die etwas hartnäckigeren Beulen aus. Die Anker werden aufgeklebt.

Besonderheit bei der Reinigung des Verdeckstoffes

Die Stoffverdecke von Audi sind recht aufwändig gefertigte Faltdächer, die in der »Sonnenland-Qualität« die höchste lieferbare Stoffqualität bieten. Bei kleineren Schäden sollten Sie in keinem Fall eigene Reparaturversuche starten, sondern Ihren Vertragshändler oder einen erfahrenen Autosattler befragen. Selbst die provisorische Reparatur mit Klebeband kann hier durchaus den Schaden vergrößern.

Aufkleber am Verdeck.

Auch wenn es bei schönem Wetter meist unsichtbar ist, das Stoffverdeck muss immer gepflegt sein. Nachlässigkeit bereitet in diesem Fall recht viel Arbeit oder kostet entsprechend Geld. Das Verdeck muss nicht bei jeder Wagenwäsche mitgewaschen werden. Wenn es nur leicht verstaubt oder verschmutzt ist, reicht eine Trockenreinigung mit einer weichen Bürste aus. In keinem Fall darf das Verdeck mit Benzin, Fleckenwasser, Benzol, Lackverdünner oder anderen Lösungsmitteln behandelt werden. Durch die Lösungsmittel können die Gummischichten aufquellen und undicht werden. Der Ersatz des Verdeckes ist dann unausweichlich. Die Fahrzeugreinigung in der Waschstraße ist eigentlich unproblematisch. Sie sollten sich allerdings versichern, dass keine alkalischen Reiniger zum Einsatz kommen. Auch die Vorwäsche mit dem Heißdampfstrahler und das Heißwachs sollten Sie auslassen. Diese Behandlungen können das Stoffdach schädigen oder ausbleichen.

Die Trockenreinigung

Auch vor der Nassreinigung muss dieser Arbeitsschritt vorgeschaltet werden. Die Vorgehensweise ist recht einfach. Nehmen Sie sich eine weiche Bürste, wie sie beispielsweise zum Polieren der Schuhe oder bei der Reinigung von Anzügen verwendet wird. Bürsten Sie das Verdeck in Geweberichtung von vorne nach hinten mit leichtem Druck aus.

Die Nassreinigung

Bei leichter Verschmutzung recht es aus, das Verdeck nach der Trockenreinigung mit klarem Wasser abzusprühen. Für stärkere Verschmutzungen kommt dann lauwarmes Wasser, in das ein mildes Feinwaschmittel oder Verdeckreiniger eingemischt wird, zum Einsatz. Mit einem Schwamm oder der Bürste wird wiederum in Geweberichtung von hinten nach vorne die Verschmutzung ausgewaschen. Nach dieser Reinigung muss das Verdeck in jedem Fall mit klarem Wasser abgewaschen werden.

Vom Einsatz von Hochdruckreinigern ist dringend abzuraten. Es können leicht die verklebten Gummierung- und Stofflagen des Verdecks beschädigt werden. Ätzende Verunreinigungen wie Vogelkot müssen am besten sofort gründlich entfernt werden. Es kann durchaus zum Aufquellen der Gummierungsschichten im Stoffgewebe kommen, was eventuell eine Undichtheit des Verdecks zur Folge hätte.

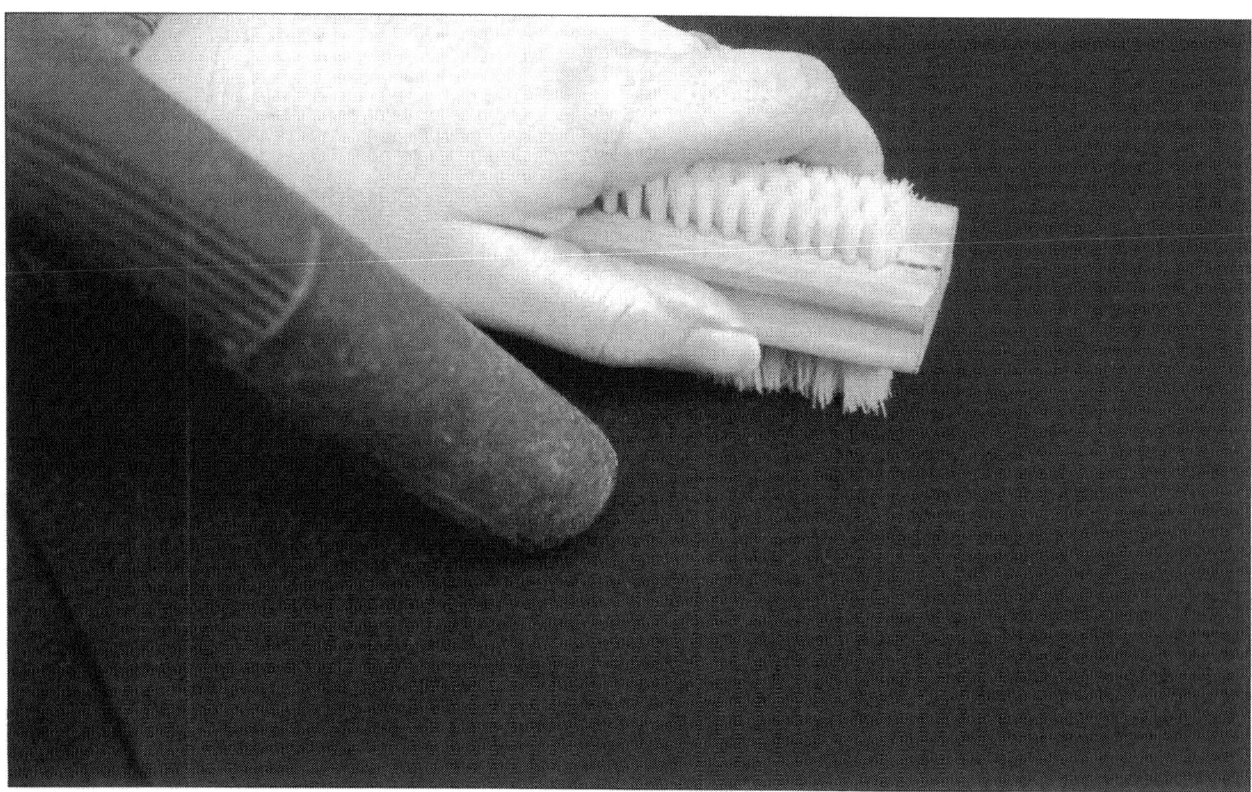

Mit Liebe bürsten und saugen.

Fit durch den Winter

Auto fahren macht auch im Winter Spaß, vorausgesetzt, Sie haben den Wagen fit für die kalte Jahreszeit gemacht. Auch Sie selber müssen sich natürlich auf den Winter und seine Tücken einstellen und sich rechtzeitig ein paar Gedanken machen.

Eine Frage der Traktion

Mit dem Frontantrieb hat der A3 im Schnee grundsätzlich gute Karten. Die Antriebskraft wird vorne dank des Motorgewichtes in Traktion umgesetzt. Deshalb sind gute Winterreifen Pflicht. Auch von der Schneekettenpflicht auf manchen Passstraßen sind Sie trotz der überragenden Traktion nicht entbunden. Die Schneeketten sollten immer auf der Vorderachse montiert werden. Die in allen Modellen serienmäßig vorhandenen elektronischen Regelsysteme wie ABS, ASR und ESP helfen natürlich auch im Winter. Damit übertrifft der A3 sogar die Selbstverpflichtung der europäischen Automobilindustrie (ACEA vom 1. Juli 2004), nach welcher alle Fahrzeuge unter 2,5 t zulässigem Gesamtgewicht serienmäßig zumindest mit ABS ausgestattet sein sollen. Höchstens beim Herausschaukeln aus Schneeverwehungen sollten diese Fahrhilfen kurzfristig abgeschaltet werden. Es kann in bestimmten Fällen passieren, dass die Fahrdynamikregelung in das Notprogramm fällt und die Warnlampe leuchtet. Zum Beispiel, wenn Sie die Vorderräder lange auf einer glatten Stelle durchdrehen lassen und dabei stark lenken, oder auch bei der Verwendung von Schneeketten aufgrund unterschiedlicher Abrollumfänge der Räder. Starten Sie in solchen Fällen den Motor neu, um die Systeme zu reaktivieren.

Winterausrüstung mitnehmen

Damit Sie gut gerüstet sind, empfehlen wir Ihnen die folgenden Utensilien mitzuführen: (A) eine fertige Mischung Frostschutz für die Scheibenwaschanlage; (B) damit der Sprit nicht ausgehen kann, einen Reservekanister; (C) eine warme Decke, falls Sie festsitzen und der Sprit doch ausgeht; (D) eine kleine Schaufel für eine Tiefschneehavarie. Damit kann der Schnee vor den Rädern weggeschaufelt werden; (E) Eine Kopflampe, damit Sie im Dunklen die Hände frei haben; (F) ein Seil oder besser noch einen langen Schwerlast-Spanngurt. Damit können Sie andere Autofahrer aus dem Graben ziehen oder selbst geborgen werden. Mit Hilfe der Ratsche und einem Baum können Sie sich sogar selbst helfen; (G) ein Starthilfekabel.

Startschwierigkeiten im Winter vermeiden

Der Motorstart wird unter winterlichen Bedingungen schnell mal zu einem Problemfall. Denn nicht nur das Motoröl wird bei niedrigen Temperaturen dick-flüssiger, sondern auch die Batterie gibt bei Frost weniger Leistung ab. Zusammengenommen können dies im Winter K.-o.-Kriterien für das Fortkommen sein. Denn

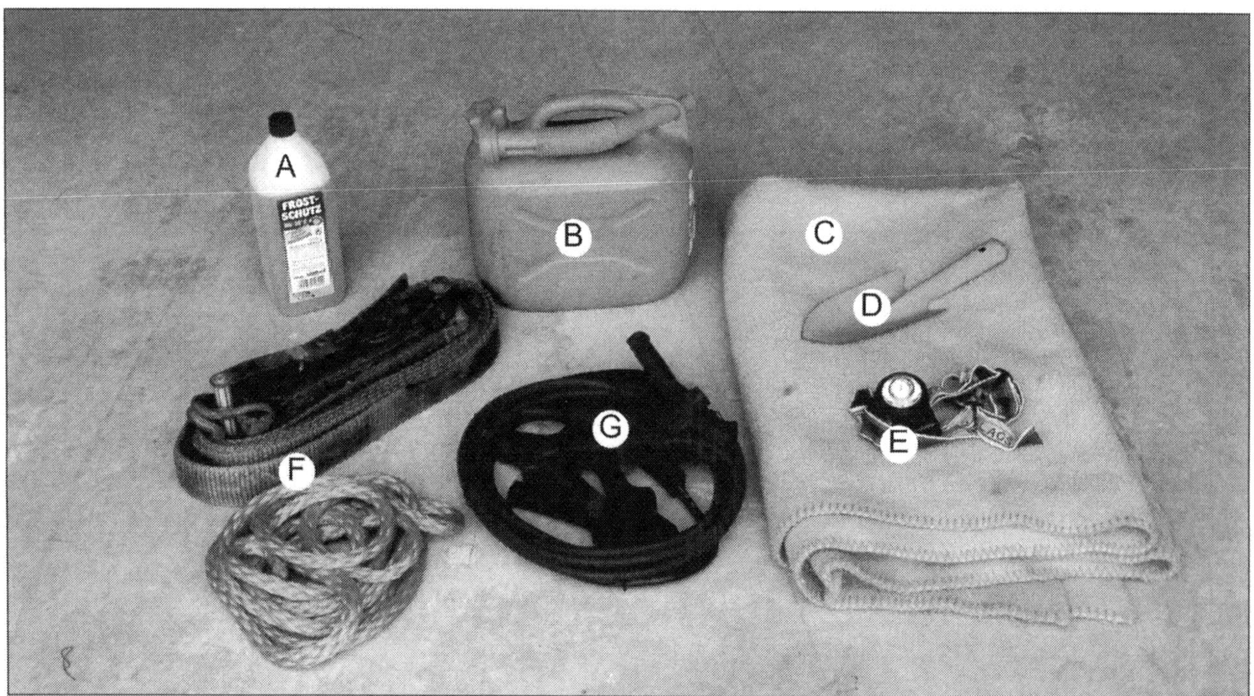

Winter-Grundausrüstung: (A) Frostschutz für die Scheibenwaschanlage, (B) Reservekanister, (C) Decke, (D) kleine Schaufel, (E) Kopflampe, (F) Abschleppseil oder Spanngurt, (G) Starthilfekabel.

gerade jetzt braucht der (Anlasser-)Motor mehr Leistung, um die erhöhten Reibwiderstände zu überwinden. Sie können es der Batterie aber so leicht wie möglich machen, indem Sie auf stromfressende Funktion bei stehendem Motor verzichten (Radio, Innenbeleuchtung, etc.). Schalten Sie vor dem Start unnötige Verbraucher ab, hierzu zählen zum Beispiel die Lüftung oder das Radio. Das Licht sollte beim Startvorgang aus sein, ebenso die Innenraumbeleuchtung oder Sitzheizung. Wenn Sie dies beachten, wird die Batterie am wenigsten in Anspruch genommen und kann Startschwierigkeiten im Winter vermeiden.

Winterreifen

Grundvoraussetzung für sicheres Vorankommen bei Minusgraden sowie Eis und Schnee ist die richtige Bereifung Ihres Audi A3. Denn die vier Handtellerflächen aus Gummi zwischen Ihnen und der Fahrbahnoberfläche stellen nun mal das wichtigste Bindeglied zur Straße dar. Seit 2006 schreibt selbst die Straßenverkehrsordnung eine »geeignete Bereifung« (§2 Abs. 3a) für den Winter vor. Wie diese aber auszusehen hat, oder welche Spezifikationen sie erfüllen muss, ist nicht näher definiert. Ganzjahresreifen können für unkritische Wetterlagen mit milden Temperaturen ausreichend sein. Bei plötzlichem Kälte- und Schneeeinbruch sind sie aber schlichtweg ungeeignet. Weder die geübte Hand noch die Elektronik können dann bei unzureichender Bodenhaftung/Bereifung das Fahrzeug noch kontrollieren. Gehen Sie also auf Nummer sicher, was das Vorankommen auf vier Rädern angeht – verwenden Sie einen vernünftigen Satz Winterreifen. Welche Winterreifen geeignet sind und vor allen Dingen passen, erfahren Sie auf den folgenden Seiten und ebenso, wie Sie ohne Risiko beim Winterreifenkauf Geld sparen können und die Winterreifen auch sicher anbringen. Damit Sie keinen Fehlgriff machen, haben wir die wichtigen Prüfkriterien ebenfalls aufgeführt.

Die 7-Grad-Empfehlung

Ob die so genannte 7-Grad-Empfehlung als Marketingmaßnahme oder aufgrund früherer Reifenentwicklungen entstanden ist, lässt sich auch von uns nicht mehr nachvollziehen. Ihre Kernaussage ist, dass Winterreifen bei Temperaturen bis 7 Grad Celsius angeblich bessere Eigenschaften als Sommerreifen hätten. Verschiedene Tests haben jedoch solche pauschalen

WISSENSWERTES: Das Schneeflockensymbol

Der großen Verunsicherung vieler Autofahrer, welche Reifen sich im Winter am besten eignen, soll durch das Schneeflockensymbol Einhalt geboten werden. Die Entstehungsgeschichte dieses Symbols rührt auch aus dem zum Teil betriebenen Missbrauch mit der »M+S«-Kennung (engl.: Mud and Snow = Matsch und Schnee), die nicht als geschützte Kennzeichnung für unbeschränkte Wintertauglichkeit gilt. Denn nicht alle mit M+S gekennzeichneten Reifen weisen die Lamelleneinschnitte in den Profilblöcken auf, die für gute Traktion auf Schnee sorgen. Daher tragen etwa auch Reifen für den Geländeeinsatz dieses Symbol. Doch gerade gröbere Allradreifen sind für den Einsatz im Winter höchst ungeeignet. Für die Experten des Deutschen Verkehrssicherheitsrats ist der Winterreifen mit Schneeflockensymbol daher Favorit für die sichere Fahrt. Die auf der Reifenflanke dargestellte Schneeflocke hat sich im Jahr 2002 europaweit als freiwilliges Hersteller-Kennzeichen von Winterreifen zusätzlich zur M+S-Markierung durchgesetzt. Angebracht wird sie aber nur an Reifen, die auch streng den vorgegebenen Spezifikationen entsprechen. Dies gilt für Reifen, die im Vergleich mit einem Standard-Referenzreifen mindestens sieben Prozent mehr Traktion auf Schnee bieten und zudem über einen um ebenfalls sieben Prozent kürzeren Bremsweg verfügen. M+S-Reifen hingegen müssen per Definition nur ein besonders grobes Profil besitzen. Die M+S-Kennzeichnung auf der Reifenflanke allein fordert aber keine bestimmte Schnee-Performance.

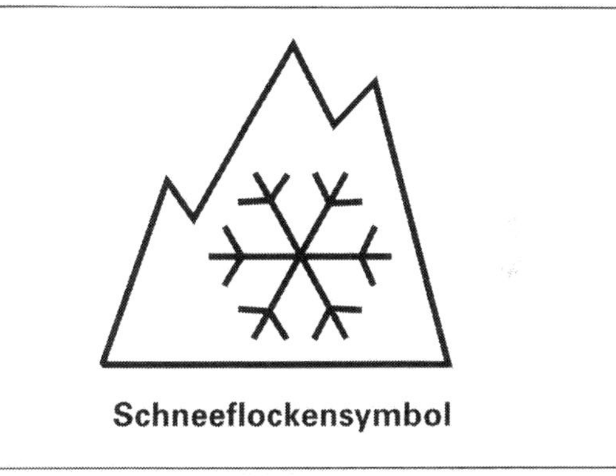

Garant für Wintertauglichkeit: Reifen mit der Schneeflocke zusätzlich zur M+S-Kennung

Aussagen widerlegt. Denn auch bei Temperaturen knapp über dem Gefrierpunkt können mit Sommerreifen sowohl auf nasser als auch auf trockener Fahrbahn kürzere Bremswege erzielt werden als mit vergleichbaren Winterreifen. Winterreifen sind vor allen Dingen für winterliche Straßenverhältnisse ausgelegt. Sie verfügen über eine kälteresistente Gummimischung, die bei Minustemperaturen weniger verhärtet und damit eine bessere Verzahnung und Kraftübertragung mit dem Untergrund ermöglicht. Winterreifen sind mit dem M+S-Symbol und einer stilisierten Schneeflocke gekennzeichnet (siehe Kasten). Anders als bei Sommerreifen ist es bei Winterreifen erlaubt, abweichend von den einzuhaltenden Angaben des Fahrzeugscheines, Reifen mit niedrigerem Geschwindigkeitsindex einzusetzen. In Deutschland ist in diesem Fall auch ein Aufkleber mit dem Aufdruck »XXX km/h« im Sichtbereich des Fahrers anzubringen.

Richtige Winterreifen für den Audi A3

Die Wahl der richtigen Winterreifen für den A3 fällt, angesichts der vielen Angebote auf dem Markt, nicht leicht. Muss es ein teurer High-Performance-Pneu sein oder reicht auch das günstige No-name-Fabrikat? Die Fahrzeughersteller empfehlen immer Markenreifen, da hier die Qualität keinen Schwankungen unterliegt und auch die Modellwechsel nachvollziehbar werden. Darüber hinaus sind aber auch jede Saison neue Modelle verfügbar. Ausgiebige Tests, zum Beispiel vom ADAC, zeigen, welche Winterreifen auch für die A3-Dimensionen empfehlenswert und welche weniger geeignet sind. Die Tests gehen daher auf unterschiedliche Eigenschaften der Pneus, beispielsweise die Bremseigenschaften, auch bei trockener, unbeschneiter Fahrbahn, ein. Sie können Ihre Kaufentscheidung nach den für Sie relevanten Kriterien fällen, dabei sollte aber in jedem Fall die Fahrsicherheit vor Sparsamkeit stehen.

Bessere Haftung dank Lamellen

Durch Forschung und Entwicklung der Reifenhersteller kam man nicht nur darauf, kälteresistente Gummimischungen zu verwenden, sondern auch die einzelnen Profilblöcke mit feinen Lamellen-Einschnitten und vielen Rillen zu versehen. Diese dienen als scharfe Greifkanten beim Abrollen des Rades auf der Fahrbahn. Der dynamische Prozess an der Auflagefläche erhöht die Verzahnungskräfte besonders mit losem Untergrund

Fast so gut wie Stollen: Stollen sind am Autoreifen tabu, aber mit Lamellen wird dennoch ein guter Kraftschluss auf Schnee erreicht.

wie z. B. Schnee. Mit anderen Worten: Der lamellierte Reifen hat dadurch, dass er sich in den Untergrund reinkrallt, mehr Grip. Die Lamellen sind andererseits auch ein guter Verschleißindikator: Mit zunehmender Abnutzung verschwinden die unterschiedlich tief geschnittenen Lamellen. Ihre beschriebene Wirkung nimmt ab. Unter 4 mm Profildicke verlieren Winterreifen auf Schnee daher ihren Nutzen und sollten durch neue ersetzt werden. Es spricht allerdings wenig dagegen, Winterreifen im Frühjahr noch bis auf eine Profiltiefe von rund 3 mm aufzubrauchen.

Geringer Geräuschpegel

Auch bei der Minderung der Geräuschemission ging man mit Cleverness vor: Die Lamellenprofile erlaubten zum einen eine geringere Höhe der einzelnen Profilblöcke, was sich insbesondere auf das Geräusch verursachende Eigenschwingverhalten positiv auswirkte. Zum anderen wurden die Profilblöcke unterschiedlich groß gestaltet, sodass die nach dem Abrollen nachschwingenden Blöcke unterschiedliche Eigenschwingfrequenzen aufweisen. Ein eigendynamisches und geräuschvolles Schwingen bei einer bestimmten Geschwindigkeit wird so unterbunden.

Schneeketten anlegen üben

Spezielle Schneeketten für den A3 gibt's beim Audi-Händler oder auch im Zubehörhandel. Ein gutes Set umfasst zwei Schneeketten im wasserfesten Transportbeutel, der problemlos im Kofferraum verstaubar ist und sich auch als Unterlage bei der Montage verwenden lässt. Schneeketten können aber auch beim ADAC ausgeliehen werden. Für die Montage ist das Mitführen einer zusätzlichen Fußmatte dringend zu empfehlen. Das erspart einem die obligatorischen

PRAXISTIPP

Gebrauchte Winterreifen

Seit dem 01. Januar 2006 sind Autofahrer verpflichtet, im Winter ihr Fahrzeug mit »geeigneter Bereifung« auszurüsten. Damit gibt es für Autofahrer keine Ausrede mehr, auf Winterreifen zu verzichten. Wer dennoch ohne erwischt wird, riskiert ein Bußgeld und im Falle eines Unfalls sogar den Versicherungsschutz. Nicht selten ist der Erwerb von Winterrädern, also dem Komplettsatz von Reifen und Felgen, aber auch eine Kostenfrage. Bares Geld lässt sich beim Kauf gebrauchter Winterreifen sparen. Diese finden Sie zum Beispiel bei Winterreifen-Börsen, die vielerorts meist Anfang November stattfinden. Achten Sie auf Hinweise in Ihrer Tageszeitung oder informieren Sie sich im Internet, z. B. auf den Seiten des ADAC. Notieren Sie sich vor dem Kauf unbedingt die für Ihr Fahrzeug passenden Reifengrößen. Sie sind im Fahrzeugschein hinterlegt. Der Reifenhersteller Continental schafft zudem auf seinen Internetseiten mit dem »Reifenkonfigurator« Klarheit. Nach Eingabe der Schlüsselnummer (s. Fahrzeugschein), werden auch alternative Reifengrößen aufgeführt. Haben Sie nun einen passenden Satz gefunden, inspizieren Sie ihn nach den Prüfkriterien: Profiltiefe, Reifenalter und Erscheinungsbild (Beschädigungen etc.), bevor Sie zugreifen. Informationen zu den Bezeichnungen und Beschriftungen finden Sie auch in diesem Buch.

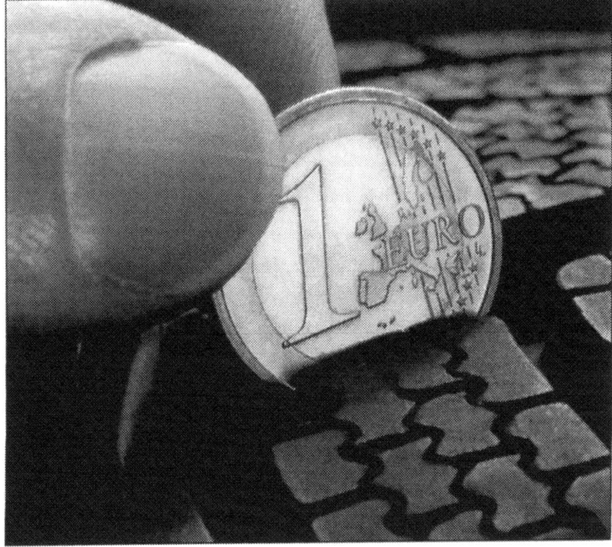

Münztest: Winterreifen bieten nur genug Traktion auf Schnee, wenn die Profiltiefe mindestens vier Millimeter beträgt. Das entspricht etwa dem goldenen Rand einer Ein-Euro-Münze.

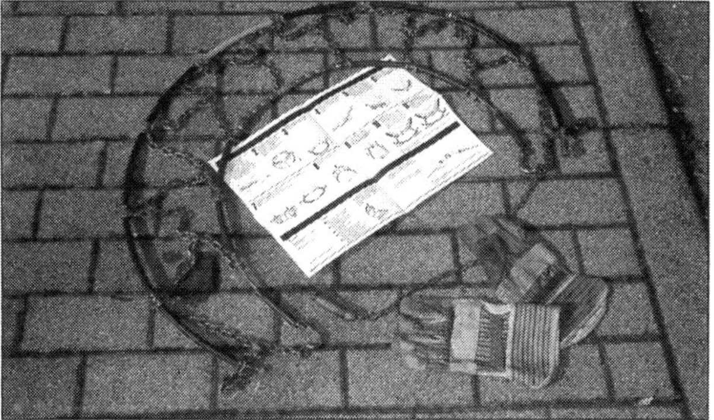

Trockenübung hilft: Schon ein paar Gartenhandschuhe schützen die Finger, es empfiehlt sich die Anleitung evtl. in einer Klarsichthülle zu verstauen.

durchweichten Hosen, besonders im Kniebereich. Gefütterte Arbeitshandschuhe erleichtern die Arbeit mit den kalten Schneeketten im Schnee erheblich.

Scheibenwaschanlage

Der einwandfreie Zustand der Waschanlage an Ihrem A3 ist ein wichtiges Sicherheitsmerkmal. Denn saubere Scheiben und eine klare Sicht sind Grundvoraussetzung für Ihre Sicherheit beim Fahren. Damit Sie unterwegs auch bei widrigsten Umständen wie Regen oder Schnee den Durchblick behalten, sollten Sie sich regelmäßig von der fehlerfreien Funktion Ihrer Wischanlage überzeugen. Die meisten Arbeiten sind leicht zu erledigen. Wir zeigen Ihnen auf den folgenden Seiten, worauf Sie insbesondere zu achten haben und welche Arbeitsschritte nötig sind. Hierzu gehören zum Beispiel die Kontrolle der Wischergummis und gegebenenfalls deren Austausch.

Wischwasser

Vergessen Sie nicht das Wischwasser aufzufüllen und achten Sie dabei auf den richtigen Wischwasserzusatz. Audi empfiehlt das Scheibenreinigungskonzentrat G 052 164. Die Verwendung eines falschen Waschmittelzusatzes kann zum Aufschäumen an den Spritzdüsen führen, was ein Grund unzureichender Waschleistung sein kann. Audi proklamiert für das Scheibenreinigungskonzentrat eine optimale Strahlverteilung an den Düsen. Außerdem bietet es im Mischungsverhältnis ein Drittel Konzentrat zu zwei Drittel Wasser einen Frostschutz bis zu Temperaturen von -25 °C. Damit dürfte auch im Winter eine sichere Funktion der Waschdüsen gewährleistet sein.

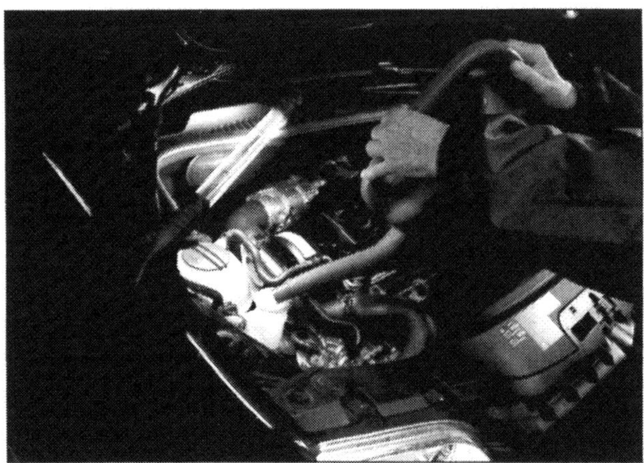

Wasser reicht nicht: Um Wasserflecken im Motorraum zu vermeiden, nehmen Sie am besten eine Plastikgießkanne zum Nachfüllen der Scheibenwaschanlage.

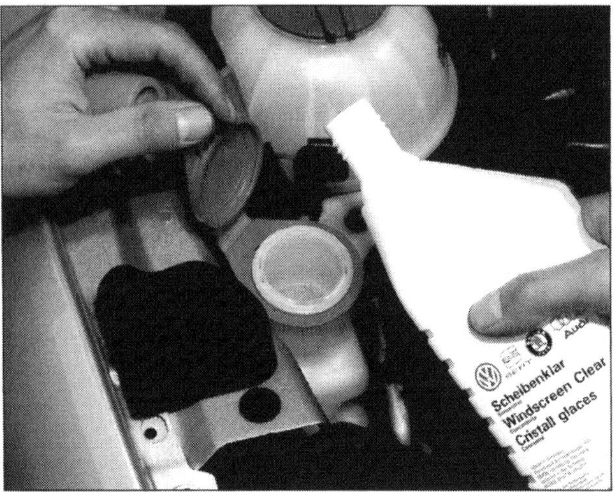

Die Mischung machts: Ein Drittel Zusatz auf zwei Drittel Wasser schützt vor Einfrieren des Wischwassers bis -25 °C.

Eigenarten der A3 Wischeranlage

»Was soll denn da anders sein?«, wird oftmals gefragt. »Wischer gibt's doch schon immer!« Der Unterschied liegt, wie Sie wahrscheinlich schon erwarten, in der elektronischen Steuerung. Der Wischermotor hat zwar wie früher auch eine mechanische Verbindung, die die Wischerarme an den Motor koppeln, die Ansteuerung ist allerdings gänzlich anders. Die Wischersteuerung erfolgt über zwei unterschiedliche Datenbussysteme. Der Wischerschalter am Lenkrad meldet den Fahrerwunsch an das Steuergerät für Lenksäulenelektronik. Hier wird eine Nachricht verfasst und über den CAN-Datenbus zum Bordnetzsteuergerät übertragen. Die Nachricht wird nun unverschlüsselt und über den LIN-Datenbus an das Wischermotorsteuergerät weitergeleitet. Dieses Steuergerät setzt nun die geforderten Wischvorgänge um.

Hier ergeben sich einige Sonderfunktionen, die mit den konventionellen Wischanlagen nicht oder nur schwer zu realisieren wären. Die Wischer liegen aerodynamisch günstig hinter der Haubenkante in Ruhelage. Der Intervallbetrieb des Scheibenwischers reagiert geschwindigkeitsabhängig. Das wird meist nicht bemerkt. Das »komische Zucken« des Wischers aber schon. Es handelt sich hier um die so genannte »alternierende Ruhelage«, damit die Wischerblätter sich nicht wie beim konventionellen System verformen können. Dazu wird der Wischer bei jedem zweiten Ausschalten geringfügig aufwärts gefahren. Selbst wenn der Scheibenwischer nicht benutzt wird, wird diese Lageänderung durch das Steuergerät von Zeit zu Zeit durchgeführt. Das kommt dann zu den erstaunten Fahrerbeobachtungen hinsichtlich der ungewollten Wischerbetätigung.

Erschreckend ist auch die Antiblockierfunktion des Wischers. Das Schneeräumen mit dem Scheibenwischer kann keinen Schaden an Wischermotor und Mechanik anrichten. Das Steuergerät erkennt über die Stromaufnahme des Motors das Hindernis. Ist der Wischer nicht kräftig genug, um das Hindernis wegzuschieben und bleibt stehen, versucht er fünfmal das Hindernis zu überwinden. Dann schaltet der Motor ab. Der Fahrer muss nun das Hindernis beseitigen und den Wischer erneut betätigen. Dasselbe passiert auch im Winter, falls die Scheibenwischer angefroren sind.

Wischerblatt wechseln

Wischerblatt vorne wechseln

Einfach abklappen und Wechsel funktioniert auch nicht mehr. Die Wischer würden an der Haube anschlagen.
Um an den Scheibenwischern arbeiten zu können, müssen die Scheibenwischer in die Servicestellung gebracht werden.

Variante 1:
Innerhalb von 10 Sekunden muss nach Ausschalten der Zündung der Wischerschalter von der »0«-Stellung in die Stellung »4« geschaltet werden.

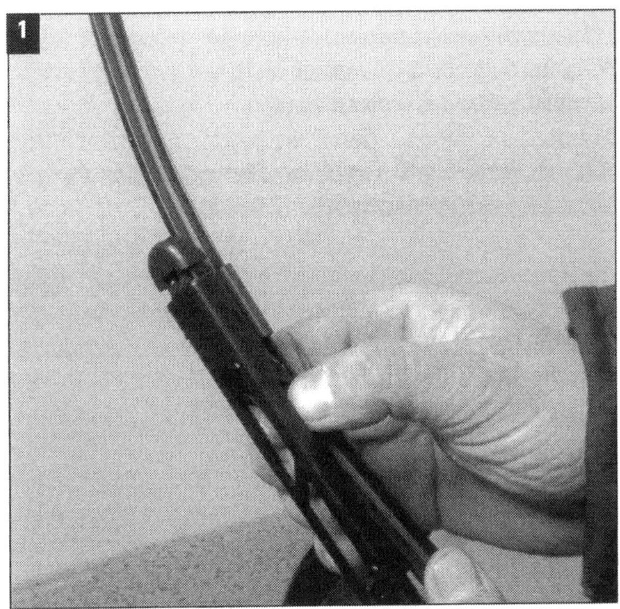

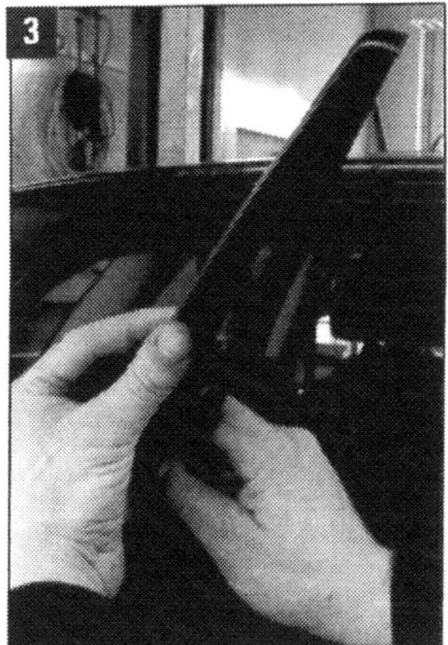

Servicestellung der Wischer.

Variante 2:
Bei eingeschalteter Zündung wird über die Menütaste (Wippschalter im rechten Hebel) die »Einstellung« der Wischer betätigt.

Die Wischer werden dann in die Mitte der Scheibe gefahren. So können die Wischer ausgebaut und/oder geprüft werden. Diese Funktion kann nicht bei geöffneter Haube aufgerufen werden. Die Scheibenwischer könnten dann im ungünstigsten Fall mit der geöffneten Haube kollidieren.

TIPP: Diese Stellung hilft auch nach nächtlichem Schneefall, die Scheibe besser räumen zu können.

- Bei hochgeklapptem Wischerarm den Clip seitlich eindrücken (wie in Bild 1 dargestellt).
- Wischerblatt durch Ziehen vom Wischerarm lösen (2).
- Zum Einbau das Wischerblatt auf den Wischerarm (3) schieben, bis der Clip wieder eingerastet ist.

Der Wechsel der Wischerblätter empfiehlt sich regelmäßig im Frühling und Herbst. Die Federschiene des Wischerblattes aus Spezialstahl ersetzt die sonst üblichen Gelenke und Bügel des Wischblattes, die es an die Windschutzscheibe pressen. Die Federschiene ist dazu exakt an die Krümmung der Windschutzscheibe angepasst. Dadurch wird die Wischqualität wesentlich verbessert. Die gleichmäßig starke Anpresskraft reduziert auch den Verschleiß und erhöht dadurch die Lebensdauer.

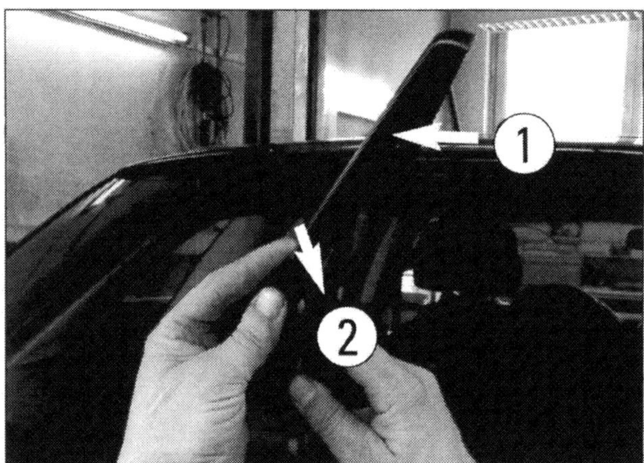

Wischerblatt wechseln: Hebel (1) drehen und Wischer nach unten (2) abdrücken.

Gehen Sie für den Wischerblattwechsel hinten wie folgt vor:

- Wischerblatt hochklappen und rechtwinklig zum Wischerarm stellen.
- Arretierungsfeder des Wischerblatts zusammendrücken (siehe Pfeil 1).
- Wischerblatt nach unten aus dem Haken am Wischerblatt ziehen (Pfeil 2).

Kontrolle der Wischerblätter

Die Pflege der Wischergummis wird nur allzu gerne vernachlässigt. Dies kann sich aber später bei einer langen Fahrt im Regen bitter rächen. Eingerissene und poröse Gummilippen ziehen Schlieren, anstatt die Scheibe vom Wasser zu befreien. In der Dunkelheit laufen Sie dadurch Gefahr im Blindflug unterwegs sein zu müssen, da der Blendeffekt durch die Lichtbrechungen stark zunimmt. Heben Sie zur Kontrolle die Wischerarme von der Scheibe und fahren Sie mit der Fingerkuppe die Auflagefläche ab. Rillen und Vertiefungen sind ein klares Indiz für den fälligen Austausch. Kontrollieren Sie auch die Wischermechanik. Sie darf nicht verbogen sein.

Rubbelnde Scheibenwischer

Nicht immer muss die Ursache für nerviges Rubbeln der Wischerblätter ein defekter Wischergummi sein. Der Anstellwinkel, in welchem die Gummis auf der Scheibe aufliegen, ist ein wichtiges Einstellkriterium.

Einstellen und Prüfen der Endablage der Scheibenwischer vorne

Wie schon erwähnt, läuft der Wischermotor bei jedem zweiten Abschalten in eine so genannte »Überhub-Endstellung«, die über der normalen Endablage des Scheibenwischers liegt. Diese erhöhte Einstellung darf nicht zur Messung herangezogen werden. Sollte der Scheibenwischer gerade diese Funktion ausführen, muss lediglich die Tipp-Wischfunktion noch einmal betätigt werden.

- Schalten Sie nun die Zündung ein und betätigen Sie den Scheibenwischer.
- Schalten Sie nun den Scheibenwischer aus und lassen Sie ihn auf die Abschaltstellung laufen.
- Schalten Sie nun die Zündung aus. Prüfen Sie, ob die Scheibenwischerspitzen die folgenden Abstände erreichen. Stimmen die Abstände nicht, müssen die Wischerarme gelöst und versetzt werden.

Einstellen und Prüfen der Endablage der Scheibenwischer hinten

Da hier die Sonderfunktion der Wischanlage vorne nicht vorhanden ist, muss der Scheibenwischer lediglich ein und wieder ausgeschaltet werden. Die Scheibenwischer laufen so auf ihre Endstellung.

Scheibenwischer einstellen: Scheibenwischer rechts 0–10 mm, Scheibenwischer links 10–20 mm. Bei Rechtslenkerfahrzeugen ist diese Einstellung spiegelverkehrt durchzuführen.

Stimmen die Abstände nicht, müssen auch hier die Wischerarme gelöst und versetzt werden.

Der Scheibenwischer für die Heckklappe soll ein Abstandsmaß zur Scheibenkante zwischen 15 mm und 20 mm erreichen.

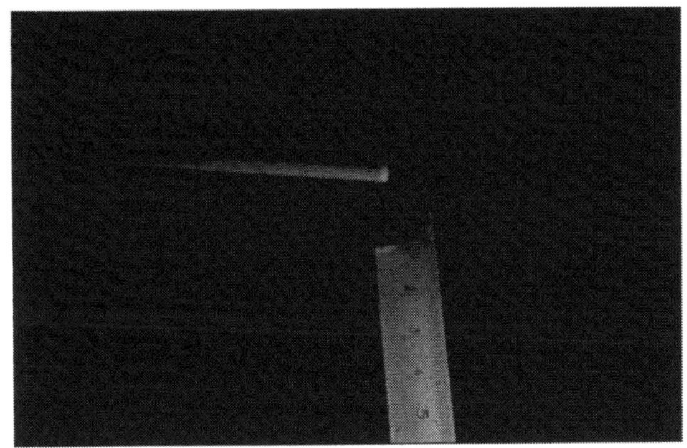

Einstellen Scheibenwischer an der Heckklappe.

Waschdüsen prüfen und einstellen

Waschdüsen vorne

Die Scheibenwaschdüsen können beim A3 nicht wie früher mit einem Dornwerkzeug justiert werden. Es gibt aber an der Düse eine Möglichkeit, die Höhe des Wasserstrahls zu korrigieren. Der Wasserstrahl sollte ungefähr in der Mitte der Scheibe auftreffen. Weicht eine Düse ab, kann das mit der Einstellschraube und einem kleinen Schraubendreher korrigiert werden.

Waschdüsen hinten prüfen und einstellen

Für die Heckscheibe sieht das allerdings anders aus. Die Düsen sind voreingestellt, sollen aber in der Höhe korrigiert werden. Der Wasserstrahl soll die Scheibe im oberen Drittel treffen. Auch hier wird auf das Düseneinstellwerkzeug von Audi verwiesen (VAG - T10127), da die Nadel auch hier die Bohrung beschädigen kann. Das seitliche Verdrehen ist werkseitig nicht vorgesehen.

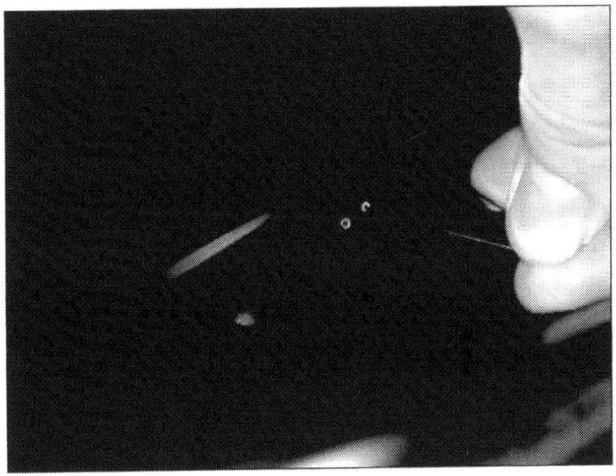

Einstellung Waschdüse vorne: Der Wasserstrahl soll die Scheibe im oberen Drittel treffen. Auch hier wird auf das Düseneinstellwerkzeug von Audi verwiesen (VAG -T10127), da die Nadel auch hier die Bohrung beschädigen kann.

Austritt der Waschdüsen.

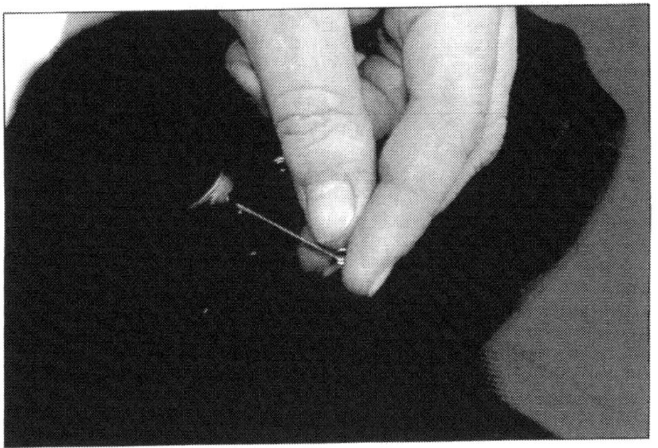

Waschdüsen hinten.

Unzureichende Waschleistung der Düsen
Drei mögliche Ursachen kommen in Betracht.
Erstens können die Düsen falsch eingestellt sein, zweitens die Verwendung eines zum Aufschäumen oder zu Ablagerungen neigenden Waschmittelzusatzes und drittens ein unzureichender Wasserdurchsatz durch Verunreinigung einer Düse oder durch einen abgeknickten oder undichten Schlauch. Stellen Sie stets sicher, dass keine ungeeigneten Waschmittelzusätze verwendet werden, die Schaumbildung an der Spritzdüse verursachen. Kontrollieren Sie auch, ob der Sprühstrahl beider Düsen gleichmäßig stark ist. Ist dies nicht der Fall, dann bauen Sie die »schwächere« Düse aus und blasen die Düse mit Druckluft aus. Sollte diese Maßnahme zu keinen Erfolg führen, prüfen Sie bitte, ob der betreffende Schlauch abgeklemmt oder undicht ist.
Bei Fahrzeugen mit Scheinwerferreinigungsanlage muss natürlich auch die Einstellung der Spritzdüsen überprüft werden. Hier gilt, dass der Reinigungsstrahl die Mitte des jeweiligen Reflektors treffen soll.
Wenn sie eingestellt werden müssen, wird es allerdings etwas hektisch. Nach dem Einschalten des Fahrlichtes, also dem Abblendlicht oder dem Fernlicht, und der Betätigung der Scheibenwaschanlage für die Frontscheibe (der Hebel muss mindestens für 1,5 Sekunden gehalten werden!) wird mit der Hochdruckpumpe die Scheinwerferreinigung durchgeführt. Die Spritzdüsen werden hierzu ausgefahren. Nun können die Spritzdüsen eingestellt werden. Die Betätigung der Waschdüsen erfolgt hydraulisch über den Druck des Reinigungsmittels.
Die Rückstellung erfolgt über eine Rückzugsfeder, die in der Waschdüse verbaut ist. Die Waschdüse ist nicht zerlegbar und sollte ausgetauscht werden, wenn sie sich nicht mehr einstellen lässt oder andere Defekte wie Schwergängigkeit oder Verstopfung aufweist.

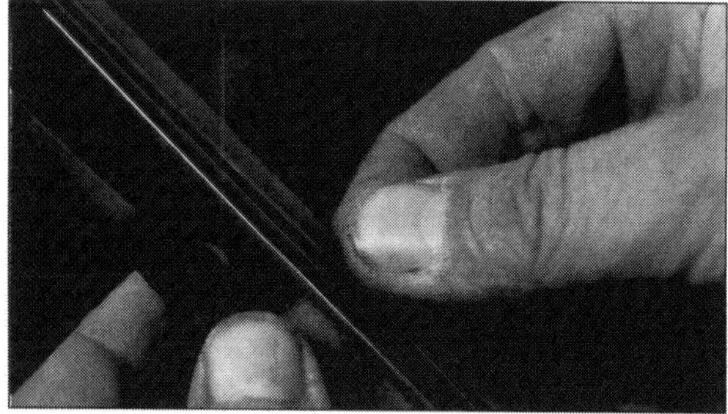

Wischerkontrolle: Inspizieren Sie die Gummilippe auf Rillen und Vertiefungen. Das Gelenk muss leichtgängig sein damit die Wischergummis satt auf der Scheibe aufliegen.

PRAXISTIPP

Scheiben schonend enteisen

Für viele, die keinen Garagenstellplatz ihr Eigen nennen, gehören zugefrorene Scheiben im Winter zum alltäglichen Graus. Und wer hat schon Lust, am frühen Morgen oder späten Abend sich mit dem ungemütlichen Gekratze und Geschabe aufzuhalten? Wer jedoch, egal ob aus Faulheit oder Unvernunft, nur ein kleines Guckloch freilegt und dann losfährt, begibt sich und andere beim anschließenden Blindflug in höchste Gefahr. Zudem nimmt man so das Risiko in Kauf, bei einem Unfall haftbar gemacht zu werden und ein saftiges Bußgeld zu kassieren. Der Gesetzgeber schreibt nämlich dem Fahrzeughalter vor, dass er laut §23 StVO dafür zu sorgen hat, dass die Sicht weder durch Beladung noch durch den Zustand des Fahrzeugs beeinträchtigt ist. Was also tun, will man sich und die durch die Kratzprozedur stark in Mitleidenschaft gezogene Scheibenoberfläche schonen? Eine Möglichkeit ist die Verwendung eines Scheiben-Enteisers, den es als Spray- oder Pumpdose zu kaufen gibt. Dieser sorgt mit einer konzentrierten alkoholischen Formel dafür, dass die Eisschicht abtaut. Qualitätsunterschiede der Produkte lassen sich zum Beispiel am Sprühbild erkennen: Wird die Scheibe gleichmäßig benetzt, ist die Wirkung effektiver. Besonders die kratzempfindlichen Stellen wie Außenspiegel oder Gummiteile, aber auch die Kunststoff-Heckscheibe einiger Cabrios, profitieren durch kaum erforderliche mechanische Beanspruchung.

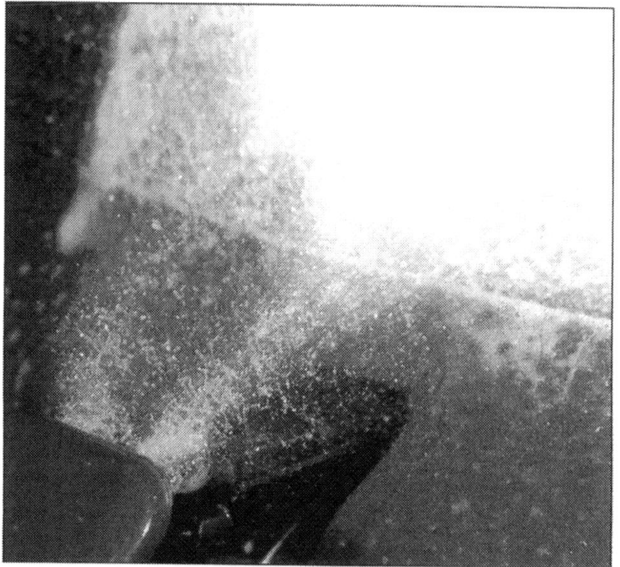

Nur gezielte Treffer reinigen gut!

Heizung/Lüftung prüfen

Damit im Winter die Scheiben auch von innen möglichst schnell und zuverlässig frei werden, müssen Heizung und Lüftung, aber auch die Klimaanlage in tadellosem Zustand sein. Die Klimaanlage kann nämlich auch im Winter wertvolle Dienste leisten: Die Luft wird getrocknet und das Beschlagen der Scheiben vermindert. Leider behindert der im Frischluftkanal integrierte Wärmetauscher einer Klimaanlage die Frischluftzufuhr von außen, weshalb Sie das Gebläse im Winter immer mindestens auf Stufe 1 mitlaufen lassen müssen.

- Prüfen Sie zunächst, ob das Gebläse in allen Stufen wirkungsvoll arbeitet, indem Sie die Luft auf die mittleren Ausströmer lenken und alle Schalterstellungen durchprobieren. Eventuell den Reinluftfilter wechseln.

- Ab einer Motortemperatur von 60 Grad oder nach ca. fünf Kilometern Fahrt, muss aus den Ausströmern warme Luft kommen, sobald Sie die Einstellung der Temperatur verändern.

- Prüfen Sie zum Abschluss noch, ob die Luftverteilung funktioniert. Sie können das an den jeweiligen Düsen erfühlen und auch hören. Beim Umschalten öffnen und schließen sich die jeweiligen Klappen des Lüftungssystems. Gerade die Funktion zur Belüftung der Frontscheibe ist sehr wichtig. Sie muss sich auch so einstellen lassen, dass keine zusätzlichen Austrittsstellen für die Luft geöffnet werden. Nur so bleibt die Frontscheibe gerade in der Phase, in der das Auto noch nicht warm ist, beschlagfrei.

Ausströmdüsen dürfen nicht verstopfen: Testen Sie den Luftstrom einzelner Düsen regelmäßig durch Drehen des Reglers bzw. Drücken der Tasten der Klimaautomatik.

Frostschutz prüfen

Das Frostschutzmittel für den Kühlwasserkreislauf sorgt zusätzlich für einen Korrosionsschutz im Motor und bleibt deshalb das ganze Jahr über im Kühlsystem.

- Die Kühlflüssigkeit kann mit einer Spindel geprüft werden. Ziehen Sie so viel Flüssigkeit in das Gerät, bis der Schwimmer frei schwebt. Sie können dann ablesen, bis wie viel Grad der Frostschutz gewährleistet ist. Mit minus 30 Grad sind Sie gut gerüstet.

- Der Ausgleichsbehälter für das Kühlwasser befindet sich beim A3 in Fahrtrichtung gesehen rechts, nahe dem Kotflügel (kugelförmig; Aufschrift G12).

- Der Vorratsbehälter für das Waschwasser sitzt beim A3 vor dem Kühlflüssigkeitsbehälter, also in Fahrtrichtung rechts vorne – Achtung hier kommen andere Frostschutzmittel zum Einsatz!

Dichtungsgummis pflegen

Die Dichtungsgummis sind bei Minustemperaturen besonderen Anforderungen ausgesetzt. Kaputte Gummidichtungen sind nicht nur optisch ein Problem, sondern können im Extremfall zu Wassereinbruch und übermäßigen Scheibenbeschlag führen. Sparen Sie also nicht bei der Pflege, denn der Wechsel defekter Dichtungen ist aufwändig und insofern auch nicht billig. Verwenden Sie lieber regelmäßig einen Gummipflegestift. Dieser verhindert im Winter das Festkleben von Gummidichtungen an Türen, Scheiben und Kofferraumdeckeln. Zusätzlich wird das Gummi geschmeidig gehalten, was vor dem Brüchigwerden schützt.

Gummidichtungen:
Diese müssen innen wie außen geschmeidig bleiben. Besonders wichtig ist das im Winter. Spezielle Gummipflegemittel geben dem elastischen Material zusätzlich den Glanz zurück.

Schmieren und Pflegen: Den Gummidichtungen müssen Sie in der kalten Jahreszeit besondere Beachtung schenken. Verwenden Sie dazu am besten einen Glycerinstift. Er hält die Dichtungen geschmeidig.

Türschlossenteiser

Auch die Verwendung eines Türschlossenteisers kann nicht schaden, insbesondere wenn Sie an Ihrem A3 die Türen nicht per Funkschlüssel öffnen. Beachten Sie aber, dass der Enteiser nicht ins Fahrzeug gehört. Dort nutzt er im Fall der Fälle nämlich nichts.
Das Feuerzeug ist im Übrigen keine Alternative. Denn durch die Erhitzung des Schlüssels riskieren Sie einen Schaden am integrierten Mikrochip der Wegfahrsperre. Haben Sie dennoch das Schloss auf diese Art geöffnet, kommen Sie erst recht nicht vom Fleck.

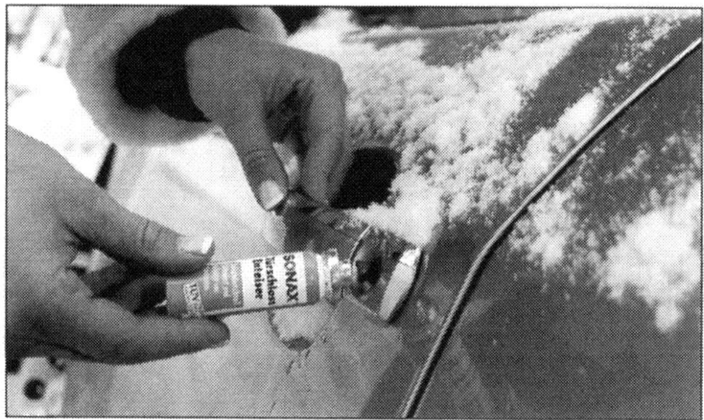

Am besten griffbereit in der Tasche: Den Türschlossenteiser nicht im Fahrzeug vergessen. Ist das Schloss zugefroren, bringt er Ihnen dort am allerwenigsten. Unterlassen Sie bitte auch das Zündeln mit dem Feuerzeug am Schlüssel.

PRAXISTIPP

Schmutz kostet Leuchtkraft

Waschen Sie, besonders in der schmuddeligen Jahreszeit, die Scheinwerfer häufiger als die Karosserie. Denn Schmutzpartikel auf den Abdeckgläsern schlucken die Lichtstrahlen oder leiten sie in die Irre. Folge: geringere Sichtweite, unkontrolliertes Streulicht, starke Blendung – vornehmlich bei Nebel. Schon nach einer etwa halbstündigen Fahrt auf feuchter Straße können die Scheinwerfer Ihres Autos zu über 60 Prozent verschmutzt sein. Entsprechend mager ist dann die Lichtausbeute – ein Gefahrenpotenzial für Sie und andere Verkehrsteilnehmer. Die am A3 angebrachten Halogenscheinwerfer können Sie beim Tankstellenstopp mit den vorhandenen Mitteln schnell von der Schmutzschicht befreien. Eine Reinigung unterwegs mit Wasser und Schwamm wirkt Wunder und sichert anschließend wieder die volle Leuchtkraft des Scheinwerfers. Achten Sie aber darauf, dass die Schmutzpartikel nicht die Klarglasleuchten der Scheinwerferabdeckung beschädigen oder verkratzen. Die Glasscheibe der A3-Scheinwerfer kann nämlich nicht als separates Teil ersetzt werden. Dies hat zur Folge, dass im Fall von (durch falsche Pflege) verkratzten oder gebrochenen Glasscheiben (durch einen Unfall bedingt) der Austausch des kompletten Scheinwerfers fällig wird.

Bessere Wischerblätter

In der kalten und nassen Jahreszeit ist eine gute Sicht das A und O beim Autofahren. Wechseln Sie daher am besten zu Herbstbeginn die Wischerblätter gegen einen neuen Satz. Bei dieser Gelegenheit wäre der Umstieg auf die Aerotwin-Wischer aus dem Hause Bosch günstig. Diese etwas teureren Wischblätter werden durch mathematische Berechnungen individuell an die Wölbung der Windschutzscheiben, auch der des A3, zugeschnitten. Der Anpressdruck ist damit gleichmäßig auf die gesamte Wischerblattlänge verteilt. Der übliche Spoiler wird überflüssig, was auch den Geräuschpegel und Luftwiderstand minimiert.

Starthilfebooster

Wollen Sie bei Fahrten in entlegene Wintergebiete auf Nummer sicher gehen, was das Starten des Motors betrifft, sollten Sie einen so genannten Starthilfebooster mit an Board haben. Dieser hilft Ihnen, auch wenn die Autobatterie den Dienst verweigert, sei es wegen der Kälte oder des schlechten Ladezustands (oder schlimmstenfalls beidem).
Der Starthilfebooster agiert dann als kleines Kraftwerk, sodass auch die müdeste Batterie Ihnen nicht zum Verhängnis werden kann und Sie Ihren A3 starten können.

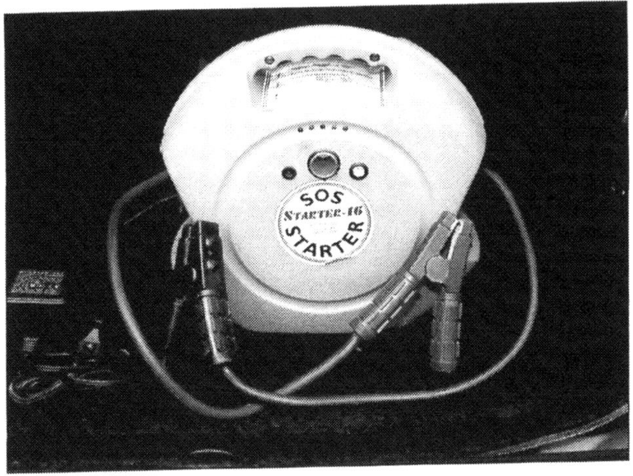

Standheizung nachrüsten

Eine Standheizung ist ein echter Zugewinn an Komfort und Sicherheit. Lästiges Scheibenkratzen entfällt und der bereits warme Motor läuft vom Start weg schadstoffarm und abgasreduziert. Den Einbau müssen Sie allerdings dem Fachmann überlassen. Besonders günstig kommen Besitzer eines TDI davon. Verfügt der Diesel-Direkteinspritzer über einen Zuheizer, muss er um nur wenige Module erweitert werden, und schon wird aus dem Zuheizer eine vollwertige Standheizung.

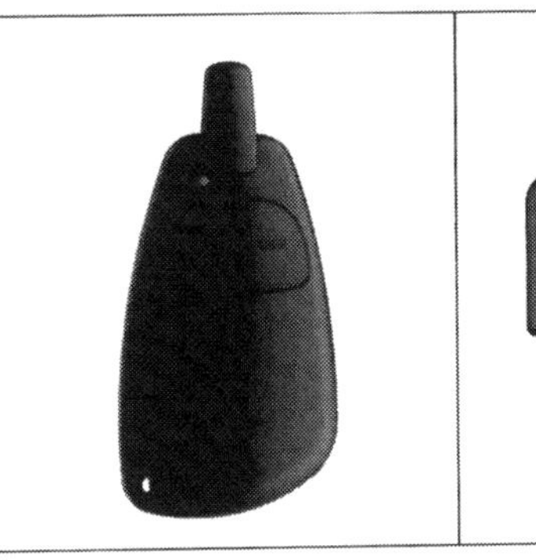

Sitzheizung nachträglich einbauen

Wer seinen A3 mit einem Komfortmerkmal erweitern möchte, hat dazu reichlich Möglichkeiten. Eine dieser Möglichkeiten ist die Nachrüstung einer Sitzheizung. Die im Zubehör angebotenen Carbon-Heizmatten sind wesentlich bruchfester als die ab Werk verbauten Elemente, ohne deshalb wesentlich mehr zu kosten. Ein einfacher Nachrüstkit ist inklusive Schalter und Kabel schon für rund 100 Euro pro Sitz zu haben. Der Einbau muss allerdings nach TÜV-Auflage durch einen Fachbetrieb erfolgen.

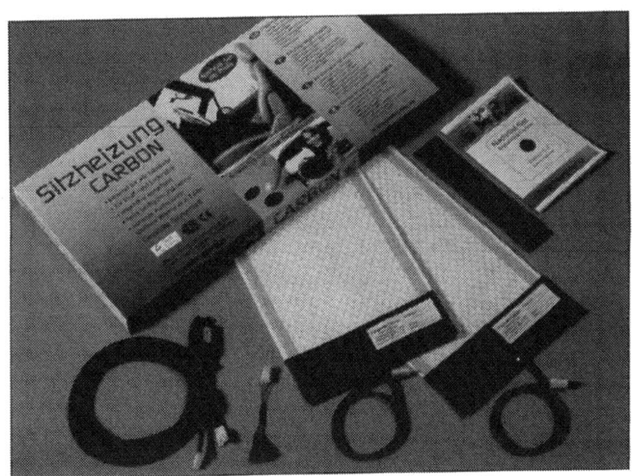

CHECKLISTE

Fit für den Winter

Bereich	Worauf Sie achten sollten	Was zu tun ist
A Motor	1 Motoröl	Das Motoröl wird durch extreme Kaltstarts und die großen Temperaturschwankungen stärker belastet als im Sommer. Vielleicht etwas kürzere Intervalle fahren und ein gutes Öl mit niedriger Viskosität spendieren. (Beachten Sie dazu unbedingt die Hinweise im Kapitel »Antrieb«).
	2 Kühlmittel	Ist der Frostschutzgehalt zu niedrig und das Kühlwasser friert ein, kann das Eis den Motor sprengen. Also rechtzeitig messen und einen anstehenden Wechsel auf den Herbst legen.
	3 Thermostat	Wenn im Winter der Thermostat nicht vollständig schließt, braucht der Motor lange, um warm zu werden. Beobachten und bei langer Warmlaufphase wechseln.
B Räder und Reifen	1 Winterreifen	Winterreifen funktionieren auf Schnee nur gut, wenn noch mindestens 4 mm Profiltiefe übrig ist. Reifen im Oktober montieren. Falls Sie neue Reifen brauchen: Nicht erst auf die ersten Schneeflocken warten, denn dann hat der Reifenhändler garantiert keine Zeit.
C Licht und Sicht	1 Beleuchtung	Kontrollieren Sie regelmäßig die Beleuchtungsanlage und reinigen Sie die Klarglasabdeckungen der Scheinwerfer. Im Winter sind einwandfrei funktionierende Scheinwerfer unentbehrlich.
	2 Verglasung 3 Scheibenwischer	Die Scheiben sollten frei von Kratzern und Steinschlägen sein. Spendieren Sie im Herbst neue Wischer und füllen Sie genügend Frostschutz in die Waschanlage.
D Karosserie	1 Türen und Hauben	Sprühen Sie die Dichtungen großzügig mit Silikonspray ein. Das verhindert das Festfrieren.
	2 Schlösser und Scharniere	Die Gelenke freuen sich über eine Extraportion Öl bzw. Fett. Das verhindert nebenbei auch Korrosion.
	3 Lack	Gönnen Sie dem Lack regelmäßiges Waschen. So setzt sich erst gar keine Salzkruste fest.
E Elektrik	1 Batterie	Lassen Sie eine Batterie-Kurzschlussprüfung durchführen, um festzustellen, wie viel Kapazität noch vorhanden ist. Batterien leiden unter Kälte, das gilt übrigens auch für die Fernbedienung.
	2 Heizung und Lüftung	Eventuell Reinluftfilter wechseln.

Fit durch den Sommer

Der Betrieb Ihres Audi A3 in der Sommerzeit , vielleicht auch mit einer Fahrt in den Urlaub, will gut vorbereitet sein.

Reifen

Sommerzeit ist Reisezeit und die will gut vorbereitet sein. Nach dem Packen kommt Ihr Audi A3 dran. Passen Sie in jedem Fall den Reifendruck dem Beladungszustand an. Im Tankdeckel oder in der Bedienungsanleitung finden Sie dazu eine tabellarische Übersicht. Auch der Reservereifen darf nicht vergessen werden. Nur ein intaktes Reserverad kann bei einer Reifenpanne auch weiterhelfen. Die Notfallausrüstung wie Warndreieck, Sicherheitswesten und natürlich auch das Werkzeug sollten zweckmäßig und griffbereit untergebracht werden. Eine Reifenpanne findet eher selten auf einem Parkplatz statt. Wenn nun auf der Autobahn das halbe Auto wieder ausgeräumt werden muss, nur um die notwendigen Utensilien zusammenzusuchen, vergeht nicht nur Urlaubszeit, sondern die Gefährdung auf der Autobahn nimmt mit der Standzeit zu. Hilfreich ist es sicherlich, das Werkzeug in einer Solchen Tasche zu platzieren.

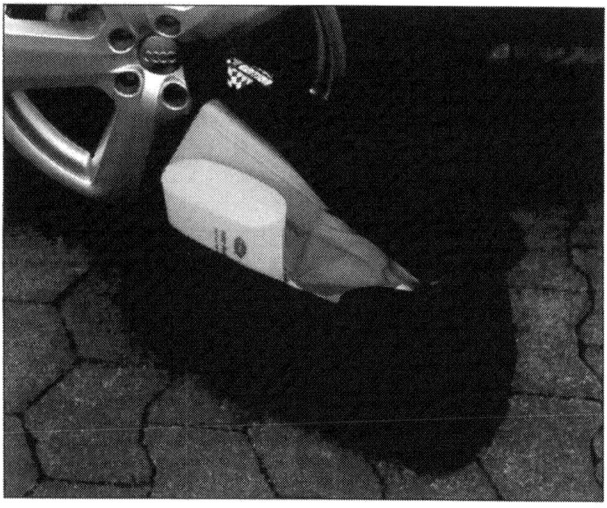

Vergewissern Sie sich, dass Ihre Sommerreifen noch genügend Profil haben. Gesetzlich vorgeschrieben sind zwar lediglich 1,6 mm Profiltiefe, wer jedoch mit diesen Reifen eine Vollbremsung hinlegen muss oder gar in den Regen kommt, hat schlechte Karten. Denn schon bei ca. 4 mm, also rund der Hälfte des Profils neuer Reifen, verlängert sich der Bremsweg aus 100 km/h bereits um mehr als zwei Wagenlängen.

Profiltiefe korrekt bestimmen

Zur Ermittlung der Profiltiefe empfiehlt sich ein Profiltiefenmesser (Bild 2). Entscheidend sind die Hauptprofilrillen. Messen Sie nicht auf den Erhebungen des

Bremsweg aus 100 km/h (regennasse Fahrbahn)

Profiltiefe	Bremsweg	Verlängerung (relativ)
8 mm	70 m	–
4 mm	82 m	17%
3 mm	87 m	24%
2 mm	97 m	39%

Erschreckende Zahlen: Die Profiltiefe ist ein entscheidender Sicherheitsfaktor vor allem bei Nässe (Quelle: www.kfztech.de)

TWI (Tread Wear Indikator = Profil-Abnutzungsanzeiger). Die Profiltiefe messen Sie in den Hauptprofilrillen an den am stärksten verschlissenen Stellen des Reifens. Die Positionen der TWI-Indikatoren (Bild 1) sind an der Reifenschulter sichtbar und zeigen die gesetzliche Mindestvorgabe von 1,6 mm an.

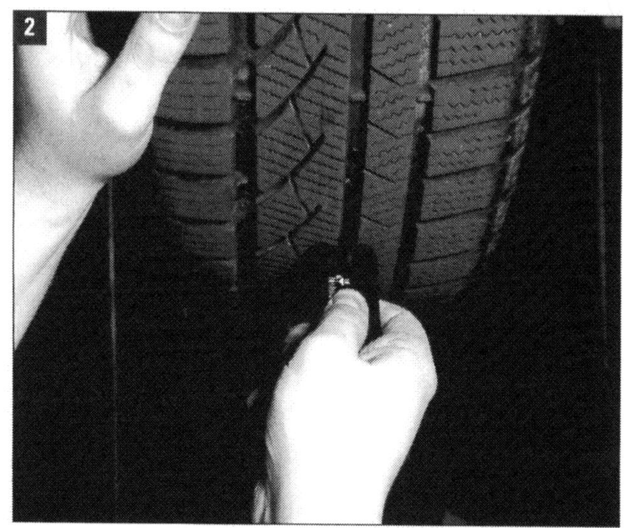

Kleine Reifenkunde

PRAXISTIPP

Seit 01. Januar 2006 ist es Gesetz, dass laut Straßenverkehrsordnung (§2 Abs. 3a) bei Kraftfahrzeugen die Ausrüstung an die Wetterverhältnisse anzupassen ist. Hierzu gehört insbesondere eine »geeignete Bereifung«. Damit sollte es nun nicht mehr nur für Fachleute, sondern auch für alle Autofahrer selbstverständlich sein, dass Sommer und Winter ihre eigenen Reifen hinsichtlich Profil und Gummimischung benötigen. Gerade auf der Fahrt in den Urlaub kommt es darauf an, der Bereifung besondere Aufmerksamkeit zu schenken. Wer weiß schon, dass ein moderner Reifen aus bis zu 16 verschiedenen Gummimischungen bestehen kann, die zum Beispiel folgende Anforderungen erfüllen müssen: Geringst möglicher Abrieb, Rissfestigkeit, Rutschwiderstand, geringer Rollwiderstand, dynamische Beständigkeit, Luftdichtigkeit, Laufruhe sowie Alterungsbeständigkeit. Allerdings bestimmen nicht nur Gummimischung und Auslegung des Profils – zum Beispiel das Lamellenprofil eines Winterreifens – die Leistung eines Reifens. Mindestens genau so wichtig sind nach Aussage der Kfz-Innungsexperten die unterschiedlichen Profiltiefen. Zwar schreibt der Gesetzgeber hier nur einen Mindestwert von 1,6 Millimetern vor, aber in der Praxis ergeben sich andere und realistischere Werte. Auf eine einfache Formel gebracht: Profiltiefe Sommerreifen: Minimum 3 Millimeter, Profiltiefe Winterreifen: Minimum 4 Millimeter. Die Gründe für diese Empfehlungen sind zahlreich und absolut sicherheitsrelevant. Mit dem Minimumprofil von 1,6 Millimeter verlängert sich bei Nässe der Bremsweg bereits um das Doppelte. Wenn man weiter weiß, dass bei nasser Fahrbahn die Drainagerillen bei 80 km/h bis zu 25 Liter Wasser pro Sekunde und bei 140 km/h bis zu 43 Liter kanalisieren müssen, erübrigt sich wohl jede weitere Diskussion um falsche Sparsamkeit. Gerade vor der sommerlichen Urlaubsreise mit ihren erhöhten Anforderungen an Temperaturen, Fahrzeuggewicht und Geschwindigkeit raten die Fachleute der Kfz-Meisterbetriebe zu einer detaillierten Reifenkontrolle, bei der neben der Erhöhung des Luftdrucks speziell auf Beschädigungen an Lauffläche, Seitenwand und Ventilabdichtung sowie auf Profiltiefe geachtet werden muss. Gehen Sie also beim einzigen Bindeglied zwischen Ihnen und dem Straßenbelag keine unnötigen Risiken ein und kontrollieren Sie regelmäßig Ihre Fahrzeugbereifung.

Der Blick unter die Motorhaube ist sehr wichtig.

Prüfen Sie alle wichtigen Flüssigkeitsstände des Fahrzeuges. Dazu gehören vor allen Dingen der Kühlwasserstand, der Ölstand und auch die Scheibenwaschanlage.

Motorraum und Übersicht der Kontrollpunkte: 1 Kühlwasserbehälter, 2 Scheibenwaschbehälter, 3 Dieselfilter, 4 Zahnriemenabdeckung, 5 Öleinfüllstutzen, 6 Ölpeilstab, 7 Ölfilter, 8 Luftmassenmesser, 9 Batterie, 10 Luftfilterkasten, 11 Elektrik und Relais.

Wie funktioniert die Klimaanlage?

Eine Klimaanlage ist eine feine Sache, keine Frage, doch wie funktioniert dies Anlage eigentlich? Das Funktionsprinzip ist vergleichbar mit dem des heimischen Kühlschranks. Ein vom Motor angetriebener Kompressor (1) verdichtet das dampfförmige Kältemittel, welches sich dabei erhitzt. Beim anschließenden Abkühlen im Kondensator (10) wird das Mittel wieder flüssig. Durch ein Ventil (12) wird diese abgekühlte Flüssigkeit nun in den Verdampfer (13) eingespritzt. Beim Verdampfungsprozess wird nun der außen an dem Waben- und Röhrensystem vorbeiströmenden Luft aus dem Fahrgastraum Wärme und Feuchtigkeit entzogen. Die Luft kühlt ab und wird zurück in den Innenraum geleitet. Die Intensität der Abkühlung hängt im Wesentlichen vom Luftdurchsatz und der eingestellten Temperatur ab. Das heißt, je höher die Gebläsestufe und je niedriger die gewählte Temperatur, desto kälter wird es. Intelligente Klimasysteme zeichnen heutzutage zusätzliche Sensoren und Steuereinheiten aus. Diese bestimmen nicht nur anhand der Gurtschlösser die Anzahl der klimabedürftigen Insassen, sondern können auch mittels Fotodioden die Sonneneinstrahlung berechnen und so den hitzegeplagtesten Passagier ausmachen und dementsprechend die Kälteverteilung koordinieren.

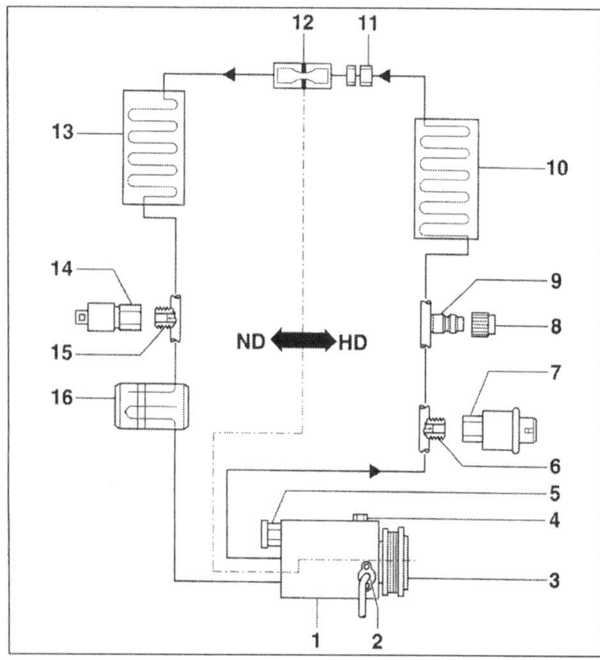

Funktionsprinzip Klimaanlage. Prinzip der Klimaanlage: Der Kreislauf ist in einen Nieder- und einen Hochdruckkreis aufgeteilt.

PRAXISTIPP

Gebrauch der Klimaanlage

Beim ausgiebigen Sonnenbad Ihres Fahrzeugs heizt sich der Innenraum auf Temperaturen bis zu 60 °C oder gar noch mehr auf. Sie sollten daher vor dem Losfahren zunächst alle Türen öffnen und die größte Hitze entweichen lassen. Danach erst die Fahrt antreten und zum zügigen Herunterkühlen zunächst volle Gebläsestufe wählen. Dann schnell kleiner drehen, um unnötige Zugluft zu vermeiden. Die automatische Klimaanlage regelt sensorgesteuert Temperatur, Gebläsestufe und Luftverteilung selbsttätig. Bei

Einstellungssache: Reglereinheit der Klimaanlage.

manuell geregelten Klimageräten übernehmen Sie diese Aufgaben selbst. Die Wohlfühl-Temperatur liegt im Sommer bei etwa 22 °C, bei extremer Hitze etwa drei bis vier Grad höher. Kurz vor dem Ziel die Klimaanlage abschalten, dann lässt sich ein Temperaturschock beim Aussteigen vermeiden. Im Winter ist eine Temperatur von etwa 21 °C ideal.

Apropos: Auch im Herbst und Winter sollten Sie gelegentlich die Klimaanlage aktivieren. Dies vermindert nicht nur durch die Aufnahme der Feuchtigkeit aus der Luft das Anlaufen der Scheiben, sondern dient auch dem Schutz des Klimasystems und seiner Aggregate vor Korrosion. Folgende Indizien deuten auf einen Defekt der Klimaanlage hin und erfordern einen sofortigen Werkstattbesuch: Schlechte Gerüche aus den Lüftungsdüsen, verminderte oder gar keine Kälteleistung der Anlage, erhöhter Kraftstoffverbrauch oder eine ständig beschlagene Windschutzscheibe. Vermeiden Sie durch unregelmäßige Checks auch, dass Bakterien und Pollen sowie Sporen dem Innenraumfilter übel zusetzen können. Vor allem bei Allergikern können Husten und Niesen gefährliche Situationen beim Fahren hervorrufen.

Die Climatronic

Das Schrauben am Klimatisierungs-System scheitert weniger an Sicherheitsrisiken. Es ist vielmehr die komplizierte Technik, die dem Heimwerker das Leben schwer macht. Audi unterscheidet zwischen Klimaanlage und Klimatisierungsautomatik (Climatronic). Die Climatronic hält vollautomatisch die gewählte Fahrzeuginnentemperatur. Die Temperatur der ausströmenden Luft sowie die Gebläsedrehzahl (Luftmenge) und Luftverteilung werden automatisch verändert. Die Anlage berücksichtigt auch starke Sonneneinstrahlung. Ein Nachregeln von Hand ist überflüssig. Das Klima-Steuergerät verarbeitet vielfältige Informationen von Sensoren. Die gesamte Anlage wird über elektrische Stellmotoren gesteuert. Sämtliche Luftklappen bewegen sich vollautomatisch. Das Steuergerät hat ebenfalls die Magnetkupplung am Klimakompressor im Griff. Empfohlen wird folgende Standardeinstellung für alle Jahreszeiten: Stellen Sie die Temperatur auf 22 °C und drücken Sie die Taste AUTO. Bei dieser Einstellung wird am schnellsten ein behagliches Klima erreicht. Die Einstellung sollte nur verändert werden, wenn das persönliche Wohlbefinden es erfordert. Damit die Climatronic einwandfrei funktionieren kann, muss der Lufteinlass vor der Windschutzscheibe frei von Eis, Schnee und Blättern sein. Empfohlen wird, bei Umluftbetrieb im Fahrzeug nicht zu rauchen, da sich der aus dem Fahrzeuginnern angesaugte Rauch auf dem Verdampfer absetzt und zu dauerhafter Geruchsbelästigung führt. Wenn nach Einschalten der Zündung alle Symbole im Anzeigenfeld etwa 15 Sekunden blinken, liegt eine Störung vor, die nur in der Fachwerkstatt behoben werden kann.

Sollte die Kühlanlage einmal nicht arbeiten, kann entweder die Außentemperatur niedriger als etwa +5 °C sein, der Kompressor der Kühlanlage wegen zu hoher Motor-Kühlmitteltemperatur vorübergehend abgeschaltet haben oder die Sicherung durchgebrannt sein.

⚠ Kältemittel

GEFAHRHINWEISE

Die Bauteile des Klimasystems sowie alle Kältemittelschläuche und -leitungen, finden Sie beim A3 vorn links halb neben und halb vor dem Motor, den sie fast ganz umgeben. Doch Vorsicht: Hier müssen Sie sich selbst als passionierter Schrauber bremsen! Denn bei den Komponenten der Klimaanlage bestehen gesundheitliche Risiken und auch die Gefahr, Ihre Klimaanlage bei Reparaturversuchen zu beschädigen! So kann der Umgang mit Kältemitteln Erfrierungen bei Berührung verursachen oder gar zum Ersticken am Boden oder in unteren Räumen, wegen der Schwere des Mittels, führen.
Klimaanlagen dürfen also nur von Audi oder in Service-Stützpunktwerkstätten instand gesetzt bzw. ersetzt werden. Riskieren Sie hier keine gesundheitlichen Schäden oder teure Nachreparaturen. Denn der Kältemittelkreislauf der Klimaanlage darf nicht geöffnet werden. Das Neubefüllen ist Werkstatt-Sache. Zudem könnten Sie sich bei unsachgemäßer Handhabung auch strafbar machen: Das Ablassen von Kältemittel in die Umwelt ist eine strafbare Handlung. Sollte Ihre Klimaanlage also der Wartung bedürfen, fahren Sie am besten gleich in Ihren Servicebetrieb.

Nach Werksvorgabe: Die Idealtemperatur im Fahrzeuginnenraum beträgt rund 22° C.

Der Pollenfilter

Der Filter für den Innenraum sollte einmal im Jahr, am besten im Frühjahr vor Beginn des Pollenflugs, spätestens aber vor der Urlaubsfahrt erneuert werden.

Benötigtes Material und Werkzeug:

– Austauschfilter

Ausbau alter Filter:

- Seitenverkleidung der Mittelkonsole im Beifahrerfußraum abziehen (1).
- Beide Kunststoffschrauben der Geräuschdämmung herausdrehen (2).
  Die Geräuschdämmung herausnehmen.
- Pollenfilterdeckel nach links ziehen, ausclipsen und nach unten abnehmen (4).
- Filter auswechseln.

Neuen Filter einsetzen:

- Einbaurichtung beachten.
- Die Nase unter der Abdeckung mit Vorsicht behandeln, sonst besteht die Gefahr, dass diese abbrechen.
- Die weitere Montage erfolgt in umgekehrter Reihenfolge.
- Achten Sie darauf, dass die Geräuschdämmung etwas in die Armaturentafelverkleidung hineingedrückt wird.

1

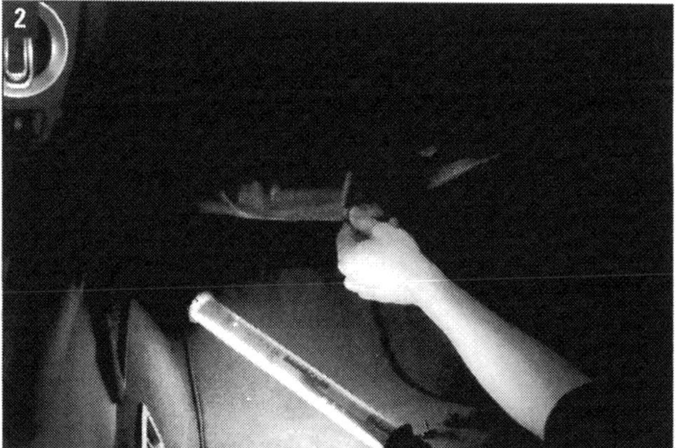
2

3

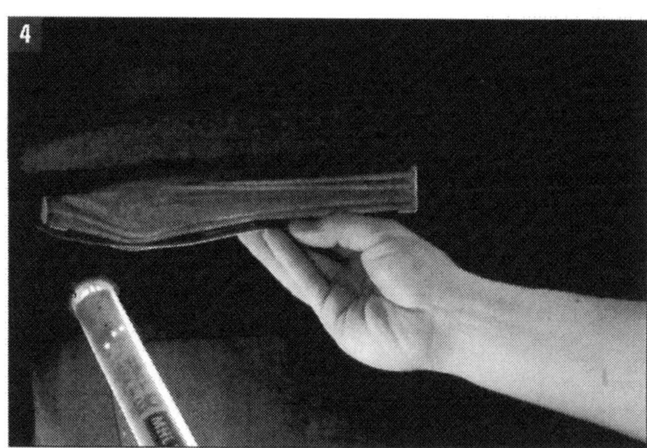
4

Klimaanlage desinfizieren

Die Komponenten der Klimaanlage sollten regelmäßig, mindestens einmal im Jahr oder alle 15.000 Kilometer, desinfiziert werden. An den Wärmetauschern setzen sich sonst Bakterien ab, die zu üblen Gerüchen, beschlagenen Scheiben und sogar zu Erkrankungen der

Atemwege führen können. Sie brauchen dazu Desinfektionsspray und eine Atemschutzmaske. Sprühen Sie zunächst eine Ladung Spray in die Austrittsdüsen. Schalten Sie das Gebläse auf Umluft und maximale Geschwindigkeit. Um die Batterie nicht unnötig zu belasten, kann dabei der Motor laufen. Sprühen Sie nun das Desinfektionsspray in Ansaugrichtung vor den Wärmetauscher. Tragen Sie dabei eine Atemschutzmaske. Lassen Sie die Lüftung bei geschlossenen Scheiben rund 10 Minuten bei voller Leistung laufen. Die Luft im Innenraum wird dadurch mehrmals umgewälzt.

12V-Kühltasche für's Auto

Getränke und ein Vesper für unterwegs sind auf langen Reisen eine willkommene Erfrischung in den Pausen und stärken die Insassen für die Weiterfahrt. Zum Transport des Reiseproviants und dem Frischhalten empfiehlt sich daher logischerweise eine Kühlbox. Darin lassen sich dank des ausreichenden Stauvolumens (bei ca. 20 Liter Fassungsvermögen hält sich der Platzbedarf im Kofferraum noch in Grenzen) auch Lunchpakete und genügend Getränkeflaschen (bis zu 2 Liter große PET-Behälter) für die ganze Familie hervorragend transportieren und gekühlt aufbewahren. Den besten Kühleffekt erzielen Sie mit einer Kühltasche, die sich auch an die 12-Volt-Steckdose (Zigarettenanzünder bzw. zusätzliche Steckdose im Kofferraum) anschließen lässt. Besonders praktische Geräte können dann, am Urlaubsziel angekommen, auch gleich am normalen Stromnetz und an Steckdosen mit 230 Volt betrieben werden. Der Kostenpunkt dieser intelligenten Boxen liegt bei ca. 200 Euro. Die Bedienung erfolgt über ein Softtouch-Bedienpanel, dessen Elektronik über mehrere Thermostate die Regelung der Kühlboxtemperatur übernimmt. LEDs dienen zur Kontrolle der Funktionstüchtigkeit, um den Inhalt auf bis zu 30 Grad unterhalb der Umgebungstemperatur zu kühlen. Zusätzliche Kühlakkus helfen, eine konstante Kühlung auch über längere Zeit aufrecht zu erhalten. Für diesen Preis kann die Kühltasche fürs Auto aber noch mehr: Eine weitere Funktion erlaubt die Umschaltung von Kühl- auf Heizbetrieb, was nicht nur Pizzataxis freuen dürfte. Übrigens: Der ADAC empfiehlt auf langen Fahrten ausgiebige Pausen zur Erholung insbesondere des oder der Fahrer. Dabei sollte auch auf den Wasserhaushalt Acht gegeben werden! Also gilt es genügend Flüssigkeit (min 3 l), am besten Mineralwasser oder verdünnte Fruchtsäfte, zu sich zu nehmen, damit die Konzentration und Ausdauer bei Hitze nicht auf der Strecke bleibt. Wer nun meint, mit Klimaanlage gänzlich unbetroffen zu sein, irrt: Denn die Umwälzung über den Verdampfer entzieht der Luft die Feuchtigkeit, was gleichermaßen zu einem Austrocknungseffekt führt.

Frischhaltebox: Die Kühlbox im Auto versorgt die Insassen auf der langen Urlaubsreise mit Getränken und Snacks.

Urlaub und Reise

Gerade im Ausland ist die Absicherung auch im Falle des Unfalls oder auch nur einer Panne sehr wichtig. Große Autofahrervereine wie der ADAC oder der AVD bieten Schutzbriefe an, die die Absicherung auch im Ausland garantieren. Auch über einige Kraftfahrtversicherer kann ein solcher Schutzbrief beantragt und abgeschlossen werden.

Engel auf Rädern

Nein, Schutzbriefe sind nicht für Weicheier oder Warmduscher. Sie sind gerade heute eine sinnvolle Ergänzung des Reisegepäcks. Eine Panne kann im Ausland erhebliche Kosten verursachen. Wer bereits einen Abschleppdienst finanziell kennen gelernt hat, kann sich sicherlich noch an die nicht gerade günstig ausgefallene Rechnung erinnern. Gehen Sie ruhig davon aus, dass der freundliche Abschlepper in Frankreich oder Italien Ihnen auch keinen Freundschaftsrabatt anbieten wird. Ein Schutzbrief, der vertraglich die Kosten regelt und dafür sorgt, dass Ihr Auto auch tatsächlich wieder bei Ihnen zu Hause oder einer Werkstatt Ihres Vertrauens landet, ist dann Gold wert. Betrachten wir uns einige aus unserer Sicht sinnvolle Inhalte, die Ihnen ein Schutzbrief bieten sollte. Ein Vergleich der unterschiedlichen Anbieter fällt Ihnen dann wesentlich leichter.

Fahrzeug-Rücktransport

Fällt Ihr Fahrzeug im Ausland aus und kann vor Ort nicht oder erst wesentlich später repariert werden, sollte durch den Schutzbrief der Rücktransport zu Ihrem Wohnsitz organisiert und bezahlt werden. Zusätzliche Leistungen wie Abschlepp- und Einstellkosten sollten auch abgedeckt sein.

Fahrtkosten nach Fahrzeugausfall

Sollten Sie aufgrund einer Panne oder eines Unfalls liegen bleiben oder Ihr Fahrzeug ist gestohlen worden, sollte der Schutzbrief die Kosten für die Bahnfahrt zum Zielort und zurück zum Schadensort oder zurück zu Ihrem Wohnsitz übernehmen. Die Kosten für einen Mietwagen sollten dann für die Dauer des Fahrzeugausfalls, max. bis zu 7 Tagen, übernommen werden.

Übernachtung nach Fahrzeugausfall

Natürlich kann bei Panne oder nach einem Unfall auch schnell eine außerplanmäßige Übernachtung die Urlaubskasse belasten. In der Regel tragen die Schutzbrieforganisationen dann die zusätzlichen Hotelübernachtungen für Sie und alle Insassen des Fahrzeugs.

Abschleppen und Bergung

Für das Abschleppen oder die Fahrzeugbergung nach einem Unfall fallen schnell erhebliche Kosten an. In der Regel ist dies auch Leistung der großen Schutzbrieforganisationen.

Hilfe bei verlorenen oder defekten Fahrzeugschlüsseln

Der Schlüssel am Strand verbuddelt? Oder sonst wie verloren? Gerade bei den großen Organisationen wie dem ADAC werden auch solche kuriosen Vorfälle bearbeitet und die Kosten hierfür übernommen.

Ersatzteilversand

Gerade in den abgelegenen Winkeln dieser Erde sind nicht unbedingt alle notwendigen Ersatzteile immer greifbar. Um die Urlaubszeit nicht ins Ungewisse zu verlängern, wird sogar der Ersatzeilversand für solche Fälle auch weltweit organisiert.

Womit muss ich immer rechnen?

Sie müssen zur Arbeit und sind spät dran. Es ist Winter, ungemütlich kalt und dunkel. Eine dicke Eisschicht überzieht die Scheiben. Schnell ein Guckloch kratzen und los, so denken Sie. Aber: Sie drehen den Schlüssel im Zündschloss und nichts passiert! Vielleicht ist das auch besser so, denn nur ein Guckloch frei zu kratzen ist lebensgefährlich und wird mit Bußgeld geahndet. Doch auch das Startproblem geht eventuell auf Ihr Konto. Oder es wäre mit etwas mehr Pflege und Aufmerksamkeit durchaus zu vermeiden gewesen. Die leere Batterie ist jedenfalls einer der Klassiker unter den kleinen Pannen und langweilige

CHECKLISTE

Vor und nach jeder großen Fahrt

Bereich	Worauf Sie achten sollten	Was zu tun ist
A Motor	**1** Motorölstand	Wurde der Motor lange auf Kurzstrecken betrieben, sammeln sich flüchtige Substanzen. Deshalb kann es sein, dass der Ölstand bei heißem Motor schlagartig absinkt. Nach den ersten 100 Kilometern nachmessen.
	2 Kühlmittelstand	Den Kühlmittelstand im kalten Zustand auf Maximum auffüllen.
	3 Zustand der Schläuche	Alle Wasserschläuche müssen dicht und elastisch sein. Schläuche kräftig kneten. Kalkablagerungen an den Anschlüssen und harte oder poröse Schläuche sind kein gutes Zeichen. Im Zweifel austauschen.
	4 Kühlerventilator prüfen	Lassen Sie den Motor im Leerlauf laufen, bis sich der Kühlerventilator ein- und später wieder ausschaltet. Sie werden Ihn brauchen, wenn Sie im Stau stehen.
B Räder und Reifen	**1** Luftdruck	Der Luftdruck in den Reifen muss an die Beladung angepasst werden. Nach der Reise nicht vergessen den Luftdruck wieder abzusenken.
	2 Zustand	Die Reifen sollten natürlich auch am Ende der Reise noch genug Profil haben. Das sollten Sie besonders bei Winterreifen bedenken, die mindestens vier Millimeter Profiltiefe haben müssen.
C Fahrwerk	**1** Stoßdämpfer	Wird das Auto richtig vollgeladen, sind die Stoßdämpfer besonders gefordert. Fahnden Sie nach Ölspuren und lassen Sie beim kleinsten Verdacht einen Stoßdämpfertest durchführen. Mit Wippen an der Karosserie lassen sich schwache Dämpfer kaum entlarven.
	2 Manschetten und Gelenke	Sind Achsmanschetten oder die Gummis der Gelenke rissig und porös, werden die Teile bei hoher Belastung rasant verschleißen. Besser vorher austauschen.
D Sonstiges	**1** Beleuchtung	Schalten Sie alle Lichter durch und nehmen Sie Ersatzlampen für Scheinwerfer und Rückleuchten mit.
	2 Scheibenwaschanlage	Prüfen Sie die Einstellung der Spritzdüsen und füllen Sie den Vorratsbehälter mit geeignetem Gemisch bis zum Maximum auf.
	3 Zubehör	Einen Fünf-Liter-Reservekanister, einen Liter Motoröl und eine Rolle Textilklebeband mit auf die Reise nehmen.

Pannen unterwegs

Sie gehören zu den Tücken des Alltags und machen einem das Autofahrerleben schwer – kleinere Pannen und Schäden. Dennoch können gerade diese Kleinigkeiten eine umso größere Wirkung haben. Denn manchmal ist es nur eine Nichtigkeit wie die Batterien der Autoschlüssel, die das Fortkommen verhindern. Wie Sie in solchen und ähnlichen Fällen Ihren A3 wieder flottkriegen, steht in diesem Kapitel.

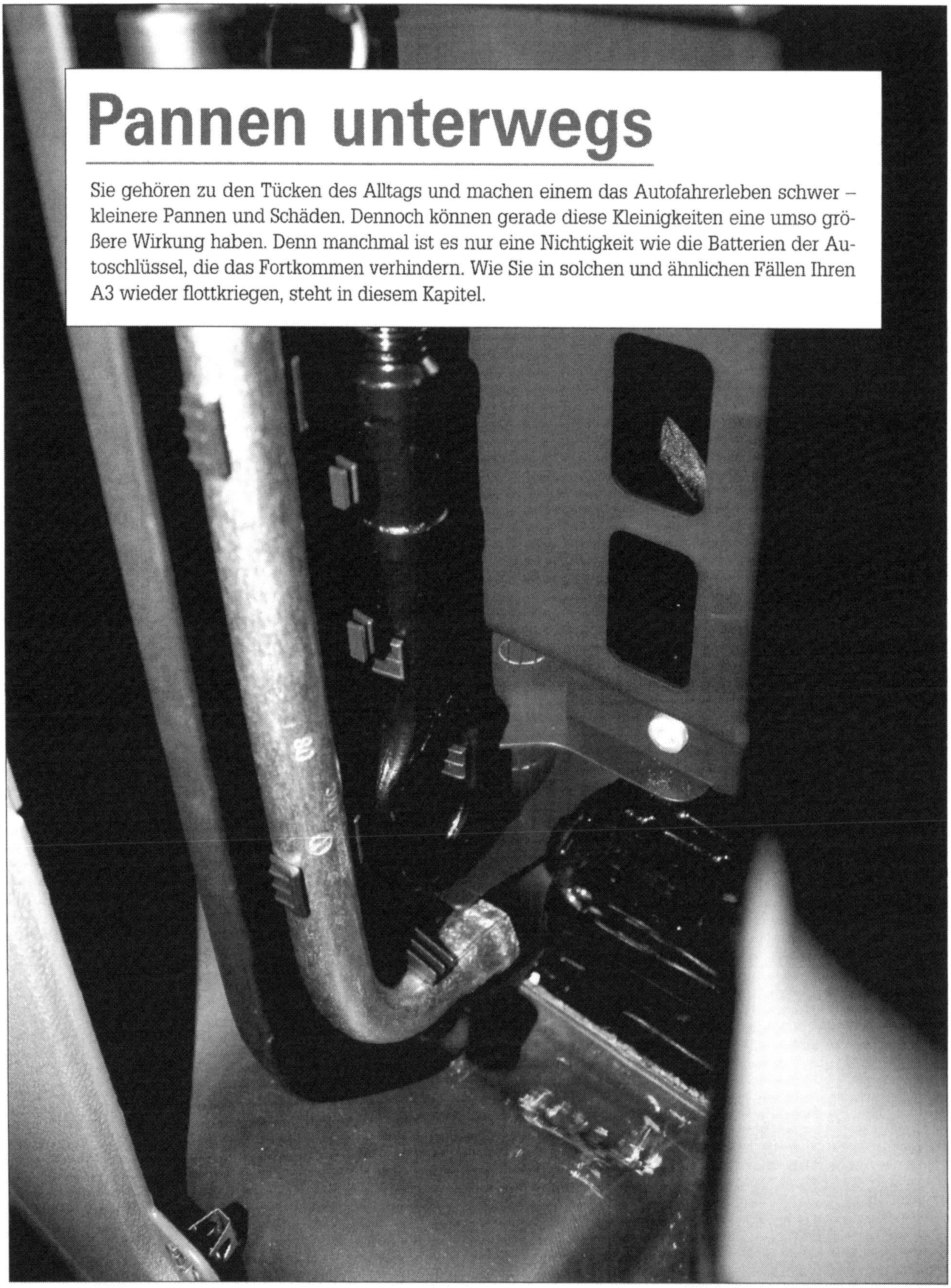

Routine für die gelben Engel vom ADAC. Damit Sie die Herren nicht langweilen und vor allem nicht stundenlang warten müssen, verraten wir Ihnen, was in einem solchen Fall zu tun ist. Ärgerlich ist zum Beispiel auch, wenn die Batterie im Schlüssel schwächelt und Ihnen eines Tages den Zugang zu Ihrem A3 verwehrt. Dann müssen Sie sich an die eigene Nase fassen, denn der regelmäßige Wechsel der Batterie ist kinderleicht und kostet nicht die Welt.

Was tun bei einer Reifenpanne?

Etwas anders sieht die Sache mit einem platten Reifen aus. Statistisch gesehen erlebt jeder Autofahrer nur etwa alle 70.000km dieses Malheur. Dann aber heißt es richtig reagieren und umsichtig handeln. Schätzen Sie die Situation hinsichtlich des Gefahrenpotenzials ein. Können Sie an dieser Stelle einen Radwechsel durchführen, ohne sich zu gefährden? Befinden Sie sich beispielsweise auf einer zweispurigen Autobahn ohne Standstreifen, unterlassen Sie zu Ihrer eigenen Sicherheit einen Radwechsel. Rufen Sie stattdessen sofort Hilfe per Handy oder versuchen Sie sich im Schritttempo zum nächsten Rastplatz zu retten.

Mit einer Panne weiterfahren oder lieber stehen bleiben – ab wann wird es kritisch?

Abgesehen von dieser Panne, die bei jedem Auto auftreten kann, gilt der A3 als relativ unkompliziert und robust. Verlassen Sie sich stets auf Ihren gesunden Menschenverstand und verzichten Sie im Zweifelsfall lieber auf einen Reparaturversuch vor Ort.

Genauso wichtig ist es zu wissen, wann es besser ist, nicht mehr weiter zu fahren. Sie ersparen sich damit nicht nur teure Folgeschäden, sondern setzen auch nicht Ihre Gesundheit und die Ihrer Mitmenschen aufs Spiel. Wir haben darum in unseren Störungsbeiständen die wichtigsten Symptome aufgeführt, die auf einen schlimmen Schaden hindeuten. Oder auch auf Dinge hingewiesen, die einen schlimmen Schaden verursachen können. So reagieren alle direkteinspritzenden Diesel absolut allergisch auf eine Falschbetankung mit Benzin. Fatalerweise passt nämlich die dünnere Zapfpistole der Otto-Kraftstoffe immer in die große Öffnung der Dieselfahrzeuge, der große Rüssel der Diesel-Zapfsäule jedoch nicht in die kleinen Tankstutzen der Benziner. Sollten Sie Ihren falsch betankten Diesel dennoch starten, so werden Sie mit einiger Sicherheit aufgrund der Folgeschäden einen vierstelligen Euro-Betrag los.

Und wenn ich nun doch in die Werkstatt muss?

Lässt sich ein Abschleppen mit anschließendem Werkstattbesuch nicht vermeiden, sollten Sie unbedingt folgende Dinge beachten: Generell ist die Mitgliedschaft in einem Automobilclub und ein spezieller Schutzbrief immer von Vorteil, besonders fern der Heimat. Lesen Sie sich beizeiten in Ruhe das Kleingedruckte durch und legen Sie die entsprechende Notrufnummer in das Handschuhfach. Bestellen Sie einen Abschleppwagen nur über diese Nummer und lassen Sie sich vom Fahrer eine Bestätigung über seinen Auftraggeber zeigen. Es ist ja auch möglich, dass der Abschleppwagen rein zufällig des Weges kam... Schildern Sie der Werkstatt dann ganz in Ruhe und chronologisch den Schadenshergang. Je mehr die Werkstatt weiß, umso kürzer ist die Zeit für die Fehlersuche. Wichtige Informationen sind zum Beispiel: – In welchem Betriebszustand trat der Schaden auf? (Temperatur, Geschwindigkeit, Drehzahl) – Haben Sie vorher ungewöhnliche Geräusche oder ein ungewöhnliches Fahrverhalten bemerkt? – Wie ist die Vorgeschichte des Wagens (wurden vor kurzem Reparaturen oder Inspektionen durchgeführt)? Bestehen Sie auf einen schriftlichen Auftrag und einen Kostenvoranschlag. Ziehen Sie vor Reparaturbeginn eine finanzielle Grenze, über der die Werkstatt Ihr Einverständnis braucht.

Im Bordwerkzeug Ihres Audi A3 finden Sie unter anderem auch den Spindelwagenheber. Damit lässt sich der Wagen für die meisten Arbeiten hoch genug anheben. Zur Vergrößerung der Hubhöhe können Sie einen Holzklotz unterstellen. Ebenso sollten Sie zur Sicherheit stets ein kleines Brett mit etwa den Abmaßen 30 x 30 cm und 2 cm Dicke unterstellen. Damit verringert sich die Gefahr, dass der Wagenheberfuß in den Boden einsinken kann. Gehen Sie mit Unterstellböcken auf Nummer sicher. Wenn Sie ernsthaft unter dem Fahrzeug arbeiten wollen, raten wir dringend zur Verwendung von Unterstellböcken. Nur so können Sie Ihren angehobenen A3 sichern. Begeben Sie sich niemals unter das angehobene Fahrzeug, wenn dieses

Fahrzeug richtig aufbocken

nicht durch Unterstellböcke gesichert ist, Sie begeben sich sonst in Lebensgefahr!

Fahrzeug aufbocken:
Der Wagen muss auf festem, ebenem Untergrund stehen.

- Feststellbremse aktivieren und zumindest eines der Räder gegenüber der Anhebestelle mit Holzkeilen, notfalls mit geeigneten Steinen, gegen Wegrollen sichern. Nur auf die Feststellbremse dürfen Sie sich nicht verlassen.

- Der Bordwagenheber ist zusammen mit dem anderen Bordwerkzeug leicht zugänglich unter der Kofferraummatte in einer Ablage in der Reserveradwanne verstaut. Nehmen Sie den Wagenheber heraus.

- Schwenken Sie die Kurbel durch Verdrehen heraus und öffnen Sie den Heber um etwa fünf Umdrehungen.

- Heben Sie nun den Heber senkrecht zu dem mit einem eingeprägten Dreieck gekennzeichneten Punkt am Schweller. Der Wagenheber muss mit seiner Auflagenut gerade auf der Schwellerkante sitzen.

Wichtige Utensilien: Holz als Unterlage, Wagenheber und Lappen.

Achtung! Fahrzeug nur an diesen vorgesehenen Aufnahmepunkten anheben!
Die Schweller sind in diesem Bereich extra hierfür verstärkt! Wagenheberkopf mit der linken Hand gegen den Aufnahmepunkt drücken, während man mit der rechten Hand die Kurbel im Uhrzeigersinn dreht und den Wagenheberfuß gegen den Boden drückt. Immer darauf achten, dass der Wagenheber senkrecht steht und nicht nach einer Seite abkippt!

- Bevor der Wagenheber auf die Arbeitshöhe hochgekurbelt ist, nochmals vergewissern, dass ein Wegkippen des Hebers ausgeschlossen ist. Ist der senkrechte Stand nicht gewährleistet, den Wagenheber nochmals neu ansetzen. Ansonsten nun auf nötige Höhe kurbeln.

- Der Unterstellbock darf nur an den Bodenverstärkungen angesetzt werden. Zwischen der Auflage des Bocks und den Fahrzeugboden sollten Sie einen Gummi- oder Hartholzklotz legen, der die Last verteilt. Kontrollieren Sie vor dem Ansetzen des Bockes, ob eventuell ein Blechfalz im Weg ist, der eingedrückt oder deformiert werden könnte, oder gar die Bremsleitung eingeklemmt werden kann.

- Der Dreibein-Unterstellbock steht am sichersten, wenn eines seiner Beine nach außen und zwei zur Wagenmitte hin zeigen. Achten Sie auf diese Stellung, wenn Sie das Fahrzeug aufbocken. Sonst kann es passieren, dass beim Anheben des Wagens der auf der anderen Seite bereits angesetzte Unterstellbock seitlich weggedrückt wird.

Wenn sich Ihr A3 nicht mehr aus eigener Kraft fortbewegen lässt, müssen Sie ihn bis zur nächsten Werkstatt abschleppen. Aus optischen Gründen hat man die Aufnahme für den Abschlepphaken hinter die (von vorne betrachtet) linke untere Plastikabdeckung versteckt. Den Abschlepphaken finden Sie wie den Wagenheber und das restliche Bordwerkzeug im Ablagefach in der Reserveradwanne. Denken Sie daran, den Abschlepphaken wie anschließend beschrieben gut festzuziehen. Die Anbringung erledigen Sie am besten wie hier beschrieben. Wichtig ist die Überprüfung auf festen Sitz durch das Festziehen des Hakens mit Hilfe des Radschlüssels.

Zentrum Limburg-Diez

ca 15cm

ca 30 cm

Eingeprägte Markierungen in dreieckiger Form

Fahrzeug abschleppen

Beachten Sie beim Abschleppen aber folgende Grundsätzlichkeiten:
Nie den Wagen weiter als 50 km schleppen, ansonsten können Schäden am Getriebe entstehen.

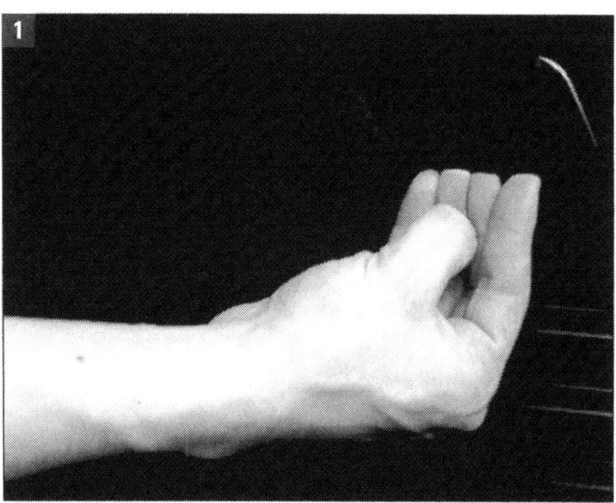

Abdeckung demontieren: Die Schraube, mit welcher diese fixiert ist, lösen Sie mit einem Kreuzschlitzschraubenzieher.

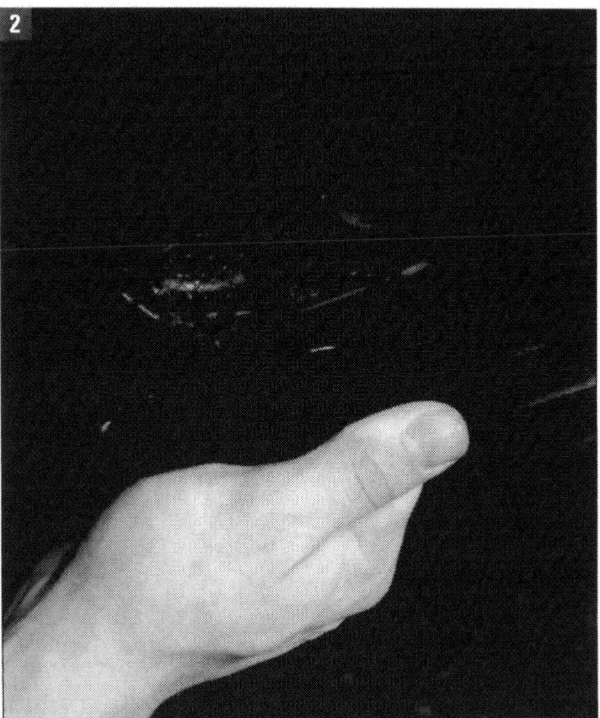

Abdeckung abnehmen: Die Abdeckung nach vorne wegziehen, dahinter verbirgt sich das Einschraubgewinde des Hakens.

Vorschriften beim Abschleppen

WISSENSWERTES

Beachten Sie nach einer Havarie beim Abschleppen die nach §15a der Straßenverkehrsordnung geltenden Grundsätze: Beim Abschleppen eines auf der Autobahn liegengebliebenen Fahrzeugs ist die Autobahn bei der nächsten Ausfahrt zu verlassen. Ist Ihr Fahrzeug außerhalb der Autobahn liegengeblieben, dürfen Sie nicht auf die Autobahn auffahren. Während des Abschleppens müssen beide Fahrzeuge das Warnblinklicht einschalten. Zudem steht der Nothilfegedanke im Vordergrund, das heißt, ein abzuschleppendes Fahrzeug ist nicht über weite Strecken zu transportieren, sondern nur bis zur nächstgelegenen oder nächstgeeigneten Werkstatt. Der Fahrzeugführer des abschleppenden Kfz benötigt eine Fahrerlaubnis der Klasse, die dem ziehenden Kfz zugehört. Der Lenker eines abzuschleppenden Kfz muss indes keinen Führerschein besitzen. Außerdem besteht kein gesetzliches Mindestalter zur Steuerung des abgeschleppten Fahrzeugs. Da derjenige allerdings für das Bremsen und Lenken verantwortlich ist und Sie für die Einweisung in diesen Vorgang, ist es ratsam sich im Zweifelsfall davon zu überzeugen, dass Ihr »Pannenhelfer« dies auch kann. Verwenden Sie eine starre Abschleppstange, damit auch das Bremsen ohne Pedalkraftverstärkung nicht zur bösen Überraschung wird.

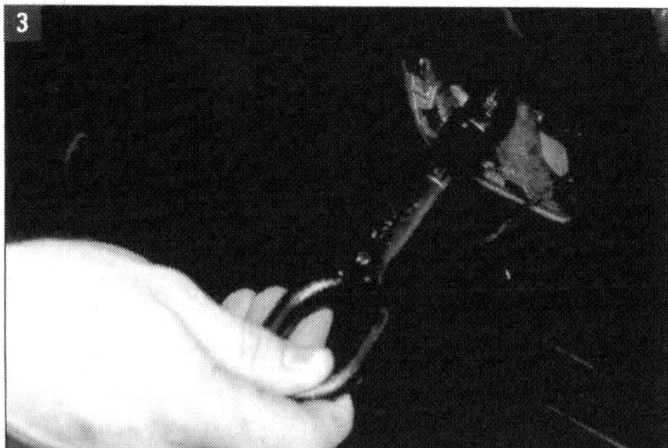

Festziehen: Den Abschlepphaken können Sie mit Hilfe des Radschlüssels als Hebel ordentlich festziehen.

Starthilfe geben

Verwenden Sie zur Überbrückung von einer vollen zu einer leeren Batterie spezielle Elektronik-Starthilfekabel. Damit schützen Sie die elektronischen Bauteile Ihres A3 vor gefährlichen Spannungsspitzen. Sicherheitshalber können Sie einen Verbraucher wie beispielsweise das Standlicht einschalten, um Spannungsspitzen zu vermeiden.

- Hilfsfahrzeug dicht an Ihr Fahrzeug heranfahren, damit die Batterien durch die Starthilfekabel verbunden werden können. Schalten Sie in Ihrem Fahrzeug alle Stromverbraucher ab.
- Die Pluspole mit dem Starthilfekabel verbinden, zuerst die leere, dann die volle Batterie anklemmen.
- Das andere Kabel zuerst am Minuspol der Fremdbatterie und dann am Minuspol der entladenen Batterie anschließen.
- Motor des Hilfswagens starten und mit erhöhter Drehzahl laufen lassen, damit die Lichtmaschine viel Strom liefert.
- Starten Sie Ihr Fahrzeug. Wenn der Motor nicht gleich anspringt, sollten Sie nach weiteren Versuchen immer wieder eine Pause einlegen, damit der Anlasser abkühlen kann. Dabei den Motor des Hilfsfahrzeugs weiterlaufen lassen – die leere Batterie in Ihrem A3 wird dadurch schon nachgeladen.
- Zum Abnehmen der Starthilfekabel zuerst den Minuspol der eigenen Batterie, dann den der Fremdbatterie abklemmen. Anschließend Kabel von den Pluspolen abnehmen, erst Vollbatterie, dann Leerbatterie.

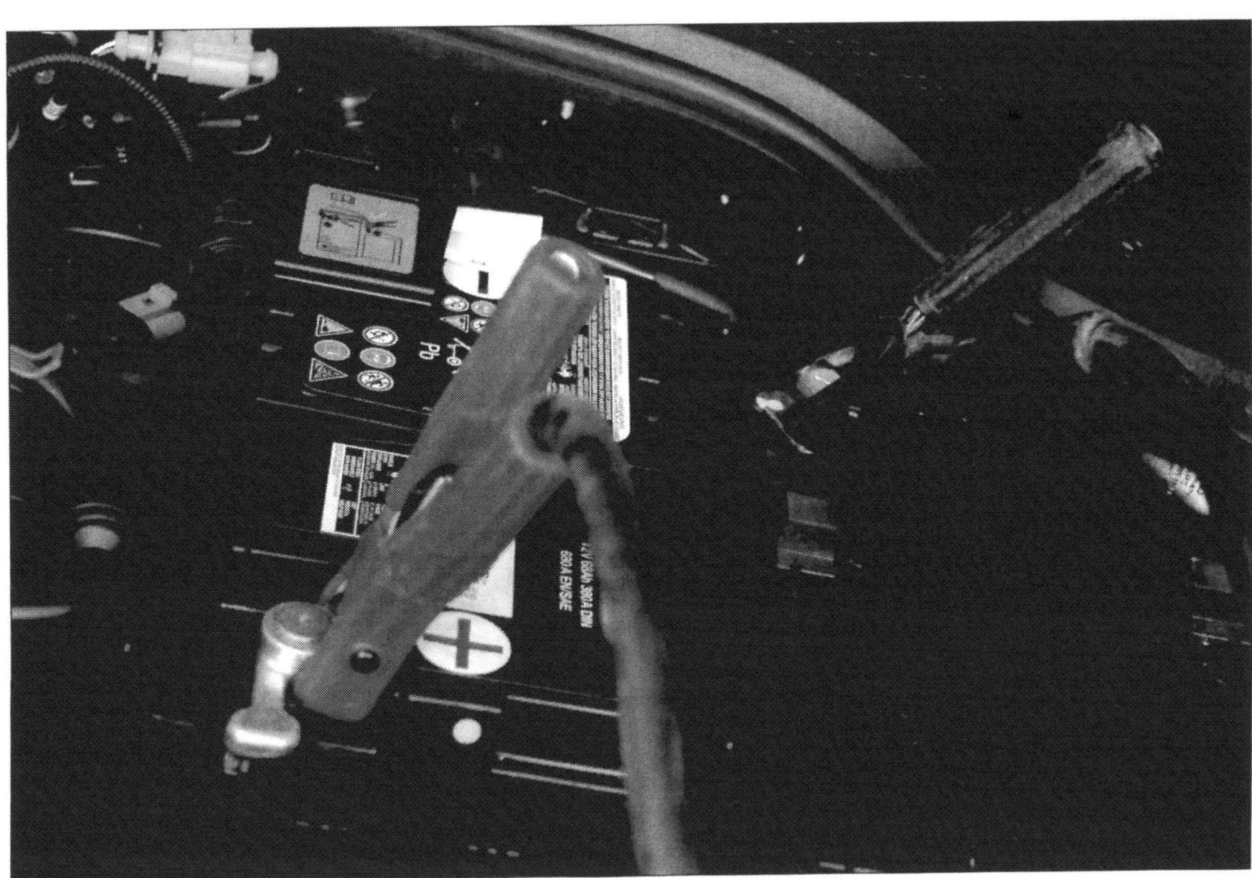

Anschluss an die Batterie: Das Starthilfekabel als Stromleitung von Fahrzeug zu Fahrzeug.

Überhitzung durch Wasserverlust

Wenn der Motor überhitzt, droht ein kapitaler Motorschaden. In den meisten Fällen fehlt dem Motor Kühlwasser. Drehen Sie niemals den Ausgleichsbehälter sofort auf. Er steht gerade bei überhitzten Kühlsystemen unter hohem Druck. Das Kühlwasser kann durchaus überspannt sein. Das bedeutet, es hat eine Temperatur über 100 °C bzw. über 115 °C erreicht. Wasser ist bei ca. 100 °C schon gasförmig. Schwere Verbrennungen wären so unausweichlich! Stellen Sie den Motor sofort ab. Warten Sie einige Zeit ab und öffnen Sie den Kühlerdeckel langsam. Halten Sie niemals den Kopf in den Bereich des Kühlwasserbehälters, wenn Sie den Deckel abschrauben wollen. Vor dem eigentlichen Abdrehen hat der Kühlerdeckel noch eine Raststufe. Kurz nach dieser Stufe wird hörbar der Druck entweichen. Warten Sie ab, bis der Druckausgleich stattgefunden hat und drehen Sie den Kühlerdeckel langsam und sehr vorsichtig mit einem Lappen als Handschutz ab.

Bevor Sie jedoch nun fehlendes Kühlwasser auffüllen, sollten Sie als Erstes versuchen, die Ursache des Wasserverlustes zu lokalisieren.

Stellen Sie regelmäßigen Wasserverlust fest, kann das mehrere Ursachen haben. Ein undichter oder beschädigter Schlauch kommt als Ursache genauso in Frage wie eine beschädigte Wasserpumpe oder ein Schaden an Kopfdichtung oder anderen Teilen des Kühlsystems. Suchen Sie gezielt nach Wasserspuren im Motorraum. Zumeist lässt sich der Schaden recht gut einkreisen, wenn man den »weißen« Spuren folgt. Der Einsatz von »Kühlerdichtmitteln« ist sicherlich keine Lösung, die als Reparatur bezeichnet werden kann. Die chemischen Zusätze können zwar ein vorhandenes Leck zuerst einmal verschließen, bedeuten aber keine Betriebssicherheit. Defekte Bauteile und Dichtungen sollten am besten sofort getauscht werden.

- Wenn der Ventilator streikt und der Motor nur im Stand heiß wird, können Sie die Fahrt bei freier Strecke fortsetzen. Im Stand und an roten Ampeln dann jeweils den Motor abstellen.

- Stellen Sie die Heizung auf maximale Wärme bei höchster Gebläsestufe, um zusätzlich etwas Hitze aus dem Motor abzuführen.

- Ist ein Kühlerschlauch nur leicht undicht, zum Beispiel durch einen Marderbiss, können Sie den Schlauch provisorisch mit festem Gewebeklebeband umwickeln. Der Schlauch muss dazu fettfrei, trocken und am besten kalt sein. Wickeln Sie ein paar Lagen um die schadhafte Stelle, das hält locker bis nach Hause oder in die nächste Werkstatt. Anschließend sollte der Motorraum, oder besser gesagt jeder Schlauch und jedes Kabel, genau in Augenschein genommen werden. Marder ernähren sich nicht von Autoteilen, sie spielen nur damit. Ein durchgebissenes Zündkabel kann aber leicht einen Katalysatorschaden um 2500 Euro verursachen, wenn er nicht bemerkt wird und das Auto auf drei Zylindern weiterlaufen soll. Im Zweifelsfall zuerst genau untersuchen und notfalls das Fahrzeug abschleppen. Eine Weiterfahrt kann leicht Schäden verursachen, die die Kosten des Abschleppens um das 10-fache übersteigen.

Nur für kurze Zeit: Bei kleinen Undichtigkeiten kann das Loch, aus dem das Kühlwasser tropft oder spritzt, mit zwei bis drei Lagen Gewebeband umwickelt werden. Das hält jedenfalls bis zur nächsten Werkstatt.

Wenn der Schlüssel streikt

Batteriewechsel
Wenn Sie mit dem Funkschlüssel bzw. KESSY-Sender zum Öffnen oder Schließen Ihres A3 immer näher am Fahrzeug stehen müssen, zeigt dies, dass die Leistung der Schlüsselbatterie sehr schwach ist und diese bald ausgetauscht werden sollte. Unabhängig davon, ob Ihr A3 mit dem normalen Funkschlüssel oder dem »Keyless Entry Start and Exit System« (KESSY) ausgerüstet ist, geht der Batteriewechsel überall gleich vonstatten. Um einer bösen Überraschung aus dem Wege zu gehen, sollten Sie die Schlüsselbatterie vorsorglich etwa alle zwei Jahre erneuern. Wir empfehlen Ihnen, Ersatzbatterien ins Wageninnere zu legen. Diese gibt es z. B. bei Audi oder meist günstiger auch im freien Handel.

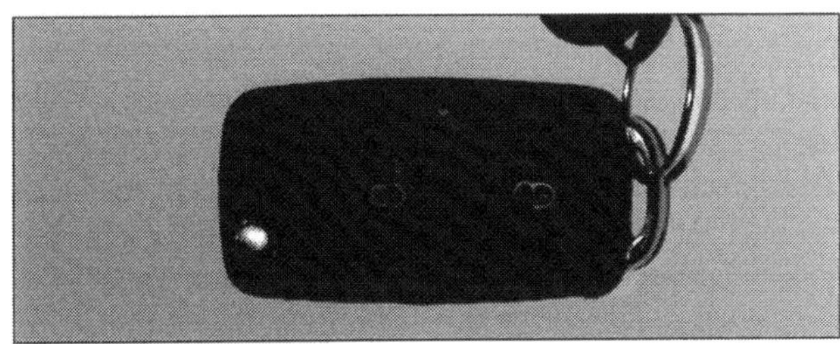

Batterie des Funkschlüssels erneuern
Sie brauchen dazu einen kleinen Schlitzschraubendreher und eine neue Batterie: CR 2032 – 3 Volt.

- Entfernen Sie zunächst den Notschlüssel aus dem Funkcontainer (1).
- Schieben Sie nun die obere Kappe an der gezeigten Stelle herunter (2).
- Jetzt können Sie den Funkcontainer mit Hilfe eines kleinen Schlitzschraubendrehers von der Deckelunterseite trennen (3 und 4).
- Anschließend kann die Batterie aus dem Funkcontainer entnommen und gegen eine neue ausgetauscht werden. Auch hier tun Sie sich mit dem kleinen Schlitzschraubenzieher leichter.

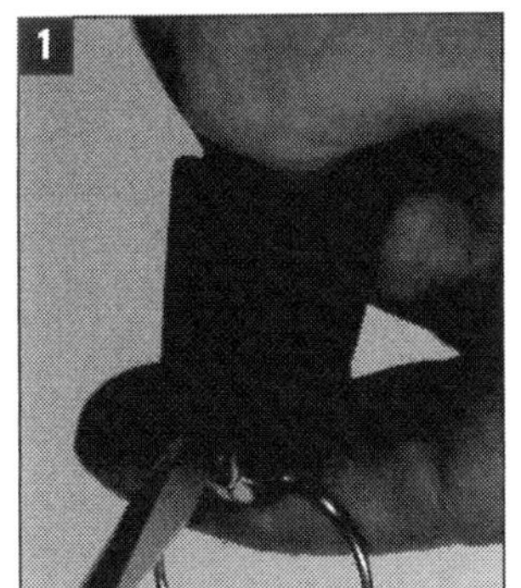

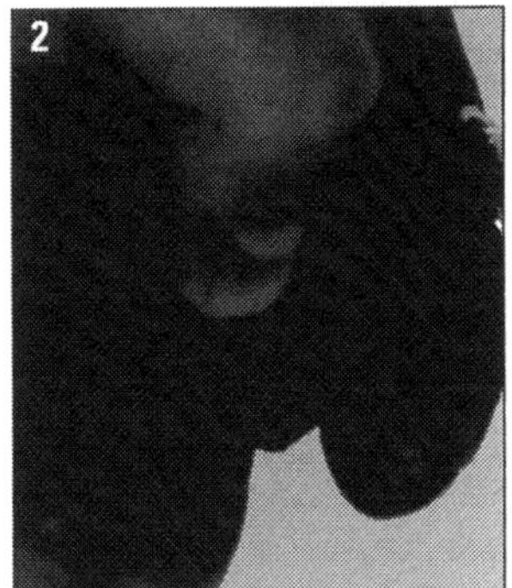

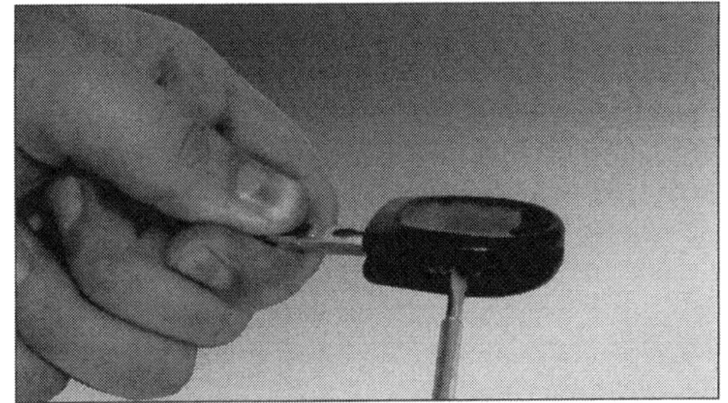

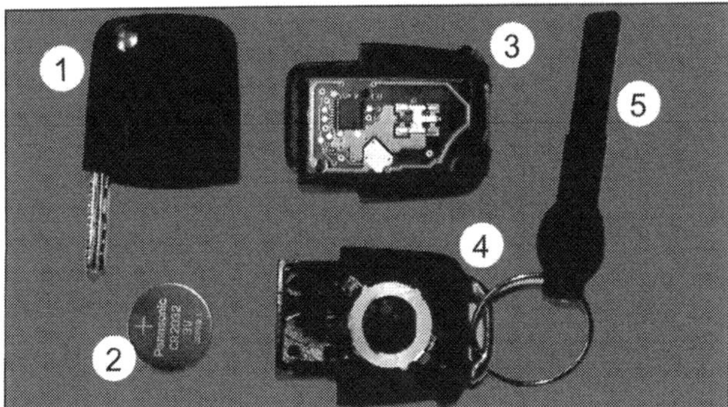

Der Funkschlüssel: (1) Hauptschlüssel mit Wechselcodetransponder, (2) Batterie, (3) Funkcontainer-Unterteil, (4) Funkcontainer -Oberteil, (5) Notschlüssel aus Kunststoff.

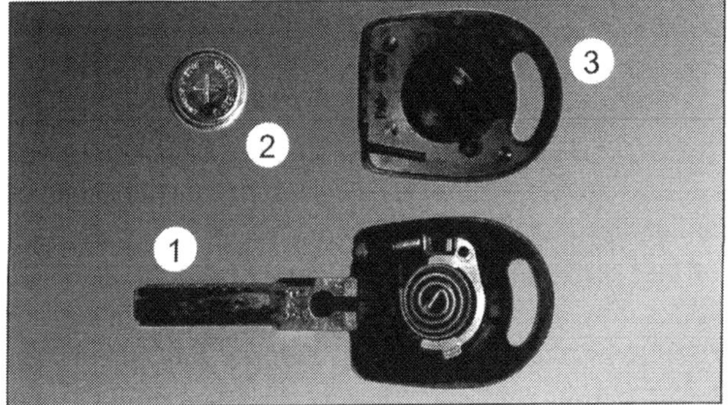

Der mechanische Schlüssel: (1) Hauptschlüssel mit Batteriehalterung und Lampe, (2) Batterie, (3) Gehäuseoberteil mit Druckknopf für die Lampe (Audi Logo).

Falschbetankung beim Diesel Elektronik im Notlaufprogramm

Zu meiner Lehrzeit durfte ich erleben, wie der Meister einen Kunden beschimpfte, »wie dämlich man sein müsse, den falschen Kraftstoff zu tanken«. Nach der Tankreinigung fuhr er dann selbst los, um das Kundenauto wieder vollzutanken. Nicht mal eine halbe Stunde später mussten wir unseren Meister mit deutlich verfinsterter Miene von der Tankstelle abschleppen. Ein leichtes Grinsen der Werkstattbesatzung löste für den Rest des Tages lautstarke Wutäußerungen des Meisters und heftiges Türenschlagen aus. Morgens noch gelästert und mittags selber falsch getankt...

Lachen Sie jetzt bitte nicht: Eine Falschbetankung kommt häufiger vor, als Sie denken. Etwas Hektik, schlecht beschriftete Zapfpistolen und schon ist es passiert – der A3 TDI hat Benzin statt Diesel geschluckt. Wenn Sie es noch rechtzeitig merken, haben Sie Glück gehabt. Der Tank kann ausgepumpt werden. Wenn Sie aber den Motor starten und so lange fahren, bis er ausgeht (und das wird er früher oder später), kann die Rechnung in die Tausende gehen. Fatalerweise schmiert nämlich der Dieselkraftstoff auch die Hochdruckpumpe, und Benzin wäscht diesen Schmierfilm in Sekundenschnelle ab. Die Folge: Die Pumpe frisst und die Späne verteilen sich anschließend im kompletten Kraftstoffsystem. Starten Sie also auf keinen Fall den Motor und versuchen Sie auch nicht, die Falschbetankung mit Diesel aufzufüllen! Schon wenige Liter Benzin können zum kapitalen Schaden führen! Um es zu verdeutlichen: In diesem Fall müssen alle Bauteile des Kraftstoffsystems in der Regel erneuert werden, das bedeutet im Extremfall alles zwischen Tankdeckel und Motorblock. Jede Leitung, jeder Schlauch, jeder Filter bis zum Pumpenelement.

Der Schaden beläuft sich schnell auf 3000 Euro und mehr. Nach der Falschbetankung also niemals Selbstversuche starten. Ohne Abschleppen und Absaugen des Tanks geht es nicht. Das wahrscheinlich länger anhaltende Geläster der Bekanntschaft ist leichter zu ertragen als die Werkstattrechnung.

Wenn Sie dagegen einen Benziner fahren, brauchen Sie sich nicht allzu viel Sorgen machen. Das wesentlich dickere Einfüllrohr der Diesel-Pistolen passt erst gar nicht in den Einfüllstutzen. Selbst wenn Sie sich innerhalb der Benzin-Palette vergriffen haben, ist das halb so schlimm. Der Klopfsensor der Motorsteuerung erkennt minderwertigen Kraftstoff und regelt entsprechend die Zündung in einen unkritischen Bereich. Trotzdem sollten Sie natürlich so bald als möglich den richtigen Kraftstoff nach-tanken. Wenn im Cockpit eine Warnleuchte leuchtet und der Motor nur noch mit halber Kraft läuft oder das Getriebe seltsam schaltet, befindet sich die Motorsteuerung im Notlaufprogramm. Dasselbe gilt für die Bremsen-Warnleuchte. Sie können damit noch einen sicheren Ort erreichen, dann sollten Sie allerdings der Sache auf den Grund gehen. Denn wenn Motor, Getriebe oder ABS/ESP in das Notlaufprogramm fallen, hat das meist einen schwerwiegenden Grund. In jedem dieser Systeme ist allerdings eine Rückfallebene hinterlegt, die dafür sorgt, dass Ihr Auto weiter mobil bleibt. Wenn Sie keinen schwerwiegenden Schaden entdecken, kann es aber auch sein, dass die Elektronik nur in einem bestimmten Betriebszustand einen nicht plausiblen Vorfall registriert hat. Dieser Vorgang wird im Fehlerspeicher abgelegt und kann mit einem Diagnosegerät ausgelesen werden. Viele Steuergeräte legen neben dem erkannten Fehler auch die Peripheriedaten dazu im Steuergerät ab. Aus diesem Grund sollte der Fehlerspeicher nicht einfach gelöscht werden, zu dem das CAN-Bus-System, je nach Fehler, diesen auch in mehreren Steuergeräten hinterlegt haben kann. Das hilft dem Mechatroniker dann erheblich den Fehler »einzukreisen«.

Kleines Horrorkabinett: Eine Auswahl an Diesel-Bauteilen, die nach der Falschbetankung schaden nehmen können.

Grundausstattung für kleine Pannen

Der serienmäßige Ausstattungsumfang im A3 ist, was den Pannenfall angeht, einigermaßen akzeptabel. Schraubendreher, Wagenheber, Reserverad (optional Notrad oder Audi-Mobilitätsset). Wer mit seinem A3 eine Reifenpanne hat, kann sich meist mit dem Reserverad oder Notrad bzw. dem optionalen Mobilitätsset mit Reifendichtmittel und Kompressor behelfen. Pech hat nur derjenige, dessen Reserverad jahrelang ein Schattendasein geführt hat und nun platt ist.

Wenn Sie also auch folgende kleine Grundausrüstung mit sich führen, können Sie sich bei vielen anderen kleinen Pannen wahrscheinlich selber helfen oder zumindest das Fortkommen sichern. Denn nicht nur ein platter Reifen kann Sie erheblich aufhalten, sondern auch ein leerer Tank. Vielleicht verliert der Motor auch aufgrund eines porösen Schlauches Wasser, oder weil ein hungriger Marder herzhaft in die Schläuche gebissen hat.

Mit folgenden Dingen sind Sie schon recht gut ausgestattet:

- **Reifendichtmittel:** Dichtet kleinere Durchstiche im Reifen von innen ab. Vorsicht: nicht in praller Sonne liegen lassen: Explosionsgefahr!

- **Kühlerabdichtmittel:** Funktioniert ähnlich wie das Reifendichtmittel und hilft ggf. bei Marderbissen.

- **Hochfestes Klebeband:** Damit können Sie lose Karosserieteile befestigen (zum Beispiel nach einem Unfall) oder auch Kühlerschläuche flicken.

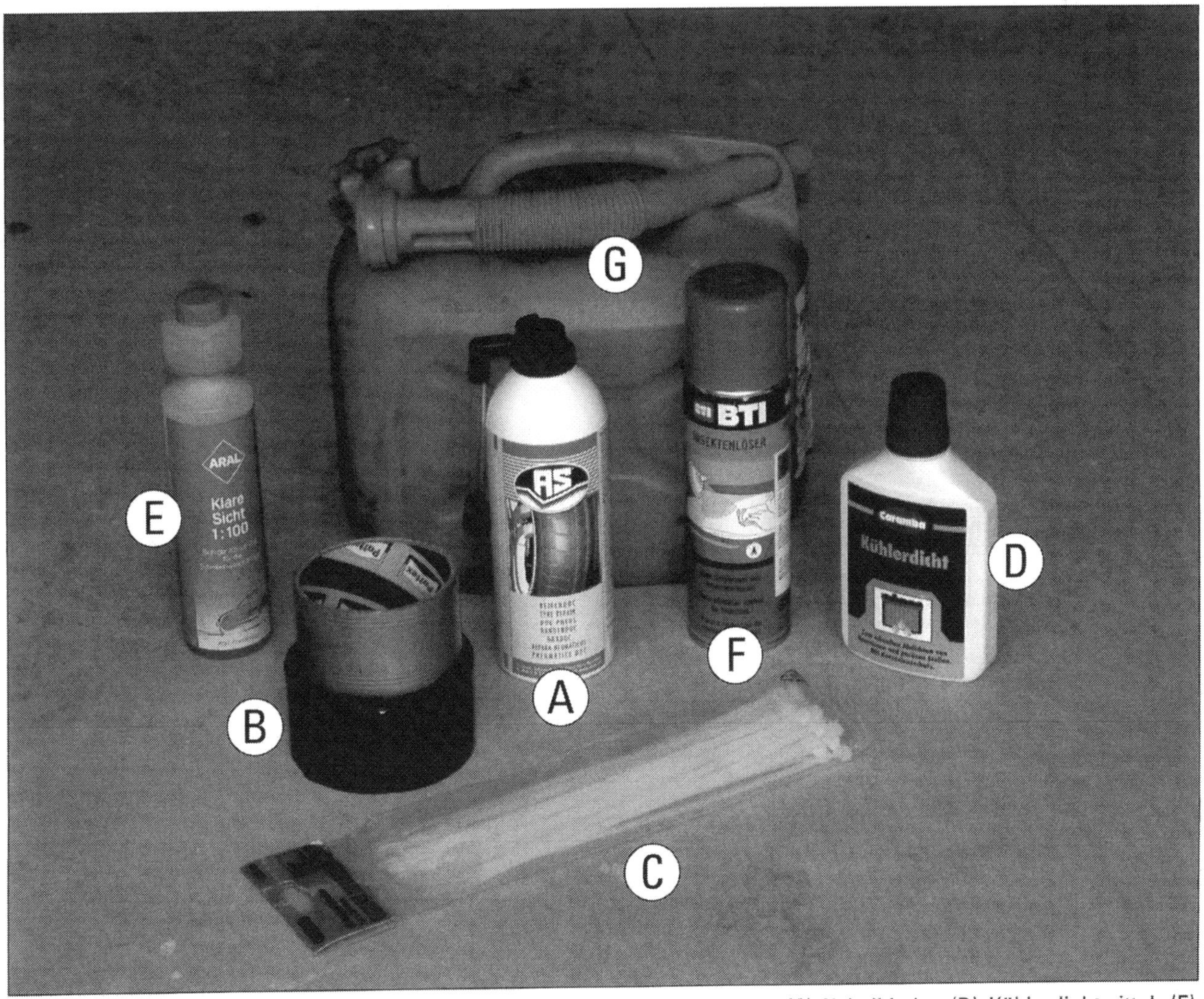

Das kleine Überlebensset: (A) Reifendichtmittel, (B) hochfestes Klebeband, (C) Kabelbinder, (D) Kühlerdichtmittel, (E) Scheibenreinigungskonzentrat, (F) Insektenreiniger, (G) Reservekanister.

- **Kabelbinder:** Funktionieren bei guter Qualität sogar als Schlauchschellenersatz.

- **Scheibenreinigungskonzentrat** (auch pur anzuwenden) und Insektenlöser helfen Ihnen besonders in der Nacht oder wenn die Scheibe durch Öl oder Kühlwasser verschmiert ist.

- **Reservekanister:** Sichert genügend Reichweite, um bis zur nächsten offenen Tankstelle zu gelangen.

Pannenset

Pannensets für die Reifen können das Reserverad ersparen. Voraussetzung ist aber, dass es sich um einen Plattfuss handelt, der keinen weiteren Schaden am Reifen zur Folge hatte. Wurde der platte Reifen weitergefahren, oder zeigt er schon blaue Verfärbungen, sollte der Reservereifen zum Einsatz kommen. Die Anwendung ist nicht weiter schwer und geht in den meisten Fällen auch schneller als ein Radwechsel. Nach Verwendung des Kits kann das Fahrzeug dann sicher bis zur nächsten Werkstatt weitergefahren werden. Das Dichtmittel hinterlässt meist einen Schmierfilm auf Reifen und Felge, der für die Reparatur erst wieder entfernt werden muss. Zum Teil verweigern die Reifenhändler eine Reifenreparatur nach dem Einsatz von Dichtmitteln. Im Zubehörhandel gibt es dutzende Varianten zu erwerben (s. Beispiel von Continental im Bild).

Audi bietet diese Dichtmittelkits auch als Originalteil an:

Unter der Ersatzteilnummer 8D0 012619 kann das Reifendichtmittel bestellt werden.

Hinter der Ersatzteilnummer 8D0 012 615 verbirgt sich der Kompressor.

Problemlösungen

Clips und Tricks

Natürlich gibt's es auch bei dem A3 einige Clips, Schrauben und Muttern, die sich im Laufe des Autolebens entweder verlieren oder nicht mehr lösen lassen. Selbstverständlich fällt das immer dann auf, wenn der Audi-Partner seine Pforten schon fest verschlossen hat. Mit wenigen Euros kann sich so das Schrauberherz ganz sicherlich erfreuen, wenn sich wenige Kleinteile in der Werkzeugkiste finden lassen:

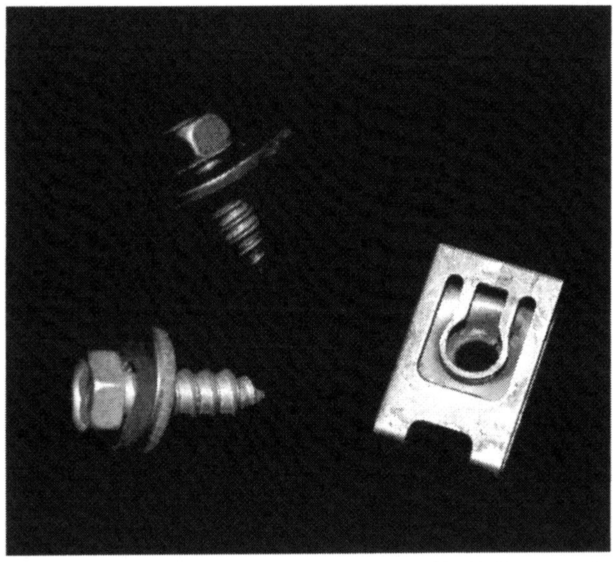

Blechschraube mit Blechmutter: Sie hilft Verkleidungsteile wieder sicher zu befestigen.

Kunststoffmutter: Sie eignet sich für alle Gewindestücke, die auch für die Blechmuttern oder Sicherungsringe geeignet sind. Kunststoffmuttern lassen sich aber deutlich besser festziehen und rosten nicht.

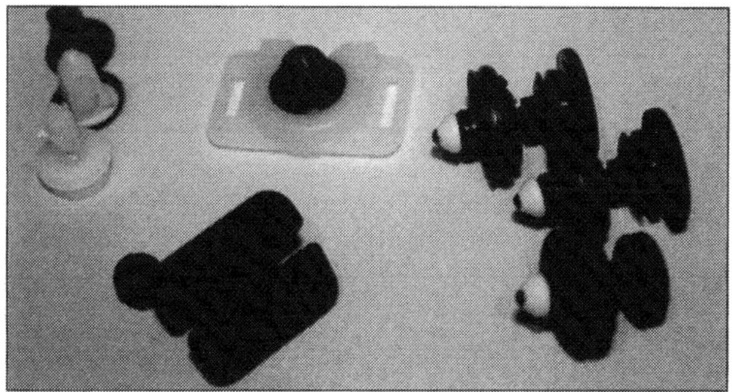

Die Stopfensammlung.

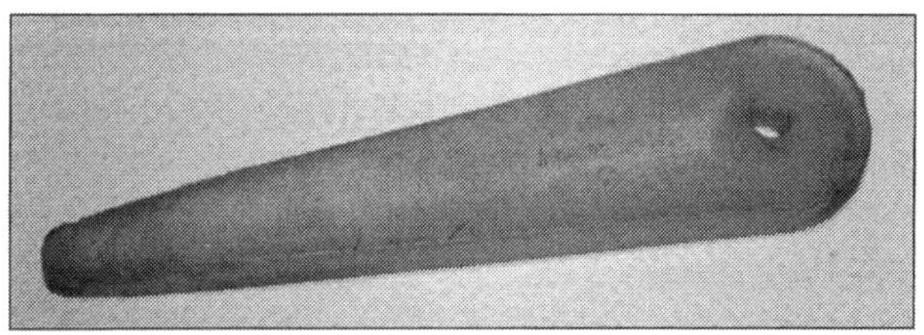

Der Keil zur Verkleidungsmontage 3409: Dieses Werkzeug erleichtert die Demontage der Verkleidungsteile an allen Fahrzeugen erheblich. Er ist aufgrund der empfindlichen Kunststoffoberflächen der heutigen Fahrzeuge aus einem PE-Kunststoff gefertigt, der sehr weich ist. Er eignet sich hervorragend, um aneinander geklipste oder eingerastete Rahmen, wie beispielsweise im Amaturenbrett, zu demontieren.

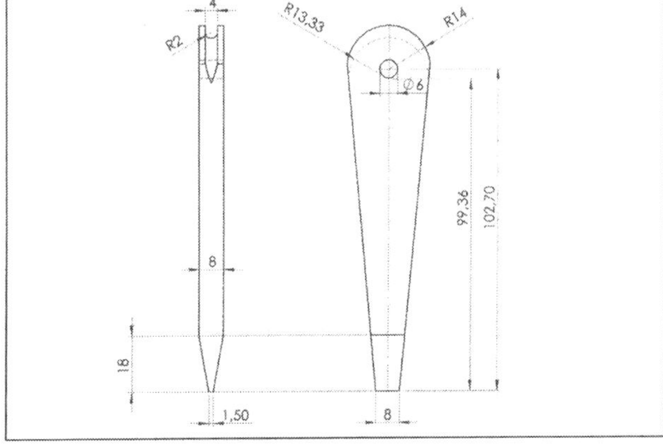

Der Keil zur Verkleidungsmontage T10039-1: Für die Selbermacher mit viel Geduld und handwerklichem Geschick stellen wir natürlich auch eine Zeichnung für den Selbstbau zur Verfügung. Die Abmessungen entsprechen dem Original. Der Werkstoff sollte dann ein PE-Kunststoff sein, um auch den schonenden Eigenschaften des Originals nahe zu kommen.

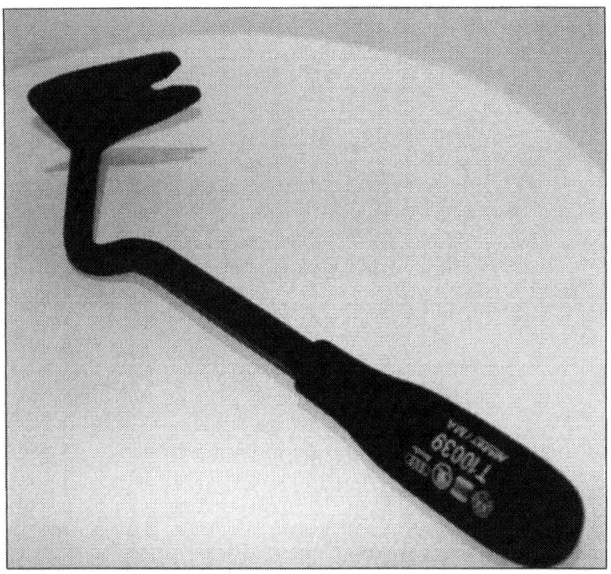

Hebel zur Stopfen- und Verkleidungsdemontage T10039: Dieser Hebel erleichtert die Demontage der Verkleidungsteile an allen Fahrzeugen erheblich.

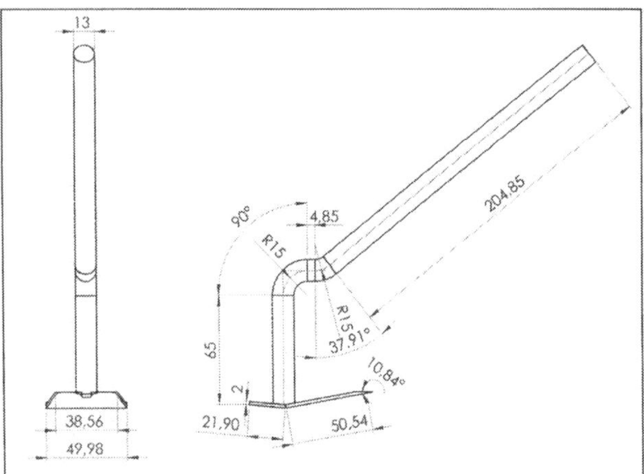

Skizze des Hebels zur Stopfen- und Verkleidungsdemontage T10039.

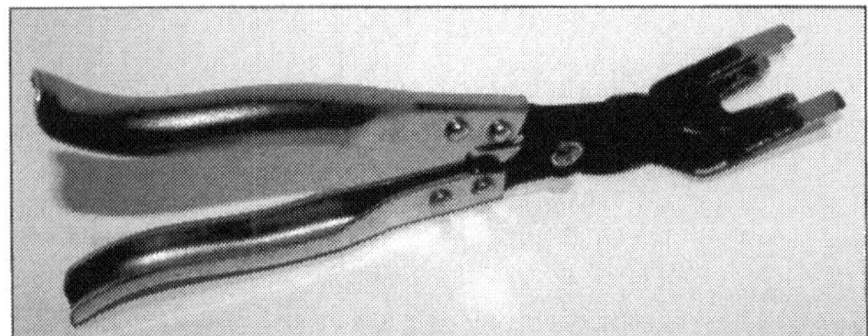

Zange zur Stopfen- und Verkleidungsdemontage 3392: Die Zange sorgt gerade bei Verkleidungen der Türe mit schwer zugänglichen Stellen für eine sachgerechte Demontage. Der Eigenbau ist hier zu aufwändig. Bei Audi kostet die Zange in der Regel um die 30 Euro. Eine lohnende Investition, die sicherlich einigen Ärger ersparen kann.

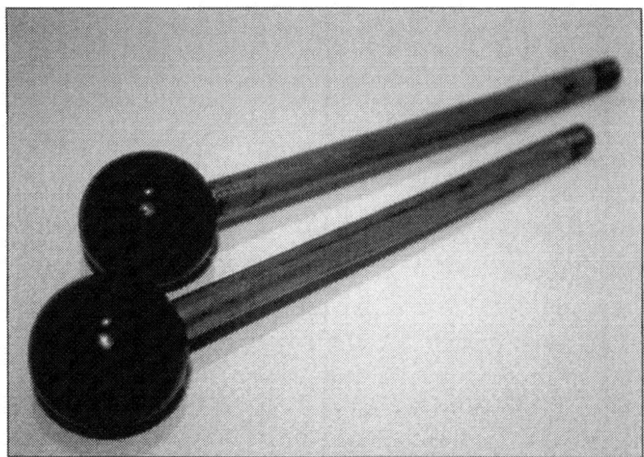

Eigenbau Vorderwagenwerkzeug T10093: Um den Vorderwagen für Montage- oder Wartungsarbeiten vorziehen zu können, werden zwei dieser Werkzeuge eingeschraubt. Auf ihnen gleitet dann die gelöste Front nach vorne. Im Wesentlichen besteht dieses Werkzeug aus 10-mm-Stangen, die lediglich am Ende ein Gewinde M10 aufweisen, und einer Kugel, die es auch im Werkzeughandel als Normteil gibt. Das komplette Werkzeug kostet bei Audi unter 10 Euro. Für den Heimwerker mit Drehbank legen wir eine technische Skizze offen:

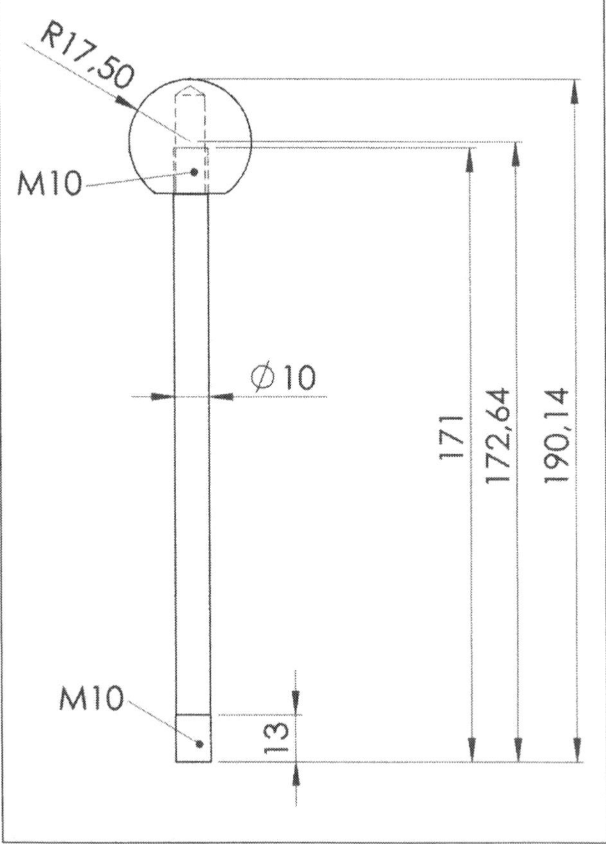

Skizze T10093.

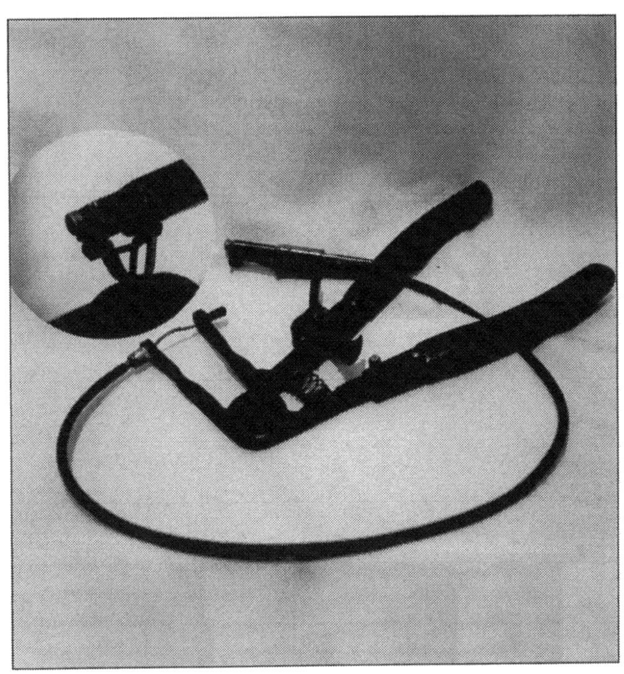

VAS 6340 Schlauchklemmenzange: Gerade die Schlauchklemmen aus Stahl stellen häufig ein Problem bei den Montagearbeiten dar. Wenn die Wasserpumpenzange abrutscht, verletzt man sich recht leicht oder man wird durch die schwierige Handhabung in den Wahnsinn getrieben. Die beste Möglichkeit ist die Verwendung einer Schlauchklemmenzange. Sie ist für die Arbeiten an Ihrem Fahrzeug abgestimmt und stellt die optimale Lösung für den Umgang dar. An den meisten Stellen kann man sich aber auch durch eine Gripzange behelfen. Sie kann zwar auch abrutschen, lässt aber immerhin ein etwas erleichtertes Arbeiten zu.

Ersatzbirnen

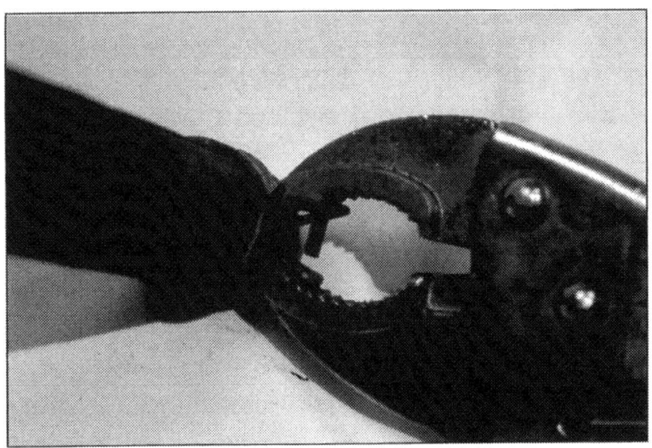

Grippzange.

Glühlampe für	Typ	Leistung
Abblendlicht	H2	55 W
Fernlicht	H1	55 W
Nebelscheinwerfer	H3	55 W
Standlicht vorn	Glassockel	5 W
Blinklicht vorn (gelb)	Bajonett	21 W
Seitliche Blinker (gelb)	Stecksockel	5 W
Bremslicht	Bajonett	21 W
Schlusslicht	Bajonett	10 W
Brems-/Schlusslicht	Bajonett	21/5 W
Blinklicht hinten	Bajonett	21 W
Rückfahrlicht	Bajonett	21 W
Nebelschlusslicht	Bajonett	21 W
Gepäckraumleuchte	Glassockel	3 W
Kennzeichenleuchte	Soffitte	5 W

Räder, Radwechsel

Reifen und Felgen

In der Kombination spricht man von den Rädern eines Fahrzeuges. Sowohl der Reifendurchmesser als auch die Reifenbreite beeinflussen das Fahrverhalten unter Umständen deutlich. Inwieweit andere Reifenhaftungspotenziale und auch andere Kräfte, die an der Lenkung entstehen, einen Einfluss auch auf die Regelungssysteme des Fahrwerks haben, wurde entweder noch nicht untersucht oder noch nicht veröffentlicht. Das Urteilsvermögen eines Sachverständigen muss hinsichtlich der Eintragungen auch um Kenntnisse über Einflüsse und Störungen bezüglich der Regelsysteme erweitert werden. Gerade in diesem Punkt ist es sehr erstaunlich, welche Rad-Reifenkombination abgenommen und eingetragen werden. Fahrwerksteile wie Spurplatten und Komplettfahrwerke weichen zum Teil erheblich von den Herstellervorgaben ab. Der Tuner will sein Produkt Fahrzeug schließlich auch deutlich von den Serienmodellen abheben.
Als verantwortungsbewusster Autofahrer sollten Sie grundsätzlich gerade die fachlichen Hintergründe hinterfragen und im Zweifelsfall auf Serienausrüstung oder zumindest auf baugleiche Bauteile zurückgreifen, die vom Hersteller auch freigegeben wurden.

Das Bindeglied zur Straße – der Reifen

Reifenunterbau, Gummimischung und das ausgefeilte Reifenprofil machen moderne Reifen zu echten Hightech-Produkten, die einen wichtigen Beitrag zur passiven Sicherheit Ihres Autos leisten. Sie tragen das Gewicht eines Fahrzeugs, fangen kleinere Stöße der Fahrbahn ab und übertragen die Kräfte, die bei Antrieb, Bremsen und Kurvenfahrt entstehen. Die Reifen an den Vorderrädern bringen es durchschnittlich auf eine Laufleistung von 15.000 bis 35.000 Kilometer, die Pneus der Hinterräder auf 30.000 bis 50.000 Kilometer. Aber auch wenn Sie Ihr Fahrzeug nur selten bewegen – spätestens nach sieben, acht Jahren sind die Reifen am Ende, weil sich die Mischung des Gummis mit der Zeit auflöst und/oder versprödet bzw. verhärtet.

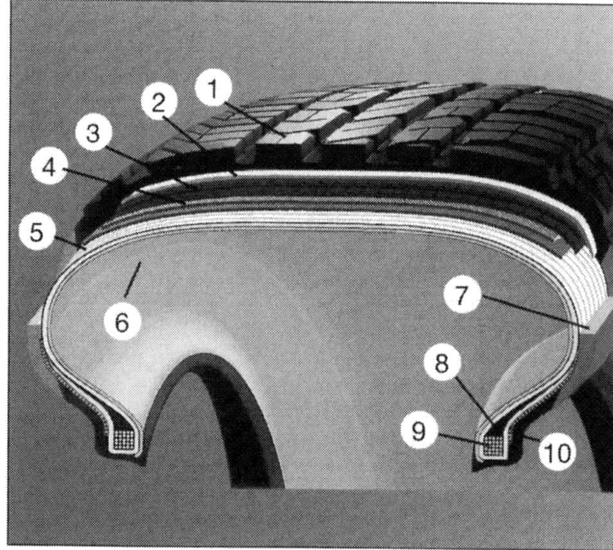

Das vielschichtige Innenleben eines Pkw-Reifens:

1 Laufstreifen: Profil und Mischung beeinflussen die Eigenschaften
2 Base: Senkt den Rollwiderstand
3 Nylon-Spulbandagen
4 Stahlcord-Gürtellagen: Steigern die Fahrstabilität
5 Karkasse: Form- und Festigkeitsträger des Reifens
6 Innenseele: Gasdichte Innenschicht ersetzt den Schlauch
7 Seitenteil: Schützt Karkasse vor Beschädigungen
8 Kernprofil: Unterstützt Lenk- und Fahrpräzision
9 Kern: Sorgt für festen Sitz auf der Felge
10 Wulstverstärker: Für präzises Lenkverhalten und hohe Fahrstabilität

Reifen und Luftdruck

Durch das Gewicht des Fahrzeuges wird der Reifen im Bereich seiner Aufstandsfläche auf der Fahrbahn verformt. Diese Verformung nennt man Abplattung. Am drehenden Rad läuft diese Abplattung um den Umfang herum. Diese zwangsmäßige Verformung des Reifens ergibt einen größeren Rollwiderstand. Hieraus ergeben sich wiederum ein höherer Reifenverschleiß und Kraftstoffverbrauch und, nicht zu vergessen, ein höheres Sicherheitsrisiko.
Ein zu hoher Luftdruck führt zu Mittenverschleiß und schlechtem Abrollkomfort. Grundsätzlich sollte immer der Luftdruck eingehalten werden, den der Hersteller in Tankdeckel und/oder Fahrerhandbuch angibt.

Anforderungen an den Reifen

Mit der Kreisfläche soll das Leistungsvermögen des Reifens dargestellt werden. Die Kreisteile zeigen den Anteil der Anforderung in der Gesamtanforderung an die Leistung des Reifens.

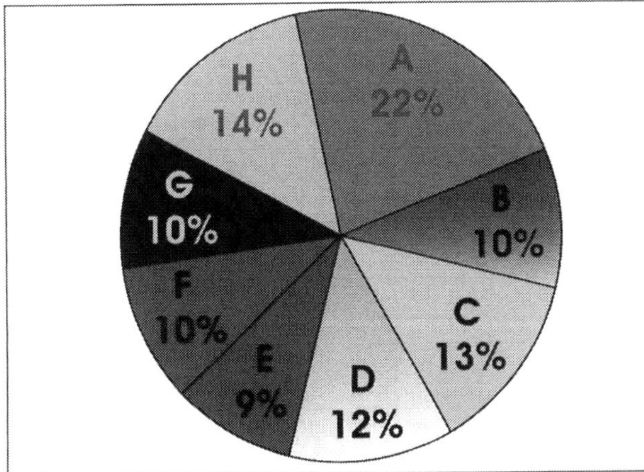

Anforderung an den Reifen: A Nassbremsverhalten, B Fahrkomfort, C Lenkpräzision, D Fahrstabilität, E Reifengewicht, F Lebenserwartung, G Rollwiderstand, H Aquaplaningverhalten.

An der begrenzten Form des Kreises kann man recht schnell die begrenzten definierten Eigenschaften einsehen, die ein Reifen für den Hersteller erfüllen muss. Es wird sehr anschaulich, was passiert, wenn eine Eigenschaft deutlicher hervortreten soll. Mindestens eine Eigenschaft muss dann für diese vorrangige Eigenschaft zurückgestellt werden. Das erklärt auch die durchaus unterschiedlichen Testergebnisse bei Reifentests.

Verschleißverhalten von Reifen

Die Anforderungen an die Reifen eines Autos steigen ständig, Faktoren wie steigendes Fahrzeuggewicht, höhere Geschwindigkeiten und höhere Fahrzeugsicherheiten verursachen naturgemäß einen größeren Verschleiß an den Reifen.

Achsweise Radtausch

Der Verschleiß an der Antriebsachse ist durch die höheren Lasten, die durch Antrieb und Radführung auf der Vorderachse abgedeckt werden müssen, deutlich höher als der Verschleiß auf der Hinterachse. Solange das Ablaufbild »normal« ist und der Reifen auch gleichmäßig abgenutzt wird, sollten spätestens von Saison zu Saison die Reifen ausgetauscht werden.
Bei Reifen ohne Laufrichtungsbindung können die Räder durchaus auch diagonal getauscht werden. Diese Möglichkeit gleicht auch die Sägezahnbildung der Reifen zum Teil aus.

Montageort vorher	Montageort nachher
Vorne rechts	Hinten links
Vorne links	Hinten rechts
Hinten rechts	Vorne links
Hinten links	Vorne rechts

Reifen mit Laufrichtungsbindung dürfen niemals entgegen ihrer Laufrichtung betrieben werden.
Hier müssen die Räder achsweise von vorne nach hinten getauscht werden.

Montageort vorher	Montageort nachher
Vorne rechts	Hinten rechts
Vorne links	Hinten links
Hinten rechts	Vorne rechts
Hinten links	Vorne links

Standplatten am Reifen

Der Begriff Standplatten, oder auch Abflachung oder Abplattung, beschreibt eine ebene Fläche auf dem Reifenprofil, die durch das Abstellen des Fahrzeugs oder der Reifen über einen längeren Zeitraum verursacht wurde. Standplatten können Unruhe in der Lenkung verursachen, die gefühlsmäßig durchaus dieselben Symptome wie die Reifenunwucht aufweisen. Standplatten lassen sich nicht durch Auswuchten beseitigen. Dieser Fehler muss vor der Wuchtung durch den Monteur erkannt werden. In der Regel verschwinden diese Verformungen im normalen Betriebsalltag des Reifens wieder von selbst. In jedem Fall muss zuerst einmal der Reifenluftdruck überprüft werden. Es sollte auch ausgeschlossen werden, dass irgendwelche Schäden an den oder dem entsprechenden Reifen vorliegen. Sind diese Grundlagen geschaffen, können Sie auch durch Warmfahren des Reifens in vielen Fällen schon den Standplatten beheben. Auf einer Autobahn sollten Sie nun, soweit es Straße, Verkehr und Sichtverhältnisse zulassen, eine Strecke von 20-30 km mit etwa 120 km/h bis 150 km/h zurücklegen.

Anschließend sollte das Fahrzeug sofort angehoben und die Räder demontiert und neu gewuchtet werden.
Die Ursachen für einen Standplatten können vielseitig sein:

- Das Fahrzeug stand mehrere Wochen auf einer Stelle, ohne dass es bewegt wurde.
- Der Luftdruck der Reifen ist zu gering.
- Das Fahrzeug wurde nach einer Lackierung in eine trockene Kammer gestellt.
- Das Fahrzeug wurde mit warmen Reifen in einer kühlen Garage oder Ähnlichem abgestellt. In einem solchen Fall kann schon über Nacht der »Standplatten« entstehen.

Radschrauben am A3

An Ihren Audi A3 werden in der Serienausstattung pro Rad fünf Radschrauben verwendet. Sie haben die Gewindebezeichnung M14x1,5x27. Die Verwendung von kürzeren oder längeren Schrauben kann Schäden am Gewinde oder auch anderen Bauteilen der Radaufhängung verursachen. Die Radschrauben sollen nach Herstellerangaben angezogen werden. Für die Stahlfelgen ist ein Anzugsdrehmoment von 120 Nm erforderlich. Es ist nicht erlaubt und auch aus fachlicher Sicht unsinnig, die Bolzen oder das Gewinde einzufetten. Der Hintergrund hier liegt in der leichteren Lösbarkeit gerade nach dem Winter. Das Fett erleichtert tatsächlich das Lösen und auch das Festziehen der Radschrauben. Leider ist das Anzugsdrehmoment genau auf diesen Reibwert der Schraube ausgelegt. Dreht diese sich jetzt leichter, wird die Schraube stärker belastet, als das vom Hersteller vorgesehen war. Die Folgen sind hier leicht abreißende oder sich selbst lösende Radschrauben sowie Schäden am Gewinde der Radnabe.

Lagerung von Reifen

Auch die Lagerung der Reifen muss mit Sorgfalt erfolgen. Aufgrund der Hintergründe für so genannte Standplatten sollten Reifen niemals aufrecht stehend gelagert werden. Reifen sollten immer gut geschützt vor Sonneneinstrahlung und größeren Temperaturschwankungen eingelagert werden. Auch vor Einwirkungen von Öl, Lösemittel oder Feuchtigkeit sollten sie geschützt werden. Grundsätzlich sollten die gerade demontierten Felgen am besten vor der Lagerung auf einem Felgenbaum gründlich gereinigt werden. Sauber und trocken stehen sie für den nächsten Einsatz bereit. Wer bei der Reinigung der Räder den Zustand und auch das Alter der Reifen genauer betrachtet, kann schon frühzeitig vor der jeweiligen Saison den eventuell notwendigen Ersatz bei seinem Reifenhändler in Auftrag geben.

Felgenbaum.

Hinweise für die Benutzung von Noträdern

Je nach Fahrzeugausstattung kann ein Fahrzeug auch mit einem Notrad ausgerüstet sein. Das Notrad ist, wie der Name schon sagt, nur für die Notsituation gedacht. Es taugt nicht für den langfristigen Betrieb und muss so schnell wie möglich gegen ein normales Rad ersetzt werden. Das Notrad verschlechtert die Fahreigenschaften des Fahrzeuges merklich. Gerade bei schlechter Witterung muss die Geschwindigkeit auch deutlich unter die vorgeschriebenen 80 km/h verringert werden. Nach der Montage muss der Fülldruck des Notrades so schnell wie möglich geprüft und wenn erforderlich korrigiert werden. Der zulässige Luftdruck ist auch hier

Ultraleichtreifen

WISSENSWERTES

Besonders interessant ist der ULW-, der Ultraleichtreifen, der zum Beispiel in der A3-Reifengröße 195/65 R15 angeboten wird. Bei diesem Reifen sind die Stahleinlagen durch Aramidfasern ersetzt. Aramid ist ein Kunststoff, der gegenüber Stahl sechsmal leichter und etwa zehnmal zugfester ist. Außerdem ist die Außenwandstärke des Reifens zehn Prozent geringer. Der ULW-Reifen ist so etwa drei Kilogramm leichter als ein herkömmlicher Reifen. Das spart nicht nur Kraftstoff. Wegen der geringeren rotierenden Radmassen sind auch höhere Regelfrequenzen beim ABS möglich. Auf rutschigem Untergrund kann so ein kürzerer Bremsweg erreicht werden. Und noch ein Vorteil des Aramid-Reifens: Er lässt sich besser runderneuern, weil der Kunststoff nicht rostet.

von der Modellvariante abhängig und ist im Fahrerhandbuch sowie im Tankdeckel ausgewiesen.

Die angegebene Höchstgeschwindigkeit von 80 km/h darf niemals überschritten werden. Vollgasbeschleunigungen, starkes Bremsen und schnelle Kurvenfahrten müssen vermieden werden. Die Verwendung von Schneeketten auf einem Notrad ist untersagt. Sollte ein Vorderrad durch eine Reifenpanne ausfallen und die Verwendung von Schneeketten lässt sich nicht vermeiden, muss zuerst der intakte hintere Reifen gegen das Notrad getauscht werden. Als Nächstes wird dann dieses Rad als Ersatz für den defekten Reifen verbaut.

Da nur Schneeketten auf »normalen« Reifen verwendet werden dürfen, ist diese Vorgehensweise zwar umständlich, leider aber die einzig legale Variante, auch eine winterliche Fahrt sicher fortsetzen zu können.

Reifenbezeichnungen und Abkürzungen

Auch die Reifen tragen neben den Kürzeln zu ihrer Größe eine Vielzahl von Angaben, die neben der Größe die Eigenschaften und Besonderheiten der Reifen genau beschreiben.

Kennbuchstaben für die Geschwindigkeit (der so genannte SI = Speedindex)

Der Buchstabe am Ende der Reifenbezeichnung verrät die zugelassene Geschwindigkeit des Reifens. Als Beispiel die wichtigsten Angaben:

Der Hump

WISSENSWERTES

Die Größe einer Felge gibt man stets in Zoll an. Als Größe wird der Durchmesser der Felge an der Stelle bezeichnet auf dem der Reifen sitzt. Die Bezeichnung 6 J x 15 H2 zum Beispiel bezeichnet eine Tiefbettfelge (x) mit einer Breite von sechs Zoll und einem Durchmesser von 15 Zoll. Der Buchstabe »J« steht für die Form des Felgenhorns. H2 weist auf eine sich an beiden Schultern der Felge rundumlaufende Erhöhung (Hump) hin. Sie verhindert, dass bei schneller Fahrt durch eine Kurve der Reifenwulst durch die Seitenkräfte von der Schulter der Felge ins Tiefbett gedrückt wird. Das Tiefbett ist für die Reifenmontage unerlässlich.

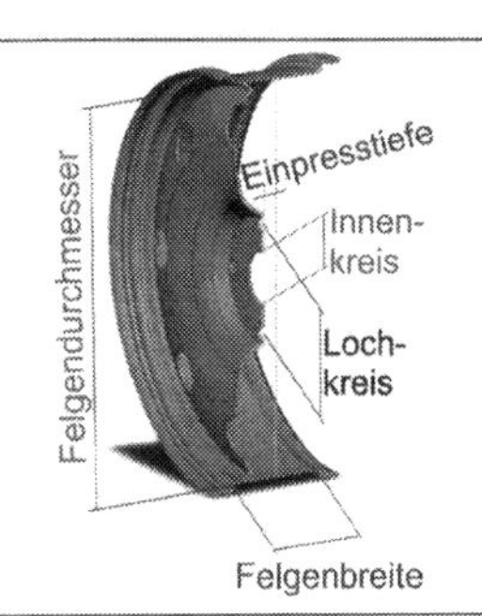

Abmessungen an der Felge.

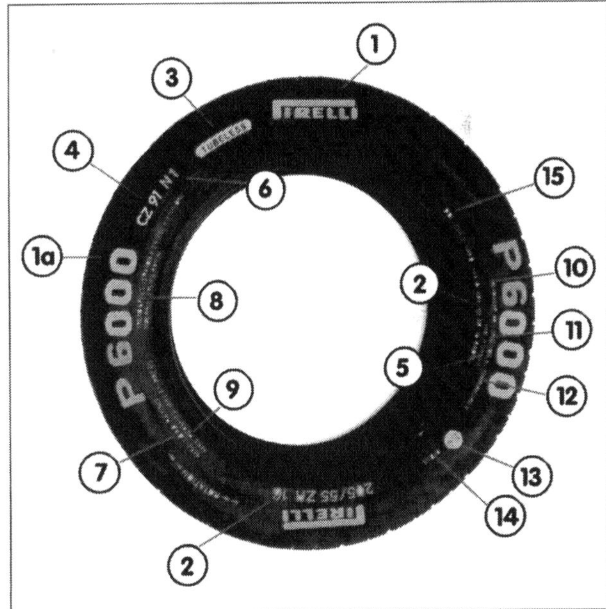

Die Reifenbezeichnungen: 1 Reifenhersteller, 1a Bezeichnung, 2 Abmessungen, 3 Schlauch/schlauchlos, 4 Traglast und Geschwindigkeitsindex, 5 Herstellerland, 6 ungenormte Bezeichnung, 7 US-Markt Angabe für die Traglast, 8 Aufbau des Reifens, 9 US-Markt Angabe Druck, 10 US-Markt Standfestigkeit, 11 US-Markt Nassbremsverhalten, 12 US-Markt Temperatur, 13 Europaprüfzeichen, 14 ECE R 30-Zulassungsnummer, 15 DOT-Nummer (Baujahrschlüssel).

SI	Q	R	S	T	H	V	W	Y	ZR
km/h	160	170	180	190	210	240	270	300	>240

Übersicht über das Kürzel für die Geschwindigkeit (Speed-Index).

Das Reifenalter

Das Datum der Herstellung verrät die »DOT«-Nummer. Bis zum Produktionsjahr 1989 besteht die DOT-Nummer aus drei Zahlen. In unserem Beispiel wurde der Reifen in der 49. Woche 1989 produziert.
Ab dem Produktionsjahr 1990 steht hinter dieser Zahl ein kleines Dreieck. Unser Beispiel sagt aus, dass der Reifen in der 12. Woche des Jahres 1999 produziert wurde.
Das Jahr 2000 wurde mit der Einführung der vierstelligen DOT-Nummer eingeläutet. Diese kann uns nun, jedenfalls theoretisch, bis ins Jahr 2099 begleiten. Die DOT-Nummer in diesem Beispiel stellt den Produktionszeitraum 32. Woche im Jahr 2001 dar.

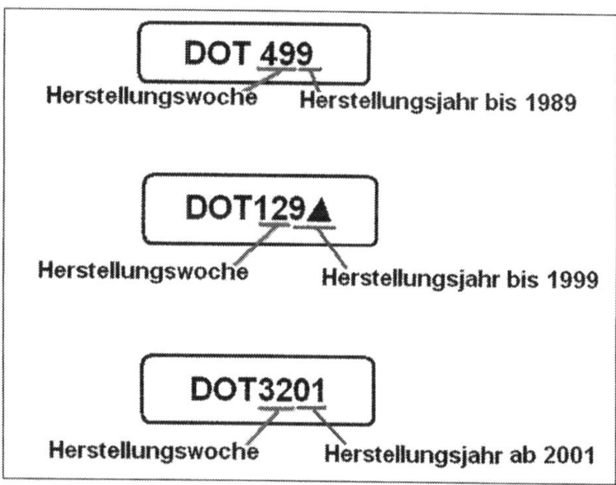

Neureifen, die nach dem 1. Oktober 1998 hergestellt wurden, müssen eine ECE-Prüfnummer auf der Reifenflanke tragen. Diese Nummer besagt, dass der Pneu ein typgeprüftes Bauteil entsprechend dem Qualitäts-Standard der Economic Commission of Europe (ECE) ist. Sind nach dem 1. Oktober 1998 produzierte Neureifen ohne Prüfnummer an Ihrem Fahrzeug montiert, erlischt die Allgemeine Betriebserlaubnis.

Tire Fit: Überlegungen Vor- und Nachteile

Die Bezeichnung »Tire Fit« kommt aus dem Englischen und bedeuten Reifenreparatur. »to fit a tire« = »Reifen reparieren«. Dieser Reparaturart sind allerdings Grenzen gesetzt. Die Struktur des Reifens muss erhalten sein. Rissbildungen, Fehlstellen oder Reifenplatzer werden nicht durch dieses Reparaturset ausgeglichen. Hier bleibt die gute alte Methode »kaputten Reifen abschrauben – neuen Reifen festschrauben« nicht aus. Das Handschuhset in unserem empfohlenen Pannenset hat also noch lange nicht ausgedient.

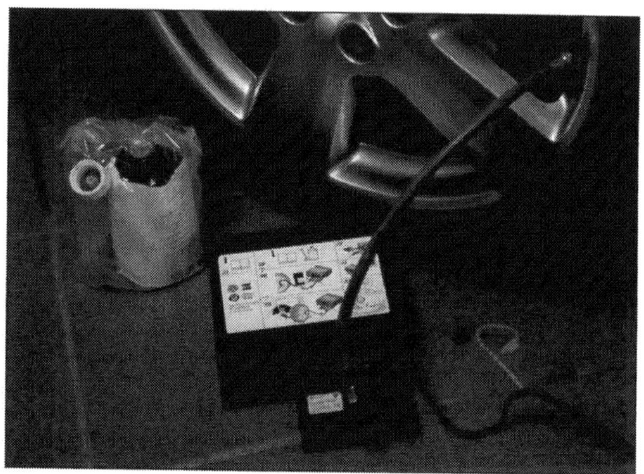

Füllset am Vorderrad.

Beim A3 finden Sie den kleinen Kompressor und das Reifenfüllset in der Einlage der Reserveradmulde. Um den Kompressor benutzen zu können, müssen Sie den kleinen Deckel an der Frontseite öffnen, um den Luftanschluss sowie das Anschlusskabel für den Zigarettenanzünder herausnehmen zu können. Beim Zusammenpacken des Hilfesets sollten Sie darauf achten, dass das Anschlusskabel und der Luftschlauch in der gleichen Weise eingelegt werden, wie sie auch original verpackt waren. Der Stauraum für beides ist sehr eng bemessen.
Im Pannenset finden Sie einen Kompressor sowie ein Dichtmittel. Das Dichtmittel hat wie ein Lebensmittel auch eine Mindesthaltbarkeit. Um sich im Falle des Falles vor bösen Überraschungen zu schützen, sollte das Füllmittel regelmäßig auf Haltbarkeit und der Kompressor auf Funktion geprüft werden. Grundsätzlich sollte das Pannenset rechtzeitig vor Ablauf der Mindesthaltbarkeitsgrenze ersetzt werden. Die Füllflasche gibt's beim Audi-Händler, in diversen Zubehörshops oder auch im Bereich der Online-Auktio-

nen. Für die Kontrolle muss lediglich das Pannenset herausgenommen werden. Das Ablaufdatum findet sich auf dem Aufkleber der Dichtmittelflasche.

Zustand der Reifen kontrollieren

Die Vorderräder treiben das Fahrzeug an, lenken es und müssen die Hauptbelastung beim Bremsen aushalten. Sie sind daher auch früher verschlissen als die hinteren Pneus. Den Zustand der Reifen kontrollieren Sie am besten bei aufgebocktem Wagen.

- Drehen Sie jedes Rad einmal komplett durch. Entfernen Sie Steinchen und andere Fremdkörper vorsichtig mit einem kleinen Schraubendreher aus den Profillamellen. Sitzt in der Reifendecke eine Glasscherbe oder ein Nagel, kann an dieser Stelle Luft entweichen.
- Achten Sie auf Unregelmäßigkeiten wie Einstiche, Schnitte, Risse und herausgebrochene Profilstücke. Bei einem beschädigten Gummi dringt leicht Feuchtigkeit ins Reifeninnere. Sie können jedoch von außen nicht erkennen, ob der stabilisierende Stahlgürtel schon vom Rost angefressen ist. Lassen Sie den Reifen zur Sicherheit vom Fachmann prüfen. Das gilt übrigens auch bei auffälligem Reifenabrieb.
- Das Reifenprofil muss über die gesamte Lauffläche mindestens 1,6 Millimeter tief sein. Bei dieser Marke wird auf der Lauffläche an mehreren Stellen ein Profilstandsanzeiger sichtbar. Die Buchstaben »twi« (tread wear indicator) auf der Reifenflanke zeigen, wo sich diese Anzeiger befinden. Das Fahrverhalten wird mit abnehmendem Profil schlechter, vor allem auf nasser Fahrbahn. Tauschen Sie Sommerreifen zur Sicherheit bereits bei einer Profiltiefe von zwei Millimetern, Winterreifen bei vier Millimetern.
- Kontrollieren Sie, ob alle Reifen gleichmäßig abgefahren sind und sehen Sie sich die Seitenwände (Reifenflanken) der Reifen genau an. Beulen deuten auf eine Beschädigung des Reifenunterbaus hin.

Risikofaktor geringer Luftdruck

GEFAHRHINWEISE

Prüfen Sie den Reifendruck regelmäßig alle drei bis vier Wochen. Bei Markenreifen ist ein Druckverlust von 1,5 Prozent im Monat normal. Verliert der Reifen mehr Luft, sollten Sie sich ihn genauer ansehen. Ein schlecht oder gar nicht gewarteter Reifen kann sich zum Risikofaktor entwickeln. Fahren Sie z. B. einen Reifen mit zu geringem Luftdruck unter sehr hoher Last, kann dies zu teilweisen Ablösungen der Reifenlauffläche führen. Diese Schäden bleiben jedoch oft längere Zeit verborgen. Wird der vorgeschädigte Reifen dann stark beansprucht, können durch die enormen Fliehkräfte bei hohen Geschwindigkeiten sogar einzelne Reifenteile abreißen. Passen Sie also auch stets den Reifendruck dem Beladungszustand an. Die Tabelle auf der Rückseite des Tankdeckels gibt Anhaltswerte für den korrekten Reifenluftdruck bezogen auf die Größe der Reifen und der Last.

TWI: Die Erhebung der TWI zeigt die Mindestprofitiefe an.

Lebensgefährlich: Wird der Druck falsch gewählt, kann sich die Lauffläche vom Reifen ablösen.

Reifendruck prüfen

Den Luftdruck sollten Sie stets bei kalten Reifen messen. Denn während der Fahrt erwärmt sich der Reifen – der Reifendruck steigt. Sie erhalten daher falsche Werte, wenn Sie direkt nach einer Autobahnfahrt zum Luftdruckprüfer greifen. Erhöhen Sie den Luftdruck bei Winterreifen um 0,2 bar. Prüfen Sie den Reifendruck regelmäßig alle drei bis vier Wochen. Bei einem Markenreifen ist ein Druckverlust von 1,5 Prozent im Monat normal. Verliert der Reifen mehr Luft, sollten Sie sich ihn genauer ansehen.

Druck	Verlust im Monat	Verlust im 1/4 Jahr	Verlust im Jahr
2,2 bar	0,033 bar	0,099 bar	0,396 bar
2 bar	0,03 bar	0,09 bar	0,36 bar
1,8 bar	0,027 bar	0,081 bar	0,324 bar
1,5 bar	0,0225 bar	0,0675 bar	0,27 bar

Das Reifenbild

Im Fahrbetrieb kann es beispielsweise durch Fehleinstellungen der Achsgeometrie oder Überbeanspruchung durch zu schnelle Kurvenfahrt zu unterschiedlicher Reifenabnutzung kommen. Welche Ursache bei dem entsprechenden Reifenbild vorliegt und was Sie im entsprechenden Fall unternehmen sollten, finden Sie hier aufgeführt:

Außenseite abgefahren (Vorderreifen)
Flotte Fahrweise in Kurven. Reifen auf den Felgen drehen lassen oder gegen Hinterräder austauschen. Außenseiten stärker abgefahren als Profilmitte. Der Reifen wurde lange Zeit mit zu niedrigem Luftdruck gefahren. Gleichmäßige Auswaschungen. Vermutlich Stoßdämpfer defekt. Ungleiche Abnutzung (an mehreren Stellen). Unwucht im Rad. Auswuchten lassen. Stelle mit starker Abnutzung. Bremsung mit blockiertem Rad (Bremsplatte). Selbst das ABS kann kurzzeitiges Blockieren und damit einen gewissen Reifenverschleiß (Abflachungen) nicht verhindern.

Starke Abnutzung in der Profilmitte
Die mittige Abnutzung entsteht durch häufiges Fahren mit Höchstgeschwindigkeit. Die Reifen »bauchen« durch die Fliehkraft aus (die Reifenlauffläche wird runder) und nutzen daher in der Mitte stärker ab. Dieser Effekt tritt besonders deutlich an den Hinterrädern auf. Dasselbe Bild zeigt sich bei zu hohem Reifendruck.

Radunwucht

Eine Unwucht im Rad zeigt sich durch Vibrationen am Lenkrad oder Schütteln im Vorderwagen. Ursache ist eine ungleichmäßige Gewichtsverteilung am Rad, die auch für erhöhten Reifenverschleiß sorgt. Man unterscheidet statische und dynamische Unwuchten. Statische Unwucht zeigt sich bereits, wenn das Rad frei auspendelt: Der Schwerpunkt wird sich von selbst nach unten begeben. Ein Rad mit statischer Unwucht hüpft beim Fahren, die Stoßdämpfer verschleißen schneller. Dynamische Unwucht kommt erst beim schnellen Drehen des Rades vor. Die übergewichtige Stelle sitzt nicht in der Mittelebene des Rades, sondern etwas nach außen bzw. innen versetzt. Das Rad flattert und wackelt bei schneller Fahrt. Die Beseitigung einer Unwucht ist Sache der Werkstatt.

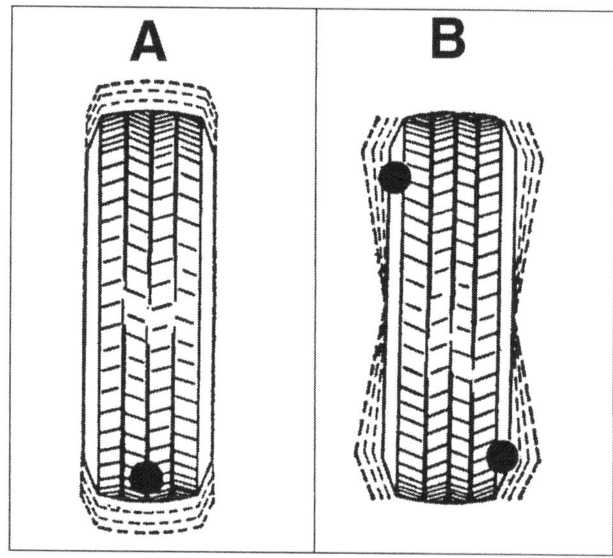

Statische (A) und Dynamische Unwucht (B): Beide sorgen für ein ungleichmäßiges Abnutzen der Reifen und fallen durch Flattern in der Lenkung beim Fahren unangenehm auf.

Rad- Reifenkombinationen am A3

Grundsätzlich dürfen nur Felgen und Räder einer Bauart und Abmessung auf dem Fahrzeug verbaut werden. Ausnahmen stellen besondere Radreifenkombinationen dar, die dann aber auch mit entsprechenden Gutachten von einem technischen Sachverständigen der Prüforganisationen abgenommen werden müssen.

Die Audi-Unterlagen geben eine Vielzahl von Rad- und Reifenkombinationen vor, die selbst zusammengefasst und unter Verzicht der Felgendesigns noch immer eine fünfseitige Tabelle ergeben würden. Wir haben aufgrund des Umfangs und der ohnehin erforderlichen Erkundigung durch den Leser beim Audi-Händler auf diese Tabellen verzichtet und wollen an dieser Stelle lediglich einige Standardreifen vorstellen, die für die meisten Modelle verwendet werden dürfen. Diese Information erlaubt Ihnen beispielsweise die Beschaffung der Winterreifen oder klärt ab, inwieweit bei einem Fahrzeugwechsel auch neue Winterräder fällig werden. Die Felgendimensionen und die dazugehörigen ET (Einpresstiefen) geben Ihnen wertvolle Informationen über die werksmäßig geprüften Rad/Reifen-Kombinationen. Die Abstimmung der Werkstechniker lässt sich sicherlich nicht einfach übertreffen. Verwenden Sie auch beim Kauf im freien Zubehörhandel nur die freigegebenen Felgen- und Reifendimensionen. Erfragen Sie ruhig einmal Preise und natürlich die technischen Eckdaten von Reifen und Felge in der gewünschten Größe bei Ihrem Audi-Händler. Vergleichen Sie, ob die technischen Daten auch mit denen der Zubehörfelgen übereinstimmen.

Daten für alle Fahrzeugtypen

Anzugsdrehmoment Radschrauben	120 Nm
Anzahl der Radschrauben	5
Lochkreis der Radschrauben	112 mm
Lochkreis des Zentrierringes	57 mm

Sommerreifen als Auszug der Ausrüstungsliste

Reifengröße	Felgendimension	Schneeketten erlaubt	Reifendruck leer		Reifendruck beladen	
			Vorne	Hinten	Vorne	Hinten
205/55R16 91V	6,5Jx16 ET50	Nein	2,1 bar	2 bar	2,2 bar	2,5 bar
225/45R17 91V	7,5Jx17 ET56	Nein	2,1 bar	2 bar	2,2 bar	2,5 bar
225/40R18 92Y	7,5Jx18 ET54	Nein	2,1 bar	2 bar	2,2 bar	2,5 bar

Für den 3,2 l-Motor verbleiben nur wenige zulässige Varianten. Auch hier sollten immer die aktuellen Listen Ihres Audihändlers oder Ihres Reifenhändlers zu Rate gezogen werden.

Reifengröße	Felgendimension	Schneeketten erlaubt	Reifendruck leer		Reifendruck beladen	
			Vorne	Hinten	Vorne	Hinten
225/45R17 94Y Extra Load	7,5Jx17 ET56	Nein	2,1 bar	2 bar	2,2 bar	2,5 bar

Winterreifen als Auszug der Ausrüstungsliste

Reifengröße	Felgendimension	Schneeketten erlaubt	Reifendruck leer		Reifendruck beladen	
			Vorne	Hinten	Vorne	Hinten
205/55R16 91H M+S	6Jx16 ET50	Ja, vorne	2,1 bar	2 bar	2,2 bar	2,5 bar
205/50R17 93H Extra Load M+S	6Jx17 ET48	Ja, vorne	2,2 bar	2,4 bar	2,2 bar	2,6 bar

Auch hier spielt der 3,2 l in einer besonderen Liga. Sie sollten immer Ihren Händler nach erweiterten freigegebenen Rad/Reifenkombinationen befragen.

Reifengröße	Felgendimension	Schneeketten erlaubt	Reifendruck leer		Reifendruck beladen	
			Vorne	Hinten	Vorne	Hinten
225/45R17 94Y Extra Load	7,5Jx17 ET56	Nein	2,1 bar	2 bar	2,2 bar	2,5 bar
205/50R17 93H Extra Load M+S	6Jx17 ET48	Ja, vorne	2,1 bar	2 bar	2,2 bar	2,5 bar

Die Felgen für den A3

Welche Reifengrößen und Felgen für Ihren A3 zugelassen sind, steht leider nicht mehr vollständig in den Kfz-Papieren. In der Regel wird nur noch eine Reifengröße eingetragen. Alle weiteren Angaben fielen den Regelungen der EWG zum Opfer. Wenn Sie andere Reifen oder Felgen montieren wollen, müssen Sie die Papiere von der Zulassungsstelle berichtigen lassen. Dazu ist allerdings ein so genanntes Teilgutachten von TÜV/ DEKRA erforderlich. Wichtig ist gerade bei einem Umbau die Radlast genau nachzuvollziehen. Natürlich können die Felgen mehr, als die Angabe hergibt – Abnahme- und zulassungsfähig werden sie aber nur, wenn sie den technischen Anforderungen genügen.

Umrüsten von Rad-Reifenkombinationen

Tiefer, breiter, Keilformfahrwerk: Diverse Fahrwerksumrüstsets werden für Tuningzwecke auch beim A3 herangezogen. Vielfach enden solche Tuningorgien in der totalen technischen Katastrophe. Bevor wir nun alles verteufeln, was nicht original ist, möchten wir dem technisch interessierten Schrauber einige Überlegungen mit auf die Werkzeugkiste legen.

Ein Fahrzeughersteller wie Audi konzipiert seine Fahrzeuge so, dass sie auch in extremen Situationen beherrschbar bleiben sollen. Der Fahrer soll das nur an gutmütigem Fahrverhalten und notfalls auch an erfolgreich gemeisterten Extremsituationen merken. Nehmen wir einmal an, an Ihrem Fahrzeug platzt während der Fahrt der Reifen vorne rechts. Was wird passieren? Zuerst nimmt man mal an, dass das Fahrzeug sofort und extrem zu der rechten Seite ziehen wird. Der Hersteller allerdings hat diese Situation in der Lenkgeometrie anders ausgelegt. Zwar steht das Lenkrad nach dem Platzer schief, das Auto aber fährt geradeaus weiter. Vereinfacht lässt sich die Reaktion des Fahrzeugs so darstellen. Eine konstruktive Auslegung ist der Lenkrollhalbmesser einer Vorderachse.

Der A3 ist werkseitig mit einem »negativen« Lenkrollhalbmesser ausgelegt worden. Das bedeutet nichts anderes, als dass der Drehpunkt des Rades auf der Fahrbahn etwas weiter nach außen als der eigentliche Mittelpunkt der Radaufstandsfläche auf der Fahrbahn gelegt wurde. Betrachten wir nun wieder den geplatzten vorderen rechten Reifen. Er wird einen deutlich höheren Rollwiderstand produzieren als das intakte linke Vorderrad. Da der Drehpunkt des Rades nicht im Radaufstandsflächenmittelpunkt liegt, erzeugt der platte rechte Reifen eine Lenkbewegung nach links. Der linke Reifen läuft nun nicht mehr gerade zur Fahrbahn und erzeugt auch einen höheren Rollwiderstand. Die Lenkgeometrie will nun einen Kräfteausgleich der beiden Räder erzeugen und sucht sich den neuen »Mittelpunkt«. Sind die Rollwiderstände gleich, fährt das Fahrzeug wieder geradeaus. Der Kräfteausgleich bewirkt wiederum die Schiefstellung des Lenkrades. Derselbe Vorgang ergibt sich übrigens auch bei unterschiedlichen Reifen oder auch unterschiedlichem Luftdruck der Reifen.

Eine der Lieblingsumbauten der Tuner ist der Umbau auf breite Reifen und natürlich auch auf Spurplatten oder Felgen mit kleineren Einpresstiefen. Beides bewirkt oftmals eine erhebliche Veränderung des Lenkrollhalbmessers. Der im ungünstigsten Fall nun positive Lenkrollhalbmesser bewirkt das Gegenteil der Überlegungen des Fahrzeugherstellers.

Betrachten wir nun wieder die Fahrsituation mit dem geplatzten vorderen rechten Reifen. Er wird einen deutlich höheren Rollwiderstand produzieren als das intakte linke Vorderrad. Da der Drehpunkt des Rades zwar auch nicht im Radaufstandsflächenmittelpunkt liegt, sondern etwas weiter innen, erzeugt der platte rechte Reifen eine Lenkbewegung nach rechts. Zwar läuft der linke Reifen nun auch nicht mehr gerade zur Fahrbahn und erzeugt auch einen höheren Rollwiderstand, die Wirkrichtung ist aber leider nach rechts. Da keine Kräfte entgegenstehen, kann die Lenkgeometrie keinen Kräfteausgleich der beiden Räder erzeugen und lenkt nach rechts.

Die Kräfte werden schlagartig auftreten und durch die unterschiedliche Radbelastung stark an- und abschwellende Gegenkräfte vom Fahrer einfordern. In der Regel wird es kaum möglich sein, das Fahrzeug auf der Straße zu halten und einen Unfall zu vermeiden.
An diesem Beispiel sieht man sehr drastisch, wie ungewollte Einflüsse auf das Fahrzeug ausgeübt werden, die fatale Folgen nach sich ziehen können.
Hinterfragen Sie ruhig auch die Auswirkungen der breiteren Räder auf das Fahrverhalten des Fahrzeugs und natürlich auch auf die Auswirkungen auf den Lenkrollhalbmesser. Ein Händler, der nicht in der Lage ist diesen Zusammenhang darzustellen, ist sicherlich ungeeignet Ihr Fahrzeug durch Tuningmaßnahmen zu verbessern.
Neben der Veränderung des Lenkrollhalbmessers verändern auch Höhenlage, Sturz, Spur und Nachlauf das Fahrverhalten des Fahrzeuges. Ohne tiefgehende Kenntnisse über die Fahrwerkstechnik sollten Sie niemals Veränderungen, Reparaturen oder Umbauten an Achsbauteile vornehmen. Rad-Reifenkombinationen sollten grundsätzlich vom Hersteller freigegeben worden sein oder zumindest hinsichtlich der Abmessungen (inkl. der Einpresstiefe) den Abmessungen der Hersteller entsprechen.

Winterreifen

Für einen Winterreifen genügt die schmalste Reifenbreite, die für Ihr Fahrzeug angegeben ist. Je kleiner die Reifenaufstandsfläche Ihres Reifens, umso höher wird der Druck auf die Fläche. Investieren Sie das für breitere Pneus gesparte Geld lieber in einen zweiten Satz passender Felgen – das Ummontieren der Reifen im Frühjahr und Herbst kommt auf die Dauer viel teurer und birgt bei jeder Montage und Demontage die Beschädigung des Reifens.
Zudem müssen die Räder nach jeder Montage neu ausgewuchtet werden.
Felgen gibt es heutzutage in jedem Autofahrermarkt. Auch Aluminiumfelgen sind heute gar nicht oder kaum teurer als die Felge aus Stahl. Achten Sie darauf, dass die Abmessungen der Felge und natürlich auch die Einpresstiefen mit der Originalfelge übereinstimmen. Fragen Sie nach, ob die Originalradschrauben auf die neue Felge passen oder ob ein neuer Schraubensatz für die neuen Felgen fällig ist.
Manche Händler und Werkstätten lagern Ihre Winterreifen gegen eine geringe Gebühr bis zum nächsten Tausch ein.

Wenn die Höchstgeschwindigkeit der Winterreifen (bis zu 160 km/h) unter der Ihres Fahrzeugs liegt, sollten Sie sich zur Erinnerung einen entsprechenden Aufkleber ins Blickfeld (nicht an die Windschutzscheibe!) kleben.
Nach jedem Radwechsel müssen die Räder nochmals nachgezogen werden. Das liegt nicht etwas an der möglichen Unfähigkeit des Monteurs, sondern daran, dass sich gebildete Oxidation, Farbreste oder sonstige Ablagerungen vom Schraubensitz abnutzen können und so eventuell ausreichend Spiel für die Schraube entstehen könnte, sich eigenständig zu lösen.

Montieren der Winter- und Sommerräder

Das Montieren der Winter- und Sommerräder können Sie schnell und sicher erledigen. Beachten Sie aber beim Anheben des Fahrzeugs die Sicherheitsbestimmung aus dem Abschnitt »Pannen unterwegs, Fahrzeug richtig aufbocken«.
Nach der Demontage der Räder müssen diese eingelagert werden. Empfehlenswert ist hierzu ein Felgenbaum, der verhindert, dass die Flanken oder Laufflächen während der Einlagerung belastet werden.
Das Anzugsdrehmoment liegt bei 120 Nm, nach 50 km sollten Sie alle Schrauben nochmals zur Sicherheit mit einem Drehmomentschlüssel nachziehen!

Benötigtes Werkzeug:

- Stecknuss mit Verlängerung
- Drehmomentschlüssel
- Wagenheber mit ausreichend Hub
- Unterstellböcke
- eventuell: Drahtbürste und etwas Kupferpaste

■ Suchen Sie eine ebene Stelle mit festem Untergrund für den Radwechsel.

■ Ziehen Sie die Handbremse fest an und lösen Sie vor dem Anheben des Wagens alle Radbolzen zunächst nur um eine viertel Umdrehung.

■ Heben Sie nun das Fahrzeug so weit an, bis das Rad ein paar Zentimeter über dem Boden ist (Beachten Sie alle Hinweise aus dem Abschnitt »Pannen unterwegs, Fahrzeug richtig aufbocken«).

- Entfernen Sie dann die fünf Radbolzen und nehmen Sie das Rad ab. Wechseln Sie immer ein Rad nach dem anderen.

- Kontrollieren Sie den Zustand der Radnabe. Säubern Sie diese gegebenenfalls mit der Drahtbürste und tragen Sie eine hauchdünne Schicht Kupferpaste auf. Das schützt vor weiterer Korrosion.

- Setzen Sie jetzt das Rad an. Drehen Sie alle Radbolzen so fest wie möglich ein und achten Sie darauf, dass das Rad gerade an der Nabe anliegt.

- Ziehen Sie die Radbolzen mit einem Drehmoment von 120 Nm an. Wichtig: Ziehen Sie die Räder nach rund 50 Kilometern nochmals nach! Die Sommerräder sollten kühl und trocken gelagert werden. Zum Beispiel auf einem Reifenbaum in der Garagenecke.

Aufnahmepunkte: Die vordere Wagenheberaufnahme befindet sich ca. 15 cm, die hintere ca. 30 cm vom jeweiligen Rad entfernt. Beide Aufnahmepunkte werden mit in den Schweller eingeprägten Dreiecken kenntlich gemacht. Ein Unterstellbock unterstützt den Wagenheber und gibt zusätzliche Sicherheit gegen das Abrutschen.

Zur Sicherheit: Ein Unterstellbock unterstützt den Wagenheber und gibt zusätzliche Sicherheit gegen das Abrutschen.

Die Räder sollten kühl und trocken gelagert werden, zum Beispiel auf einem Reifenbaum in der Garagenecke.

STÖRUNGSBEISTAND

Reifen

Störung	Was kann das sein?	Was kann ich tun?
A Schwammiges Fahrverhalten	**1** Reifen zu geringer Luftdruck	Luftdruck prüfen und einstellen
	2 Stoßdämpfer undicht	Ölverlust mit Finger prüfen, bleibt Öl am Finger: tauschen
	3 Stoßdämpfer verschlissen	Kolbenstange auf Riefen und Abplatzung prüfen
	4 Spurwerte stimmen nicht	Achsvermessung durchführen
	5 Federn erlahmt	Federn prüfen, ggf. austauschen
	6 Gummis Querlenker hinten	neue Streben einbauen
B Reifen	**1** starker, unregelmäßiger Verschleiß	Spurwerte stimmen nicht, Achsvermessung durchführen
	2 Verschleiß innen	zu viel negativer Sturz
	3 Verschleiß außen	zu viel positiver Sturz
	4 Verschleiß in der Mitte	zu viel Luftdruck
	5 Verschleiß innen und außen	zu wenig Luftdruck
	6 Stoßdämpfer verschlissen	Stoßdämpfer prüfen, ggf. austauschen
C Schütteln am Lenkrad	**1** Räder unwuchtig	Räder wuchten lassen
	2 Spiel in der Lenkung	Kreuzgelenk prüfen
	3 Spiel in Fahrwerksteilen	Traggelenk und Spurstangen prüfen
… beim Bremsen	**4** Bremsscheiben verzogen	neue Bremsscheiben und Beläge
D Geräusche bei Kurvenfahrt	**1** Radlager defekt	Richtige Seite durch Wechselkurven feststellen
	2 Spurwerte stimmen nicht	Reifenprofil kontrollieren (siehe B)

Achsen, Aufhängung

Das Fahrwerk ist zuständig für die Fahreigenschaften sowie den Fahrkomfort Ihres A3. Es hat vor allem die Aufgabe, die Räder bei ihrer Bewegung präzise zu führen. Nur dann bleibt das Auto sicher beherrschbar. Dieser Job ist freilich nicht einfach. Denn die Räder müssen sich bei der Fahrt nicht nur drehen, sondern auch Auf- und Abwärtsbewegungen durchführen – schließlich ist keine Fahrbahn völlig eben. Auch beim Bremsen, Beschleunigen und bei der Fahrt durch eine Kurve entstehen erhebliche Kräfte, mit denen das Fahrwerk fertig werden muss. Das geht jedoch nur, wenn seine Komponenten optimal aufeinander abgestimmt sind. Zum Fahrwerk gehören die Federung und Dämpfung, die Radaufhängung an Vorder- und Hinterachse, die Lenkung sowie die Räder und Reifen. Die Bremsen, ebenfalls Teil des Fahrwerks, stellen wir Ihnen in einem eigenen Kapitel vor.

Was ist eigentlich ein Fahrwerk?

Im Volksmund versteht man unter Fahrwerk eher nur die Stoßdämpfer und die Federn. Dass hinter diesem Begriff eine Konstruktion aus sehr vielen Bauteilen steht, die aufeinander abgestimmt den Spagat zwischen Komfort und präziser Radführung abdecken müssen, ahnt zuerst mal niemand. Zum Fahrwerk gehört alles, was zwischen Karosserie und Straße für die Radführung sorgt. Jede Veränderung, sei es durch Verschleiß oder aber auch durch Umbau, erfordert erhebliches Fachwissen durch den Monteur. Gerade bei Tuningmaßnamen rund ums Fahrwerk darf nie vergessen werden, dass es sich um ein Kraftfahrzeug handelt, das sicher im Straßenverkehr bewegt werden soll. Kunstwerke werden nicht gefahren, sondern ausgestellt.

Auslegung des Fahrwerks

Damit ein Fahrzeug überhaupt geradeaus fahren kann, ist der Bezug zur Hinterachse extrem wichtig. Jeder, der mal erlebt hat, wie ein Auto reagiert, wenn die Hinterachse ausbricht (das Fahrzeug übersteuert dann...), weiß, welche Auswirkung es hat, wenn die Hinterachse als so genannte spurgebende Achse das Fahrzeug nicht mehr führt. Alle Fahrwerkswerte beziehen sich immer auf die Hinterachse. Sie ist der Bezugspunkt für die Konstruktion und natürlich auch für die Fahrwerksvermessung. Aus diesem Grund ist es gelinde ausgedrückt unsinnig die Vorderachse einzeln zu vermessen. Ein Rad kann neben der Drehbewegung sich auch seitlich neigen oder auch nach vorn oder hinten versetzt werden. Die Räder werden sogar beim Einlenken angehoben oder abgesenkt. Alle diese Funktionen entstehen aus dem Zusammenspiel der Bauteile und sind gewollt.
Sogar die Veränderung der Höhenlage eines Fahrzeuges folgt solchen »Kennlinien« und hat selbstverständlich Einflüsse auf die Achsgeometrie und das Fahrverhalten. Auch wenn es kaum vorstellbar ist, haben sogar die Felgengröße und ihre Einpresstiefe Einfluss auf das Fahrwerk und seine Funktionen.

Ohne Reibung keine Kraftübertragung. Das kennen wir schon von der einen oder anderen Glatteisfahrt. Man kann sich vorstellen, dass für eine »spurgenaue« Fahrzeugführung der Kontakt der Reifen von entscheidender Wichtigkeit ist. Geht die Verbindung zwischen Reifen und Fahrbahn verloren, können weder Vortriebs-, Brems-, Seitenführungs- oder Lenkkräfte mehr übertragen werden. Wichtige Elemente für diese Aufgabe sind Federung und Stoßdämpfung. Bodenunebenheiten werden so durch Ein- und Ausfedern des einzelnen Rades möglichst ausgeglichen. Unerwünschtes Nachschwingen des Aufbaus verhindern die Stoßdämpfer.
Sie müssten eigentlich Schwingungsdämpfer heißen, da sie zwar auch Stöße dämpfen, aber in der Hauptsache durch Federn verursachte Schwingungen abschwächen.

Lenkung und Fahrsicherheit

Die Lenkung soll möglichst feinfühlig sein und zielgenaues Lenken ermöglichen. Sie ist genau auf die Achsen und die Lenkgeometrie abgestimmt. Wie bei fast allen Autos heutzutage kommt beim A3 eine Zahnstangenlenkung zum Einsatz. Sie gilt als besonders präzise und sorgt trotz der serienmäßigen Servounterstützung für ein noch direkteres und feinfühligeres Ansprechen der Lenkung. Die Lenkung ist ein Bauteil, von dem die gesamte Fahrsicherheit in besonderem Maße abhängt. Defekte, falsche Einstellungen und fehlerhafte Reparaturarbeiten können deshalb fatale Auswirkungen haben.

⚠ Lenkung und Fahrwerk

GEFAHRHINWEISE

Die Arbeiten an Teilen des Fahrwerks und der Lenkung sind nicht immer fürs Do-it-yourself geeignet. Sie setzen Erfahrung und oft auch spezielle Werkstattgeräte sowie Spezialwerkzeuge voraus. Fehlerhafte Reparaturen werden damit nicht nur zur Gefährdung für Sie selbst, sondern auch für andere Verkehrsteilnehmer. Denn genauso wie bei den Bremsen Ihres A3 kann nur die einwandfreie Funktion aller Teile des Fahrwerks und der Lenkung die Fahrsicherheit gewährleisten. Die Teile der Lenkung und des Fahrwerks sind nach einer Beschädigung, zum Beispiel durch einen Unfall, meist zu ersetzen. So dürfen Sie beispielsweise defekte Teile der Radaufhängung nicht etwa einfach richten oder schweißen – sie müssen grundsätzlich erneuert werden. Wenn Sie sich nicht sicher sind, ob Sie die betreffende Reparatur selbst ausführen können, oder wenn Sie die dafür benötigten Werkzeuge nicht besitzen – überlassen Sie die Arbeit besser der Werkstatt.

Die Vorderachse des A3

Die McPherson-Vorderachse vorne besteht aus einem Querlenker unten und radführenden Federbeinen. Der Dreiecklenker wird durch einen Hilfsrahmen aus Aluminium aufgenommen, der durch geringes Gewicht zu einer ausgewogenen Gewichtsverteilung des Fahrzeugs beiträgt.

Dämpfer und Federn

Zuerst einmal unscheinbar, sind sie dann als eine Baukomponente in der Vorderachse erkennbar. Im Audi aber verbirgt sich durchaus auch aufwändigere Technik in unscheinbaren Bauteilen. AMR, das »Audi-Magnetic-Ride«, bezeichnet eine elektronisch geregelte Stoßdämpfervariante. Durch in das Dämpferöl eingebrachte, nur drei bis zehn Tausendstel-Millimeter große magnetische Partikel, kann durch den Einfluss eines Elektromagneten die Fließeigenschaft des Dämpferöles (die Viskosität) verändert werden. Die Dämpfercharakteristik kann so binnen weniger 1/1000 Sekunden verändert werden. So können sowohl Wankbewegungen der Karosserie eingedämmt, als

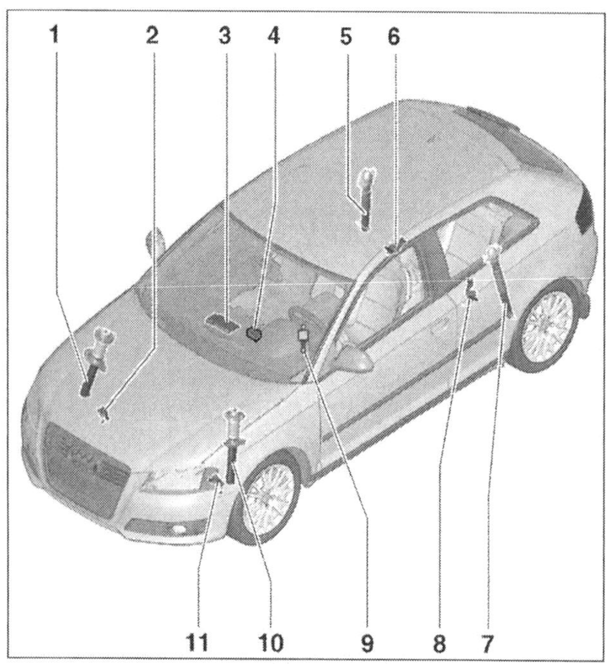

Aufbau der Vorderachse: 1 Stoßdämpfer mit Ventil für Dämpferverstellung vorne, 2 Geber Fahrzeugniveau VR, 3 Steuergerät, 4 Schalter für Dämpferverstellung, 5 Dämpferventil HR, 6 Geber Fahrzeugniveau HR, 7 Dämpferventil HL, 8 Geber Fahrzeugniveau HL, 9 Kontrollleuchte, 10 Dämpferventil HL, 11 Geber Fahrzeugniveau HL.

WISSENSWERTES

McPherson-Federbein

Fahrbahnunebenheiten erzeugen an den Rädern Auf- und Abwärtsbewegungen. Mit Hilfe der Federbeine, bestehend aus Federn und Dämpfern, werden diese Bewegungen der Räder durch Ein- und Ausfedern kompensiert und der Kontakt zur Straße gehalten. Die Kombination der Feder- und Dämpfereinheit am Fahrzeug beeinflusst dabei wesentlich den Fahrkomfort, die Fahrsicherheit und auch das Kurvenverhalten. Im Gegensatz zum Nutzfahrzeug kommt hierzu im Pkw fast durchgängig die Einzelradaufhängung zum Einsatz. Mit ihr können die ungefederten Massen gering gehalten werden und die Räder beeinflussen

McPherson-Federbein: Bauraum- und kostengünstige Einzelradaufhängung an der Vorderachse.

sich nicht gegenseitig beim Ein- und Ausfedern, wie beim Starrachsenprinzip. Als kostengünstig und platzsparend hat sich das sogenannte McPherson-Federbein erwiesen. Seinen Namen verdankt es seinem Erfinder, dem US-Amerikaner Earl S. McPherson, dessen Patent erstmals 1948 zum Einsatz kam. Es entstand aus dem Doppelquerlenker-Federbein und ist, durch seine kompaktere Bauweise, besonders zum Einsatz in Klein- und Mittelklassewagen geeignet. Die Platzersparnis resultiert aus der Ersetzung des oberen Querlenkers durch ein Schwingungsdämpferrohr, an dem die Achsschenkel befestigt sind. Das Stoßdämpferaußenrohr ist mit dem radlagertragenden Achszapfen und dem Spurstangenhebel fest verbunden. Beim Lenken schwenkt diese Einheit um die Stoßdämpferkolbenstange, die mit ihrem oberen Ende in einem Gummilager der Karosserie sitzt, während unten am Federbein ein frei bewegliches Kugelgelenk über einen Querlenker die zweite Verbindung zur Karosserie herstellt.

auch die Fahrwerksabstimmung dem Fahrverhalten und den Straßenverhältnissen angepasst werden.
Die Schraubenfedern sind eigentlich alte Bekannte. Ihr Zusammenspiel mit den Stoßdämpfern ist eine diffizile Abstimmung, die sicherlich nur schwer zu verbessern ist. Sollten hier einmal Probleme im Fahrverhalten auftreten oder sogar die Reifen ungleichmäßig ablaufen oder ein Sägezahnprofil des Profils ausprägen, muss der Audi-Partner zur optischen Vermessung aufgesucht werden.

Die Hinterachse des A3

Auch die Achskonstruktion der Hinterachse darf als sehr aufwändig bezeichnet werden. Vier Anlenker übernehmen die klar definierte Radführung mit vorgegebenen fahrdynamisch wichtigen Funktionen. Auch hier bewirken die Veränderungen an Spur und Sturz im Zusammenspiel mit dem Fahrzeug eine optimale Anpassung, die nicht zu übertreffen ist. Wie auch an der Vorderachse wird durch einen Querstabilisator die Seitenneigung des Fahrzeuges eingeschränkt.
Die Doppelkugellager der hinteren Radlagerung sind wartungs- und einstellfrei. Im Radlager fest verbaut ist ein Magnetspurring.

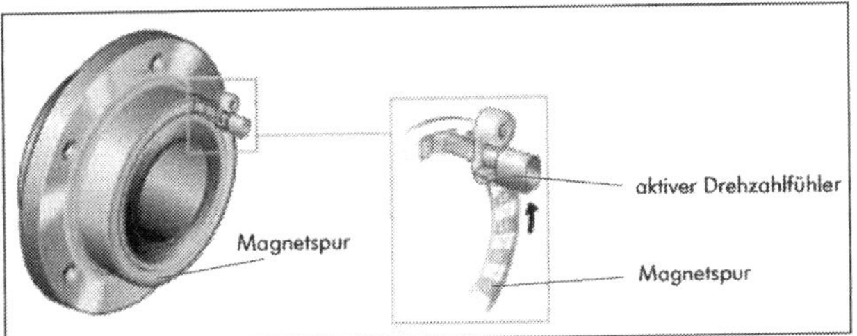

Magnetspurring.

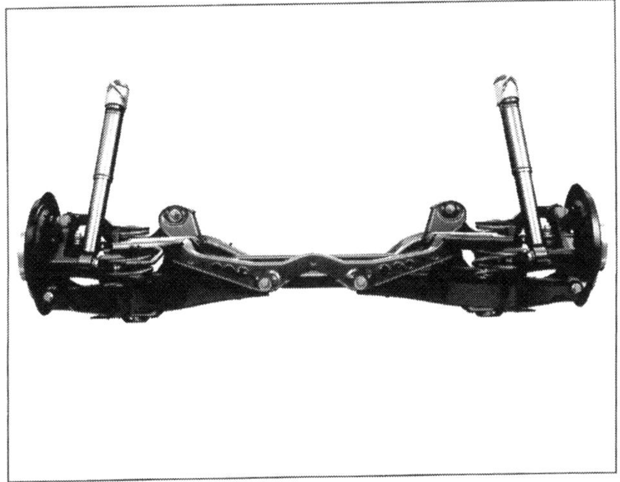

Hinterachse.

Die Servolenkung

Fast alle A3-Modelle sind serienmäßig mit einer elektromechanischen Servolenkung ausgerüstet, die die Lenkarbeit erheblich erleichtert. Im Behördendeutsch heißt so eine Lenkung auch Hilfskraftlenkung. Sie sorgt für größtmöglichen Komfort beim Rangieren und für präzises Lenkgefühl bei schnellen Autobahnfahrten. Die Kraft für die Lenkunterstützung stellt ein Elektromotor zur Verfügung. Es besteht aus dem Lenkgetriebe und dem Elektromotor.

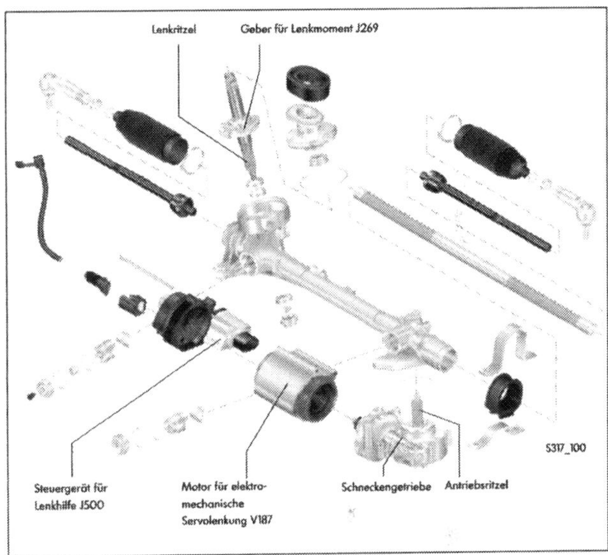

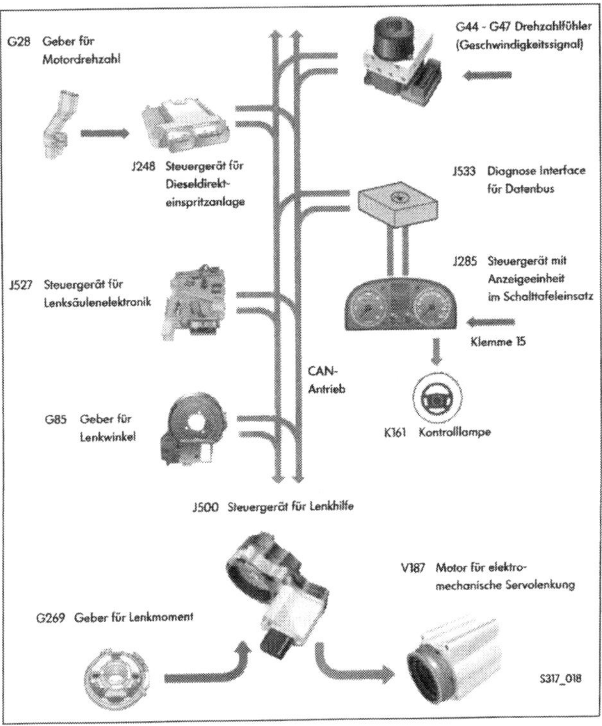

Die Funktionsweise

Früher wurde die Lenkhilfskraft durch Hydraulikflüssigkeit auf das Lenkgetriebe übertragen. Die notwendige Hydraulikpumpe lief permanent mit und verbrauchte entsprechend Energie. Den Krafteinfluss nach Fahrsituationen zu regulieren, war nicht oder nur mit erheblichem Aufwand möglich. Eine bedarfsgerechte Ansteuerung der Lenkung ist beim Lenksystem des A3 leicht möglich. Die elektromechanische Servolenkung ist ein aktives System. Das bedeutet, sie ist nicht wie die hydraulische Lenkhilfe ein reines Steuerungssystem. Die Lenkkraft wird je nach Anforderung bedarfsgerecht mit einem Elektromotor eingesteuert. Dieser Elektromotor wirkt direkt auf die Zahnstange der Lenkung. Unterschiedliche Sensoren sorgen über CAN-Datenbus über die Informationen, die für die Ansteuerung des Elektromotors erforderlich sind.
Faszinierende neue Funktionen ergeben sich durch das neue Lenksystem. Betrachtet man nur die »Geradeauslaufkorrektur«: Vereinfacht dargestellt erkennt das Steuergerät durch die Abweichungen im Lenkwinkelsensor und den unterschiedlichen Kraftaufwand beim aktiven Rücklauf, inwieweit der A3 in eine Richtung zieht. Um diese Fehlfunktion auszugleichen, wird ein Drehmoment durch den Elektromotor erzeugt, der gegen diese Kraft wirkt. Dieses Gegenlenken wird in zwei unterschiedlichen Kategorien betrachtet.

Fehler tritt längerfristig auf

Der Langzeitalgorithmus korrigiert Fehler, die langfristig über mehrere Messzyklen des Fahrzeugs vorhanden sind. Ein Beispiel dazu sind Rollwertunterschiede oder ähnliche Fehler in der Bereifung.

Fehler tritt nur kurzfristig auf

Der Kurzzeitalgorithmus korrigiert Fehler, die kurzfristig auftreten. Typische Vertreter dieser Kategorie wären Seitenwind oder auch Spurrillen in der Fahrbahn.

Radeinstellung prüfen

Nicht nur die richtige Stellung der Vorderräder entscheidet darüber, ob Ihr A3 auf ebener Strecke und in Kurven ruhig und sicher auf der Straße liegt. Eine harte Berührung des Bordsteins eines Rades kann die Geometrie der Achsaufhängung jedoch empfindlich stören. Auch verschlissene Gelenke und Gummilager oder unsachgemäße Reparaturen können sich negativ auf das Fahrverhalten auswirken.
Die Vermessung der Radstellung ist freilich eine Sache der Werkstatt, die dazu einen speziellen Achsmessstand verwendet. Einer fehlerhaften Lenkgeometrie können Sie beim Fahren aber selbst auf die Schliche kommen. Dazu müssen beide Vorderreifen dieselbe Reifensorte, DOT-Nummer, Profiltiefe und den vorgeschriebenen Luftdruck aufweisen.
Prüfen Sie folgende Punkte, bei Auffälligkeiten sollte das Fahrzeug sofort vermessen werden. Eine Achsvermessung ist meistens günstiger als ein Reifenpaar für eine Achse.

- Ist das Reifenprofil gleichmäßig abgenutzt? Oder zeigen die Außenkanten stärkere Verschleißspuren als innen?
- Steht das Lenkrad bei Geradeausfahrt gerade?
- Zieht das Fahrzeug eventuell zu einer Seite?
- Stimmt der Reifenluftdruck?

Lassen Sie sich das Achsmessprotokoll grundsätzlich aushändigen und auch erklären. Am besten liegt es griffbereit im oder hinter dem Serviceheft.

> **GEFAHRHINWEISE**
>
> **Servolenkung Selbstreparatur**
>
> Reparaturen an der Servolenkung sind eine Sache der Werkstatt. Sie verfügt über spezielle typgebundene Prüfgeräte mit genauen Codeabfragen für das Steuergerät des Fahrzeugs und das entsprechende Know-how. So lassen sich Schäden an den elektronischen Bauteilen und Folgeschäden mit teuren Reparaturen verhindern. Auch hier ist leider wieder mal dem Do-It-Yourselfer der Verzicht aufs Selbermachen ratsam. Also überlassen Sie die Reparaturen an der Servolenkung unbedingt der Werkstatt. Bei fehlerhafter Instandsetzung könnte beispielsweise die Servounterstützung beim Lenken ausfallen. Oftmals muss nach Reparatur und Achsvermessung auch der Lenkwinkelsensor neu eingerichtet werden. Es könnten sonst schnell falsche Werte für das ESP und die Servolenkung selber entstehen. Zudem hat gerade die elektronische Variante der Servolenkung Ihres A3 nicht mehr viel mit der alten mechanisch gesteuerten Lenkhilfe zu tun, die noch vor wenigen Jahren verbaut wurde. Das ist neben einem falschen Lenkungsmittelpunkt der Achsgeometrie ein wichtiger Grund, warum niemals nach einer erfolgten Achsvermessung ein leicht schief stehendes Lenkrad einfach gerade gesetzt werden sollte.

Radlagerspiel prüfen

Die Prüfung der Radlager sollte grundsätzlich während der Fahrt erfolgen. Für diese Probefahrten sucht man sich am besten einen freien Parkplatz, der ausreichend Platz bietet, um mit dem Auto Kreisfahrten durchführen zu können. Ein Defekt macht sich meist durch laute Laufgeräusche während der Kurvenfahrt bemerkbar. Treten die Geräusche zum Beispiel in Rechtskurven auf, ist meist das linke Radlager defekt. Treten die Geräusche in Linkskurven auf, ist meist das rechte Radlager defekt. Meistens ist es das belastete Lager, also das kurvenäußere Lager, welches bei Kurvenfahrt dann deutlich lauter wird. Wird das defekte Lager hingegen entlastet, wird das Geräusch leiser werden bzw. auch ganz verschwinden.

Die vorderen Radlager sind Doppelrillenkugellager. Sie haben zwei Laufringe. Ist der innere Laufring beschädigt, lässt sich das Geräusch meist nicht so leicht durch die Kurvenfahrten entlarven.

Das Wackeln an den Rädern ist sicherlich kein Indiz für beschädigte Radlager. Ist Spiel an den Rädern durch Ziehen oder Drücken am Rad feststellbar, darf das Fahrzeug auf keinen Fall mehr bewegt werden. Sobald ein merkliches Spiel an den Radlagern auftritt, dürften sich die meisten Teile des Kugellagers schon in der Landschaft verteilt haben. Der Geräuschpegel des Radlagers dürfte dann den Pegel des Radios erreicht oder schon überschritten haben. Die Radführung ist nicht mehr gewährleistet.

Die vorderen Radlager können nicht eingestellt werden und müssen daher bei einem Schaden ausgetauscht werden. Das ist für die Lager der Vorderachse Sache der Werkstatt. Lager, Laufringe, Nabe und Lenk-Schwenklager sind in sehr engen Toleranzen gefertigt, die bei der Montage Spezialwerkzeuge erforderlich machen. Für die Montage der vorderen Radlager wird zudem eine hydraulische Presse oder ein spezielles Lagerausziehgerät benötigt.

Lenkungsspiel prüfen

Das Spiel der Lenkung kann nachgestellt werden, wenn es nicht durch einen Defekt verursacht wird. Die Einstellung sollten Sie jedoch besser der Werkstatt überlassen.

- Die Räder geradeaus stellen. Drehen Sie von außen das Lenkrad kurz hin und her.
- Das Vorderrad muss sich sofort mitbewegen. Achten Sie auf die Felge, denn der elastische Reifen kann einen Teil des Einschlags schlucken, ehe er sich bewegt.
- Hat die Lenkung um die Geradeausstellung kein Spiel, klemmt aber bei stärkerem Einschlag, ist die Zahnstange der Lenkung verschlissen. Das Lenkgetriebe muss dann ausgetauscht werden.

Manschetten der Lenkzahnstange kontrollieren

Die aus dem Zahnstangengehäuse austretende Zahnstange wird links und rechts durch eine Gummimanschette geschützt. Dringen durch einen rissigen oder beschädigten Faltenbalg Schmutz und Feuchtigkeit ein, verbinden sie sich mit dem Fett des Lenkgetriebes zu einer Schleifpaste, die ständig am Lenkritzel nagt. Eine verschlissene Manschette sollten Sie daher sofort ersetzen. Um die Lenkungsmanschette zu prüfen, müssen Sie weit in die vorderen Radkästen hinein greifen. Durch Auseinanderziehen der Falten lassen sich Undichtigkeiten am besten erkennen.

- Leuchten Sie mit einer Taschenlampe jeden Faltenbalg ab. Schlagen Sie die Lenkung voll nach rechts und links ein; ziehen Sie dann den Faltenbalg Stück um Stück auseinander, um Risse in den Falten zu erkennen.

Genau inspizieren: Nehmen Sie bei der Kontrolle der Manschetten jede einzelne Falte genau in Augenschein.

Spurstangenköpfe und Antriebsmanschetten prüfen

Das Spurstangengelenk sitzt rechts und links zwischen Spurstange und Spurstangenhebel des Lenk-Schwenklagers. Selbstschmierender Kunststoff umhüllt den stählernen Kugelkopf, eine Manschette schützt ihn vor Schmutz und Feuchtigkeit. Spurstangenköpfe mit defekter Manschette oder Spiel müssen Sie umgehend ersetzen. Die Kontrolle sollten Sie im regelmäßigen Abstand, am besten einmal jährlich oder nach ca. 15.000 gefahrenen Kilometern, durchführen.

- Kontrollieren Sie die Manschetten der Spurstangengelenke auf Risse und Beschädigungen. Durch Auseinanderziehen der Falten lassen sich Undichtigkeiten am besten erkennen.
- Leuchten Sie dabei mit einer Taschenlampe jeden Faltenbalg einzeln ab.
- Prüfen Sie, ob das Gelenk Spiel hat. Fahren Sie das Auto dazu am besten über eine Grube.
- Lassen Sie einen Helfer das Lenkrad mehrmals kurz nach links und rechts drehen. Sie können mit der Hand fühlen, ob die Spurstangengelenke Luft haben.
- Ist die Manschette defekt, sollte der komplette Spurstangenkopf gewechselt werden (Werkstattarbeit).

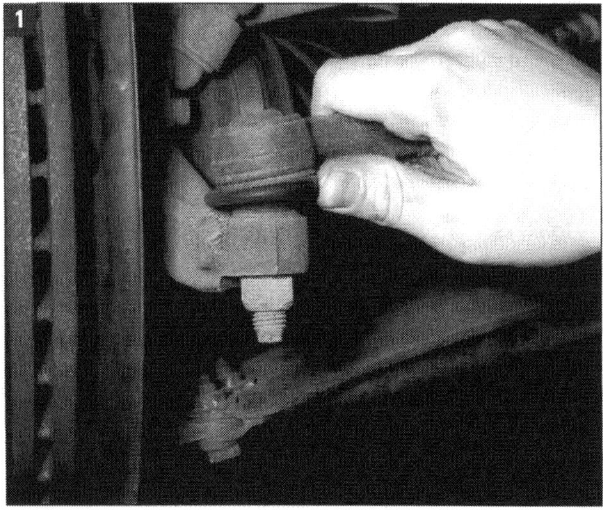

Axialspiel prüfen: Achslenker kräftig nach unten ziehen und wieder hochdrücken.

Manschette prüfen: Bei einem Defekt wie einem Riss oder einem Loch ist die Gelenkwellenmanschette austauschreif.

Achsgelenke kontrollieren

Die Kugelgelenke der Achsgelenke (rechts und links zwischen Querlenker und Lenk-Schwenklager) sitzen in einer Fett-Dauerfüllung in Kunststoffschalen. Staubkappen aus Kunststoff schützen sie vor Nässe und Schmutz. Die Gelenke sind wartungsfrei. Eine beschädigte Staubkappe bedeutet allerdings das vorzeitige Aus fürs Gelenk – eindringender Schmutz wirkt wie Schmirgelsand, Feuchtigkeit lässt es mit der Zeit festrosten.

- Fahrzeug vorne aufbocken, ideal wäre für die Prüfung eine Hebebühne.
- Lenkung nach einer Seite voll einschlagen.
- Staubkappen der Achsgelenke rechts und links auf Beschädigungen kontrollieren. Achsgelenke kontrollieren und dabei die Kappen zusammendrücken – so entdecken Sie auch versteckte Risse.
- Eine schadhafte Staubkappe kann nicht einzeln ersetzt werden, der Gelenkbolzen muss komplett ausgetauscht werden.
- Das Axialspiel prüfen, indem der Achslenker kräftig nach unten gezogen und wieder hochgedrückt wird (1).
- Das Radialspiel prüfen, indem das Rad kräftig nach innen und außen gedrückt wird (2).
- Hinteres Lager für Achslenker und Achslenker vorne genau prüfen. Dabei vor allem auf Risse des Gummilagers achten (3) und (4).

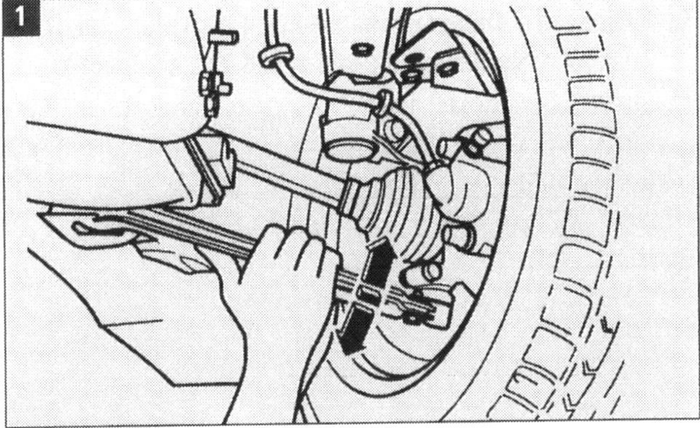

Axialspiel prüfen: Achslenker kräftig nach oben und unten drücken.

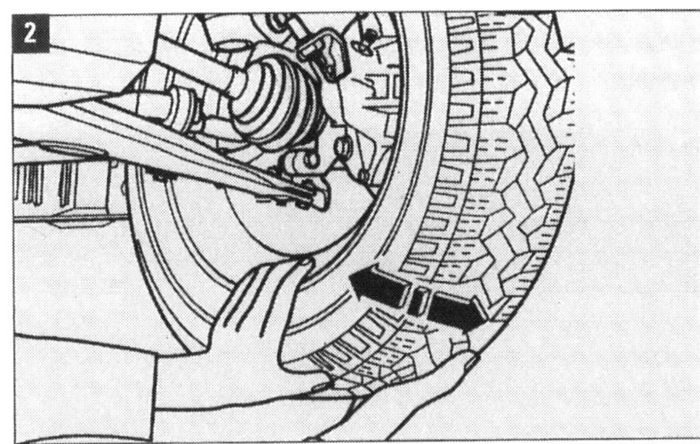

Radialspiel prüfen: Rad unten kräftig nach innen und außen drücken.

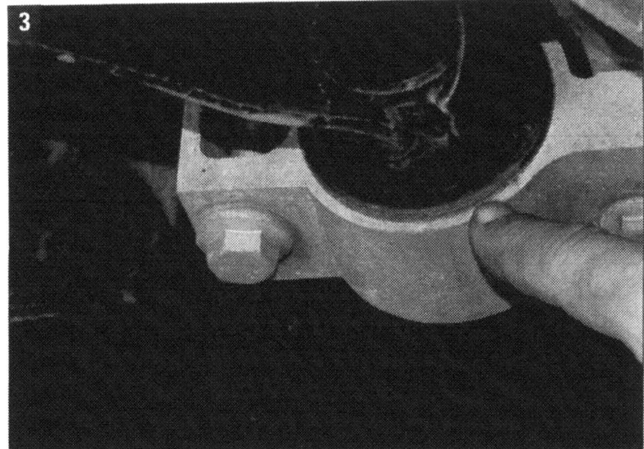

Querlenkerlager am Audi.

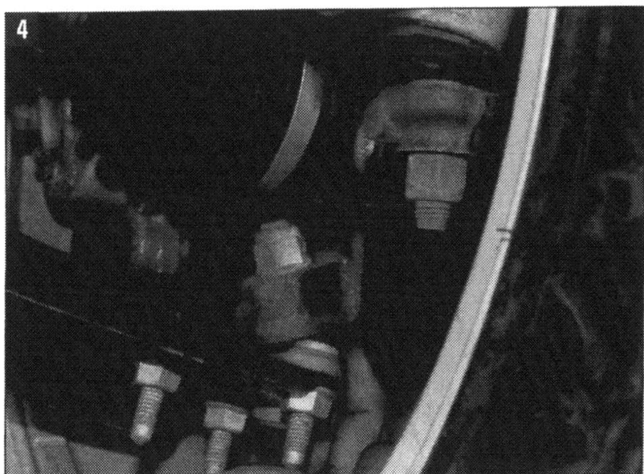

Achsgelenk am Audi.

Zustand der Stoßdämpfer prüfen

Nach zwei verschlissenen Reifensätzen besitzen die Stoßdämpfer meist nur noch die Hälfte ihrer Wirkung. Sie sind dann reif für den Austausch. Schlechte Dämpfer gehören zu den schleichenden Verschleißerscheinungen.

Die meisten Fahrer gleichen Mängel am Stoßdämpfer mit der Zeit unbewusst durch verändertes Fahrverhalten aus. Lassen Sie zu Ihrer Sicherheit das Bauteil zur exakten Diagnose einmal im Jahr auf dem Prüfstand eines Automobilclubs oder von TÜV/DEKRA kontrollieren.

Die Schaukelmethode, bei der man den Wagen am betreffenden Kotflügel aufschaukelt und plötzlich loslässt, ersetzt keine Prüfung. Damit können Sie nur einen total ausgefallenen Stoßdämpfer feststellen. Dies gilt auch für die Sichtprüfung. Erkennen Sie bereits das ausgelaufene Dämpferöl, ist der Dämpfer ebenfalls schrottreif. Mit einigen Kontrollfragen können Sie dennoch die nachlassende Wirkung Ihrer Dämpfer feststellen.

Beim Fahren auf Folgendes achten

- Flattert die Lenkung? In diesem Fall haben die Räder nicht ständig Kontakt zum Boden.
- Schwingt die Karosserie bei Fahrbahnunebenheiten nach?
- Wirkt das Fahrzeug in Kurven schwammig? Dann werden die kurveninneren Räder nicht genügend auf den Asphalt gedrückt, die äußeren nicht stark genug entlastet.

Sichtprüfung

- Nutzen die Reifen gleichmäßig ab?
- Sind die Aufnahmen in den Radhäusern unbeschädigt?
- Weisen die Dämpfer offensichtlich Schaden auf (z. B. auslaufendes Dämpferöl, wie in Bild 2 zu erkennen)?

1

Aufnahme im Radlauf: Die Aufnahme der Feder-Dämpfer-Einheit steht unter großer Beanspruchung. Eine Sichtkontrolle schadet daher von Zeit zu Zeit nicht.

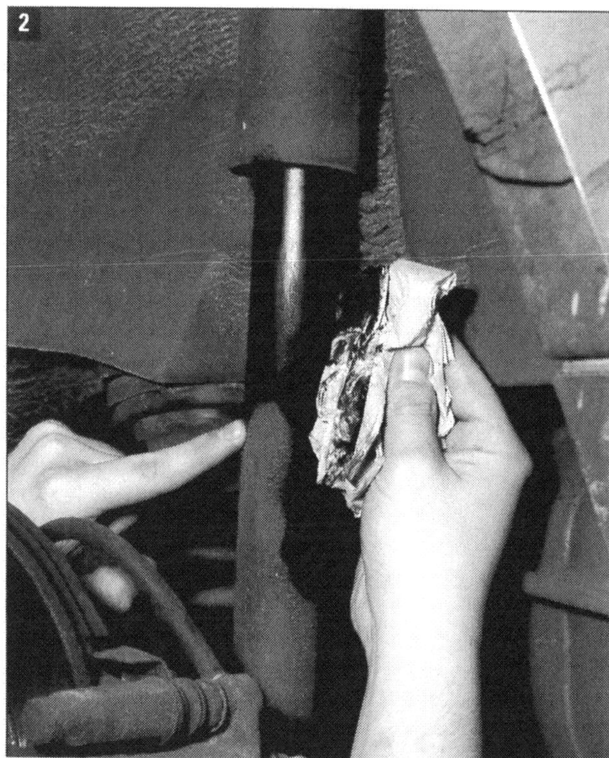

Schadensbild Stoßdämpfer: Das ausgelaufene Dämpferöl, wie hier zu sehen, bedeutet einen Totalausfall. Sieht Ihr Stoßdämpfer auch so aus wie dieser, ist ein Wechsel fällig.

Federbein vorne ausbauen

Benötigtes Werkzeug

- Knarre
- Spezialwerkzeug 3424 (zum Aufweiten des Achsschenkels)
- Kugelbolzenabzieher

■ Fahrzeug an der betreffenden Seite aufbocken und Rad abbauen. Bei Fahrzeugen mit Bremsbelagverschleißanzeige Anschlussstecker an der Steckverbindung trennen.

■ Sechskantmuttern der Koppelstangen (Pfeil A in Bild 1) abschrauben.

■ Klammern (Pfeil B in Bild 1) der Bremsschlauchhalterung herausziehen und Bremsschlauch aushängen. Dabei Bremsschlauch nicht knicken oder biegen.

■ Leitung für den Drehzahlfühler vom Federbein aushängen.

■ Bei den elektronischen Fahrwerken nun die Befestigungsmutter im Querlenker lösen.

■ Befestigungsschrauben (A in Bild 2) vom Bremssattel abschrauben. Anschließend den Bremssattel abnehmen.

■ Koppelstange (C in Bild 2) vom Achslenker durch Lösen der Schrauben (D) abschrauben.

■ Schrauben der Verbindung (Bild 3) vom Radlagergehäuse/ Federbein trennen.

■ Spezialwerkzeug 3424 in den Schlitz (Pfeil in Bild 4) einsetzen und Knarre um 90° drehen.

■ Mit der Hand auf die Bremsscheibe in Richtung Federbein drücken, sonst kann sich das Dämpferrohr in der Bohrung des Radlagergehäuses verkanten.

■ Radlagergehäuse nach unten vom Dämpferrohr abziehen.

■ Bauen Sie die Wasserkastenabdeckung aus.

■ Sechskantmuttern für obere Dämpferbefestigung abschrauben. Dazu können Sie eine handelsübliche Knarre benutzen (Bild 5).

■ Achsschenkel abstützen und Federbein nach unten entnehmen.

■ Achten Sie darauf, dass die Achswellen nicht frei hängen. Die Gelenke könnten durch Überdehnen beschädigt werden.

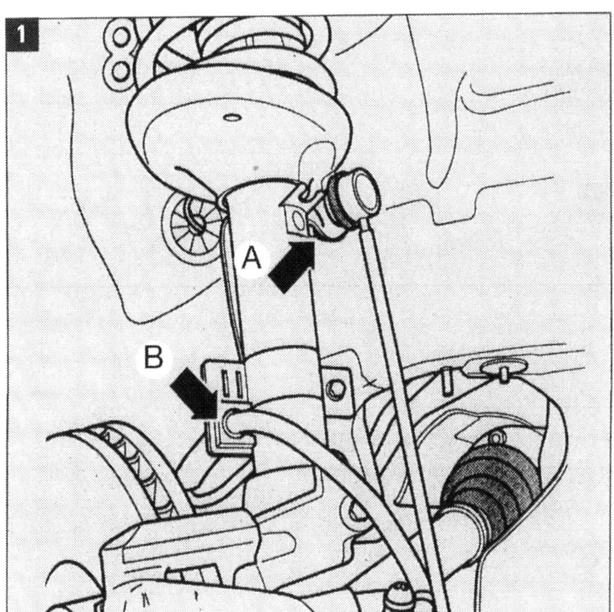

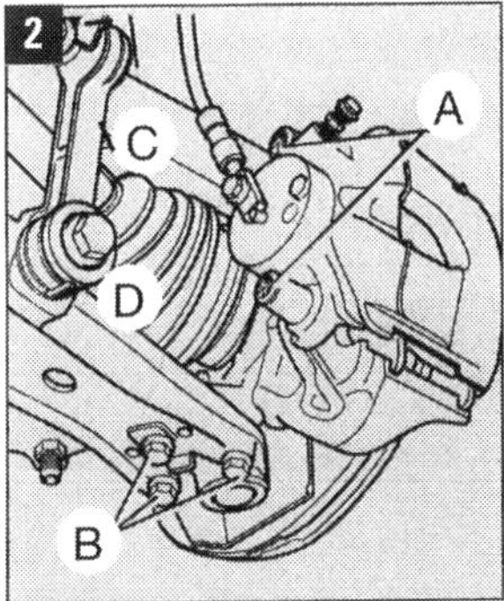

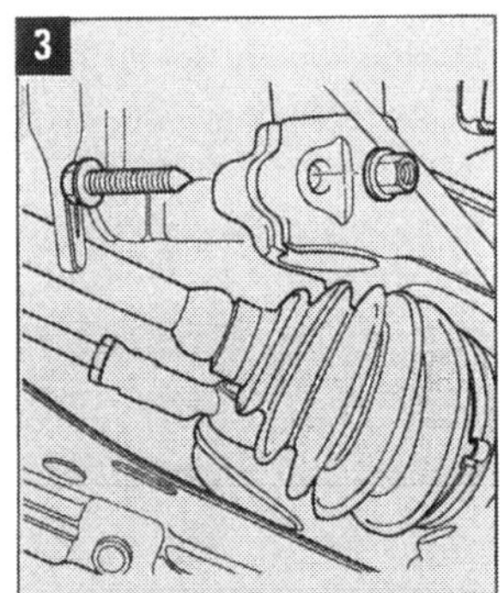

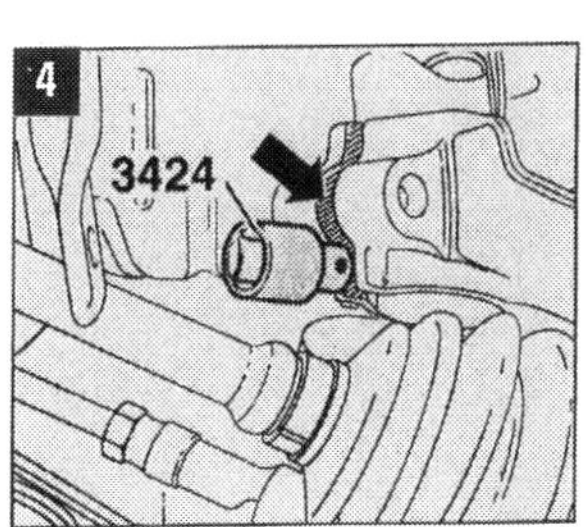

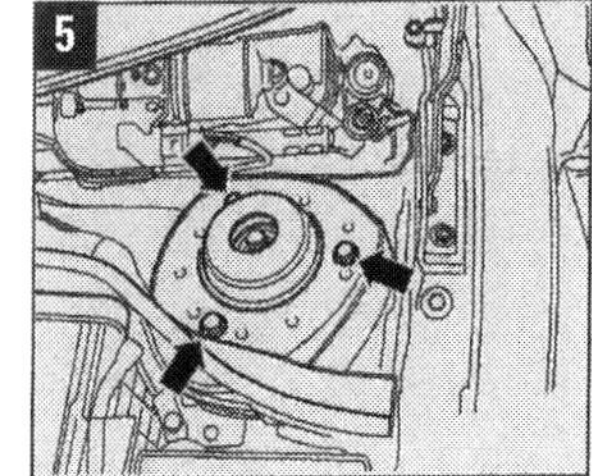

Federn und Dämpfer hinten ausbauen

Wegen des getrennten Aufbaus von Feder und Dämpfer an der Hinterachse ist der Wechsel der beiden Teile relativ leicht zu bewerkstelligen. Für den Ausbau müssen Sie allerdings das Auto nicht zuletzt aufgrund des verbauten Stabilisators auf beiden Seiten gleichmäßig aufbocken. Achten Sie beim Allrad darauf, dass die Achswellen nicht frei hängen. Die Gelenke könnten durch Überdehnen beschädigt werden.

Ausbau Dämpfer:

- Bocken Sie das Auto auf beiden Seiten auf und sichern es mit Unterstellböcken.
- Ziehen Sie die Verbindungskabel und Anschlüsse zum Dämpfer ab.
- Lösen Sie die Befestigungsmuttern oben und unten an beiden Stoßdämpfern.
- Dämpfer nach innen wegziehen und obere Schrauben lösen.

Ausbau Feder:

- Bocken Sie das Auto auf beiden Seiten auf und sichern es mit Unterstellböcken.
- Drücken Sie die Feder mit einem geeigneten Federspanner zusammen, bis Sie diese herausnehmen können.
- Nehmen Sie die Schraubenfeder heraus.
- Beim Einbau in umgekehrter Reihenfolge achten Sie darauf, dass die Zapfen der Federauflage unten sich im Querlenker einsetzen und dass die Federenden an den jeweiligen Anschlägen der Federauflage unten und oben sitzen.
- Entspannen Sie die Federspanner gleichmäßig.
- Montieren Sie die Hinterräder.

Tieferlegen

WISSENSWERTES

Eine sehr beliebte Veränderung am Fahrwerk ist das Tieferlegen. Wobei hier nie das Fahrwerk, sondern immer nur die Karosserie tiefergelegt wird. Denn die Federn tragen das Gewicht des Autos und wenn diese kürzer sind, wandert die Karosserie Richtung Asphalt. Oft wird jedoch einfach aus optischen Gründen tiefergelegt. Dafür würde natürlich ein Wechsel der Federn ausreichen. Greifen Sie dabei nicht einfach auf das günstigste Angebot zurück, denn das Zusammenspiel zwischen Federn und Stoßdämpfern ist außerordentlich wichtig für das Fahrverhalten. Sollten die Serienstoßdämpfer nicht mehr taufrisch sein, ist es sicher besser, ein Komplettfahrwerk zu wählen mit aufeinander abgestimmten Feder- und Dämpferraten.

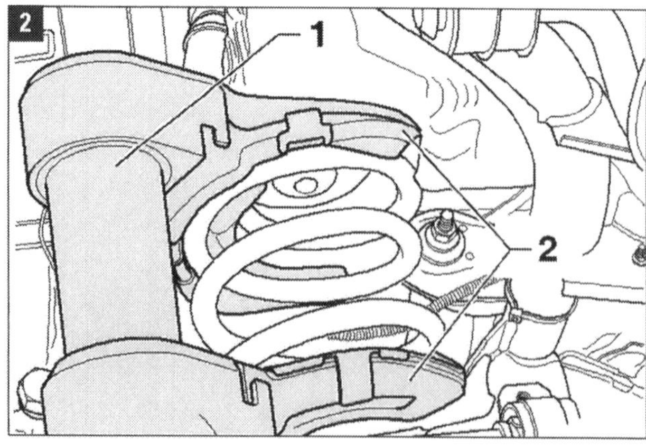

1 Federspanner, 2 Halteklammern

STÖRUNGSBEISTAND

Lenkung

Störung	Was kann das sein?	Was muss ich tun?
A Hydraulikölstand im Behälter zu niedrig	**1** Eingeschlossene Luft im Hydrauliksystem hat sich selbst ausgeschieden	Hydrauliköl bis »Max« auffüllen
	2 Undichtigkeiten im Hydrauliksystem	Leitungsanschlüsse nachziehen, neue Dichtung einsetzen, Hydraulikpumpe prüfen (lassen)
B Lenkung ist schwergängig	**1** Förderdruck der Pumpe zu gering	Druck prüfen lassen
	2 Lenkgetriebe defekt	Ersetzen lassen
C Lenkgeräusche	**1** Ölstand zu niedrig, Flüssigkeit mit Luftbläschen durchsetzt	Lenkung entlüften, Öl auffüllen
	2 Saugseitige Verschraubung der Pumpe undicht	Dichtungen ersetzen, Verschraubungen nachziehen
	3 Keilriemen lose	Nachspannen
D Die Lenkung ist in nur eine Richtung schwergängig	**1** Hydraulischer Defekt am Servolenkgetriebe	Lenkgetriebe ersetzen
E Zu hohe Lenkkräfte beim Rangieren oder zu niedrige bei hoher Geschwindigkeit	**1** Spannungsversorgung unterbrochen	Spannungsversorgung prüfen
	2 Kein Geschwindigkeitssignal	Geschwindigkeitssignal prüfen (lassen)
	3 Servotronicventil defekt	Servotronicventil prüfen lassen
	4 Elektrischer Defekt an der Servotronic	Fehlerspeicher auslesen (lassen)
F Zu hohe Lenkkräfte beim Rangieren oder zu niedrige bei hoher Geschwindigkeit – hydraulische Lenkhilfe	**1** Regelventile der Lenkung arbeiten nicht sauber	Regelventile und Drück prüfen (lassen!)

STÖRUNGSBEISTAND

Fahrwerk

Störung	Was kann das sein?	Was kann ich tun?
A schwammiges Fahrverhalten	1 Reifen zu geringer Luftdruck	Luftdruck prüfen und einstellen
	2 Stoßdämpfer undicht	Ölverlust mit Finger prüfen, bleibt Öl am Finger: tauschen
	3 Stoßdämpfer verschlissen	Kolbenstange auf Riefen und Abplatzung prüfen
	4 Spurwerte stimmen nicht	Achsvermessung durchführen
	5 Federn erlahmt	Federn prüfen, ggf. austauschen
	6 Gummis Querlenker hinten	neue Streben einbauen
B Reifen	1 Starker, unregelmäßiger Verschleiß	Spurwerte stimmen nicht, Achsvermessung durchführen
	2 Verschleiß innen	zu viel negativerSturz
	3 Verschleiß außen	zu viel positiver Sturz
	4 Verschleiß in der Mitte	zu viel Luftdruck
	5 Verschleiß innen und außen	zu wenig Luftdruck
	6 Stoßdämpfer verschlissen	Stoßdämpfer prüfen, ggf. austauschen
C Schütteln am Lenkrad	1 Räder unwuchtig	Räder wuchten lassen
	2 Spiel in der Lenkung	Kreuzgelenk prüfen
	3 Spiel in Fahrwerksteilen	Traggelenk und Spurstangen prüfen
… beim Bremsen	4 Bremsscheiben verzogen	neue Bremsscheiben und Beläge
D Geräusche bei Kurvenfahrt	1 Radlager defekt	Richtige Seite durch Wechselkurven feststellen
	2 Spurwerte stimmen nicht	Reifenprofil kontrollieren (siehe B)

Bremsanlage

Hauptaufgabe der Bremsanlage ist die Umwandlung von kinetischer Energie (Bewegungsenergie) in Wärmenergie, die durch Reibung entsteht. Temperaturen von mehreren hundert Grad können dabei die Bremsscheibe zum Glühen bringen. Umso wichtiger ist daher die vernünftige Wartung. Wir zeigen Ihnen alle Funktionen sowie alle Do-it-yourself-Arbeiten, die Sie an Ihren Bremsen durchführen können.

Grenzen der Belastbarkeit

Die Bremsanlage des A3 gilt allgemein als robust und standfest. Der breiten Vielfalt unterschiedlicher Motorleistungen kommt Audi mit dem Einbau verschieden dimensionierter Anlagen nach.

Der A3 hat an Vorder- und Hinterachse Scheibenbremsen – vorne innenbelüftet. Obwohl die Bremsanlage also im Prinzip ausreichend dimensioniert ist, stößt die Anlage früher oder später an ihre Grenzen. Das ist ganz natürlich, denn eine Bremsanlage kann nichts anderes tun, als Bewegungsenergie in Wärme umzuwandeln.

Je mehr Masse und Belüftung die Bremsscheiben haben, umso mehr Energie kann aufgenommen werden. Bei rasanten Passabfahrten kann es also durchaus passieren, dass der Druckpunkt immer schwammiger und der Pedalweg immer länger wird. Ist die Bremsflüssigkeit alt und der Wassergehalt groß, werden jetzt mit Sicherheit Dampfblasen entstehen. Das kann gefährlich werden, denn irgendwann geht der Tritt ins Leere.

Bei extremer Beanspruchung meldet sich die Bremsanlage dann auch akustisch: Ein Wummern oder Brummen deutet auf eine thermische Überlastung hin. Die Scheibe beginnt sich zu verziehen, die Beläge fangen an zu schmieren. Gesellen sich noch spürbare Vibrationen hinzu, ist es höchste Zeit die Anlage bei mittlerer Geschwindigkeit, möglichst ohne Bremsbetätigung, abkühlen zu lassen.

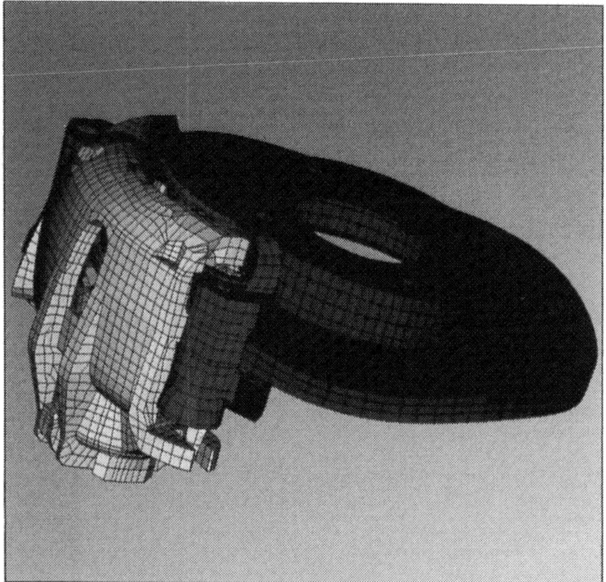

Verzug bei hohen Temperaturen: Diese CAD-Simulation zeigt, wie sich die Scheibe bei hoher Belastung verformt.

Wie funktionieren die Bremsen?

Wenn Sie auf das Bremspedal treten, presst eine mit dem Pedal verbundene Druckstange zwei hintereinander liegende Kolben in den Hauptbremszylinder, der sich im Motorraum befindet. Die Kolben übertragen die Kraft auf die dort eingeschlossene Bremsflüssigkeit. Der so entstehende hydraulische Druck in der Bremsflüssigkeit gelangt über Rohr- und Schlauchverbindungen zu den Radzylindern in den Bremssätteln. In diesen drücken Kolben die Bremsklötze gegen die Bremsscheiben. Dadurch verschiebt sich die auf langen Bolzen geführte Bremszange und überträgt den gleichen Druck auf den äußeren Bremsklotz. Liegt der Bremsdruck nicht mehr an, wird die Rechteckmanschette zurück verformt und zieht den Kolben von den Bremsscheiben zurück. So entsteht zwischen Bremsklotz und Scheibe ein Spiel von weniger als einem Millimeter – die Bremsscheibe dreht wieder frei.

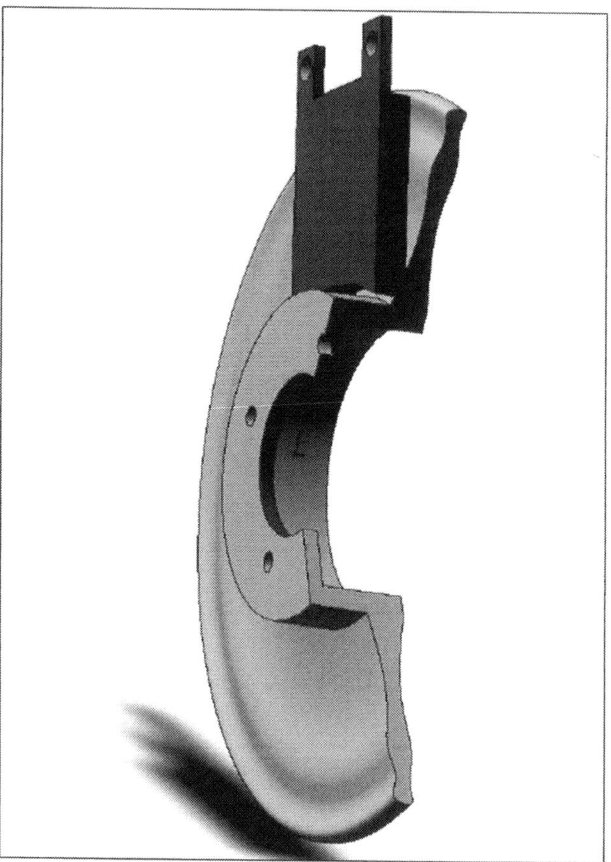

Im Laufe der Zeit nutzen sich auch die Bremsscheiben ab: Ist die Scheibenfläche uneben, müssten die neuen Beläge erst einschleifen. Die Folge: geringere Bremsleistung und stark ungleichmäßige Temperaturentwicklung an der Bremsscheibe.

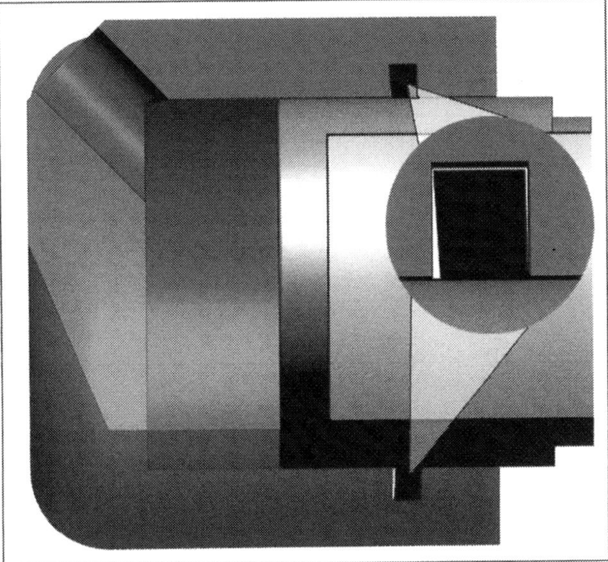

Radzylinder unter Druck: Der Bremskolben wird beim Bremsvorgang aus dem Sattelgehäuse gedrückt.

Radzylinder druckfrei: Liegt kein Bremsdruck mehr an, verformt sich die Rechteckmanschette des Bremszylinders und zieht den Kolben so weit zurück, dass das so genannte Lüftspiel zwischen Scheiben und Belägen entsteht.

Wozu eine Zweikreisbremse?

Zu Ihrer Sicherheit schreibt der Gesetzgeber vor, dass die Bremsanlage aus zwei voneinander getrennten Bremskreisen aufgebaut sein muss. Fällt ein Bremskreis aus, beispielsweise durch eine undichte Bremsleitung, so kann das Fahrzeug trotzdem mit Hilfe des zweiten sicher abgebremst werden. Beim A3 wirkt die Zweikreisbremse diagonal, d. h. die Vorderradbremse einer Seite ist mit der Hinterradbremse der gegenüberliegenden verbunden. Dieser Aufbau, in Fachkreisen auch als »Diagonalaufteilung« im Gegensatz zur Schwarz-Weiß-Aufteilung bezeichnet, wird bei der Vorder- und Hinterachse separat angesprochen werden.

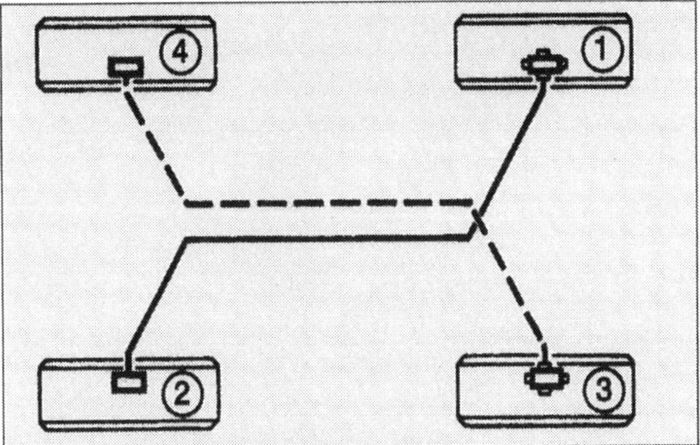

Diagonale Zweikreis-Bremsanlage: Beim Ausfall eines Bremskreises kann das Fahrzaug immer noch sicher zum Stehen gebracht werden.

Bremsanlage – Aufbau und Hauptkomponenten

Im Motorraum:

A: Bremskraftverstärker:
Sitzt hinter dem Hauptbremszylinder. Bringt etwa 60 Prozent der Bremskraft auf. Bei Benzinmotoren wird der erforderliche Unterdruck am Ansaugrohr entnommen. Bei Diesel-Motoren ist zur Unterdruckerzeugung eine Vakuumpumpe eingebaut. Beim Bremsen reagiert eine elastische Membrane auf den Druckunterschied zwischen äußerem Luftdruck und dem Unterdruck. Sie drückt zusätzlich auf die Kolben im Hauptbremszylinder.

B: Bremsflüssigkeitsbehälter:
Heller Kunststoffbehälter, erkennbar am gelben Verschlussdeckel (s. Bilder rechts). Befindet sich im Motorraum rechts neben dem Luftfilterkasten in Nähe der Spritzwand. Bei Dieselaggregaten und Fahrzeugen mit seitlichem Luftfilterkasten befindet sich der Bremsflüssigkeitsbehälter etwas versteckt unter dem Ansaugsystem und ist sehr schwer einsehbar.

C: Hauptbremszylinder:
Massives, röhrenartiges Teil aus Metall gefertigt. Sitzt unterhalb des Bremsflüssigkeitsbehälters. Wandelt die mechanische Kraft des Bremspedals in hydraulische Kraft um. Sorgt für schnellen Druckabbau im System beim Lösen der Bremsen.

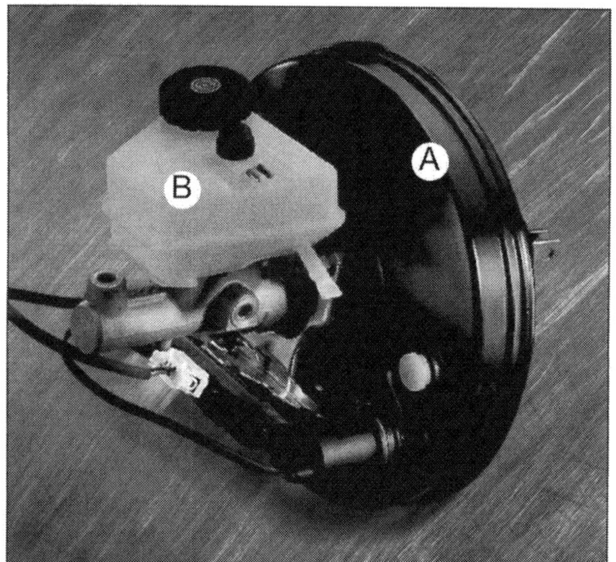

Benzinmotorraum: Der Behälter der Bremsflüssigkeit ist leicht zu erkennen, das Ablesen des Pegels somit unproblematisch.

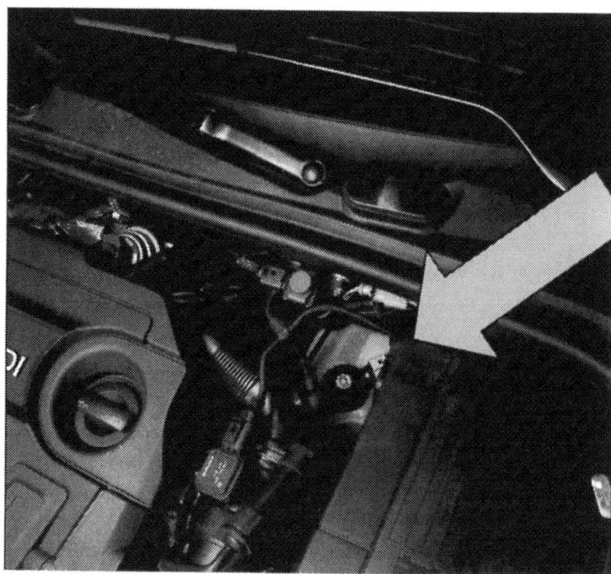

Diesel: Erheblich schwerer zugänglich ist der Bremsflüssigkeitsbehälter beim Diesel und den Benzinern mit seitlich angebrachten Luftfilterkasten.

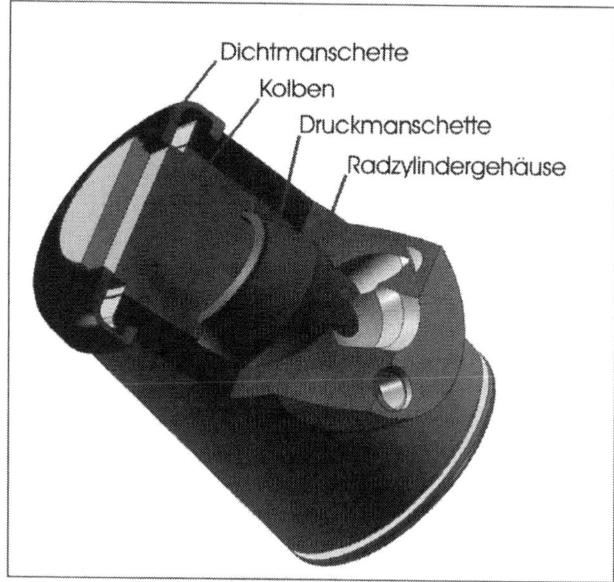

Alle Hydraulikgeräte der Bremsanlage sind nach dem gleichen Schema aufgebaut: Ein Kolben läuft in einem Gehäuse, die Abdichtung erfolgt in der Regel durch Gummimanschetten.

An den Rädern:

A: Bremsscheibe:
Eine massive Stahlscheibe, vorn innenbelüftet. Dreht sich mit jedem Vorderrad frei im Luftstrom. Führt die Reibungswärme durch die radialen Luftschlitze ab.

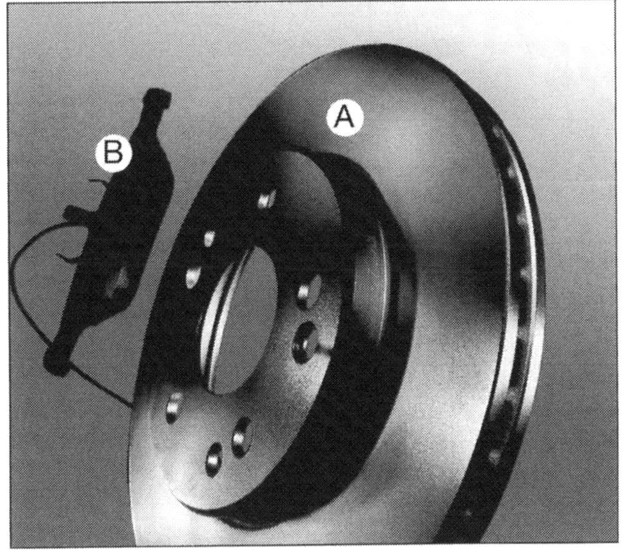

Wichtig fürs Schrauben: Ein Überblick und Funktionskenntnisse der Bremsanlage erleichtert Ihnen später die Arbeit.

B: Bremsbelag/-klötze:
Werden im Bremssattel montiert. Verschleißteil, das nur paarweise und immer an beiden Achsseiten gewechselt wird.

C: Bremssattel:
Sitzt wie ein Sattel auf der Bremsscheibe. Im Bremssattel schwimmend auf Führungsbolzen gelagert ist die Bremszange (Schwimmsattelbremsen).

D: Bremskolben:
Sitzt am jeweiligen Rad. Der Bremsflüssigkeitsdruck erreicht hier bis zu 120 bar. Die Kolben der Zylinder übertragen den Druck an die Bremsbeläge.

Bremsanlage – Funktion und elektronische Assistenzsysteme

Elektronische Helfer serienmäßig

Untersuchungen des Automobilzulieferers Bosch sowie Analysen der Euro-NCAP-Gesellschaft haben gezeigt, dass durch die Verbreitung von ABS und ESP bereits viele Unfälle vermieden werden konnten. Der A3 ist serienmäßig mit dem Antiblockiersystem ABS ausgestattet. Derzeit gibt es zwei Varianten. Die Bezeichnung des ABS-/ASR-Systems lautet ABS Mark 70. ABS Mark 60 ist die Variante, mit der ABS, EDS, ASR und ESP realisiert wurden.

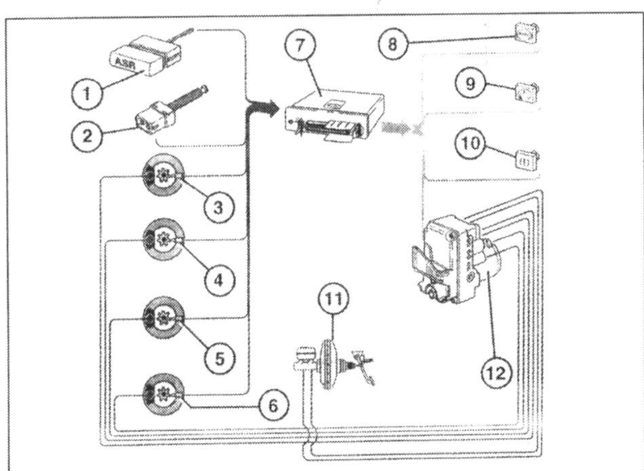

ABS-Bremsanlage: Je nach Ausstattung sind die elektronische Differentialsperre, die Antischlupfregelung und das Stabilitätsprogramm ESP im ABS integriert.
1 Schalter für ASR, 2 Bremslichtschalter, 3 Drehzahlfühler hinten links, 4 Drehzahlfühler hinten rechts, 5 Drehzahlfühler vorn rechts, 6 Drehzahlfühler vorn links, 7 Steuergerät in Hydraulikeinheit integriert, 8 Kontrolllampe ABS/EDS, 9 Kontrolllampe ASR, 10 Kontrolllampe Bremsflüssigkeitsstand, 11 Hauptbremszylinder, Bremskraftverstärker, Bremspedal, 12 Hydraulikeinheit

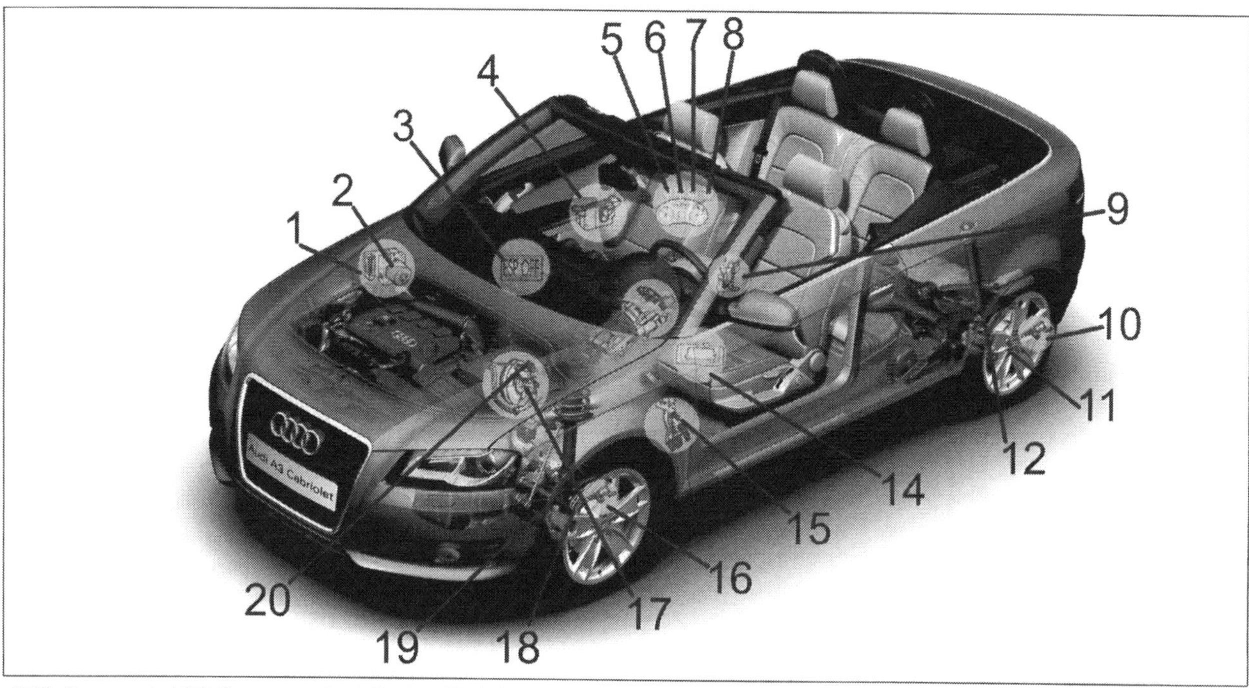

ABS-System: 1 ABS-Steuergerät, 2 Hydraulikeinheit, 3 Schalter ASR und ESP, 4 ESP-Sensoreinheit, 5 Kontrollleuchte für ASR/ESP, 6 Kontrollleuchte Bremsbelag, 7 Kontrollleuchte Bremsanlage, 8 Kontrollleuchte ABS, 9 Kontrollleuchte Handbremse, 10 Radsensor HL, 11 Radlager/Nabeneinheit, 12 Radlagergehäuse, 14 Diagnoseanschluss, 15 Bremslichtschalter, 16 Radsensor vorne (links oder rechts), 17 Hauptbremszylinder, 18 Radlager/Nabeneinheit (Sensorring ist im Radlager verbaut!), 19 Radlagergehäuse, 20 Warnkontakt Bremsflüssigkeit.

Die Bremskraftverstärkung erfolgt pneumatisch durch den Vakuumbremskraftverstärker. Bei diesen ABS-Systemen gibt es keinen mechanischen Bremskraftregler mehr. Eine speziell abgestimmte Software im Steuergerät übernimmt die Bremskraftverteilung für die Hinterachse (EBV).

Antiblockiersystem ABS

ABS verhindert das Radblockieren während des Bremsvorgangs. Alle vier Raddrehzahlen werden durch die ABS-Sensoren erfasst. Blockiert ein Rad, wird hier der Bremsdruck sehr schnell abgebaut und wieder aufgebaut. Das Rad kann nicht oder nur ex-trem kurz blockieren und bleibt somit spurtreu oder lenkfähig.

Anti-schlupfregelung ASR

Gegen durchdrehende Antriebsräder hilft die Antischlupfregelung ASR. Sie reduziert das Motordrehmoment, wenn die Vorderräder beim Beschleunigen, z. B. auf regennassem oder unbefestigtem Untergrund, die Traktion verlieren. Dadurch wird nur so viel Drehmoment vom Motor auf die Räder übertragen, wie diese auch auf die Straße bringen können. Das System ist bei allen Geschwindigkeiten aktiv. Im Gegensatz zur elektronischen Differentialsperre EDS und dem elektronischen Stabilitätsprogramm ESP nimmt die Regelung des ASR keinen aktiven Bremseingriff vor.

Elektronische Differentialsperre EDS

Mit der elektronischen Differentialsperre EDS ausgestattete A3 können viele Situationen meistern, in denen die Haftung der beiden Vorderräder unterschiedlich gut bzw. schlecht ist. Beim Anfahren wird die Kraft durch einen Bremseingriff am durchdrehenden Rad auf das Rad mit der besseren Haftung übertragen. Dadurch ist das mechanische Differential, das die unterschiedlichen Raddrehzahlen bei Kurvenfahrt ermöglicht, »überbrückt«. Einen negativen Effekt auf das Fahrverhalten oder die Lenkung gibt es bei diesem System nicht. Das EDS ist bis zu einer Geschwindigkeit von 80 km/h wirksam. Danach schaltet es sich selbstständig ab.

Brenzlige Situationen meistern mit ESP

ESP hält Ihren A3 in der Spur, wenn dieser wegzurutschen oder auszubrechen droht. ESP greift durch einen gezielten Bremseingriff an einem oder mehreren

Rädern in das Kurvenverhalten ein. Seine Popularität erlangte ESP vor allem durch den »Elchtest«. Bei diesem schnellen Ausweichmanöver mit doppeltem Spurwechsel soll das Ausweichen vor plötzlich auftauchenden Hindernissen simuliert werden. ESP hilft beim schnellen Ausscheren den Wagen rechtzeitig um das Hindernis herumzulenken, um dann beim Wiedereinscheren nicht durch drohendes Übersteuern und anschließendes Schleudern im Graben zu landen.

Die Handbremse

Um den gesetzlichen Vorschriften Genüge zu tun, die eine zweite unabhängige Bremsbetätigung fordern, ist die Handbremse als solche ausgelegt. Mit der Handbremse sichern Sie Ihr Fahrzeug im Stand gegen unbeabsichtigte Fortbewegung. Sie wirkt auf beide Hinterräder und wird mechanisch betätigt. Beim A3 ist die Handbremsbetätigung in die Bremssättel der Hinterrad-Bremse integriert.
Der Bremskolben wandert mit dem verschleißenden Bremsbelag immer weiter aus dem Bremssattelgehäuse heraus und sorgt so dafür, dass die Beläge immer knapp vor der Bremsscheibe stehen. Die nachfließende Bremsflüssigkeit gleicht den vergrößerten Raum im Bremssattel aus.
Die Nachstellvorrichtung verlängert den Druckstößel je nach Verschleißgrad der Bremsbeläge. Kernstück der Nachstellung ist ein Gewinde, auf dem sich ein zweites Teil je nach Belagverschleiß immer weiter nach vorn schraubt. Beim Belagwechsel darf der Bremskolben also nicht einfach wieder zurückgedrückt werden. Er wird stattdessen auf der Nachstellvorrichtung zurückgeschraubt.

Unterschiedliche Bremsanlagen im A3

Die Sicherheit des A3 zeigt sich auch durch seine zuverlässige und standfeste Bremsanlage. Ausgerüstet ist die diagonal geteilte ABS-Bremsanlage mit EBV, EDS, ASR und ESP.
Entscheidende Faktoren für die aufzubringende Bremsleistung sind das Fahrzeuggewicht, welches bei einer Verzögerung als träge Masse in Fahrtrichtung wirkt, sowie die Geschwindigkeit des Fahrzeugs. Bei erreichbaren Spitzengeschwindigkeiten bis zu 250 km/h, einem zulässigen Gesamtgewicht von bis zu 2.050 kg und einer Anhängelast bis zu 1.600 kg stellt der A3 nicht gerade geringe Anforderungen an seine Bremsen. Je nach Motorisierung sind im A3 unterschiedliche Bremsanlagen verbaut. Anhand des Fahrzeugdatenträgers lässt es sich genau aufschlüsseln, welche Bremsanlage im Fahrzeug verbaut wurde. Es finden Bremsscheiben von 288 mm Durchmesser bis zu 312 mm Durchmesser Platz in den Vorderrädern. Auf der Hinterachse kommen Bremsscheiben zwischen 255 mm bis 286 mm zum Einsatz.
Im Infokasten schlüsseln wir die möglichen Varianten auf. Bestimmen Sie vor Beginn der Arbeiten an der Bremse, spätestens aber bei der Ersatzteilbeschaffung, welche Kombination in Ihrem Fahrzeug verbaut ist. Im Wissenswert-Kasten sind die Bezeichnungen sowie die Codierungen nochmals übersichtlich dargestellt.

Wartungsarbeiten an den Bremsen

Im Straßenverkehr entscheiden die Bremsen über Ihre Sicherheit und die anderer Verkehrsteilnehmer. Deshalb ist eine regelmäßige Kontrolle der Bremsanlage Ihre beste Lebensversicherung. Scheuen Sie sich nicht, die Räder abzunehmen und den Zustand der Bremsbeläge zu prüfen. Die Wartungen an der Bremsanlage sind kein Hexenwerk. Auch die meisten Arbeiten an den Bremsen sind nicht anspruchsvoller als die Demontage eines Kotflügels oder Stoßfängers. Dennoch gilt, dass Sie im Zweifel auch die Fachwerkstatt zu Rate ziehen sollten und sich auch nur ans Schrauben machen, wenn Sie sich Ihrer Sache wirklich sicher sind. Überlassen Sie Arbeiten an der Bremse im Zweifelsfall lieber einer Fachwerkstatt. Bremsbeläge sind Bestandteil der Allgemeinen Betriebserlaubnis (ABE), außerdem sind sie vom Werk auf das jeweilige Fahrzeug abgestimmt. Deshalb dürfen nur vom Automobilhersteller beziehungsweise vom Kraftfahrtbundesamt (KBA) freigegebene Bremsbeläge verwendet werden. Sie haben eine KBA-Freigabenummer. Einen kleinen Bremsencheck können Sie auch ohne weitere Hilfsmittel mit verschiedenen Sichtprüfungen von Zeit zu Zeit durchführen. Gehen Sie daher in regelmäßigen Abständen, mindestens aber einmal im Monat, die anschließenden Punkte der Reihe nach durch.

Bremssattel vorne: Der verbaute Bremsentyp ist bei der FSIII -Anlage auf dem Sattel eingeschlagen. Die PR-Nummer als Kodierung finden Sie auf den Datenträgern (s. Serviceheft / Kofferraum).

WISSENSWERTES

Bremsentyp identifizieren

WAUZZZ8P x3A000151
8P1 A7C 1975019
A3 FSI 2.0
1 — 110KW M6S 08/02
LY7W/LY7W N7A/ MB
EOA 7A2 4UE 6XE
2 — 1KQ J1L 1ZE 1AT — 5
3 — 3FE UA1 5MJ 7X1 4R4
FOA 8GU 0G4 0YZ L10
4 — T58 3NZ 8JG U1A X9X 1N3
2ZG 8Q3 9Q2 8Z5
7Q0 CR4 7K0 4X1 6R2
3L3 3Y6 5D1
1SA 0GG QG1 4GH
1335 11.1 11.1 1.1 11.1

Im A3 gibt es unterschiedliche Kombinationen von Bremssattel/Bremsscheibe und Bremsbelag. Die Bezeichnung der Vorderradbremse ist auf den vorderen Bremssätteln eingeschlagen. Welche Bremse in Ihrem Fahrzeug verbaut ist, können Sie aber auch anhand der so genannten PR-Nummer erkennen. Die PR-Nummer finden Sie auf dem Fahrzeugdatenträger, der im Serviceplan abgedruckt und auch im Kofferraum (Reserveradmulde) zu finden ist.

Bremsenkennziffer: Vorne ist die Zahl der hinteren, hinten die der vorderen Bremse abgedruckt.

Vorderachse								
Bremse PR-Nr.		1ZA	1ZC/1ZM	1ZD/1LJ	1ZE	1ZF	1ZK/1LK	1ZP
Bremssattel vorne		FN3	FN3	FN3	FN3	FSIII	FNR G-57	FN3
Bremskolben	D in mm	54 mm	54 mm	54 mm	54 mm	54 mm	54 mm	54 mm
Bremsscheibe vorne	D in mm	312	312	312	288	280	345	288
Dicke der Scheibe	in mm	25	25	25	25	22	30	25
Verschleißgrenze Bremsscheibe	in mm	22	22	22	22	19	27	22
Bremsbelagdicke ohne Rückenplatte	in mm	14,8	14				14,8	14
Verschleißgrenze ohne Rückenplatte	in mm	2						

Prüfungen an der Bremsanlage

Sind Pedalweg und Pedaldruck in Ordnung?

Der maximale Pedalleerweg sollte nicht mehr als ein Drittel des gesamten Pedalwegs betragen. Ist er länger, besteht die Möglichkeit, dass sich Luft in den Leitungen befindet. Ein Verlängern des Bremspedalwegs während der Fahrt lässt in aller Regel auf veraltete Bremsflüssigkeit oder gar eine Leckage im Hydrauliksystem schließen. Ist die Bremsflüssigkeit älter als zwei Jahre, bedarf es keiner weiteren Ursachenforschung mehr. Lassen Sie die Bremsflüssigkeit ersetzen. Sind Sie sich nicht sicher, kann eine Undichtigkeit in der Anlage oder das Überaltern der Bremsflüssigkeit gefahrlos im Stand überprüft werden. Drücken Sie dazu bei stehendem Motor das Bremspedal ca. eine Minute lang und halten Sie den Druck aufrecht. Gibt das Pedal auch nach längerer Zeit nicht nach, sind die Leitung und Bremsflüssigkeit in Ordnung. Wenn der Widerstand im Pedal aber abnimmt und Sie das Pedal immer näher zum Bodenblech pressen können, ist die Leitung undicht oder die Bremsflüssigkeit überaltert. Undichte Stellen sollten Sie auf gar keinen Fall auf die leichte Schulter nehmen! Suchen Sie umgehend eine Werkstatt auf.

Funktioniert der Bremskraftverstärker?

Das einwandfreie Funktionieren des Bremskraftverstärkers können Sie ohne weitere Hilfsmittel oder größeren Aufwand sicherstellen. Dazu das Bremspedal bei stehendem Motor und im Leerlauf mehrmals kräftig durchtreten und in der tiefsten Stellung halten. Nun den Motor starten. Das Pedal muss nun spürbar unter Ihrem Fuß nachgeben. Ist dies nicht der Fall, können unterschiedliche Defekte vorliegen. Ursache eins könnte eine Undichtigkeit des Unterdruckschlauchs vom Ansaugrohr zum Bremskraftverstärker sein. Auch ein defektes Rückschlagventil im Unterdruckschlauch, der Verschleiß des Gummirings zwischen Hauptbremszylinder und Bremskraftverstärker oder ein Defekt der Membran des Verstärkers könnten die Ursache sein. Lassen Sie eine genaue Diagnose in einer Werkstatt durchführen.

Woran erkenne ich übermäßigen Verschleiß?

Bei der täglichen Fahrt wird der schleichende Prozess des Bremsenverschleißes vom Fahrer meist kaum wahrgenommen.

DEKRA und TÜV oder auch der ADAC bieten Bremsentests an, mit denen Sie die Bremsleistung Ihres A3 überprüfen lassen können. Nehmen Sie diese Leis-

Bremsentest: Der Rollenprüfstand liefert Bremsleistungswerte der Vorder- und Hinterachse in Kilonewton (kN).

Beschädigung wie Riefen und Rillen: Nicht nur die Belagstärke, sondern auch die Oberfläche stets im Auge behalten.

tung in Anspruch, besonders wenn Sie den Eindruck haben, dass sich die Verzögerungswerte verschlechtert haben.
Darüber hinaus empfiehlt sich auch die Sichtprüfung der Bremsbelagdicke. Der flüchtige Blick und das Augenmaß können aber nicht die ordentliche Messung mittels Messschieber der Beläge im ausgebauten Zustand ersetzen. Zumal der Zustand der hinteren Beläge aufgrund der Einbaulage nur schwer zu beurteilen ist. Zur flüchtigen Kontrolle können Sie mit einer Lampe durch ein Felgenloch leuchten und die Belagsstärke abschätzen.

Sichtprüfungen auf Undichtigkeiten

Prüfen Sie folgende Bauteile regelmäßig auf erkenntliche Undichtigkeiten und Beschädigungen:

- Hauptbremszylinder
- Bremskraftverstärker
- Bremssättel

Achten Sie auch darauf, dass die Bremsschläuche nicht verdreht sind und keine Porosität und Brüchigkeit oder Scheuerstellen aufweisen. Darauf achten, dass die Bremsschläuche beim maximalen Lenkeinschlag keine Fahrzeugbauteile berühren.

Prüfen Sie auch die Bremsanschlüsse und Befestigungen auf richtigen Sitz, Undichtigkeiten und Korrosion. Achtung: Wenn Sie Mängel feststellen, müssen diese unbedingt beseitigt werden (Reparaturmaßnahme).

Vorsicht: Wenn Sie einen sichtbaren Mangel erkennen können, müssen Sie unverzüglich die Mängel beheben (lassen).

In diesem Fall das Fahrzeug unter keinen Umständen fahren, sondern lieber abschleppen (mit Abschleppstange!) lassen.

Bremsflüssigkeit kontrollieren

Der Behälter für die Bremsflüssigkeit sitzt im Motorraum links direkt auf dem Hauptbremszylinder. Kontrollieren Sie den Stand der Bremsflüssigkeit regelmäßig, erneuern Sie diese spätestens alle zwei Jahre.
Auch bei einer intakten Bremsanlage kann der Pegel sinken. Ursache ist der Verschleiß an den Belägen der vorderen Scheibenbremsen. Dann wandern die Kolben der Radzylinder aus den Zylindern heraus – die Bremsflüssigkeit fließt nach. Da die Kupplungshydraulik ebenfalls dort angeschlossen ist, kann ein sinkender Pegel auch mit Defekten an diesem System zusammenhängen.
Ein sinkender Bremsflüssigkeits-Pegel ist kein Grund zur Sorge, solange die Bremsflüssigkeit im Behälter zwischen den Markierungen »MIN« und »MAX« steht.
Ob Sie Bremsflüssigkeit nachfüllen müssen, hängt vom Verschleißgrad der Bremsbeläge ab. Sind die Beläge nahezu abgefahren, kann der Pegel nahe der »MIN«-Marke verbleiben. Beim Einbau neuer Beläge werden die Bremskolben zurückgedrückt, der Stand im Bremsflüssigkeitsbehälter steigt dadurch wieder an. Bei neuen oder neuwertigen Belägen sollten Sie ggf. nachfüllen. Vergewissern Sie sich aber vorher, dass keine Undichtigkeit am Bremssystem vorliegt.
Zum Nachfüllen verwenden Sie nur Bremsflüssigkeit nach US-Norm FMVSS 116 DOT 4. Bewahren Sie Bremsflüssigkeit, da sie Wasser anzieht, immer in einem fest verschlossenen Behälter auf.

Jede Leckage hat eine Ursache: In diesem Fall ist es die Korrosion. Die Weiterfahrt wird lebensgefährlich.

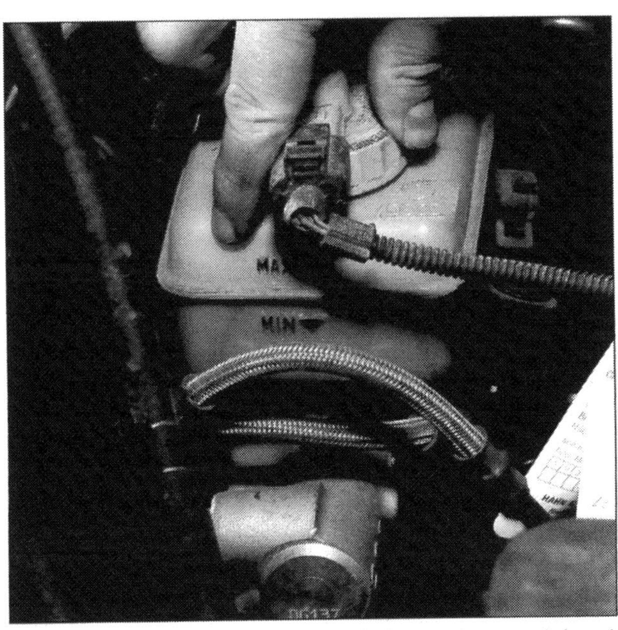

Bremsflüssigkeitsstand: Ob die Anlage mit ausreichend Flüssigkeit befüllt ist, lässt sich an den Markierungen des Behälters ablesen. Pegelschwankungen sind unbedenklich, solange die MIN-Marke nicht unterschritten wird

⚠ Bremsflüssigkeit

GEFAHRHINWEISE

Bremsflüssigkeit ist giftig, lackschädigend und hygroskopisch, das heißt: Bremsflüssigkeit neigt dazu Wasser aufzunehmen. Diese Eigenschaft kann aber zu kritischen Situationen führen. Denn das Wasser in der Bremsflüssigkeit ist Gift für eine Bremsanlage, an der bis zu 600 °C entstehen können. Bekanntlich kocht Wasser schon bei rund 100 °C. Dabei setzt es Sauerstoff-Moleküle frei. Es kommt zur Blasenbildung in der Bremsflüssigkeit. Diese Blasen aus Luft lassen sich aber im Gegensatz zu Flüssigkeiten komprimieren, womit die Kraftübertragung vom Pedal zu den Bremsbelägen nicht mehr oder nur sehr schlecht funktioniert. Man tritt dann mangels Bremsdruck in der Leitung ins »Leere«. Zum Wiederaufbau des Bremsdrucks muss erst am Pedal mehrmals »gepumpt« werden, bis die Luft wieder entwichen ist und der Pedaldruck dadurch wieder zum Betätigen der Bremse aufgewendet werden kann. Eine unangenehme Erfahrung, zumal nicht immer der verbleibende Weg ausreicht, um entsprechende Maßnahmen zu ergreifen. Wollen Sie sich diese Erfahrung ersparen, dann wechseln Sie die Bremsflüssigkeit regelmäßig (im Abstand von ca. zwei Jahren) in einer Fachwerkstatt!

Austausch fällig: Der Behälter links zeigt, wie sich mit der Zeit Schmutzpartikel (z.B. Gummiabrieb, Rost, usw.) in der Bremsflüssigkeit ablagern. Verminderte Temperaturbeständigkeit sorgt dafür, dass sich im Hochtemperaturbereich Dampfblasen bilden (das vorhandene Wasser kocht) und somit der Druck in der Leitung nicht mehr optimal aufbauen kann. Der Austausch durch neue Bremsflüssigkeit (s. rechts im Bild) ist nun unumgänglich. Der Zustand der Bremsflüssigkeit ist aber nicht immer an der Verfärbung zu erkennen. Grundsätzlich sollte sie alle 2 Jahre ausgetauscht werden.

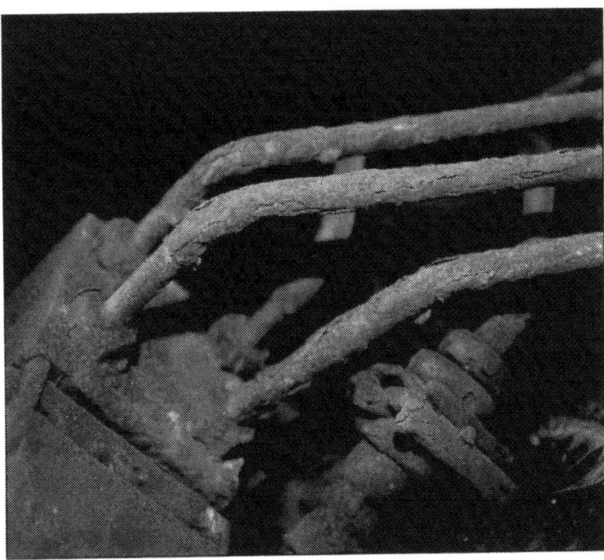

Der Zustand »Bedenklich« ist hier schon Vergangenheit: Hier muss die Bremsleitung sofort erneuert werden (Werkstattarbeit).

Bremsbeläge / -scheiben vorn wechseln

Da die Bremsanlagen nicht bei allen A3-Typen gleich aufgebaut sind, zeigen wir sämtliche Arbeiten exemplarisch an einer Ausführung (FSIII) und erläutern Ihnen die Unterschiede zu den anderen. Wichtig ist, dass Sie die Arbeiten erst an einem Rad komplett abschließen, bevor Sie sich der anderen Seite widmen. Stellen Sie außerdem sicher, dass niemand das Bremspedal betätigt, während Sie an der Bremse arbeiten. Beläge und Bremsscheiben werden nur achsweise erneuert, Sie brauchen einen Satz Bremsbeläge, also insgesamt vier Klötze. Bremsscheiben werden allerdings oftmals als einzelnes Teil geliefert. Fragen Sie vor der Bestellung sicherheitshalber nach.

Bremsbeläge vorne wechseln

Beläge und Scheiben: Vor der Montage gründlich reinigen.

Benötigtes Werkzeug und Material:

- 6er-Inbusschlüssel
- 1 Stück stabiler gebogener Draht
- beim Wechsel: Bremsbeläge

■ Lockern Sie (Fahrzeug steht auf dem Boden) die Radschrauben an der Vorderseite, die Sie zuerst bearbeiten, und bocken Sie das Fahrzeug (wie in Kapitel »Fahrzeug richtig aufbocken«) ordnungsgemäß auf.

■ Bauen Sie das Vorderrad der entsprechenden Seite ab.

■ Abdeckkappen A und B entnehmen (1). Falls vorhanden, die Steckverbindung der Belagverschleißanzeige trennen.

■ Führungsbolzen ausschrauben (2): Beide Führungsbolzen mit einem 6er-Inbus aus dem Bremssattel ausschrauben. Führungsbolzen herausnehmen (3). Achtung: Markieren Sie Beläge, falls diese wieder eingebaut werden sollen, ihrem Einbauort entsprechend. Sie dürfen auf gar keinen Fall die inneren Beläge mit den äußeren tauschen! Alles reinigen und die Beläge sorgfältig auf Dicke und Zustand prüfen. Bei glasigen Stellen oder Materialausbrüchen erneuern!

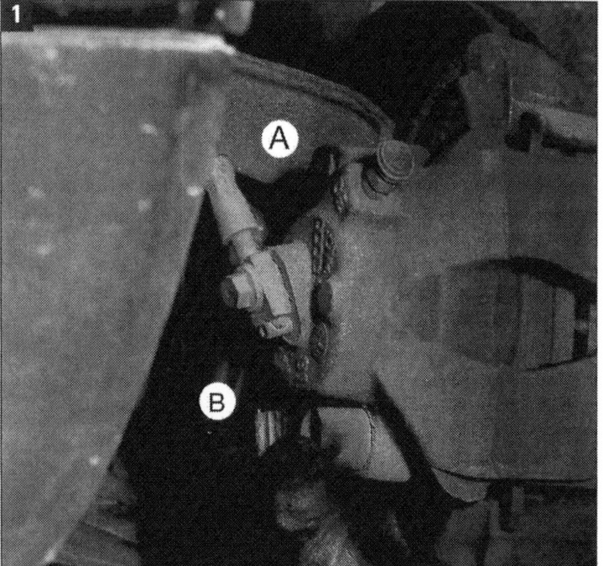

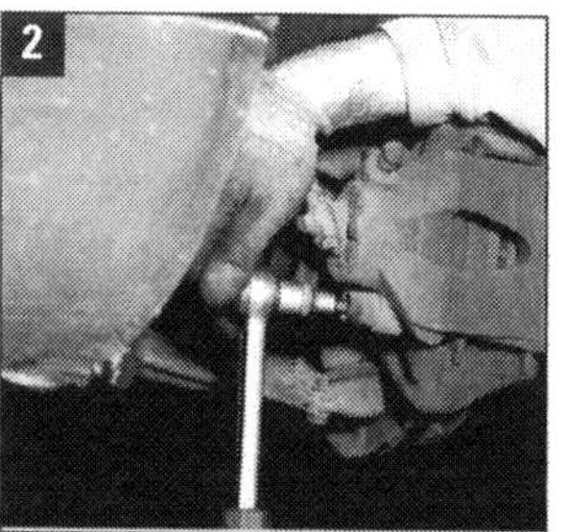

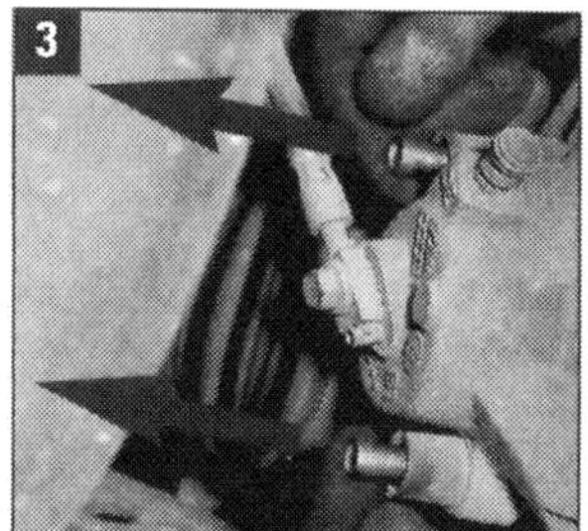

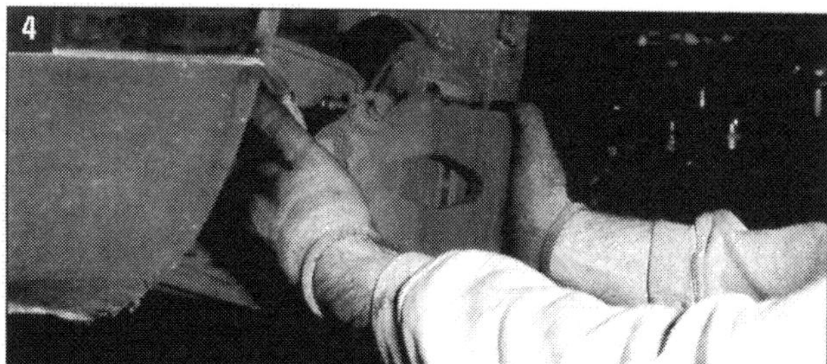

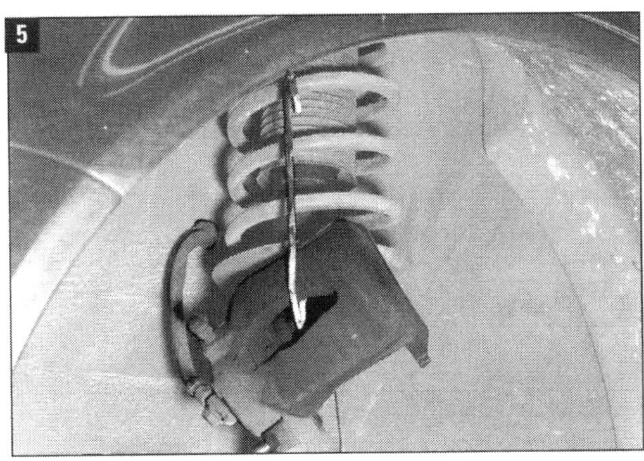

Leitungsschutz: Bremssattel zum Schutz der Leitung an der Feder aufhängen.

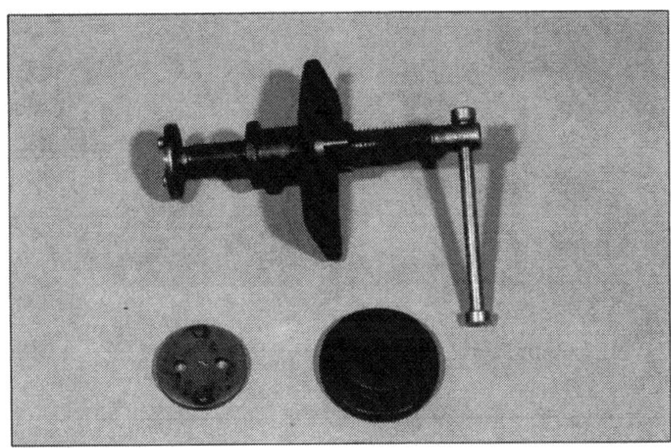

Kolbenrücksteller: Vor dem Wiedereinsetzen der Beläge schafft er den nötigen Platz zur Montage, alternativ kann auch eine Schraubzwinge verwendet werden.

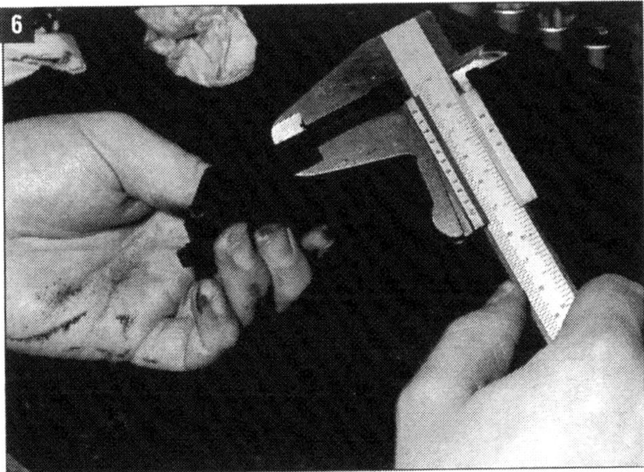

Verschleißmessung: Zur Messung der Belagstärke zählt auch die Rückenplatte. Exakt lässt sich der Wert im ausgebauten Zustand mittels eines Messschiebers bestimmen.

Rein damit: Durch Drehen fährt das Anschlagstück aus und drückt den Kolben des Bremszylinders zurück.

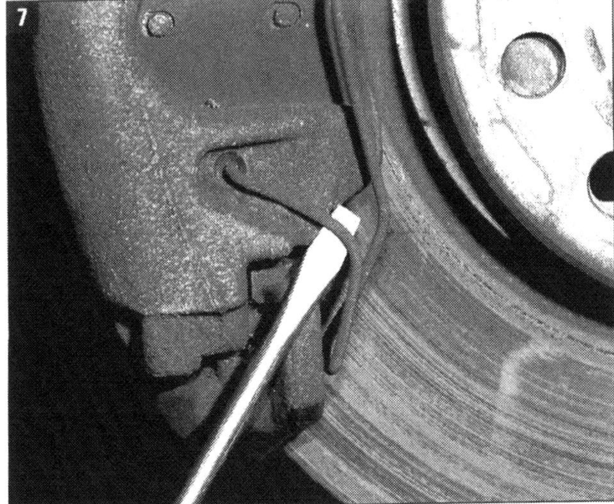

FN3-Bremsen: Eine zusätzliche Haltefeder muss zur Demontage der Beläge gelöst werden.

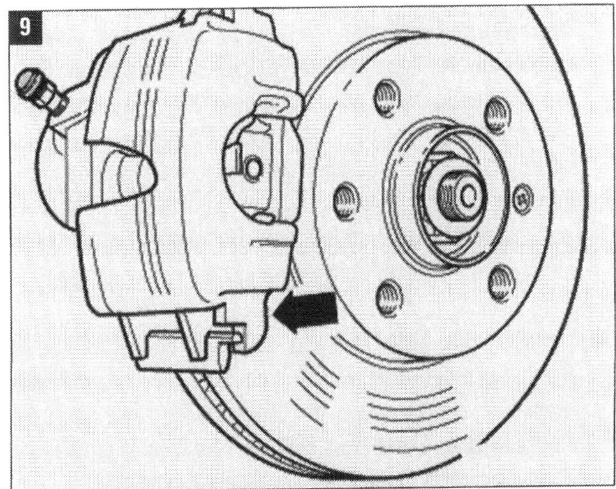

Einbaukontrolle FSIII-Anlage: Ob der Sattel korrekt eingebaut ist, sehen Sie daran, dass der Zapfen – Pfeil – sich hinter der Führung vom Radlagergehäuse befindet.

- Sattelgehäuse abnehmen und so mit Draht befestigen (z. B. am Federbein), dass das Gewicht des Bremssattels den Bremsschlauch nicht belastet bzw. beschädigt (5). Bremsbelag aus Bremssattelgehäuse herausnehmen. Bremsbeläge vorn wechseln (FS III-Bremse).

- Bremsbelagdicke messen (6). Zur Belagdicke zählt auch die Rückenplatte.

- Verschleißgrenze mit Belagplatte 9 mm; ohne Belagplatte 2 mm.

Unterschied der FN 3-Vorderradbremse

Bei der FN3-Anlage ist eine zusätzliche Haltefeder am Bremssattel angebracht. Zum Lösen der Beläge wie bei der FSIII-Anlage vorgehen, dabei vor dem Lösen der Führungsbolzen die Haltefeder mit einem Schraubenzieher heraushebeln (7) und abnehmen.

Einbau

Beachten Sie: Bei ausgebauten Bremsbelägen darf auf gar keinen Fall das Bremspedal getreten werden! Ansonsten würde der Kolben aus dem Gehäuse herausgedrückt, was den Ausbau des gesamten Bremssattels zur Folge hätte, um den Kolben in einer Werkstatt wieder einsetzen zu lassen.

- Kolben zurückdrücken (8). Ohne Rückstellwerkzeug kann alternativ auch eine Schraubzwinge verwendet werden.

- Behalten Sie währenddessen den Flüssigkeitsstand im Bremsflüssigkeitsbehälter im Auge. Durch das Zurückstellen des Kolbens könnte Flüssigkeit überlaufen. Sollten Sie beobachten, dass der Pegel über die Max.-Markierung steigt, saugen Sie etwas Flüssigkeit ab. Dazu verwenden Sie am besten eine kleine Handpumpe. Fangen Sie die Flüssigkeit in einem gesonderten Behälter auf. Vorsicht: Bremsflüssigkeit ist giftig! Daher auch nicht mit dem Mund durch einen Schlauch ansaugen!

- Danach alle Teile reinigen und die Bremsbeläge in Bremssattelgehäuse und Kolben einsetzen. Verschleißmessung: Zur Messung der Belagstärke zählt auch die Rückenplatte. Exakt lässt sich der Wert im ausgebauten Zustand mittels eines Messschiebers bestimmen.

- Anschließend Bremssattelgehäuse zuerst unten ansetzen und an Radlagergehäuse montieren. Der Zapfen vom Bremssattelgehäuse muss hinter der Führung vom Radlagergehäuse stehen!

- Bremssattelgehäuse mit beiden Führungsbolzen an Bremsträger anschrauben und mit 26 Nm anziehen.

- Abdeckkappen aufsetzen.

- Stecker der Bremsbelagverschleißanzeige (optional) in Halter am Federbein einsetzen.

Unterschiede der FN3-Vorderradbremse

Beachten Sie beim Einbau der Bremssättel der FN3-Anlage, dass diese laufrichtungsgebundene Bremsbeläge besitzt. Der Pfeil auf dem Belag muss nach unten zeigen. Dasselbe gilt natürlich auch für den linken kolbenseitigen Bremsbelag.

- Danach äußeren Bremsbelag auf den Bremsträger aufsetzen. Die äußeren Bremsbeläge haben eine Schutzfolie. Diese Schutzfolie von der Rückenplatte des äußeren Bremsbelages abziehen.

- Haltefeder wieder in das Bremssattelgehäuse einsetzen.

Für alle Bremsanlagen zwingend erforderlich

- Nach dem Belagwechsel Bremspedal im Stand mehrmals kräftig durchtreten, damit die Bremsbeläge ihren dem Betriebszustand entsprechenden Sitz einnehmen.

- Anschließend den Bremsflüssigkeitsstand prüfen, eventuell nachfüllen/korrigieren.

Bremsscheiben vorne wechseln (FS III-Bremse)

Benötigtes Werkzeug und Material

- großer, stabiler Kreuzschlitzschraubenzieher
- Hammer und evtl. auch einen Kunststoffhammer
- Kolbenrückstellwerkzeug oder geeigneten Keil
- Drahtbürste
- Kupferpaste
- Satz Bremsscheiben (nur vom Hersteller freigegebene Scheiben verwenden!)

Ausbau

Bei Stand »Max« etwas Bremsflüssigkeit absaugen. Da später der Kolben zurückgedrückt werden muss, besteht die Gefahr, dass Flüssigkeit überläuft! Zunächst wie im Abschnitt »Bremsbeläge vorn wechseln« verfahren, der Bremssattel muss zur Demontage der Bremsscheibe abgebaut sein.

- Die Bremsscheibe ist mit einer Kreuzschlitz-Schraube an der Radnabe fixiert. Wenn der Schraubenzieher gut sitzt, genügt meist ein kleiner Schlag auf den Griff (1), um die Schraube zu lösen. Ist die Schraube festgerostet, sollten Sie auch Rostlöser verwenden. Die Bremsscheibe während dem Herausdrehen der Schraube festhalten.

- Auch die Scheibe kann festsitzen. Sie kann eventuell mit einem Kunststoffhammer losgelöst werden. Dazu zwischen die Schraublöcher mit dem Kunststoffhammer schlagen, dadurch springt Ihnen die Scheibe früher oder später entgegen.

- Nicht von hinten gegen die Reibfläche schlagen, sonst ist dieser Satz Scheiben ruiniert. Außerdem belasten Sie das Radlager dadurch unnötig.

Einbau

- Vor Montage alle Teile reinigen (3) – verwenden Sie hierzu ausschließlich Bremsenreiniger – und mit Kupferpaste einstreichen (Korrosionsschutz). Alle Teile gründlich mit Bremsenreiniger säubern. Die Scheiben sind oft eingeölt, um Flugrost während der Lagerung zu vermeiden. Besonders die Reibfläche muss aber absolut fettfrei sein!

- Zum Einbau neuer Scheiben (dicker als die alte) muss die Bremssattelhalterung angelöst und nach hinten gekippt/gedrückt werden.

- Mit Kolbenrücksteller den Bremskolben zurückdrücken.

- Nach diesen Arbeits-schritten Bremse mit dem Bremspedal »anpumpen« und Flüssigkeitsstandskontrolle durchführen!

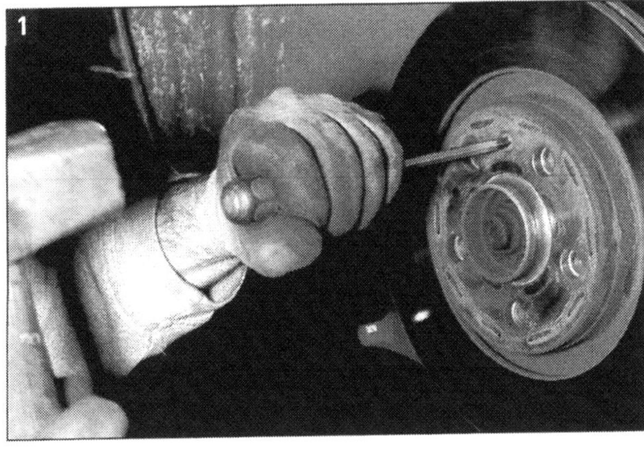
1

2

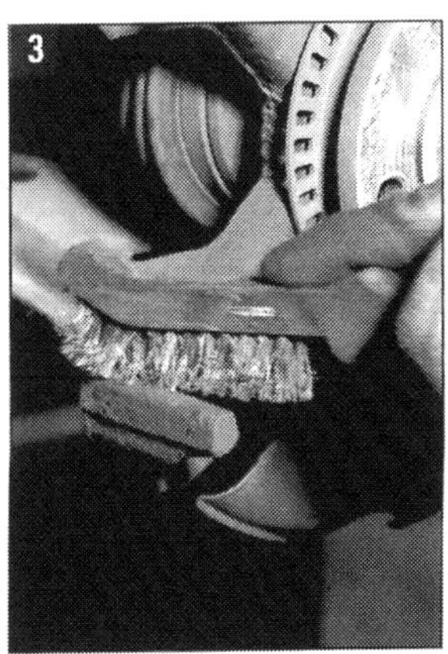
3

Bremsbeläge / -scheiben hinten wechseln

Benötigtes Werkzeug und Material

– neue Bremsbeläge zum Austauschen
– 13er-Ringschlüssel, 15er-Gabelschlüssel
– 1 Stück stabiler gebogener Draht
– Spezialwerkzeug zum Rückstellen des Kolbens (VW 3272)
– Kreuzschlitzschraubenzieher
– neue selbstsichernde Schrauben
– Drahtbürste zum Reinigen der Nabe
– Spiritus zur Reinigung des Sattelgehäuses

Ausbau

■ Clip abziehen (1): Das Handbremsseil ist mit einem Clip arretiert. Diesen zuerst herausnehmen.

■ Bremshebel nach vorne drücken (2): Mit einem Schraubenzieher als Hebel tun Sie sich leichter.

■ Anschließend das Bremsseil (siehe Pfeil) aushängen (3).

■ Bremssattelgehäuse abschrauben (4): Mit dem 15er-Gabelschlüssel und 13er-Ringschlüssel untere Schraube am Sattel lösen, dabei am Führungsbolzen gegenhalten.

■ Bremssattelgehäuse abnehmen (5): Mit einem Flachschraubenzieher lassen sich festsitzende Gehäuse vorsichtig lockern.

■ Bremssattelgehäuse abnehmen (6): Das Gehäuse nach dem Lockern aus dem Führungsbolzen herausziehen und

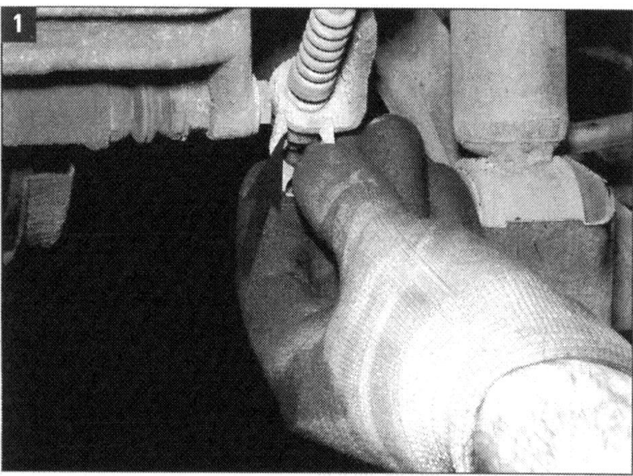

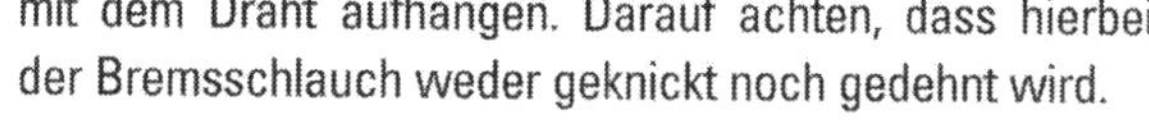

mit dem Draht aufhängen. Darauf achten, dass hierbei der Bremsschlauch weder geknickt noch gedehnt wird.

■ Bremsbeläge entnehmen (7): Dazu die Staubmanschette vom Sattel ziehen und nach hinten wegdrücken. Nun die Belaghaltefedern entfernen und die Beläge entnehmen. Das Bremssattelgehäuse reinigen, besonders die Klebefläche für den Bremsbelag muss fettfrei sein.

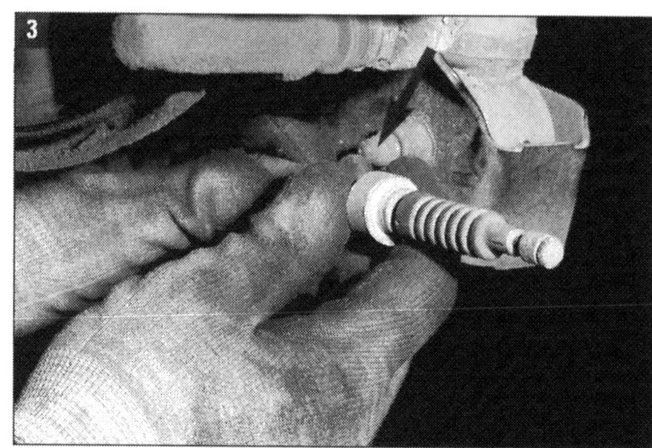

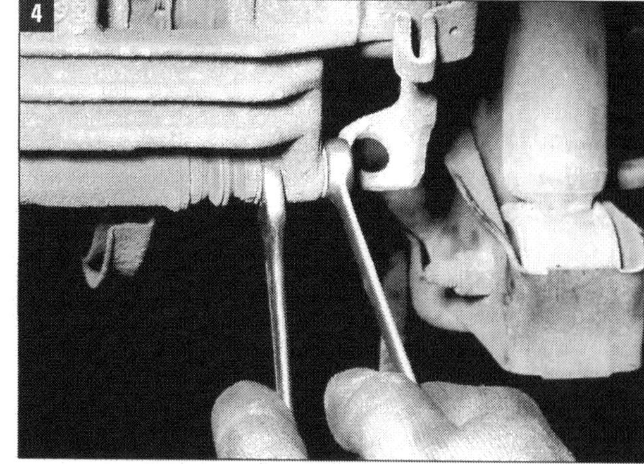

Vorsicht: Das Bremssattelgehäuse nach der Demontage aus der Führung nicht auf Zug belasten, da sonst der Bremsschlauch oder das Handbremsseil beschädigt werden könnten!

Wie bei den vorderen Bremssätteln den Sattel an einem Draht zur Entlastung aufhängen!

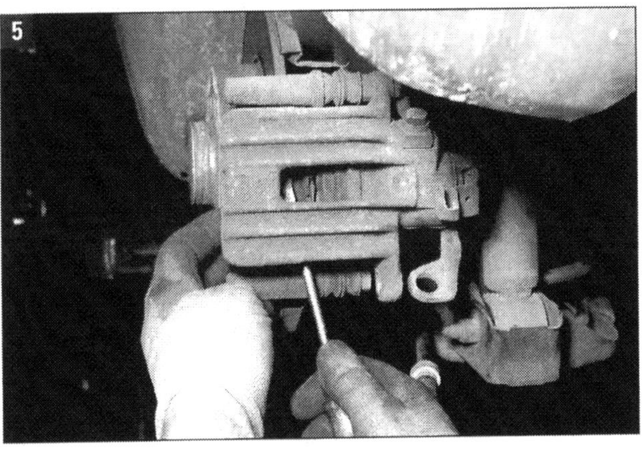

5

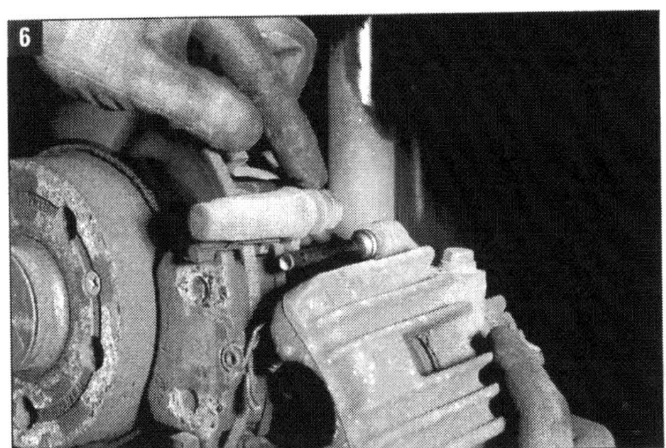
6

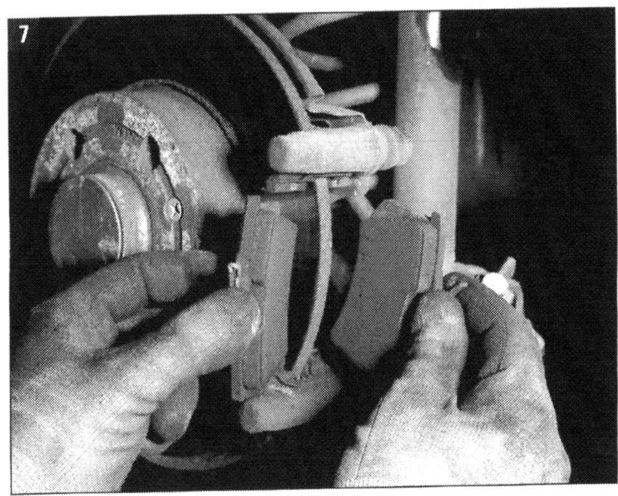
7

Einbau:

- Kolben durch Rechtsdrehen am Rändelrad des Spezialwerkzeuges 3272 einschrauben, dabei Schutzkappe nicht beschädigen.

- Bei schwergängigen Kolben kann ein Maulschlüssel SW 13 an den dafür vorgesehenen Schlüsselflächen (Pfeil A in Bild 8) angesetzt werden.

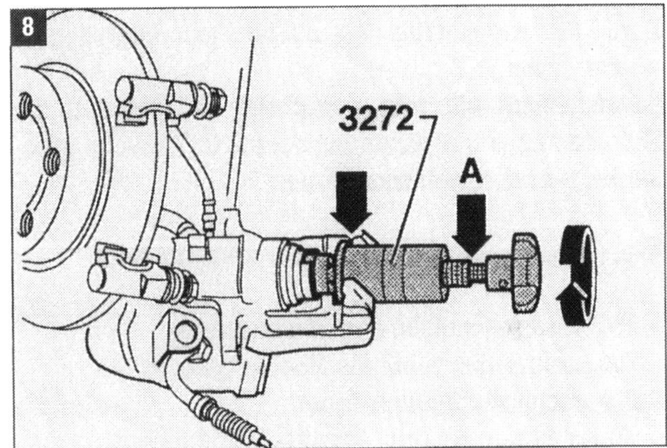

8

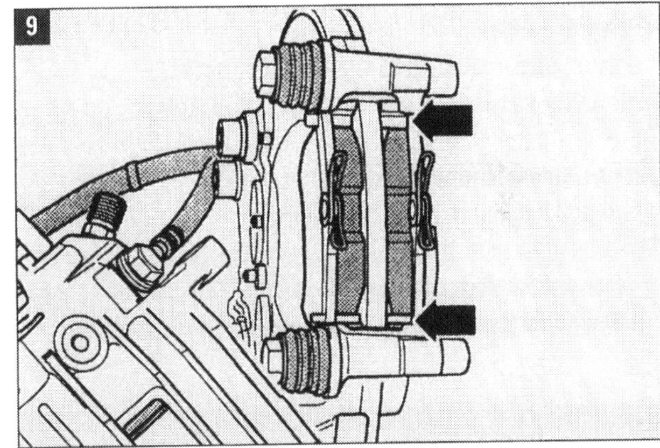
9

- Schutzfolie von der Rückenplatte des Bremsbelages abziehen. Belaghaltefedern (Pfeile in Bild 9) und Bremsbeläge in den Bremsträger einsetzen. Bremssattelgehäuse mit neuen selbstsichernden Schrauben befestigen.

- Handbremsseil einhängen und Clip einbauen

- Räder montieren.

- Bremspedal im Stand mehrmals kräftig durchtreten, damit Bremsbeläge ihren dem Betriebszustand entsprechenden Sitz einnehmen. Bremsflüssigkeitsstand prüfen.

- Handbremseinstellung kontrollieren.

Bremsscheiben hinten wechseln

Beachten Sie: Vor dem Ausbau der Bremsscheiben zunächst, wie unter »Bremssättel ausbauen« beschrieben, Bremssättel abmontieren. Meist sitzt die Kreuzschlitzschraube, welche die Scheibe auf der Nabe fixiert, durch Korrosion fest. Diese können Sie aber problemlos mit ein paar Hammerschlägen auf den Kopf des angesetzten Kreuzschlitzschraubenziehers wieder lösen.
Anschließend ein paar vorsichtige Schläge auf die Scheibe, danach müssten Sie bereits die Scheibe problemlos herunter nehmen können.

Benötigtes Werkzeug und Material

- neue Bremsscheiben zum Austauschen
- Flachschraubenzieher als Hebelwerkzeug
- Kreuzschlitzschraubenzieher
- Hammer zum Anlösen korrodierter Scheiben
- Drahtbürste zum Reinigen der Nabe
- Kupferpaste
- Pinsel zum Auftragen der Kupferpaste
- Spiritus zur Reinigung des Sattelgehäuses

Aus- und Einbau

- Schraube anlösen (1): Zum Lösen der Schraube wenige Hammerschläge bei angesetztem Kreuzschlitzschraubenzieher ausüben. Danach Schraube herausdrehen.
- Bremsscheibe lockern (2): Zum Lockern der korrodierten Scheibe ebenfalls wenige Hammerschläge ausüben.
- Bremsscheibe entnehmen (3): Danach Scheibe vorsichtig von Nabe abziehen, sodass die umgebenden Teile nicht beschädigt werden.
- Radnabe von Rost befreien (4): Weist die Nabe wie hier Korrosion auf, verwenden Sie eine Drahtbürste zum Entfernen.
- Blankpoliert (5): Mit etwas Mühe kann die Nabe danach wieder so aussehen. Erleichtert wird die Arbeit aber auch mit einem Winkelschleifer mit Drahtzopfbürste.
- Mit Kupferpaste einpinseln (6): Vor dem Einbau der neuen Scheibe die Nabe mit Kupferpaste einpinseln. Sie verhindert das Festbacken der Scheiben bei hoher Temperatur.
- Neue Scheibe einsetzen (6): Da der vorhandene Raum relativ knapp bemessen ist, drücken Sie zum Einbau vorsichtig das Bremssattelgehäuse nach hinten.
- Kolben rückstellen (8): Da der vorhandene Raum relativ knapp bemessen ist, drücken Sie zum Einbau vorsichtig das Bremssattelgehäuse nach hinten.
- Rad montieren.

1

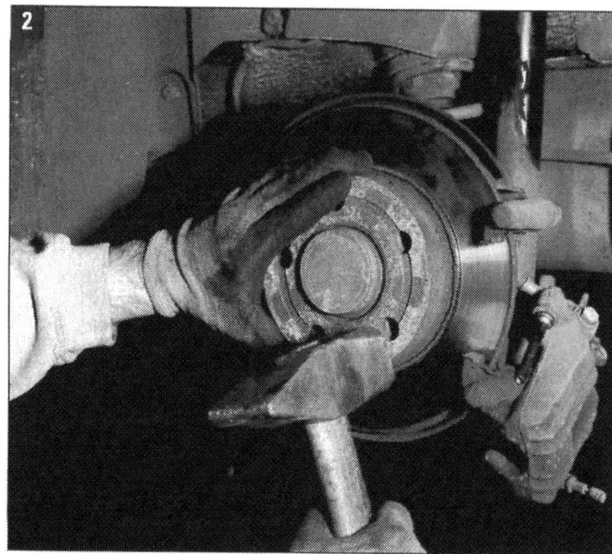

2

3

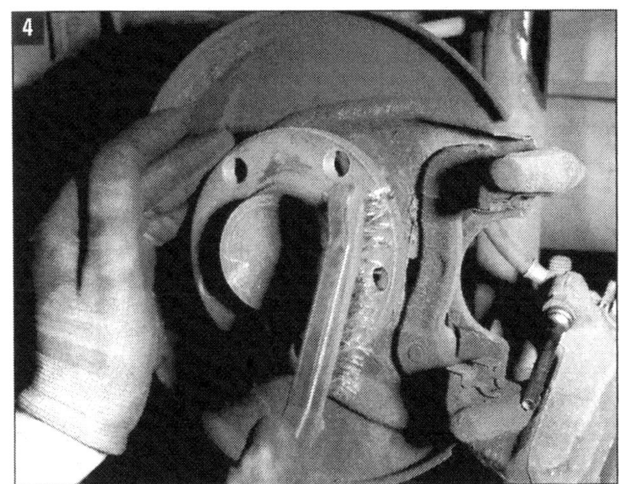
4

5

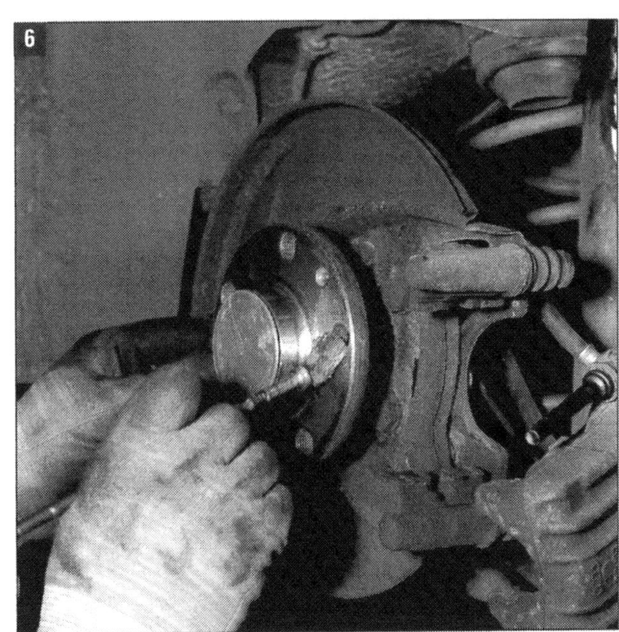
6

7

8

Handbremse einstellen

Häufiges Benutzen der Handbremse beim Parken beansprucht die Handbremszüge. Prüfen Sie die Wirkung daher regelmäßig. In seltenen Fällen müssen die Züge nachgestellt werden. Die Neueinstellung der Handbremsseile ist nur nach erfolgten Wartungsarbeiten notwendig, bei denen das Handbremsseil oder der Bremssattel demontiert oder erneuert wurde. Voraussetzung für eine korrekte Einstellung ist eine entlüftete und fehlerfreie Fußbremsanlage.
Kontrollieren Sie vor dem Einstellen, ob das Handbremsseil in den Führungen richtig verlegt ist. Auch die Nachstellvorrichtung in den Hinterradbremsen sollte einwandfrei arbeiten. Durch die automatische Nachstellung ist eine Justierung der Handbremse normalerweise nicht nötig.

Arbeitsschritte

- Handbremse vollständig lösen und mindestens einmal kräftig auf die Bremse treten.
- Karosserie-Montagearbeiten wie bei »Handbremszüge wechseln« durchführen (siehe nächste Seite).
- Handbremshebel in Ruhestellung bringen. Nachstellmutter so weit anziehen, bis sich die Hebel (unteres Bild, Pfeil) an den Bremssätteln vom Anschlag abheben. Maximal 1,5 mm Abstand zum Anschlag ist je Seite zulässig. Ein größerer Abstand kann die Ratsche im Bremssattel am Arbeiten hindern. Im Laufe der Zeit und mit Vorliebe bei alternder Bremsflüssigkeit rostet sie dann fest.
- Handbremse drei Mal fest anziehen und anschließend wieder lösen.
- Prüfen Sie, ob beide Räder frei durchgedreht werden können.
- Nach der Neueinstellung ist durch die automatische Nachstellung der Hinterradbremse ein Nachstellen der Handbremse nicht mehr erforderlich.

Rasterfahndung: Spätestens auf der vierten Raste sollte Ihr A3 nicht mehr in Hanglage selbsttätig wegrollen.

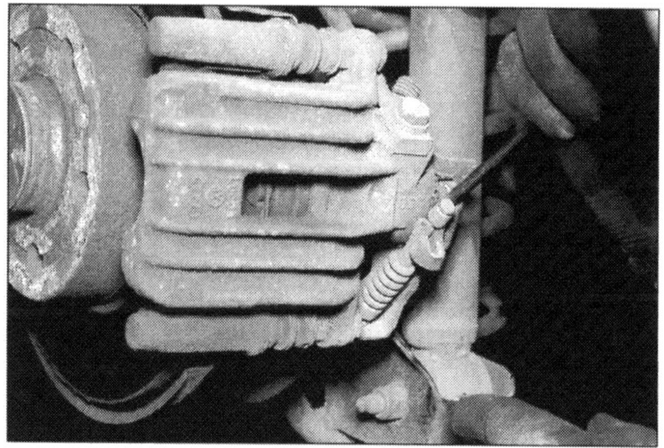

Handbremszug: Die Betätigungskraft wird an die hinteren Räder per Drahtzug übertragen.

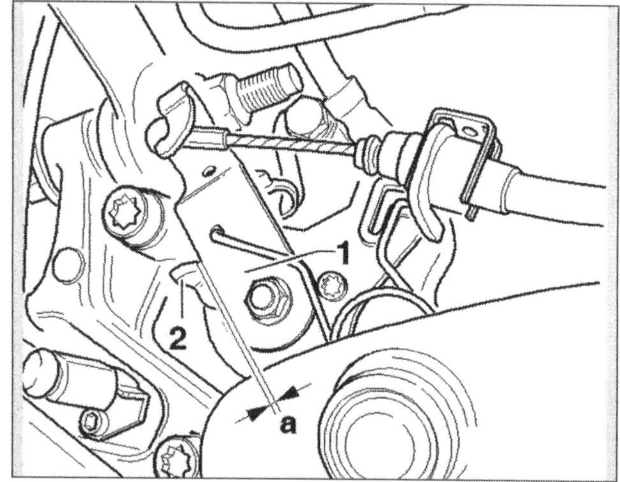

Nachstellmutter: So weit anziehen, bis die Hebel an den Bremssätteln gerade so nicht anliegen (a).

Handbremszüge wechseln

Arbeitsschritte:

- Fahrzeug so aufbocken, dass Sie unter dem Auto arbeiten können. An die hinteren Bremssättel kommen Sie besser heran, wenn Sie die Hinterräder abbauen.
- Bauen Sie Abdeckungen und Blenden sowie die Verlängerung der Mittelkonsole aus.
- Lösen Sie die Nachstellmutter der Handbremse so weit, bis das Handbremsseil aus dem Ausgleichbügel ausgehängt werden kann (Pfeil in Bild 1).
- Hängen Sie die Handbremsseile an den Bremssätteln aus. Achten Sie darauf, dass die Faltenbälge beim Ein- und Aushängen nicht beschädigt werden.
- Jetzt können Sie das Handbremsseil aus der Halterung am Hinterachskörper ausclipsen und aus den Halterungen aushängen (2).
- Anschließend können Sie das Handbremsseil aus dem Führungsschacht herausziehen.
- Beim Einbauen schieben Sie das Handbremsseil in den Führungsschacht und hängen es wie im Bild 3 gezeigt ein.
- Clipsen Sie das Seil in die Halterungen am Hinterachskörper ein. Der Klemmring am Seil muss in der Mitte des Clips liegen.
- Hängen Sie das Handbremsseil in den Ausgleichbügel ein und stellen Sie die Handbremse ein.
- Bauen Sie die Mittelkonsole ein.

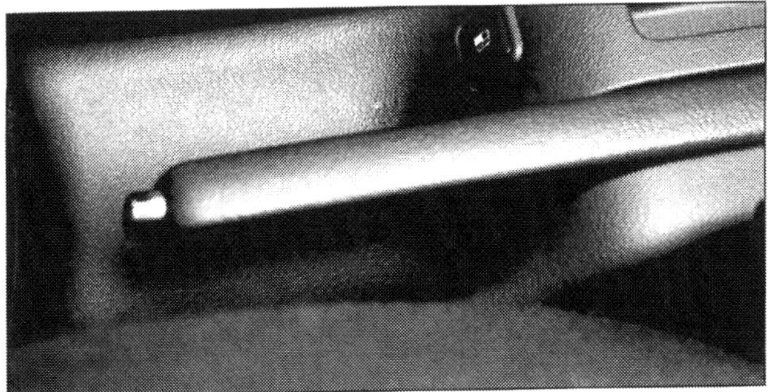

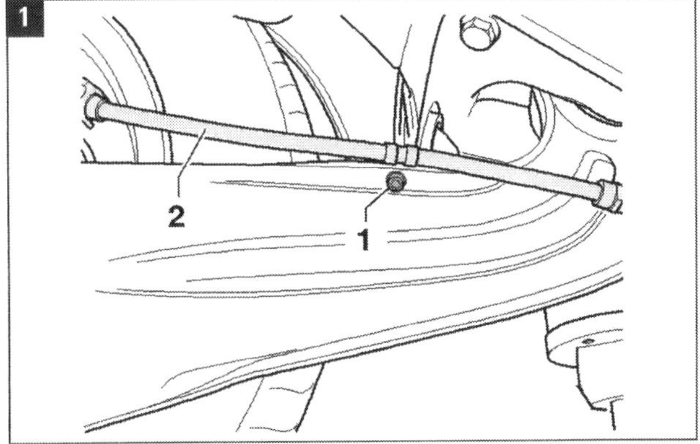

Nachstellmutter: Soweit lösen, bis das Handbremsseil aus dem Ausgleichsbügel ausgehängt werden kann.

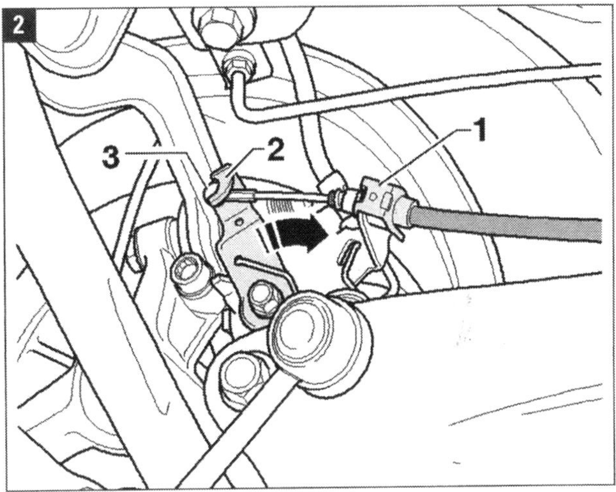

Handbremsseil: Am Hinterachskörper ausclipsen und an den beiden anderen Halterungen aushängen.

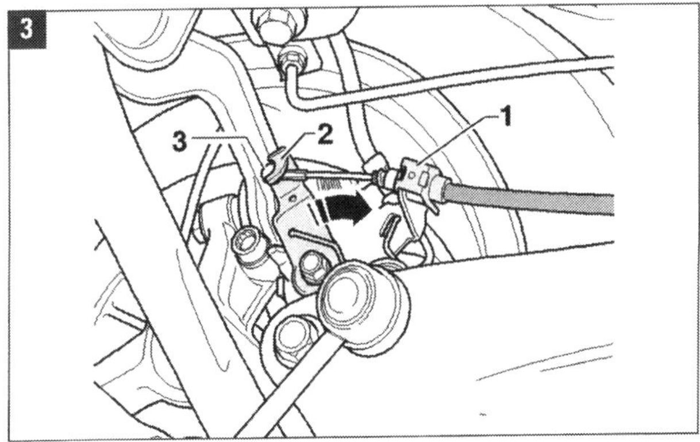

Bild 3: Bremshebel (2) in Pfeilrichtung drücken, Handbremsseil (3) einhängen und Clip (1) einbauen.

Bremsentyp Hinterradbremse

Hinterradbremse Frontantrieb						
Bremse PR-Nr.		1KD	1KE/1KF	1KQ	1KU	1KZ/1KJ
Bremssattel vorne		C 38	CII 41HR	C38	CII 38HR	CII 38HR
Bremskolben	D in mm	38 mm	41 mm	38 mm	38 mm	38 mm
Bremsscheibe vorne	D in mm	255	260	255	286	286
Dicke der Scheibe	in mm	10	12	10	12	12
Verschleißgrenze Bremsscheibe	in mm	8	10	8	10	10
Bremsbelagdicke ohne Rückenplatte	in mm			12		
Verschleißgrenze ohne Rückenplatte	in mm			2		

Hinterradbremse Allrad						
Bremse PR-Nr.		1KF	1KJ	1KU	1KW	2EA
Bremssattel vorne		CII 41HR	CII 41HR	CII 41HR	CII 41HR	CII 41HR
Bremskolben	D in mm	41 mm	41 mm	41 mm	41 mm	41 mm
Bremsscheibe vorne	D in mm	260	286	286	310	310
Dicke der Scheibe	in mm	10	12	12	22	22
Verschleißgrenze Bremsscheibe	in mm	9	9	9	19	19
Bremsbelagdicke ohne Rückenplatte	in mm			12		
Verschleißgrenze ohne Rückenplatte	in mm			2		

Bremsanlage

Störung	Was kann das sein?	Was muss ich tun?
A Bremsen quietschen	**1** Hochfrequente Schwingungen	Oft hilft es, die Längskanten der Beläge mit einer Feile anzuschrägen, dazu etwas Anti-Quietsch-Paste auf der Rückseite der Beläge
	2 Verglaste Beläge nach extremer Überhitzung	Die Bremsklötze müssen ersetzt werden, dabei die Scheiben genau prüfen
	3 Beläge verschlissen, der Verschleißanzeiger liegt an	Die Bremsklötze müssen ersetzt werden, dabei die Scheiben genau prüfen
B Schwache Bremswirkung	**1** Ungünstige Materialpaarung zwischen Scheiben und Belägen	Scheiben und Beläge ersetzen und dabei Teile vom gleichen Hersteller verwenden
… bei zu hartem Bremspedal	**2** Bremskraftverstärker ausgefallen	Unterdruckanschluss prüfen. Marderbiss?
… bei zu weichem Bremspedal	**3** Bremse überhitzt	Bei langsamer Fahrt abkühlen lassen
	4 Luft im System	Mit speziellem Gerät entlüften lassen und dabei die Bremsflüssigkeit erneuern
C Übermäßiger Verschleiß	**1** Überstrapazieren der Bremse	Lieber etwas stärker und dafür weniger lang bremsen
… an einer Bremse	**2** Schwergängiger Sattel oder Belag verklemmt	Zerlegen und reinigen. Etwas stärkerer Verschleiß an der Kolbenseite ist jedoch normal
… nur vorne	**3** Ungünstige Materialpaarung	Scheiben und Beläge ersetzen und dabei Originalteile oder größere Bremsanlage verwenden
… nur hinten	**4** Lüftspiel zu gering	Spiel der Handbremse überprüfen. Diese sollte erst nach der ersten Raste greifen
D Handbremse zieht nicht	**1** Automatische Nachstellung funktioniert nicht richtig	Hintere Bremse öffnen, Mechanismus reinigen und Abstand neu justieren
	2 Beläge hinten abgenutzt	Prüfen, ob beide Handbremsbetätigungshebel der Bremssättel auf die Ausgangsstellung zurückgehen

STÖRUNGSBEISTAND

Bremsanlage

Störung	Was kann das sein?	Was muss ich tun?
E Bremsflüssigkeitsstand zu niedrig	**1** Starker Verschleiß an den Bremsbelägen	Alle Bremsen auf Verschleiß prüfen und ggf. ersetzen. Beim Zurücksetzen der Kolben steigt der Stand an
	2 Flüssigkeitsverlust	Undichte Stelle lokalisieren (Bremsleitungen?) Bei deutlichem Leck Auto abschleppen lassen
F Warnleuchte geht an	**1** Bremsflüssigkeitsstand prüfen	Wenn nötig etwas nachfüllen
	2 ABS- und/oder ESP-Ausfall	Wagen neu starten. Den Fehlerspeicher auslesen lassen. Manchmal ist der Bremslichtschalter schuld
G Schiefziehen beim Bremsen	**1** Reifenzustand	Reifenprofil und Luftdruck überprüfen
	2 Eine Bremse ist defekt	An den Felgen die Temperatur erfühlen. Ist eine heißer als die anderen, hängt der Bremssattel, ist eine zu kalt, kommt hier kein Bremsdruck an
H Hässliche Schleifgeräusche beim Bremsen	**1** Bremsscheiben angerostet	Vor und nach längeren Standphasen die Bremsanlage freibremsen
	2 Bremsbeläge verschlissen	Prüfen, ob der Verschleißanzeiger bereits an der Scheibe kratzt
	3 Fremdkörper in der Bremsanlage	Fahren Sie ein paarmal rückwärts und bremsen sie dann
I Vibrationen beim Bremsen	**1** Bremsscheiben verzogen	Scheiben genau anschauen. Blaue Verfärbung deutet auf thermische Überlastung hin, dabei können sich die Scheiben verzogen haben
	2 Bremsscheiben verschmiert	Auf den Scheiben können Spuren von Fremdmaterial verblieben sein, die für ein Rubbeln sorgen
	3 Spiel in der Radaufhängung	Querlenker und andere Bauteile prüfen
	4 Ungünstige Materialpaarung	Scheiben und Beläge ersetzen und dabei Originalteile verwenden. Fahrwerk- und Lenkungsteile können zu Bremsflattern führen

Karosserie

Dank der geringen Spaltmaße und der soliden Verarbeitung der Karosserie haben Sie ein schön anzusehendes, sicheres und komfortables Fahrzeug. Das bringt allerdings auch den Nachteil, dass einige Arbeiten sehr umfangreich werden können.

Solider Rohbau

Die Karosserie des A3 verleiht ihm nicht nur ein elegantes Erscheinungsbild, sondern sorgt mittels der durchdachten Strukturbauweise auch für höchste passive Sicherheit. Die hohe Fertigungsgüte zeigt sich auch an den geringen Spaltmaßen der Karosserieteile zueinander und ist zugleich Garant für die im Vergleich zum Vorgänger nochmals verbesserte Steifigkeit. Ermöglicht wird dies durch die clevere Kombination unterschiedlicher Fertigungsverfahren sowie den Einsatz verschiedener Stahlarten. Die selbsttragende Karosserie des A3 beinhaltet die Bodengruppe, die Seitenteile, das Dach und die hinteren Kotflügel. Diese Baugruppen sind fest miteinander verschweißt und bilden einen sehr stabilen und verwindungssteifen Verbund bei gleichzeitig geringem Gewicht. Die Verbesserungen im Vergleich zum Vorgänger sind beeindruckend und zugleich Folge des intelligenten Materialmix mit unterschiedlichen Festigkeiten bei den Strukturelementen. Schwerpunkte der Optimierung sind die passive Sicherheit, der Leichtbau sowie der Fußgängerschutz. Erreicht wurde dies durch den Einsatz höchstfester und gleichzeitig warm umgeformter Stahlbleche. Aber auch bei der Rostvorsorge hat Audi viel aus der Vergangenheit gelernt. Besonders die Karosserien aus den siebziger Jahren waren nämlich kaum gegen Langzeitschäden durch Korrosion geschützt und verrotteten regelrecht von innen nach außen. Später wurden die Unterseiten mit Unterbodenschutz behandelt und alle Hohlräume sehr großzügig mit Wachs geflutet. Aber erst die heute übliche Vollverzinkung wirkt zuverlässig gegen Korrosion, damit der Zahn der Zeit nicht allzu schnell hässliche Spuren im Blechkleid hinterlassen kann.

Auf Tauchgang: Das Vollbad dient zur Grundierung der Rohkarosse und sorgt für den späteren Korossionsschutz.

Roboter beim Rohbau: Die einzelnen Strukturteile des Unterbaus werden durch Schweißen zusammengefügt.

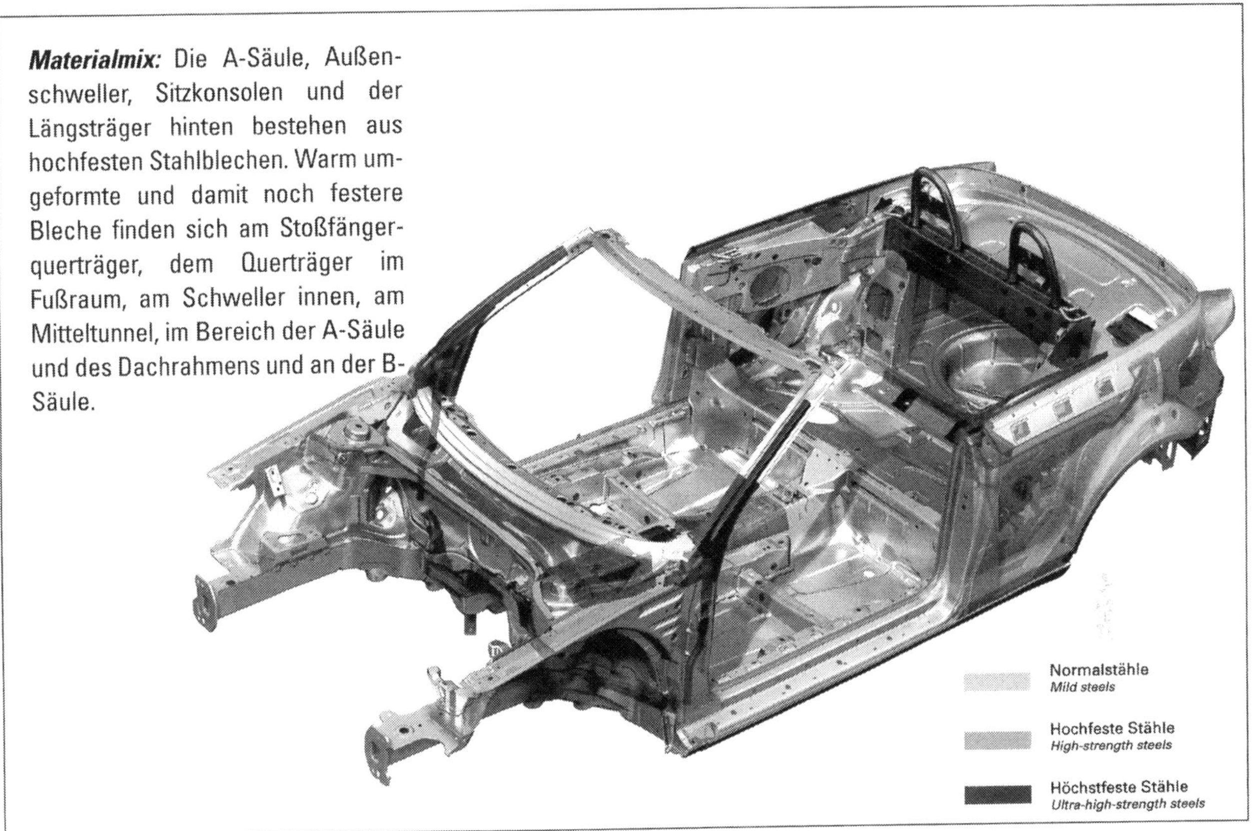

Materialmix: Die A-Säule, Außenschweller, Sitzkonsolen und der Längsträger hinten bestehen aus hochfesten Stahlblechen. Warm umgeformte und damit noch festere Bleche finden sich am Stoßfängerquerträger, dem Querträger im Fußraum, am Schweller innen, am Mitteltunnel, im Bereich der A-Säule und des Dachrahmens und an der B-Säule.

Aufbau und Struktur

Wie bei den meisten Pkw bildet auch beim A3 die Bodengruppe mit den Seitenteilen und dem Dachrahmen sowie den Längsträgern einen fest verschweißten Unterbau, an welchen die einzelnen Karosseriebleche wie Motorhaube, vordere Kotflügel, Türen und Heckdeckel angeschraubt sind. Die Front- und Heckscheiben stabilisieren die Karosserie zusätzlich und verleihen der Karosserie erst nach ihrem Einsetzen die endgültige Steifigkeit.

Aber auch die Verglasung trägt bei einem modernen Auto zu einem großen Teil zur Versteifung bei: Die Scheiben sind daher bei der Limousine vorne und hinten sowie an den hinteren Seitenfenstern flächenbündig eingeklebt.

Zum Tausch der Scheiben ist daher ein breites Werkzeugspektrum samt diversen Hilfsmitteln erforderlich. Leider ist ein Scheibentausch somit kein Fall für die heimische Garage mehr. Doch kein Problem: Glasschäden sind in aller Regel über den Kaskoschutz Ihrer Versicherung abgedeckt, kleine Schäden lassen sich sogar reparieren.

Sicherheitshinweise für die Arbeiten an Karosserie- und Anbauteilen

Reparaturarbeiten an der Karosserie im größeren Umfang sowie am Schiebedach, empfehlen wir in einer Fachwerkstatt ausführen zu lassen. Die Motorhaube, Heckklappe, Türen und die vorderen Kotflügel sind durch die Schraubverbindung relativ einfach auszuwechseln. Jedoch sind die nötigen und hochpräzisen Einstellarbeiten nach der Montage nicht zu vernachlässigen oder zu unterschätzen. Es erfordert sehr viel Geschick und Erfahrung, um die vorgegebenen Spaltmaße exakt einzuhalten. Ein nicht gleichmäßig verlaufender Luftspalt an der Tür kann beispielsweise zu erhöhten Windgeräuschen führen oder ein lästiges Klappergeräusch im Fahrbetrieb provozieren. Aus diesen Gründen sehen wir von einer Montage und Einstellanleitung dieser Bauteile in diesem Band ab. Kleinere Beulen und Kratzer, beispielsweise nach einem harmlosen Rempler, lassen sich zumeist kostengünstiger mittels Smart-Repair-Methoden wieder beseitigen. Dabei wird gezielt und mit vergleichsweise geringem Aufwand nur die entsprechende Schadstelle behandelt. Das Ergebnis ist meist ohne Tadel und braucht den Vergleich zur wesentlich teureren Reparatur in der Lackiererei nicht

Karosseriearbeiten

GEFAHRHINWEISE

Gurtstraffer: Bei Fahrzeugausstattungen mit Gurtstraffern, die bei einem Crash die Sicherheitsgurte schlagartig anziehen, ist besondere Vorsicht geboten. Aktiviert werden die Gurtstraffer von elektrisch gezündeten Gasgeneratoren. Dieses Rückhaltesystem ist fürs Do-it-yourself tabu. Montage und Demontage der Gurtstraffer sind Sache der Werkstatt, die dabei strenge Sicherheitsvorschriften einhalten muss. Wenn Sie an der Karosserie arbeiten, dürfen Sie nicht ohne weiteres in der Umgebung der Gurtrolle mit Schlagschrauber oder Hammer arbeiten – die Gurtstraffer reagieren empfindlich auf Vibrationen und harte Schläge und können auslösen. Lassen Sie sich das Airbagsystem von einem Sachkundigen außer Betrieb setzen und Bauteile der Airbaganlage, die sich im Reparaturbereich befinden, fachgerecht ausbauen und einlagern.

Verzinkung: Die Karosserie ist außen elektrolytisch und innen feuerverzinkt. Bei Schweißarbeiten entsteht giftiges Zinkoxid. Sorgen Sie für gute Belüftung am Arbeitsplatz.

Klimaanlage: Es dürfen keine Schweiß- oder Lötarbeiten durchgeführt werden, bei denen sich Teile der Klimaanlage erwärmen können. Der Kältemittelkreislauf darf nicht geöffnet werden.

Elektrische Anlage: Aufgrund der Schweißarbeiten müsste eigentlich die Batterie abgeklemmt werden. Da es aber zu Problemen mit der Datensicherung kommen kann, raten wir davon ab. Bei Schweißungen an der Auspuffanlagen müssen aber eventuell verbaute NOX-Sonden und Steuergeräte demontiert werden. Soweit Schweißarbeiten oder andere Funken erzeugende Arbeiten durchgeführt werden, können Gefahren durch die elektrischen Ströme, deren Magnetfelder, aber auch durch die Hitze oder sogar Feuer entstehen. Ein Feuerlöscher sollte wie in jeder Werkstatt immer griffbereit sein. Am besten werden die zu bearbeitenden Bauteile zuerst aus dem Fahrzeug demontiert. Ist das nicht möglich, sollte die Masseverbindung immer in der Nähe der Reparatur und in direkter metallischer Verbindung zur Schweißstelle stehen. Fehlerströme können so deutlich verringert werden. Zur Sicherheit kann ein so genannter »Spannungsspitzen-Killer« das Bordnetz zusätzlich absichern.

scheuen (Näheres dazu auch im Kapitel »Werterhalt«). Für das Do-it-yourself gibt es Selbstreparatursets. Diese enthalten eine Airbrush-Lackpistole die entweder mittels Reifendruck (Ersatzrad) oder Treibgasflasche (Baumarkt) betrieben wird und mit welcher Sie kleine Lackmängel besser als nur mit dem Lackstift ausbessern können. Zur Entnahme geringer Lackmengen eignet sich dann wiederum der Lackstift. Doch Vorsicht sollte nach allzu heftigen Kollisionen geboten sein: Schäden am Rahmen können ohne Spezialkenntnisse und schon gar nicht in der heimischen Werkstatt gerichtet werden. Hierfür muss die Fachwerkstatt ran, um bei Ihrem A3 auf einer Richtbank wieder die ursprüngliche Maßhaltigkeit der Rahmenkonstruktion herzustellen. Schlecht reparierte Unfallschäden machen sich also gleich doppelt schlecht: Neben optischer (wertmindernden) Mängel, wie beispielsweise schräge Fugenverläufe, ist der Wagen bedingt durch einen verzogenen Rahmen meist auch erheblich in seinen Fahreigenschaften beeinträchtigt.

Vorsicht bei Lackierarbeiten

Wird Ihr A3 nach Lackierarbeiten zum Aushärten des Lacks in den Trockenofen gebracht, muss sichergestellt sein, dass Ihr Fahrzeug nicht über 80 °C hinaus erwärmt wird. Es besteht sonst die Gefahr, dass der Überdruck in der Klimaanlage zu Undichtigkeiten führen kann. Darüber hinaus kann es zu Beschädigungen an elektrischen Komponenten kommen.

Arbeiten an Kunststoffteilen

Diverse Kunststoffteile, Verkleidungen und Deckel sind mit unterschiedlichen Halteclips und Spreiznieten gesichert. Verwenden Sie vom Hersteller empfohlene Kunststoffkeile und Hebel, um diese fachgerecht auszubauen und keine bleibenden Macken in der Oberfläche angrenzender Teile zu hinterlassen. Wie spröde oder elastisch sich ein Kunststoffteil verhält, ist in großem Maße von der Umgebungstemperatur abhängig. Seien Sie daher bei kalten Außentemperaturen besonders vorsichtig beim Hantieren mit Kunststoffteilen. Es besteht erhöhte Bruchgefahr!

Schweißarbeiten

Sind Schweißarbeiten am Fahrzeug unumgänglich, ist das Widerstandspunktschweißen anzuwenden. Nur in zwingenden Ausnahmefällen sollten Sie nach Schutzgasverfahren arbeiten. Die Fahrzeugkarosserie ist verzinkt. Das bedeutet, dass bei Schweißarbeiten giftiges Zinkoxid entsteht! Sorgen Sie daher für gute Belüftung am Arbeitsplatz! Schweißen, Flexen und andere grobe Arbeiten, die Funken bilden, erfordern ebenfalls das Abklemmen der Batterie und Sicherung der Batteriepole. Nähere Hinweise zum Thema Batterie ab- und anklemmen entnehmen Sie bitte dem Kapitel Elektrik.

Überspannungsschutz an der Batterie.

Schläge und Erschütterungen

Während Arbeiten an der Karosserie sind Hammerschläge und Erschütterungen unumgänglich. Um Schäden von Sicherheitskomponenten wie Airbag oder Gurtstraffer abzuwenden, sollten diese vor der Reparatur von einem geprüften Sachkundigen demontiert werden.

Klimaanlage

Halten Sie sich bei Karosseriearbeiten fern von Komponenten der Klimaanlage. Der Kühlmittelkreislauf darf nicht geöffnet werden. Austretendes Kühlmittel kann bei Berührung schlimme Erfrierungen verursachen. Ebenfalls sollten Sie es dringend vermeiden, den Klimakomponenten hohe Wärme zuzuführen. Das beinhaltet ein Verbot von sämtlichen Schweiß- und Lötarbeiten an Teilen der Klimaanlage sowie in deren Umfeld. Auch für den Umgang mit der Klimaanlage ist es aus arbeitsschutzrechtlichen Gründen erforderlich, die Sachkunde nachzuweisen. In den Werkstätten finden Sie Mechaniker, die diese Weiterbildung absolviert haben. Die Füllung und Wiederinbetriebnahme muss auch durch dieses Personal erfolgen. Ohne die entsprechenden Füllgeräte lässt sich dies ohnehin nicht erledigen.

Defekte Kunststoffteile der Karosserie

Beschädigte Kunststoffteile, wie die Stoßfänger, müssen nicht immer gleich ausgetauscht werden. Oftmals ist auch eine Reparatur möglich. Untersuchungen der Automobilhersteller, der Assekuranzen und der DEKRA haben gezeigt, dass fachgerecht reparierte Kunststoffteile den Neuteilen in Funktion, Stabilität und Optik gleichzustellen sind. Inzwischen haben nahezu alle Fahrzeughersteller Freigaben zur Reparatur von Kunststoffteilen erteilt. Eine Reparatur kann für Sie eine Kostenersparnis von bis zu 50% gegenüber einem Neuteil bedeuten. Beispiele für die Reparatur von Kunststoffen werden am Ende dieses Kapitels vorgestellt.

Wartungsarbeiten an der Karosserie

Eine sehr sinnvolle Wartungsarbeit ist die Untersuchung des Unterbodenschutzes sowie des Lackzustandes. Die frühe Entdeckung eines Schadens kann Ihnen viel Geld sparen. Prüfen Sie den Unterboden auf Beschädigungen und fehlende Beschichtungen. Schauen Sie auch in den Radhäusern und allen Unterholmen nach! Fehlenden Unterbodenschutz können Sie ganz einfach mit handelsüblichen Produkten nach Herstellerangaben wieder in Ordnung bringen. Die Prüfung des Karosserielacks ist eine zeitaufwändige Sache, wenn Sie die Arbeit sorgfältig ausführen wollen. Im Zuge der Untersuchung sollten Sie jede Tür und jede Klappe geöffnet haben. Achten Sie ganz besonders auf Schäden im Bereich der Karosserieverbindungen. Alle Bördel und Hilfsrahmen sind ebenfalls anfällige Strukturen. Diese finden Sie vermehrt an der Innenseite der Motorhaube, Heckklappe und den Türen. Haben Sie Mängel festgestellt, sollten Sie diese schnellstens beseitigen. Lackschäden an nicht (von außen) sichtbaren Bereichen lassen sich relativ einfach selbst ausbessern. Ihr Audi-Händler hat dazu ein breites Angebot an Lackstiften und Mittelchen, die sich hierfür eignen. Bei Lackschäden an sichtbaren Stellen sollten Sie die Reparatur ausgebildeten Fachkräften überlassen.

Der kleine Schmierdienst

Grundsätzlich benötigen alle beweglichen Teile Schmierung. Heutzutage sind jedoch die meisten Scharniere und Gelenke selbstdichtend aufgebaut und oft mit einer lebenslangen Fettfüllung versehen. Trotzdem sollten Sie hin und wieder ein Auge auf diese Stellen werfen, den Schmutz äußerlich entfernen und mit einem geeigneten Mittel, wie z. B. teflonhaltiges Spray, etwas Schmierstoff an die Drehpunkte bringen. Bewegen Sie die zu schmierenden Teile beim Einsprühen, um ein besseres Eindringen des Mittels zu ermöglichen. Zu viel Aufgetragenes sollten Sie am besten gleich wieder abwischen. Um ein einwandfreies Gleiten der Türen und des Schiebedachs zu gewährleisten, sollten Sie auch diese Stellen hin und wieder etwas schmieren. Entfernen Sie zuerst altes Fett und Schmutz an den in Frage kommenden Stellen. Anschließend fetten Sie die Türfangbänder am besten mit dem Schmierfett VW-G 000 150 ein.

Ohne Muster verliert man schnell den Überblick: Der Tankdeckel ist schnell demontiert und recht handlich zum Mitnehmen.

Montagearbeiten

Die meisten Montagearbeiten unterscheiden sich nicht von der linken zur rechten Fahrzeugseite. Wir stellen deshalb in der Regel nur die der linken Seite vor. Sollten gravierende Merkmale den Arbeitsablauf verändern, weisen wir gesondert darauf hin.

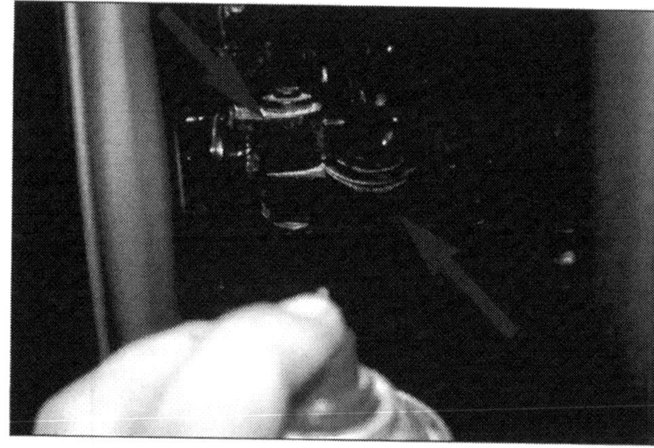

Scharniere schmieren: Den mit Pfeilen gekennzeichneten Bereich säubern und mit Sprühfett behandeln.

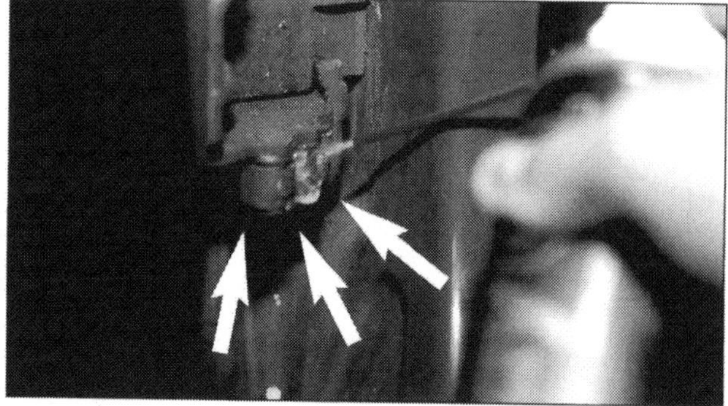

Fangbänder schmieren: Quietschende Scharniere sind nervig und außerdem der Beleg mangelnder Fürsorge. Beugen Sie durch regelmäßige Öl-Anwendung vor. Dabei auch gleich die Türfeststeller an den im Bild angezeigten Stellen schmieren.

Blende der B-Säule demontieren

Zwei- und Dreitürer:

- Ziehen Sie zuerst die Türdichtung vorsichtig ab.
- Bohren Sie die Hohlnieten auf.
- Ziehen Sie dann die Blende nach vorne von der Seitenscheibe ab.

Die Montage erfolgt sinngemäß in umgekehrter Reihenfolge. Reinigen Sie den Bereich unter der Blende gründlich. Achten Sie darauf, dass die Klammern auf der Blende auf die Seitenscheibe aufgedrückt werden, und beginnen Sie immer die Blende von oben nach unten zu vernieten.

Vier- und Fünftürer:

- Öffnen Sie die vordere und die hintere Tür.
- Ziehen Sie den Fixierstift der Abdeckung ab und nehmen Sie diese ab.
- Lösen Sie die Verschraubungen der Blende (6).
- Nehmen Sie nun die Blende ab.

Für die Montage sind einige Dinge zu beachten. Wenn Sie den Blendenhalter demontiert haben, sollten Sie ihn erneuern. Er hat zwei Anschläge, die die Anbaulage vorgeben. Diese Anschläge werden nach der Ausrichtung abgebrochen und stehen damit nicht mehr zur Verfügung. Des Weiteren sollte die Tülle zur Fixierung der Abdeckung (8) bei jeder Montagearbeit erneuert werden.

- Öffnen Sie beide Türen des Fahrzeuges.
- Schieben Sie die Blende in den oberen Halter ein.
- Schließen Sie die hintere Tür und richten Sie die Blende parallel zum Türrahmen der hinteren Tür aus.
- Drehen Sie nun zuerst die vordere Schraube wieder fest (6) (2 Nm).
- Öffnen Sie die hintere Tür wieder und ziehen Sie dann die hintere Schraube (6) an.
- Tauschen Sie die Tülle (7) aus.
- Drücken Sie die Abdeckung (8) an, bis sie einrastet.

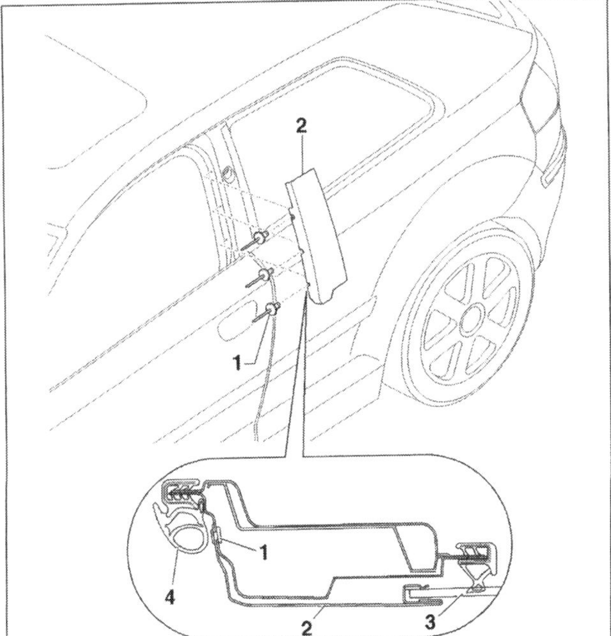

Blende Zwei- und Dreitürer: 1 Hohlniet, 2 Blende B-Säule, 3 Seitenscheibe, 4 Türdichtung.

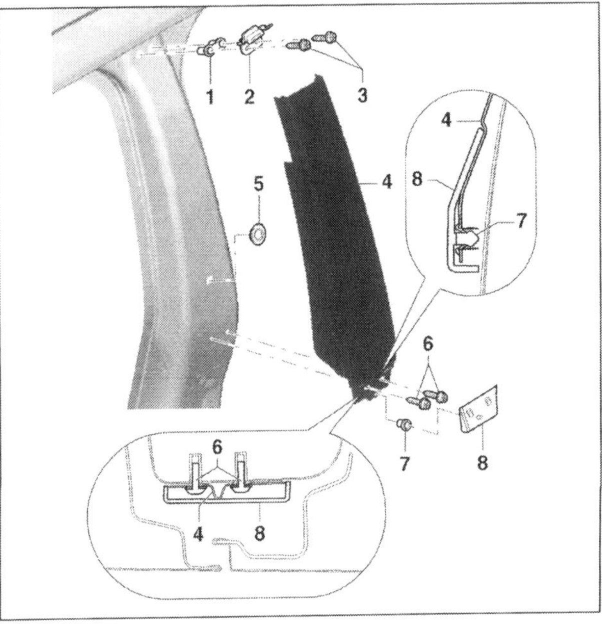

Blende Vier- und Fünftürer: 1Gewindehülse, 2 Blendenhalter, 3 Schraube, 4 Blende B-Säule, 5 Dichtung, 6 Schraube, 7 Tülle, 8 Abdeckung.

Schwellerleisten/Trittleisten ersetzen

Müssen aufgrund von Beschädigungen oder Lackierarbeiten die Einstiegsleisten entfernt werden, müssen diese erneuert werden. Zum einen sind sie selbstklebend ausgelegt und zum anderen werden sie bei der Demontage verformt.

Ausbau

- Öffnen Sie alle Türen der Seite, auf der Sie die Einstiegsleiste wechseln wollen.
- Erwärmen Sie die Einstiegsleiste vorsichtig mit einem Heißluftföhn auf ungefähr 40 °C.
- Ziehen Sie die Einstiegsleiste nach oben ab. Achten Sie darauf, dass sich die Stifte nicht in den Fixierungslöchern verhaken.

Einbau

- Reinigen Sie die Dichtflächen gründlich mit Benzin und Silikonentferner.
- Reiben Sie die Dichtflächen gründlich trocken.
- Erwärmen Sie die Einstiegsleiste vorsichtig mit einem Heißluftföhn auf ungefähr 40 °C.
- Ziehen Sie die Schutzfolie von der Einstiegsleiste ab.
- Achten Sie darauf, dass die Einstiegsleiste mit den Stiften in den Führungen sitzt.
- Drücken Sie die Einstiegsleiste gleichmäßig an.

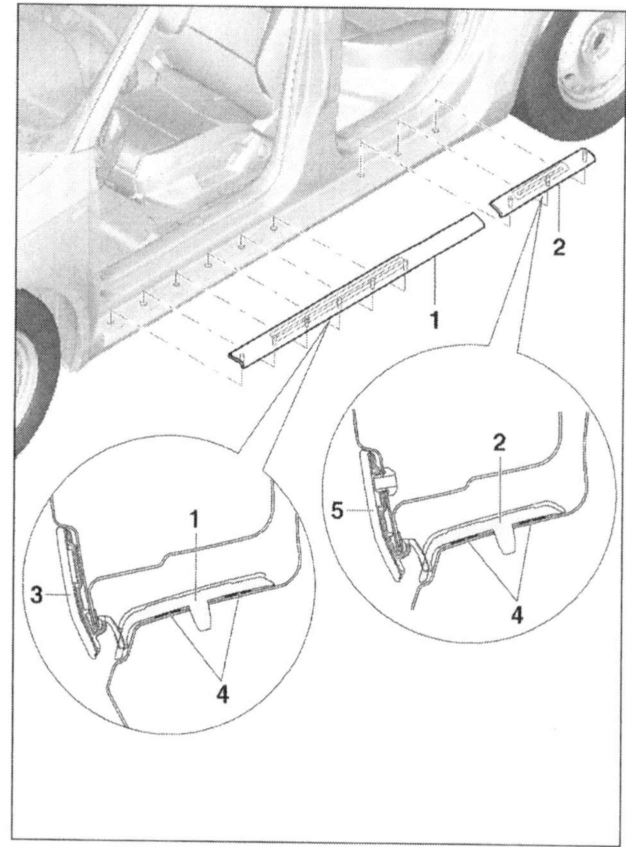

Schwellerleisten oder auch Einstiegsleisten am A3:
1 Einstiegsleiste vorne, 2 Einstiegsleiste hinten, 3 Spaltabdeckung vorne für den Unterholm, 4 doppelseitiges Klebeband, 5 Spaltabdeckung hinten für den Unterholm.

Schutzleisten Türen und Seitenteil

Ausbau

- Erwärmen Sie die Schutzleisten vor der Demontage vorsichtig mit einem Heißluftföhn auf ungefähr 40 °C.
- Ziehen Sie die Einstiegsleiste langsam zur Seite ab. Achten Sie darauf, dass sich die Stifte nicht in den Fixierungslöchern verhaken.

Einbau

- Reinigen Sie die Dichtflächen gründlich mit Benzin und Silikonentferner.
- Reiben Sie die Dichtflächen gründlich trocken.
- Erwärmen Sie die Einstiegsleiste vorsichtig mit einem Heißluftföhn auf ungefähr 40 °C.
- Ziehen Sie die Schutzfolie von der Einstiegsleiste ab.
- Achten Sie darauf, dass die Einstiegsleiste mit den Stiften in den Führungen sitzt.
- Drücken Sie die Einstiegsleiste gleichmäßig an.

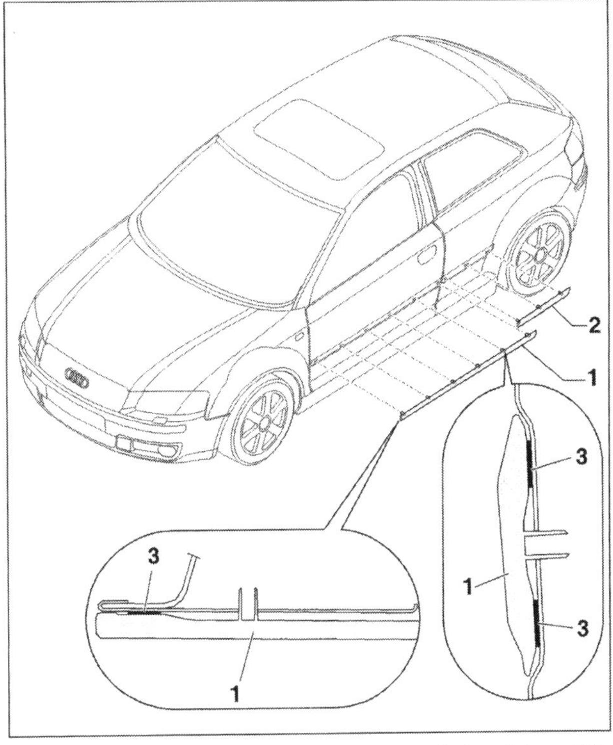

Montageübersicht der Schutzleisten: 1 Schutzleiste Tür vorne, 2 Schutzleiste Seitenteil, 3 doppelseitiges Klebeband.

Abdeckleiste Tür unten

Ausbau

- Öffnen Sie die entsprechende Tür.
- Demontieren Sie die Kreuzschlitzschrauben (1).
- Heben Sie die Leiste im Bereich der Klebestelle (4) vorsichtig an.
- Schieben Sie die Leiste nach hinten aus der Verrastung heraus und nehmen Sie die Leiste ab.

Einbau

- Reinigen Sie die Klebefläche gründlich mit Benzin und Silikonentferner.
- Reiben Sie die Klebefläche gründlich trocken.
- Erwärmen Sie die Abdeckleiste vorsichtig mit einem Heißluftföhn auf ungefähr 40 °C.
- Ziehen Sie die Schutzfolie von der Klebestelle der Leiste ab.
- Achten Sie darauf, dass die Einstiegsleiste mit den Stiften in den Führungen sitzt.

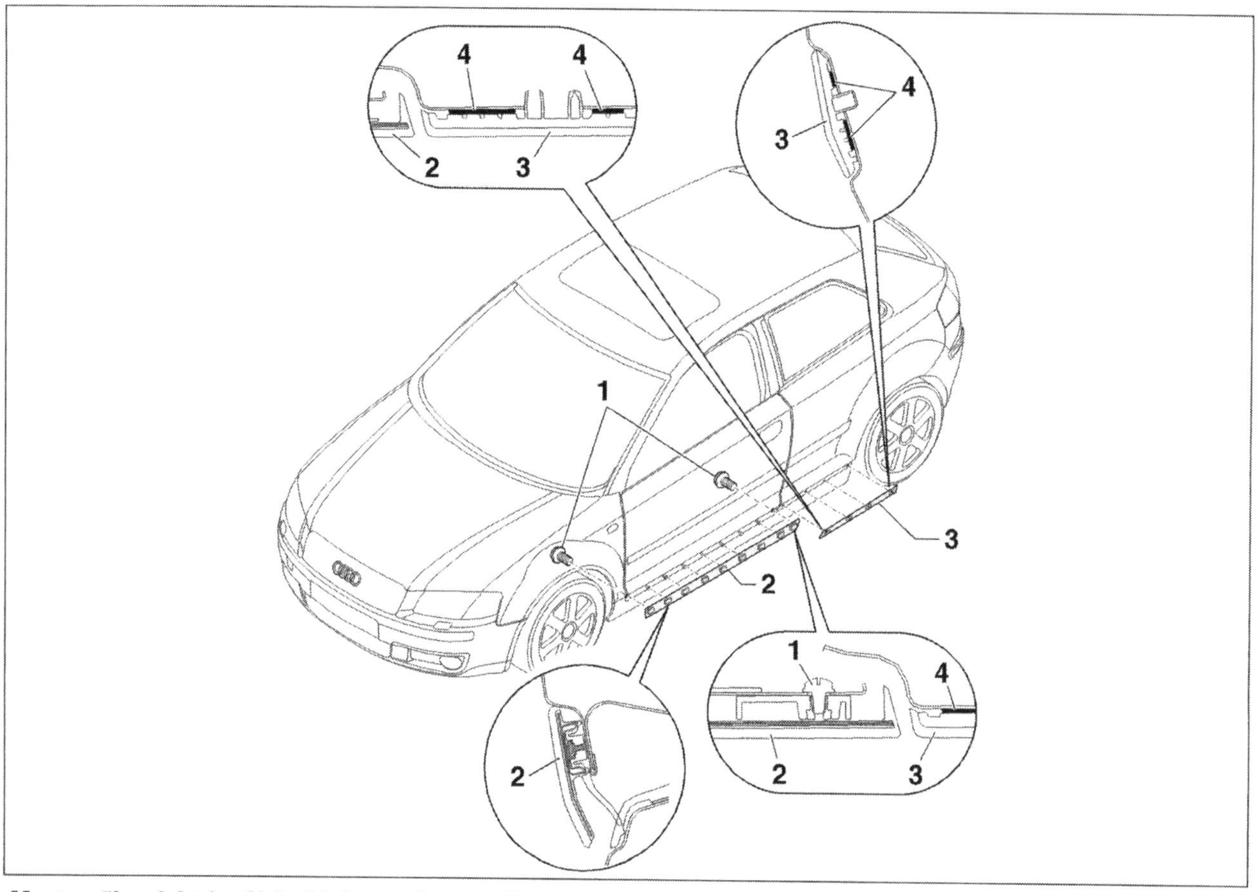

Montageübersicht der Abdeckleisten: 1 Kreuzschlitzschrauben, 2 Abdeckleiste Tür, 3 Abdeckleiste Seitenteil, 4 doppelseitiges Klebeband.

Abdeckleiste Kotflügel unten

- Demontieren Sie die Radhausschale der entsprechenden Seite.
- Drehen Sie die Torxschraube heraus.
- Drücken Sie die Rasthaken wie im Bild gezeigt zusammen.
- Ziehen Sie die Leiste gerade vom Kotflügel ab.

Die Montage erfolgt sinngemäß in umgekehrter Reihenfolge. Reinigen Sie den Bereich unter der Leiste gründlich. Die Schraube darf nur leicht (2,5 Nm) angezogen werden.

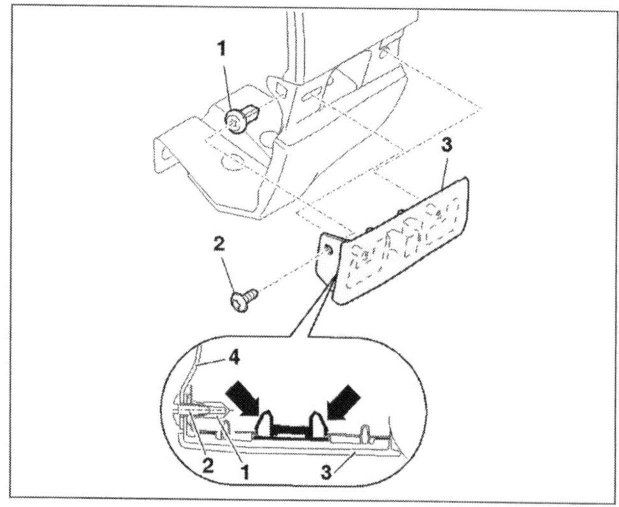

Montageübersicht der Abdeckleisten: 1 Kunststoffeinsatz, 2 Torxschraube, 3 Abdeckleiste.

Außenspiegel aus- und einbauen

Ausbau

- Schalten Sie die Zündung aus und ziehen Sie den Schlüssel ab.
- Demontieren Sie die entsprechende Türverkleidung.
- Ziehen Sie die Verkleidung im Spiegelbereich vorsichtig ab.
- Demontieren Sie die den Kabelstrang zum Spiegel.
- Lösen Sie die Gehäuseverschraubungen und nehmen Sie den Spiegel ab. Achten Sie darauf, dass Sie den Kabelstrang gleichmäßig nachführen. Entnehmen Sie die eventuell verbauten Geräuschdämmungen aus der Tür.

Einbau

- Achten Sie darauf, dass die Geräuschisolierungen und Dichtungen genau sitzen. Es können leicht unangenehme Windgeräusche entstehen.

Die weitere Montage erfolgt in umgekehrter Reihenfolge.

Spiegelglas aus- und einbauen

VORSICHT: Versuchen Sie nicht den Spiegel zu biegen oder übermäßig zu belasten. Spiegelglas splittert sehr leicht. Die Glaspartikel spritzen dann oft aus den Bruchstellen heraus. Schützen Sie Ihre Hände mit Handschuhen und tragen Sie eine Schutzbrille. Schützen Sie die Spiegelgehäuse mit Textilklebeband.

Die Demontage des Spiegelglases stellt sich ohne Erfahrung etwas schwierig dar. Wir gehen davon aus, dass Sie das Spiegelglas auswechseln möchten, weil es gebrochen ist.

Ausbau

- Kleben Sie die Glasfläche mit einem Textilklebeband ab.
- Schwenken Sie das Spiegelglas in Richtung Türscheibe.
- Lösen Sie die Rastnasen vorsichtig zuerst unten mit einem Schraubendreher oder dem Abdrückhebel 80-200, welcher bei VW/Audi zu erstehen ist.
- Nehmen Sie das Spiegelglas ab und ziehen Sie die Steckkontakte der Spiegelheizung ab.

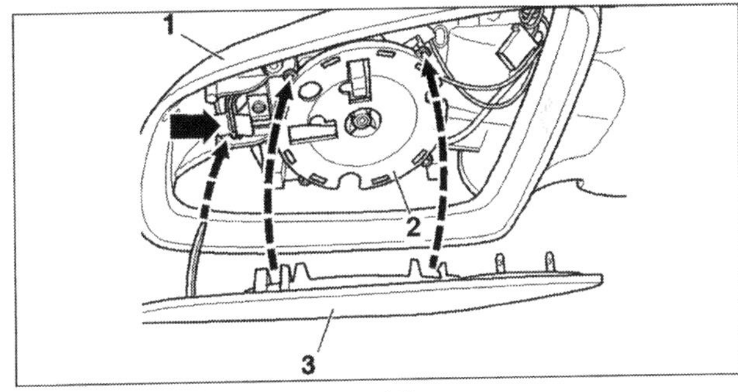

Montageübersicht Spiegelgehäuse:
1 Spiegelgehäuse außen, 2 Grundträger, 3 Spiegelglas, 4 Rastnasen. ((muss im Bild ergänzt werden))

Einbau

- Prüfen Sie die Grundplatte (2) auf Unversehrtheit.
- Stecken Sie die Steckkontakte der Spiegelheizung auf.
- Achten Sie beim Aufstecken des Spiegelglases darauf, dass die Reibefeder (dicker Pfeil) in der Führung sitzt.
- Drücken Sie das Spiegelglas mittig auf die Grundplatte und achten Sie darauf, dass das Spiegelglas hörbar einrastet.

Spiegelgehäuse aus- und einbauen

- Demontieren Sie das Spiegelglas.
- Drehen Sie die beiden Kreuzschlitzschrauben aus dem Spiegelgehäuse unten heraus.
- Nehmen Sie es nach unten ab. Achten Sie darauf, dass die Nase sich aus dem Spiegelgehäuse oben lösen.
- Lösen Sie die Rastnase des Spiegelgehäuses oben aus der Spiegelverstelleinheit und nehmen Sie das Spiegelgehäuse nach oben ab.

Die Montage erfolgt sinngemäß in umgekehrter Reihenfolge. Achten Sie darauf, dass die Rastnasen in die Spiegelverstelleinheit einrasten.

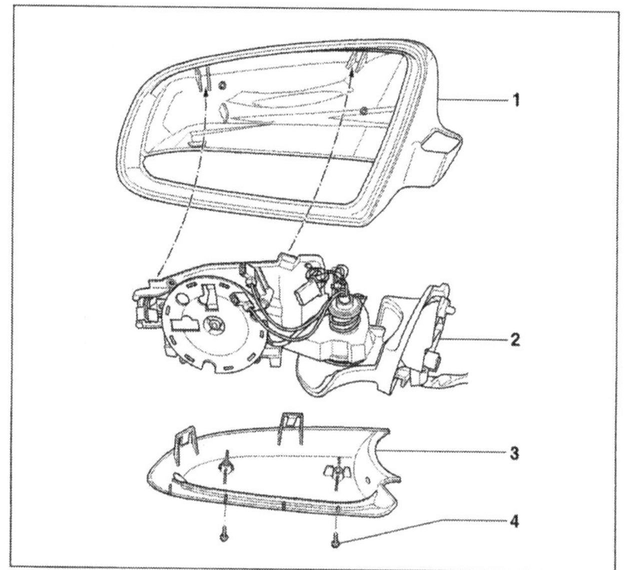

Montageübersicht: 1 Spiegelgehäuse oben, 2 Spiegelverstelleinheit, 3 Spiegelgehäuse unten, 4 Kreuzschlitzschrauben.

Türsicherungsleuchte und Einstiegsleuchte aus- und einbauen

- Drücken Sie mit einem flachen Schraubendreher die Rastnasen (1) ein.
- Hebeln Sie die Leuchteneinheit heraus.
- Ziehen Sie den Steckkontakt ab.

Die Montage erfolgt sinngemäß in umgekehrter Reihenfolge. Achten Sie darauf, dass die Rastnase in die Türverkleidung einrastet.

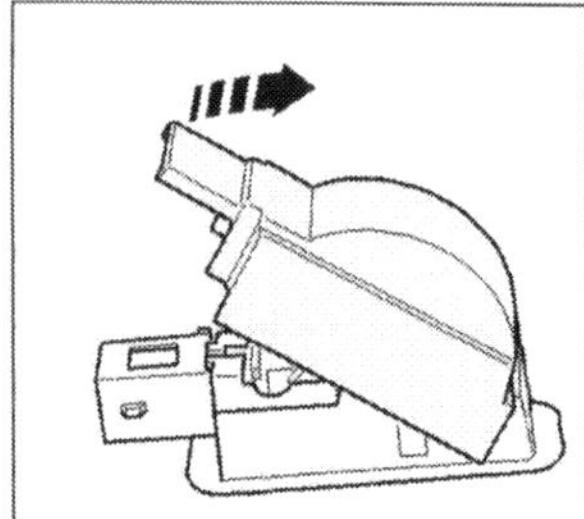

Deckel vom Steckkontakt her aufklappen.

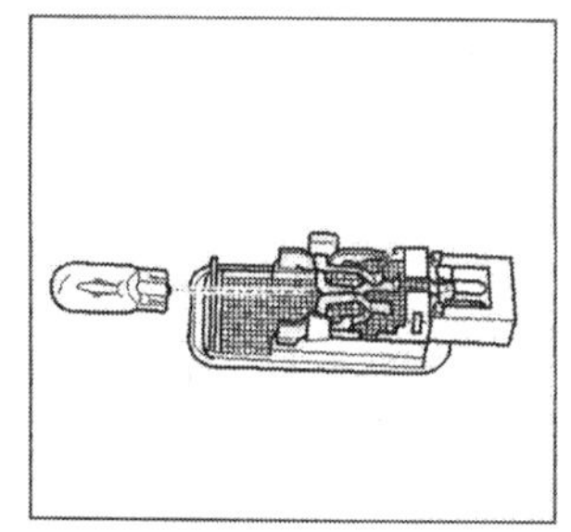

Birnchen (12V 10W) herausziehen und ersetzen.

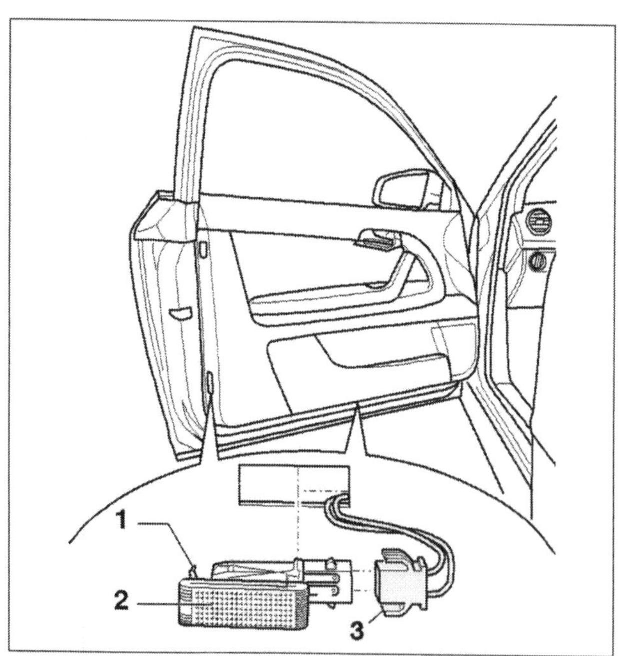

Bauteillage und Ausbau der Leuchten:
1 Rastnase, 2 Leuchteneinheit, 3 Stecker.

Fensterrahmen und Fensterheber ausbauen

- Schalten Sie die Zündung aus und ziehen Sie den Zündschlüssel ab.
- Demontieren Sie die Türverkleidung.
- Trennen Sie die elektrischen Verbindungsleitungen.
- Demontieren Sie die Abdeckungen und Dämmmaterialien.
- Demontieren Sie den Fensterhebermotor (drei Schrauben).
- Demontieren Sie die Schrauben 4, 6, 7 und 8 bei den vorderen Türen. Für die hinteren Türen sind es die Schrauben 7, 8, 3, 5 und 6.
- Heben Sie den Fensterheber und den Fensterrahmen zusammen mit den Scheiben aus der Tür heraus.

Die Montage erfolgt sinngemäß in umgekehrter Reihenfolge. Beachten Sie die Lage des Türdichtgummis beim Einsetzen der Scheibenrahmeneinheit. Wenn Sie die Einstellschrauben (a, b, c) lösen müssen, markieren Sie sich die Einstellung. Anderenfalls steht Ihnen das Einstellprozedere bevor.

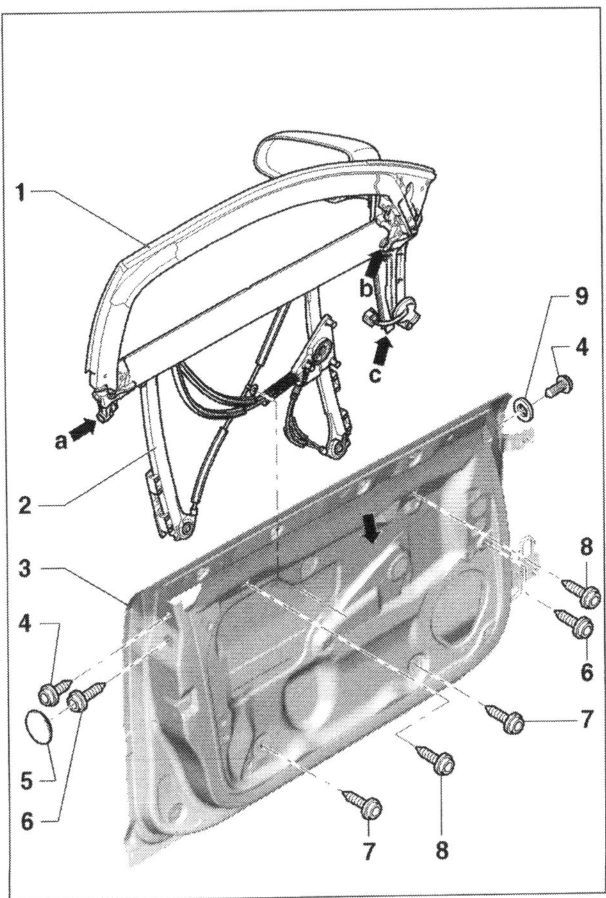

Bauteillage am Scheibenrahmen der vorderen Türen: 1 Fensterrahmen, 2 Fensterheber, 3 Tür vorne, 4 Passbundschraube, 5 Abdeckkappe, 6 Torxschraube, 7 Bundschraube, 8 Torxschraube, 9 Distanzstück, a Längenausgleichschraube, b Einstellschraube Neigung, c Einstellschraube Längsrichtung.

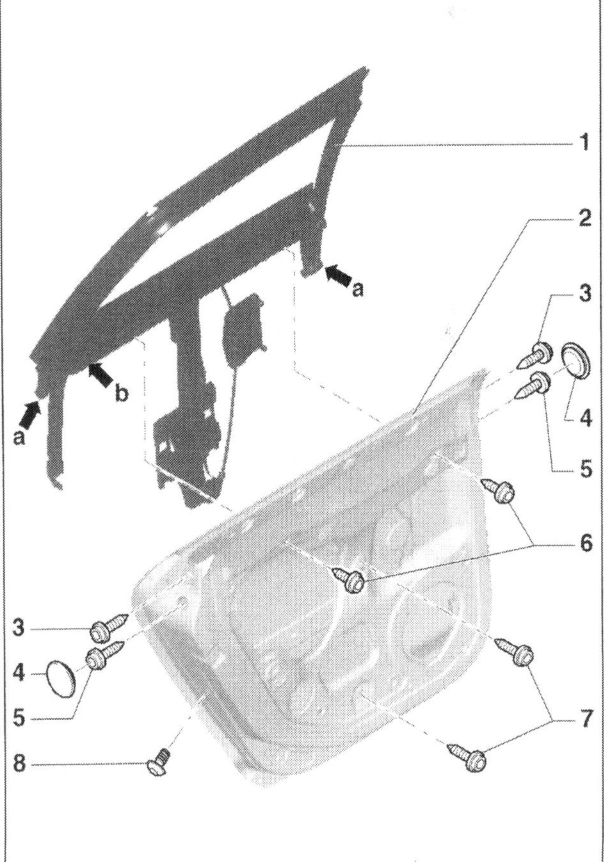

Bauteillage am Scheibenrahmen der hinteren Türen: 1 Fensterrahmen, 2 Tür hinten, 3 Passbundschraube, 4 Abdeckung, 5 Kombischraube, 6 Bundschrauben, 7 Bundschrauben, 8 Schrauben, a Einstellbuchse, b Fixierschraube.a

Türgriff ausbauen

- Demontieren Sie die Abdeckung für den Türgriff.

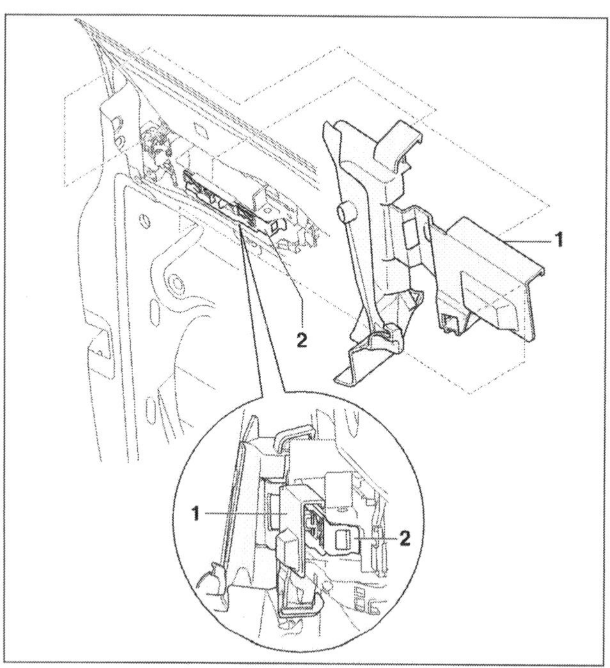

1 Abdeckung für den Türgriff, 2 Verriegelungsschieber.

- Hängen Sie die Betätigungsstange für das Türschloss oben aus.

- Stecken Sie einen Schraubendreher wie gezeigt durch die Bohrung zum Verriegelungsschieber.

- Entriegeln Sie das Türschloss und nehmen Sie es heraus.

Sollten Sie das Fahrzeug zum Lackieren fahren, können Sie die Tür mit der Betätigungsstange von außen öffnen.

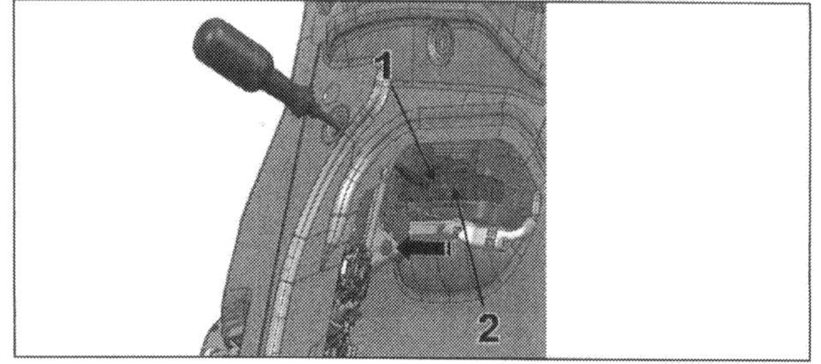

T***üren vorne:*** 1 Verriegelungsschieber, 2 Haltenase.

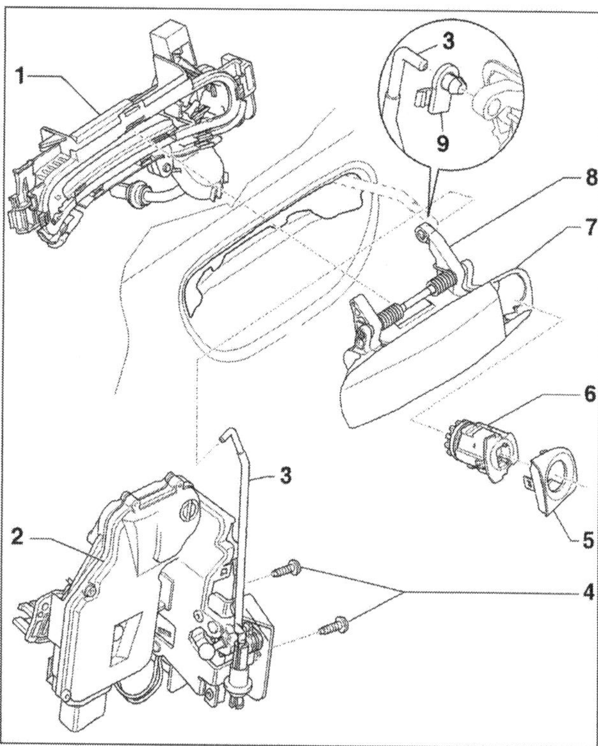

Bauteillage für den Türgriff und das Türschloss: 1 Aufnahme für den Türgriff, 2 Türschloss, 3 Betätigungsstange Türschloss, 4 Innenvielzahnschraube, 5 Abdeckung Schließzylinder, 6 Schließzylinder, 7 Türgriff, 8 Betätigungshebel, 9 Clip.

Die Montage erfolgt sinngemäß in umgekehrter Reihenfolge. Haben Sie das Fahrzeug ohne Türelektrik betrieben haben, sollten Sie in jedem Fall den Fehlerspeicher des Türsteuergerätes auslesen und die Fensterheber neu anlernen (lassen).

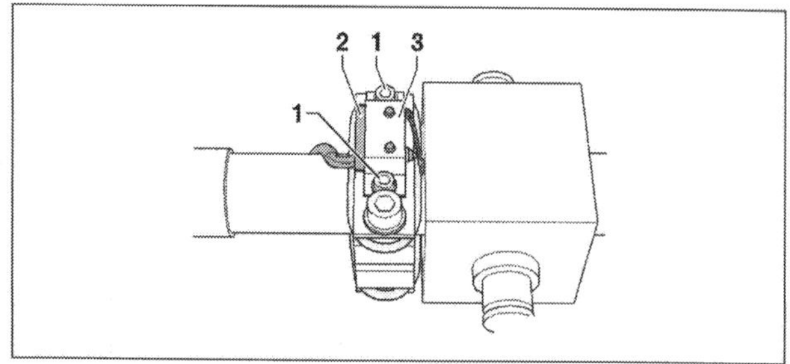

Türen hinten: 1 Verriegelungsschieber, 2 Haltenase.

Griffblende demontieren

- Ziehen Sie den Türgriff nach oben.
- Schieben Sie mit einem Schraubendreher die Verriegelung zur Seite und klinken Sie die Blende aus.
- Nehmen Sie die Blende nach unten ab.

Die Montage erfolgt sinngemäß in umgekehrter Reihenfolge.

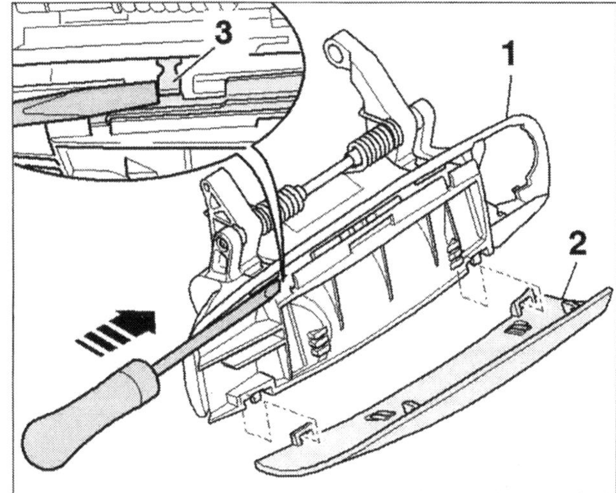

Gewusst wo: 1 Türgriff, 2 Blende, 3 Verriegelung.

Radhausschale vorne ausbauen

- Demontieren Sie das entsprechende Vorderrad.
- Demontieren Sie die Torx-Blechschrauben (2) des Radhausschalen-Vorderteils.
- Nehmen Sie die Radhausschale ab.
- Drehen Sie die Torx-Blechschrauben (2 und 3) der Radhausschale hinten heraus.
- Drücken Sie die Radhausschale leicht zusammen und nehmen Sie die Radhausschale (4) heraus.

Die Montage erfolgt sinngemäß in umgekehrter Reihenfolge. Achten Sie darauf, dass die Schnappmuttern richtig sitzen und intakt sind.

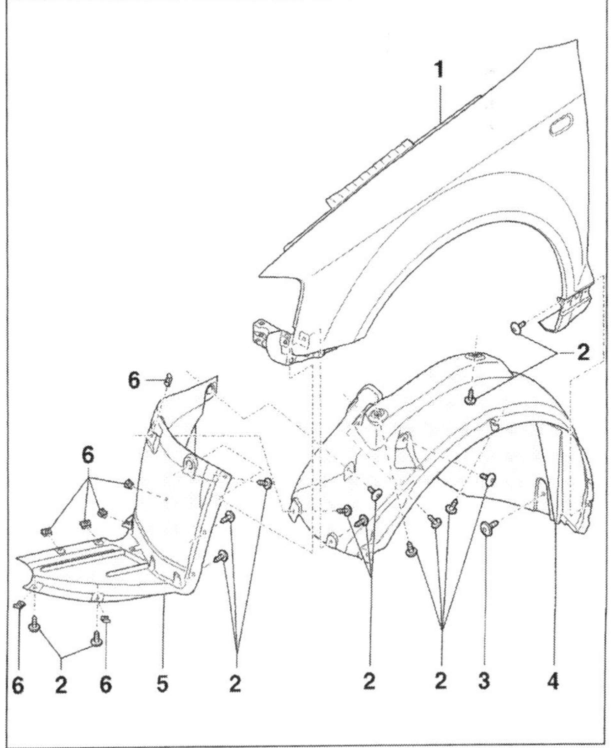

Montageübersicht im vorderen Radlauf: 1 Kotflügel, 2 Blechschrauben, 3 Blechschraube, 4 Radhausschale Hinterteil, 5 Radhausschale Vorderteil, 6 Schnappmutter.

Radhausschale hinten ausbauen

- Demontieren Sie das entsprechende Hinterrad.
- Demontieren Sie die Torx-Blechschrauben (2 und 6) der Radhausschale.
- Drücken Sie die Radhausschale leicht zusammen und nehmen Sie die Radhausschale (1) heraus.

Die Montage erfolgt sinngemäß in umgekehrter Reihenfolge. Achten Sie darauf, dass die Schnappmuttern und Spreizmuttern in der Karosserie richtig sitzen und intakt sind.

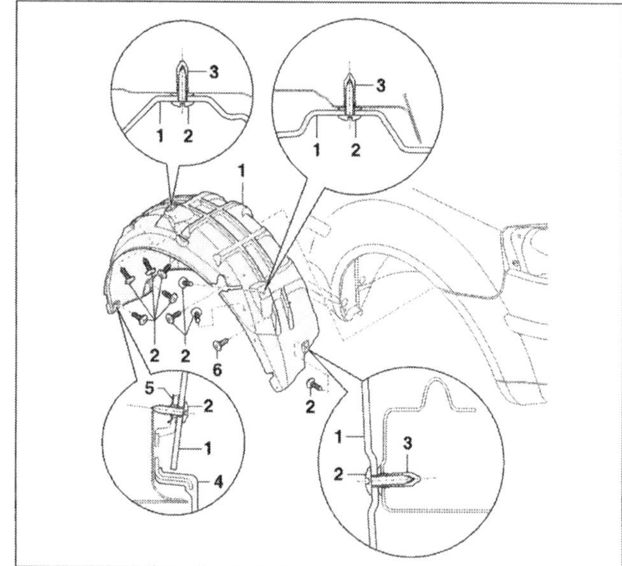

Montageübersicht im hinteren Radlauf: 1 Radhausschale, 2 Torxschraube, 3 Spreizmutter, 4 Radspoiler hinten, 5 Schnappmutter.

Stoßfänger vorne ausbauen

- Drehen Sie die Schrauben (1) heraus.
- Demontieren oder Lösen Sie die Radhausschalen in diesem Bereich.
- Drücken Sie die Radhausschalen im vorderen Bereich etwas zur Seite oder, besser, nehmen Sie diese heraus.
- Drehen Sie die drei Torxschrauben zum Kotflügel rechts und links heraus.
- Demontieren Sie die Blechschrauben (10) an der Unterseite.
- Clipsen Sie den Stoßfänger beidseitig oben aus dem Führungsteil (6) heraus.
- Ziehen Sie den Stoßfängerüberzug über die Radhausschalenkanten und nehmen Sie ihn ab.
- Demontieren Sie die Schrauben (3) aus dem Rahmenholm rechts und links.
- Nehmen Sie die Schrauben heraus und ziehen Sie die Verstärkung aus dem Rahmen heraus.

Die Montage erfolgt sinngemäß in umgekehrter Reihenfolge. Achten Sie darauf, dass die Schnappmuttern am Innenradlauf und die Spreizmuttern in der Karosserie richtig sitzen und intakt sind.

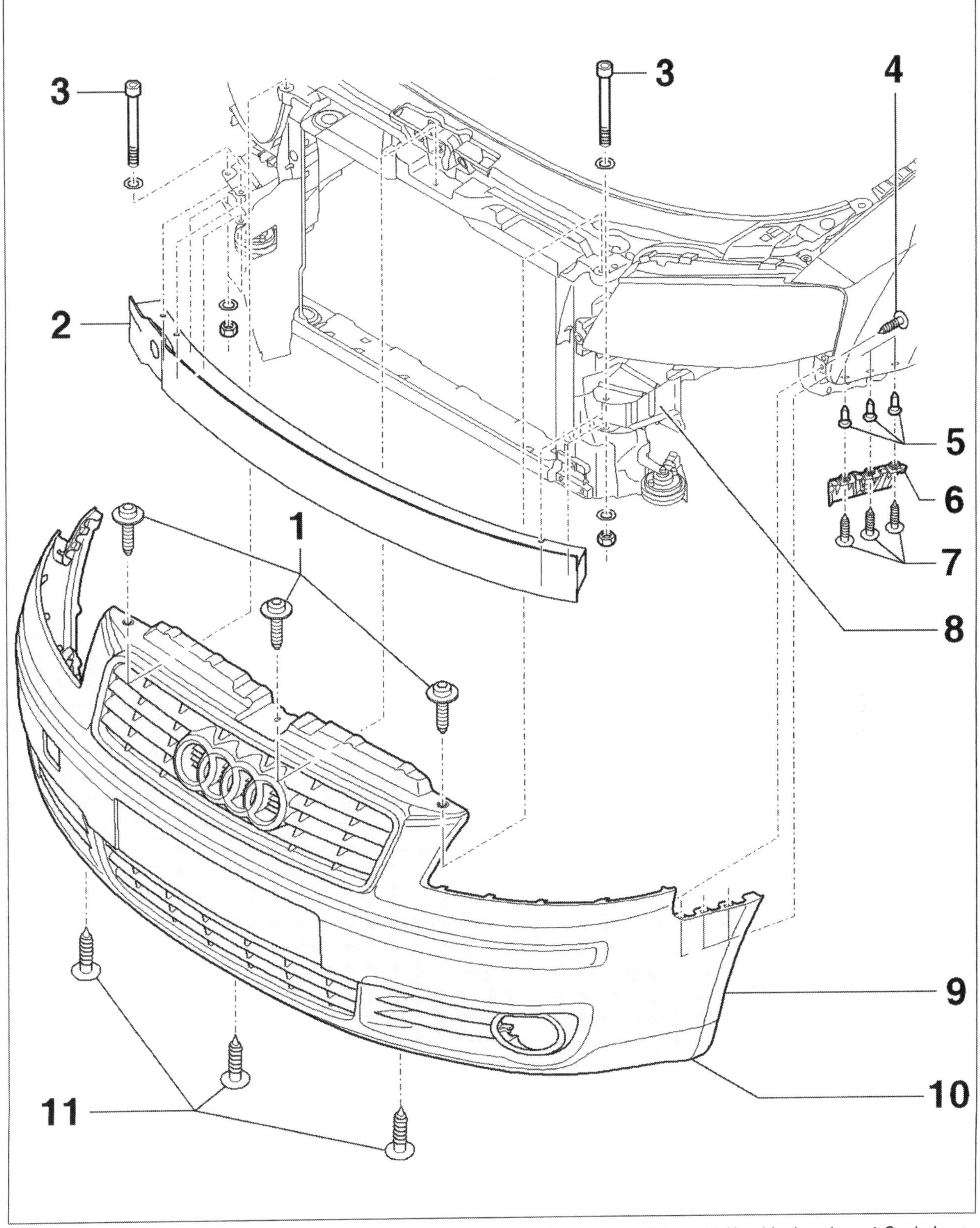

Montageübersicht für den vorderen Stoßfänger: 1 Schraube, 2 Stoßfängerverstärkung, 3 Kombischrauben, 4 Sechskantschraube, 5 Spreizclip, 6 Führungsteil, 7 Blechschraube, 8 Pralldämpfer, 9 Stoßfängerüberzug, 10 Spoiler, 11 Blechschraube.

Demontage des Schlossträgers

Grundsätzlich können der Kühler und die Scheinwerfer zusammen mit dem Schlossträger demontiert werden. Wie bei vielen Fahrzeugen des VAG Konzerns, ist es auch beim A3 möglich, ohne große Demontage Platz im Motorraum zu schaffen. Um den Frontträger in Servicestellung zu bringen, sind beide Führungsstangen T10093 erforderlich. Sie werden in die beiden oberen äußeren Befestigungslöcher der Stoßstangenhalterungen eingeschraubt.

- Trennen Sie die elektrischen Anschlüsse für die Scheinwerfer.
- Demontieren Sie die Anschlüsse für die Scheinwerferreinigungsanlage.
- Bauen Sie das Klappenschloss aus.
- Demontieren Sie die Schrauben (3) und (8).
- Entfernen Sie die beiden Torxschrauben auf derselben Ebene.
- Nehmen Sie die Stoßstangenhalterung rechts und links ab.
- Nehmen Sie den Schlossträger nach vorne ab.

Die Montage erfolgt sinngemäß in umgekehrter Reihenfolge. Achten Sie darauf, dass die Gewinde spannungsfrei passen und unbeschädigt sind. Verspannungen im Bereich des Vorderwagens können auf einen Unfallschaden hinweisen.

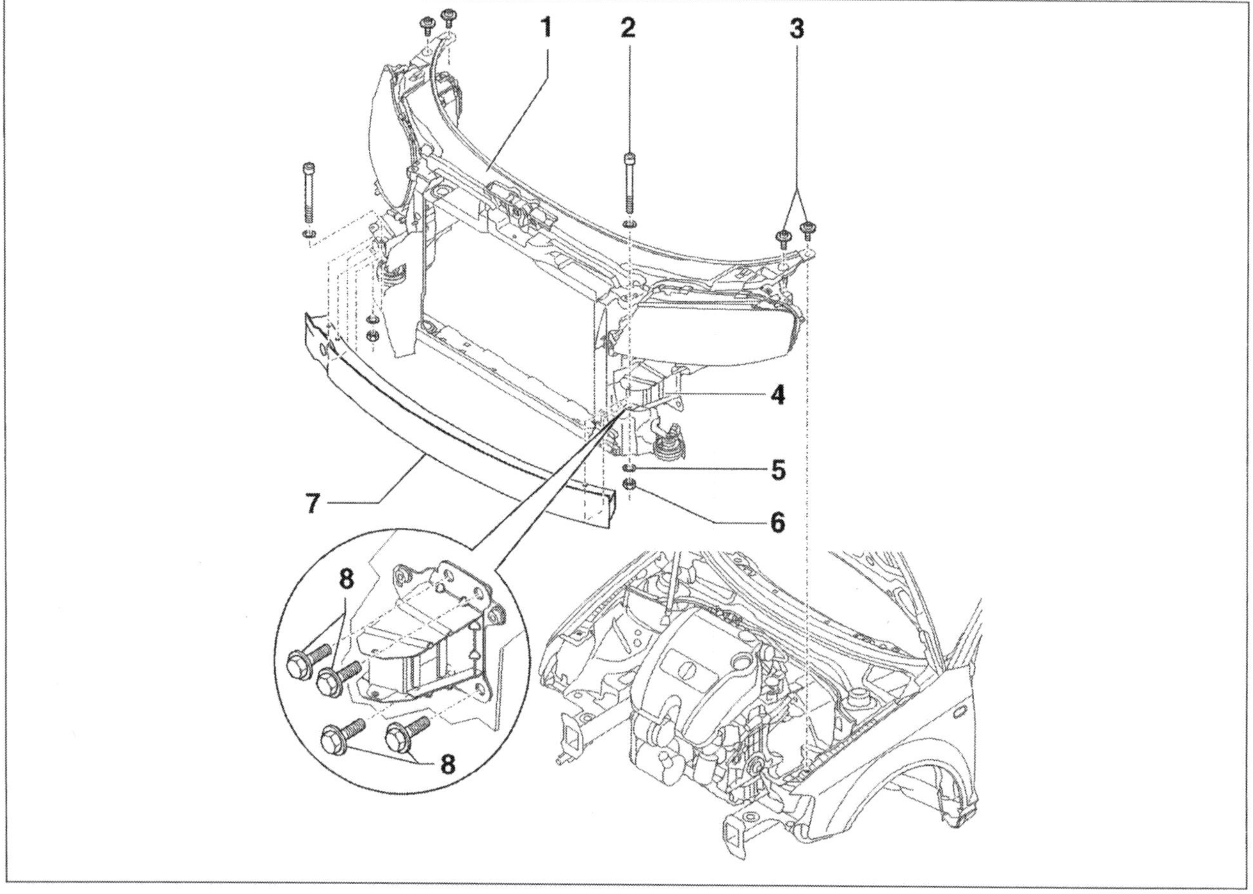

Montageübersicht Schlossträger und Pralldämpfer: 1 Schlossträger, 2 Torxschraube, 3 Torxschraube, 4 Halter für Stoßstange, 5 Unterlegscheibe, 6 Sechskantmutter, 7 Stoßfänger, 8 Sechskantschraube.

Demontage der Kotflügel

- Demontieren Sie die Stoßfängerverkleidung.
- Bauen Sie die entsprechende Radhausschale aus.
- Demontieren Sie nun den Spritzschutz im A-Säulenbereich. Hierzu müssen die beiden Schrauben entfernt werden.
- Demontieren Sie die Kotflügelabdeckung (11), indem Sie die Schraube im Radlaufbereich herausdrehen und von hinten die Sicherungsklammer etwas zusammendrücken.
- Öffnen Sie die entsprechende Tür und demontieren Sie die Schraube (5) im Bereich der A-Säule.
- Demontieren Sie nun die Schrauben (6, 7 und 8) im Radkasten.
- Drehen Sie die Schrauben am Kotflügel oben heraus.
- Nehmen Sie den Kotflügel ab. Achten Sie darauf, dass Sie weder Kotflügel noch Haube beim Hantieren mit dem Kotflügel beschädigen.

Die Montage erfolgt sinngemäß in umgekehrter Reihenfolge. Drehen Sie zuerst die Schrauben handfest an und richten Sie den Kotflügel aus. Achten Sie darauf, dass Sie möglichst gleichmäßige Spaltmaße zur Haube und zur Tür einstellen.

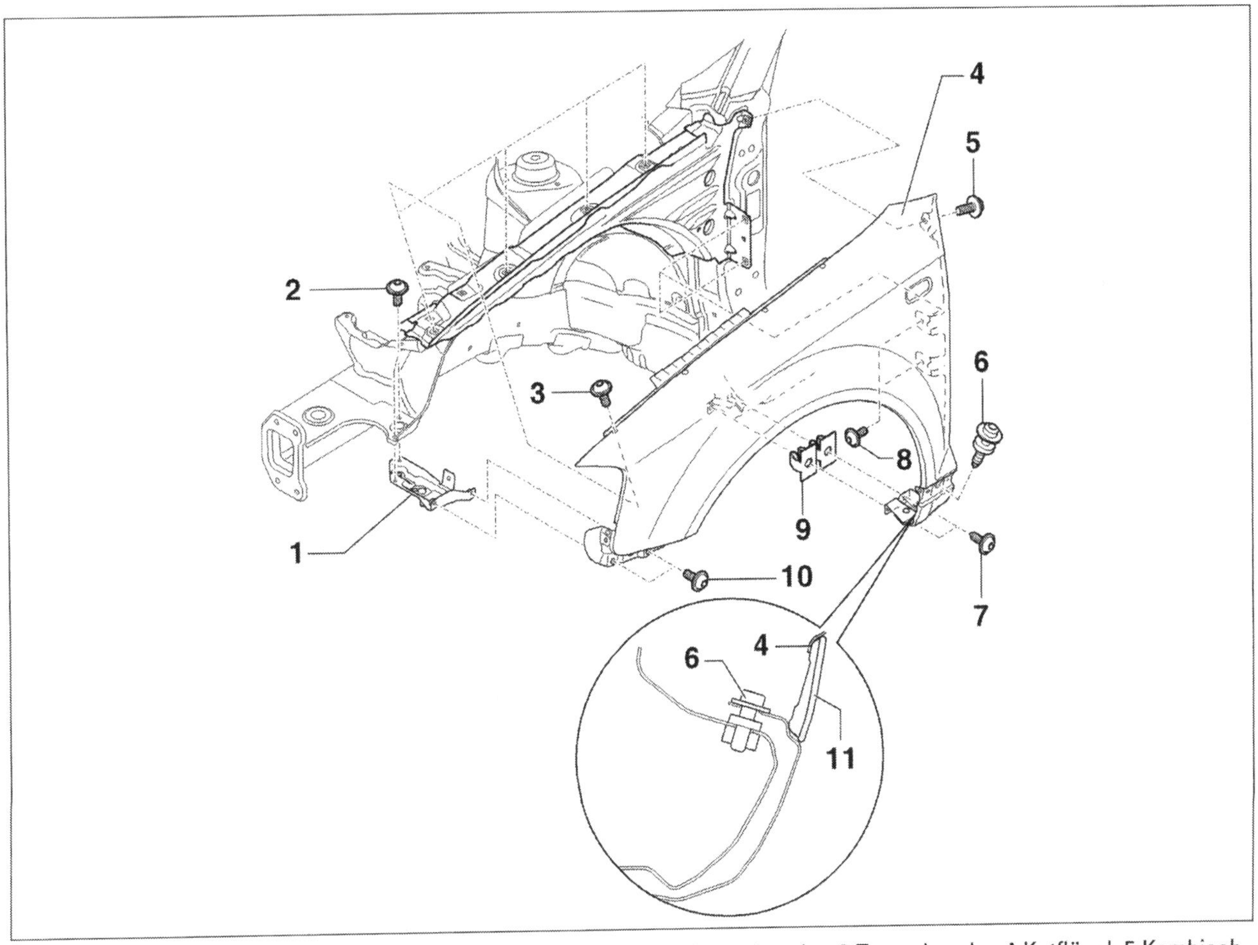

Montageübersicht für die vorderen Kotflügel: 1 Kotflügelstrebe, 2 Torxschraube, 3 Torxschraube, 4 Kotflügel, 5 Kombischraube, 6 Kombischraube mit Passscheibe, 7 Kombischraube, 8 Kombischraube, 9 Federmutter, 10 Kombischraube, 11 Abdeckung Kotflügel.

Stoßfänger hinten aus- und einbauen

Der Aufbau der dreitürigen und der fünftürigen Variante unterscheidet sich hinsichtlich des Arbeitsvorganges kaum. Wir stellen die Demontage des Fünftürers dar, da hier ein paar Teile mehr verarbeitet wurden.

- Demontieren Sie die Rückleuchten rechts und links.
- Drehen Sie die Hutmuttern im Heckblech (untere Rundung an den Rückleuchten) mit einer langen 10er-Nuss heraus.
- Bauen Sie die Schrauben (10) und (11) aus.
- Demontieren Sie die jeweils drei Torxschrauben im Radlauf im Bereich des Stoßfängers.
- Drehen Sie die beiden Schrauben unten aus dem Stoßfänger heraus.
- Ziehen Sie den Stoßfänger zuerst seitlich aus den Führungen heraus.
- Ziehen Sie ihn über die Kante des Innenradlaufes hervor.
- Nehmen Sie den Stoßfänger nach hinten ab.

Die Montage erfolgt sinngemäß in umgekehrter Reihenfolge. Achten Sie darauf, dass die Gewinde spannungsfrei passen und unbeschädigt sind. Sorgen Sie dafür, dass der Stoßfänger richtig in den Führungen einrastet und achten Sie auf die Spaltmaße.

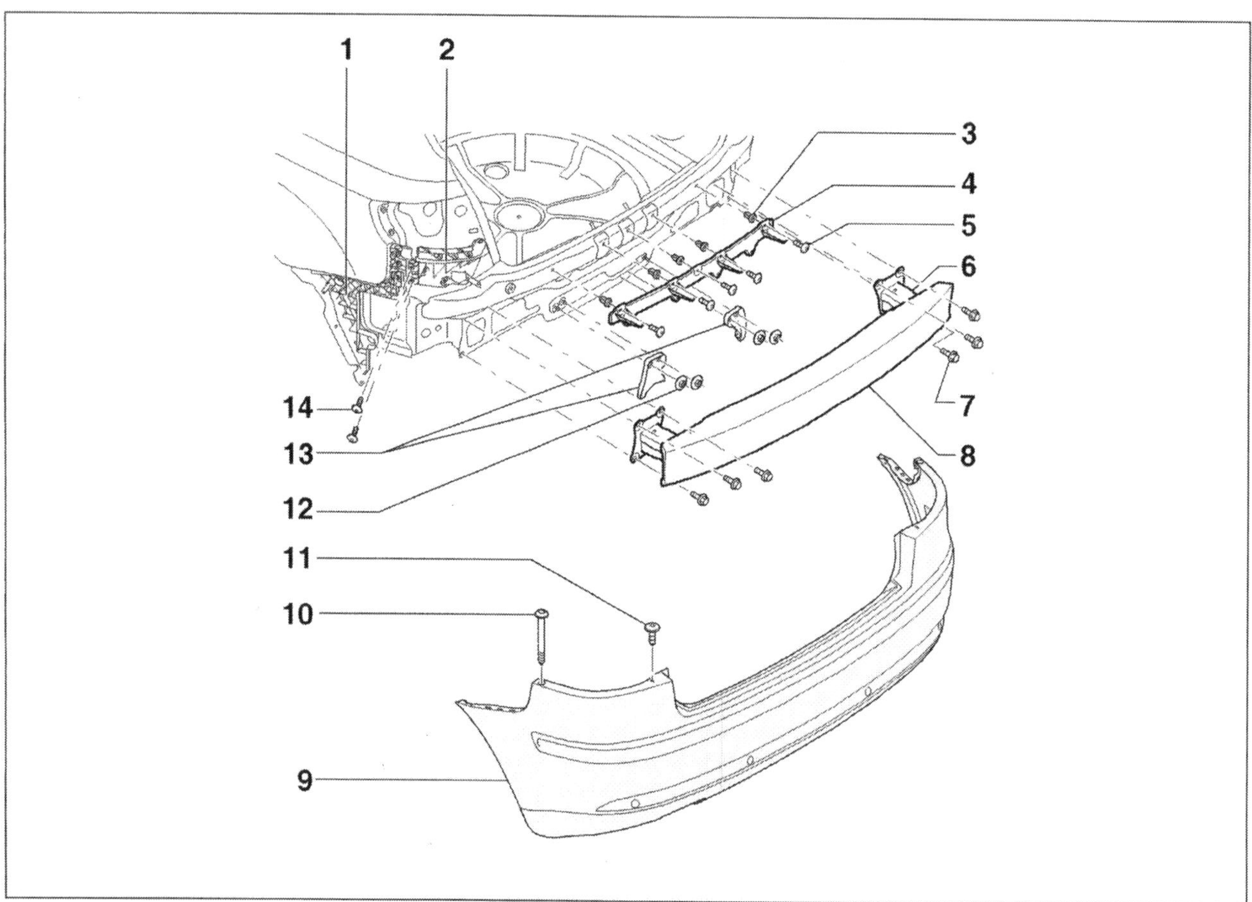

Montageübersicht des hinteren Stoßfängers: 1 Stoßstangenführung vorne, 2 Stoßstangenführung oben, 3 Spreizmutter, 4 Abstützung Ladekante, 5 Torxschrauben, 6 Stoßfängerhalter, 7 Schrauben, 8 Stoßfängerverstärkung, 9 Stoßfängerverkleidung, 10 Torxschraube, 11 Blechschraube, 12 Kombimuttern, 13 Spoilerhalter, 14 Torxschrauben.

Unterbodenverkleidung (CW-Verkleidung) aus- und einbauen

- Demontieren Sie die Schlagmuttern (2) der jeweiligen Verkleidung.
- Nehmen Sie die Verkleidung ab.

Die Montage erfolgt sinngemäß in umgekehrter Reihenfolge. Achten Sie darauf, dass die Löcher der Verkleidungen nicht ausgerissen sind. Beschädigte Muttern müssen sofort ausgetauscht werden.

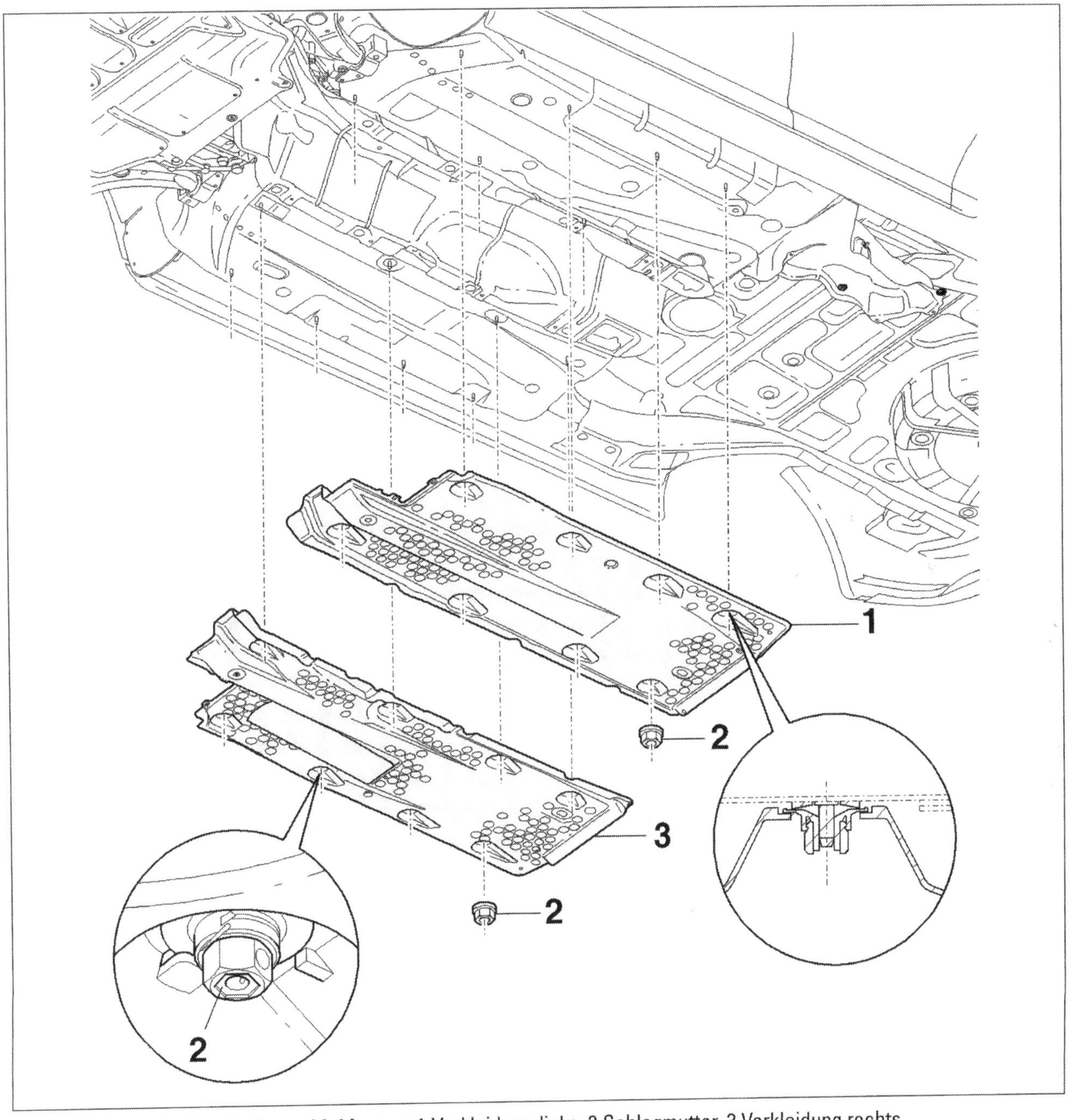

Montageübersicht Unterbodenverkleidungen: 1 Verkleidung links, 2 Schlagmutter, 3 Verkleidung rechts.

Ablaufschläuche des Schiebedaches prüfen und reinigen

Oftmals wird schon durch Blattrückstände oder Dreck einer der Abläufe des Schiebedaches im Laufe der Jahre verstopft. Die Folge ist hereintropfendes Wasser in den Innenraum. Grundsätzlich ist das aber von vorneherein leicht zu verhindern. Die Ablaufschläuche sollten in regelmäßigen Abständen kontrolliert und gespült werden. Das geht in der Regel schon recht gut mit einer Blumengießkanne.

- Demontieren Sie die hinteren Radhausschalen.
- Gießen Sie vorsichtig Wasser in die Sicke des Schiebedaches.
- Beobachten Sie den Wasseraustritt in den Radkästen.

Für die Reinigung der Schläuche eignen sich hervorragend zusammengelötete Tachometer-Innenwellen vom Schrottplatz. Mit einer Länge von 2,3 m lässt sich die Verschmutzung von unten nach oben leicht herausschieben.

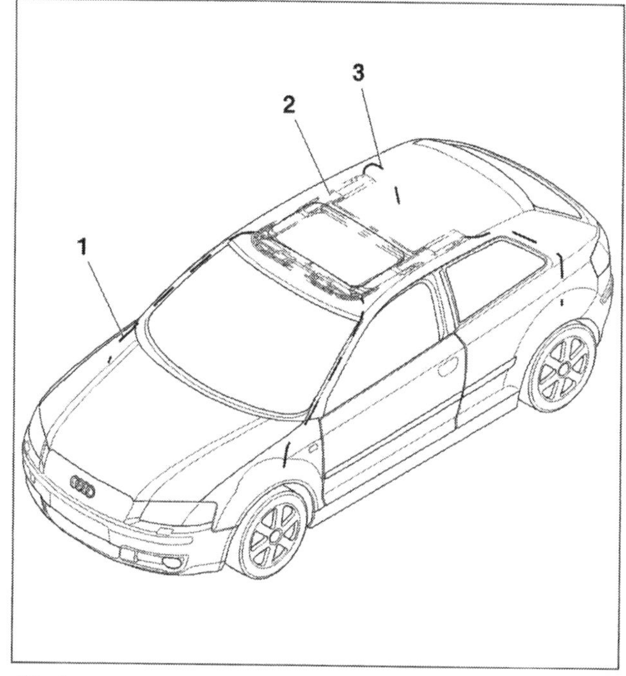

Die Lage der Ablaufschläuche am A3:
1 Der Ablaufschlauch vorne endet im Radhaus über der Radhausschale, 2 der Dachrahmen mit Sicke und Ablaufstutzen, 3 der Ablaufschlauch hinten endet in der C-Säule über der Radhausschale.

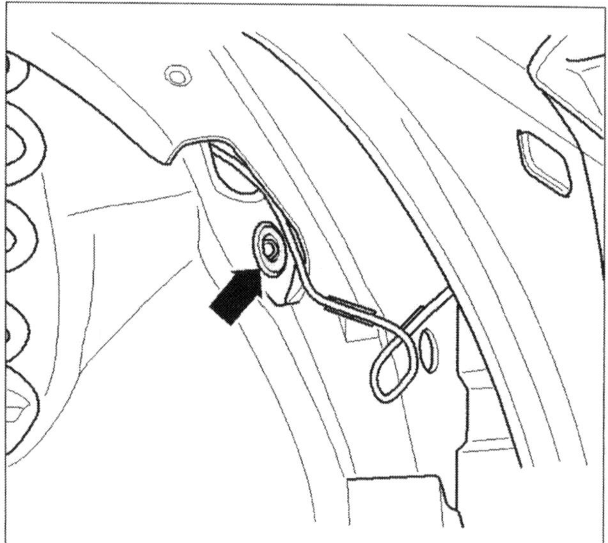

Austritt im vorderen Radkasten.

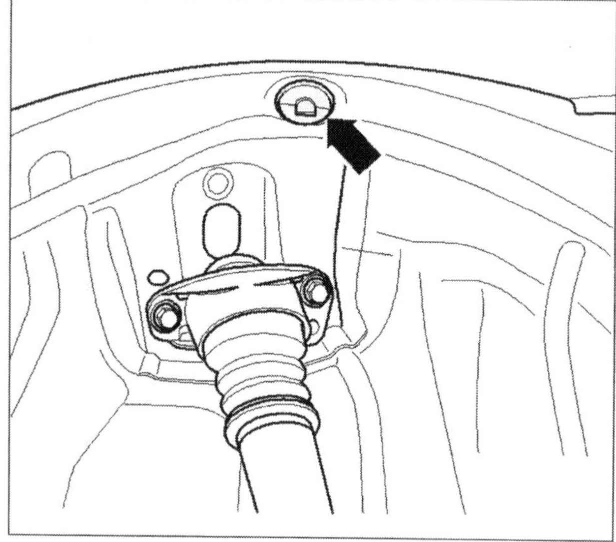

Austritt im hinteren Radkasten.

Innenraum

Mit einem hochwertigen und gut verarbeiteten Cockpit empfängt der A3 seine Insassen. Praktisch ist der Innenraum des A3 ohnehin – mit umlegbarer Rückbank und jeder Menge Stauraum. Auf Langstrecken stellen auch die Sitze ihre Qualität unter Beweis sowie die gute Bedienbarkeit.

In diesem Kapitel erfahren Sie, welche Arbeiten im Innenraum selbst erledigt werden können, aber auch wovon Sie besser Abstand nehmen sollten. Denn hinter den vielen Abdeckungen und Verkleidungen in Ihrem A3 lauern durchaus auch Gefahren, wie die pyrotechnischen Elemente des Rückhaltesystems in den Airbags und den Gurtstraffern. Aber wir wollen Sie keineswegs gleich zu Beginn entmutigen. Es gibt noch eine Reihe anderer Dinge, die Sie mit Hilfe der folgenden Abschnitte erledigen können. Dazu gehören zum Beispiel der Lampenwechsel der Innenraumbeleuchtung oder auch der Ausbau diverser Verkleidungen, zum Beispiel an der Türinnenseite. Gerade diese Arbeit kann für Sie früher oder später wichtig werden, wenn der Fensterheber streiken sollte.

An welchen Teilen sollte nicht gearbeitet werden?

Wie bereits erwähnt: Vor Arbeiten an Komponenten, die dem Insassenschutz dienen, müssen wir warnen. Wenn es an Kenntnis und Erfahrung mangelt, sollten Sitze und Lenkrad wegen der darin enthaltenen Airbags tabu sein. Denn selbst in den Werkstätten darf nur speziell geschultes Personal an diesen Teilen tätig werden. Das Risiko, bei Reparaturversuchen verletzt zu werden, ist ja nur die eine Seite. Ein bei einem Unfall nicht mehr ordnungsgemäß funktionierender Insassenschutz stellt die weitaus schwerer wiegende andere Seite dar. Sogar bei einer Verschrottung des Fahrzeugs, etwa nach einem Unfall, müssen die Airbageinheiten und Gurtstraffer nach bestimmten Vorschriften sicher entsorgt werden. Auf keinen Fall dürfen Sie diese Komponenten wie üblichen Abfall behandeln. Das gilt auch für gezündete Einheiten und technische Ladungen, wozu übrigens auch die Gurtstraffereinheiten zählen. Denn es ist nicht mit Sicherheit zu bestimmen, ob wirklich alle im Fahrzeug vorhandene Pyrotechnik sicher gezündet wurde.

Profitipp: Montagekeil für Verkleidungen

Die teilweise kratzempfindlichen Kunststoffe der Innenraumverkleidung verlangen einen äußerst sensiblen Umgang. Will man nicht gleich beim ersten Demontageversuch hässliche Spuren hinterlassen, empfiehlt sich die Verwendung eines Montagekeils für den Innenraum (VW-Nummer: 3409). Dieser ist aus weichem und elastischem Kunststoff und erlaubt, mit der flachen Seite auch in den meist sehr engen Spalten problemlos zu arbeiten. Eine weitere Schutzmaßnahme ist das Abkleben der entsprechenden Stellen mit Klebeband oder das Unterlegen mit einem schützenden Stofftuch. Die Vielzahl der Verkleidungsteile ist mit Halteclips angebracht, die Sie mit einem Schraubenzieher schnell beschädigen oder gar abreißen werden. Ein Ärgernis, denn die Wiederanbringung des Verkleidungsteils kann dann zum Problem werden. Auch hier können Sie mit dem Keil sensibler vorgehen.

Arbeiten am Rückhaltesystem

GEFAHRHINWEISE

Achtung Lebensgefahr!
Grundsätzlich dürfen keine Arbeiten an Systemen der Airbageinheiten von ungeschulten Personen durchgeführt werden. Es handelt sich nicht nur um tatsächliche Sprengsätze, sondern auch um Fahrzeugeinrichtungen, die der Sicherheit des Fahrzeuges dienen. Unsachgemäßer Umgang kann Ihr Leben oder Ihre Gesundheit schon bei der Demontage gefährden. Auch wenn es auf den ersten Blick einfach erscheint, sollten Sie niemals ohne entsprechende Ausbildung an diesen Systemen arbeiten. Für die Arbeit, den Umgang und die Lagerung mit diesen Systemen muss ein »Airbag-Sachkunde-Lehrgang« abgeschlossen und bescheinigt worden sein. Auf die Demontage dieser Systeme wird in diesem Buch absichtlich nicht eingegangen. Das Abklemmen der Batterie reicht nicht aus um eine sichere Montage an diesen Systemen gewährleisten zu können.

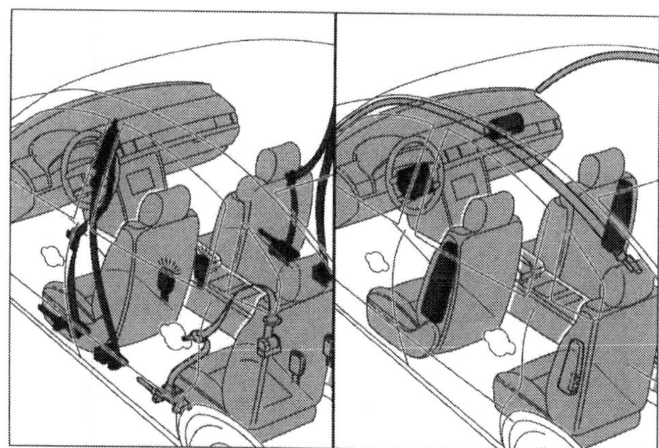

Rückhaltesysteme: Die Dreipunkt-Automatik-Gurte sind vorne serienmäßig mit einem Gurtstraffer ausgestattet, Airbags befinden sich vorne und in den Sitzen. Hier darf nur der Fachmann dran!

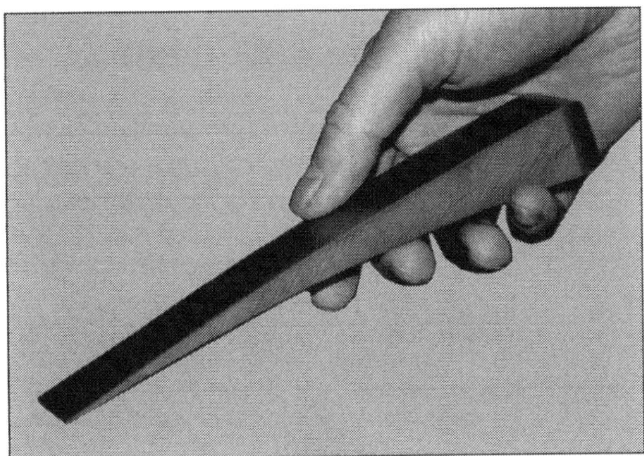

Kommt in die meisten Spalten: Ein Montagekeil ist im Fachhandel für wenige Euro zu erhalten und spart bei Montagearbeiten im Innnenraum oder generell bei Kunststoffteilen oder anderen empfindlichen Flächen eine Menge Ärger und Kratzer.

Sitzgurte regelmäßig prüfen

Zum Thema Sicherheit im Innenraum gehört auch eine regelmäßige Gurtkontrolle. Achten Sie dabei auf Beschädigungen wie Einrisse oder Verfransungen. Solche Verschleißerscheinungen können im Ernstfall zur Achillesferse des Rückhaltesystems werden. Denn sollte der Gurt bei einem Unfall durch die hohe Beanspruchung versagen, dann dort, wo er beschädigt ist. Rollen Sie daher bei der Sichtprüfung bei hellem Tageslicht die gesamte Gurtlänge ab.

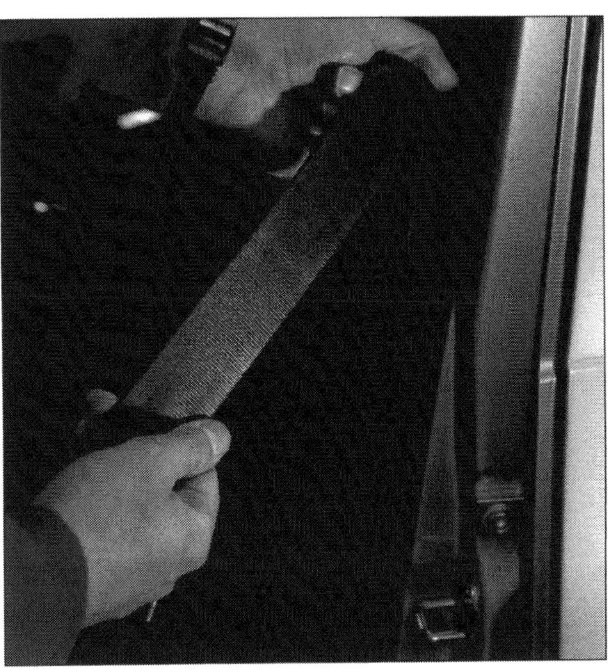

Sichtprüfung: Eine einwandfreie Funktion hat der Gurt nur, wenn er keine Beschädigungen aufweist. Beschädigungen können nach häufigem Einklemmen in der Tür auftreten.

Fahren Sie mit den Fingern über den gesamten Gurt, und fühlen Sie dabei, ob es Beschädigungen wie oben beschrieben gibt. Nehmen Sie den Gurt auch genauestens in Augenschein. Die Behandlung mit irgendwelchen Mittelchen ist ebenfalls tabu! Denken Sie daran, dass im Falle eines Unfalls mehrere Tonnen am Gurt zerren.

Innenraumleuchten, Leseleuchte, Lampen wechseln

Wenn Sie eine der Lampen an der vorderen Dachkonsole wechseln wollen, brauchen Sie nur die Streuscheibe vorsichtig abzuhebeln. Einfacher geht es allerdings mit dem Verkleidungshaken 3370 von VW/Audi.

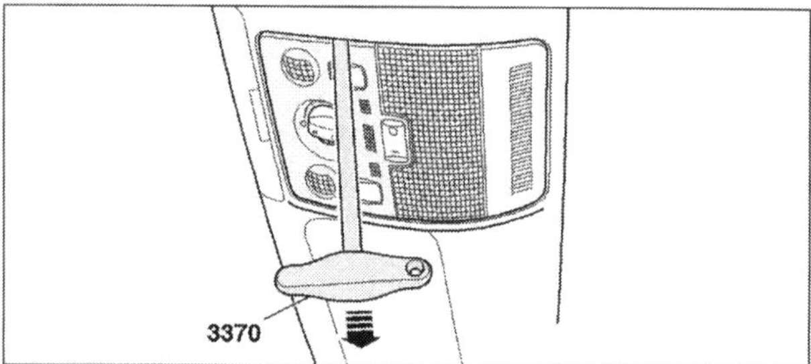

Professionell für ca. 20 Euro: Verkleidungshaken 3370.

Ausbau Streuscheibe Lampe in der Dachkonsole vorne

- Ziehen Sie die klare Kunststoffverkleidung gleichmäßig nach unten und nehmen Sie diese ab.
- Trennen Sie, soweit verbaut, die Kabelverbindung zum Mikrofon der Freisprechanlage.
- Drücken Sie die Lampe leicht nach innen und drehen Sie sie ein wenig. Nun können Sie die Lampe herausnehmen.
- Achten Sie beim Wiedereinbau der neuen Lampe auf festen Sitz und biegen Sie ggf. die Kontaktklammern ein wenig nach.

Die Montage erfolgt sinngemäß in umgekehrter Reihenfolge. Zum Einbau clipsen Sie die Streuscheibe wieder ein. Achten Sie darauf, dass Sie alle abgezogenen Kabel wieder aufstecken und prüfen Sie zum Abschluss die Funktion.

Ausbau Blende Innenraumbeleuchtung:

- Die Blende der hinteren Innenraumbeleuchtung ist ebenfalls nur in den Dachhimmel eingeclipst und daher ebenso mühelos herauszubekommen. Setzen Sie zum Entfernen zunächst an einer, dann an der anderen Seite an und ziehen Sie die Lampe heraus.
- Drücken Sie die Lampe leicht nach innen und drehen Sie sie ein wenig. Nun können Sie die Lampe herausnehmen.
- Achten Sie beim Wiedereinbau der neuen Lampe auf festen Sitz und biegen Sie ggf. die Kontaktklammern ein wenig nach.

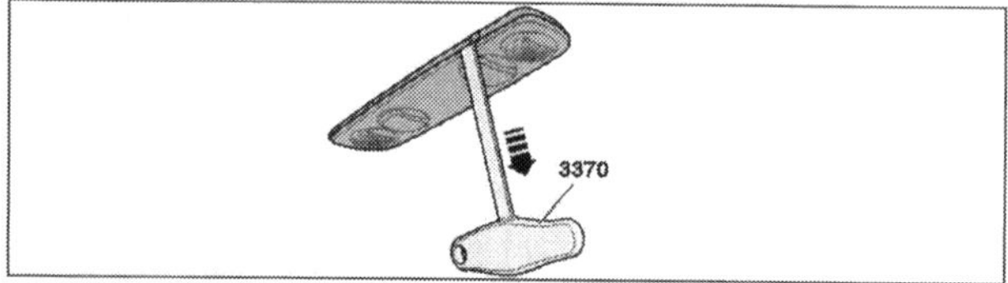

Ausbau der hinteren Blende.

Die Montage erfolgt sinngemäß in umgekehrter Reihenfolge. Zum Einbau clipsen Sie die Lampe wieder ein. Achten Sie darauf, dass Sie alle abgezogenen Kabel wieder aufstecken, und prüfen Sie zum Abschluss die Funktion.

Türwarnleuchte aus- und einbauen

Der Aus- und Einbau erfolgt bei allen Türwarnleuchten in gleicher Weise. Fassen Sie mit einem Schlitzschraubendreher hinter das Streuglas und hebeln Sie die Leuchte vorsichtig heraus. Ziehen Sie die Steckverbindung ab, bevor Sie die Birne aus der Lampe entnehmen. Achten Sie darauf, dass das Streuglas wieder einrastet.

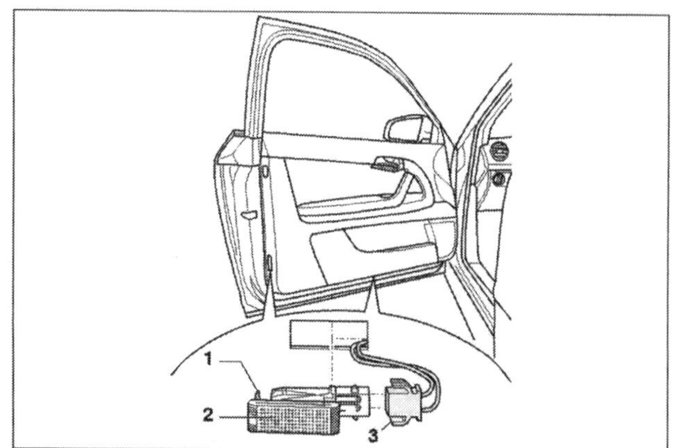

Türleuchte ausgebaut: Aus- und Einbau gehen schnell von der Hand. Ohne Gewalt und mit Gefühl arbeiten! Eine abgebrochene Rastnase (1) ist recht ärgerlich. 2 Lampe, 3 Stecker.

Lichtschalter aus- und einbauen

Durch die Steckbauweise sind viele Schalter und Knöpfe im Audi A3 mit geringem Aufwand und ohne Werkzeug aus- und wieder einzubauen. So verhält es sich auch mit dem Lichtschalter. Er kann durch einfaches Drücken und Drehen aus dem Armaturenbrett gelöst werden.

Lichtschalter ausbauen

- Drücken Sie wie dargestellt, den Schalter zunächst in den Schaft (Bild 1).
- Mit einer Drehung bis zur Stellung »Lichtautomatik« (Drehschalter in senkrechter Stellung) ist er aus der Halterung gelöst (Bild 2) und kann nun herausgezogen werden (Bild 3).
- Bevor Sie den Schalter ganz entnehmen können, lösen Sie die Steckverbindung am hinteren Ende (Pfeil Bild 4).

Lichtschalter einbauen

Der Einbau erfolgt in umgekehrter Reihenfolge. Achten Sie auf ein sicheres Einrasten des Elektriksteckers. Zum Einbau muss der Schalter so eingeführt werden, dass die Stellung wieder auf »Lichtautomatik« (Drehschalter senkrecht) steht.

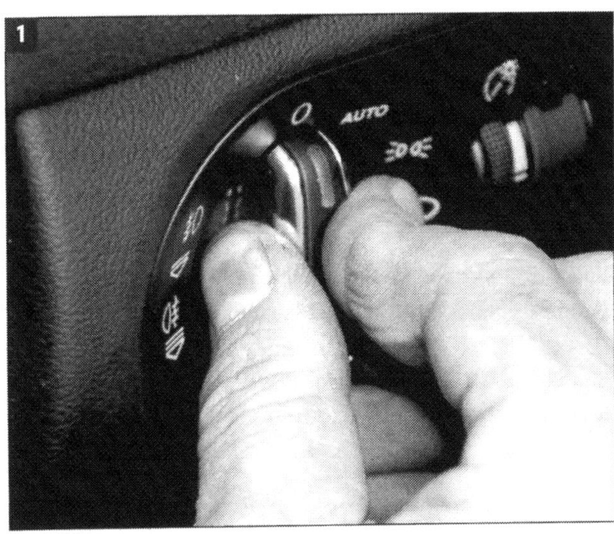

1

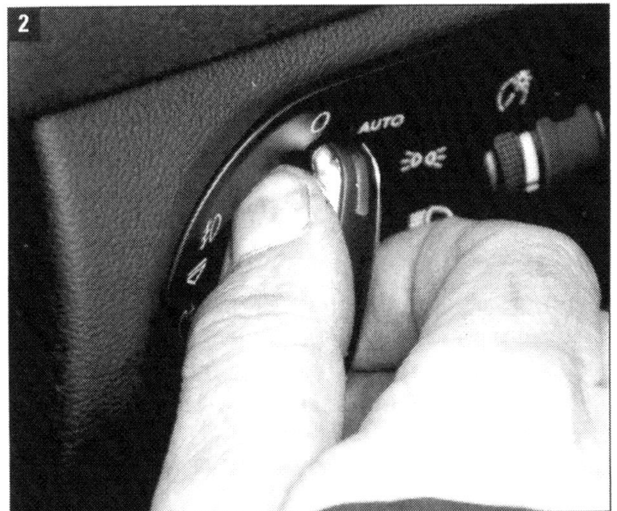

2

3

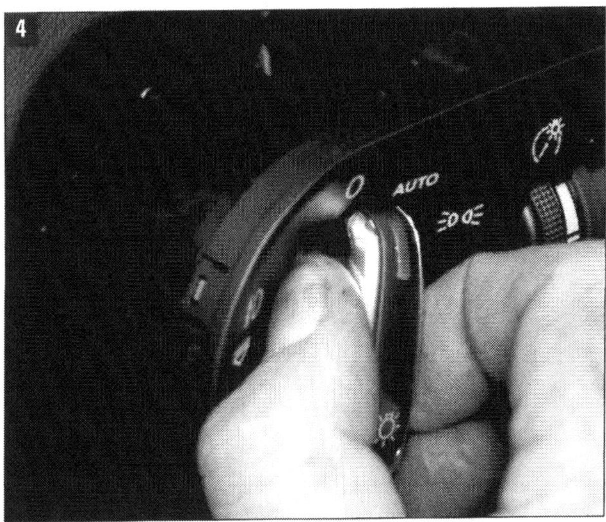

4

Möbel raus – Möbel rein

Gestühl und Kindersitzlösungen

Sitzbezüge müssen speziell auf die Seitenairbags in dem Gestühl abgestimmt sein. So genannte Reboard-Kindersitze dürfen auf dem Beifahrersitz nur installiert werden, wenn der Beifahrerairbag deaktiviert wurde! Beachten Sie, dass die einfache Deaktivierung per Schlüssel nicht ausreichen muss, um die Airbageinheit nicht zu zünden. Die meisten Hersteller empfehlen eine Deaktivierung durch Abklemmen und das Verbauen einer speziellen Kurzschlussbrücke. Die Verwendung von geeigneten Kindersitzen mit der Isofix-Halterung ist daher einfacher und empfehlenswert. Das Isofix-System verfügt über eine Verankerung unter der Rücksitzbank, in welche die Kindersitze befestigt werden. Vorteil: Der Airbag vorne rechts bleibt aktiviert und kann auch so bei einer Kollision für Ihren Beifahrer nützlich sein. Zudem bleibt Ihnen auch die Auswahl der Sitzgröße passend zu Ihrem Nachwuchs und dessen Vorlieben.

Achtung bei Reboard-Sitzen: Der Warnhinweis an der B-Säule (Beifahrerseite) macht deutlich: Die Anbringung von Reboard-Kindersitzen ist bei aktiviertem Airbag verboten!

Vordersitze

Die vorderen Sitze Ihres A3 sind mit »Sidebags«, also Seitenairbags ausgerüstet. Die Demontage und Montagearbeiten an diesen Bauteilen dürfen ausschließlich durch geschultes Fachpersonal durchgeführt werden. Es handelt sich um pyrotechnische Ladungssätze. Es besteht durchaus Gefahr für Gesundheit oder sogar das Leben. Aus diesem Grund wurde die Demontage nicht in diesem Band beschrieben. Ein ausgelöster Airbag kommt selten allein – nach der Auslösung sind das Steuergerät und einige andere Bauteile reif für den Austausch. In Anbetracht der Folgen steckt in den Arbeiten wenig Sparpotenzial gegenüber der Werkstatt. Auf diese Arbeiten wird aber im Reparaturhandbuch genauer eingegangen.

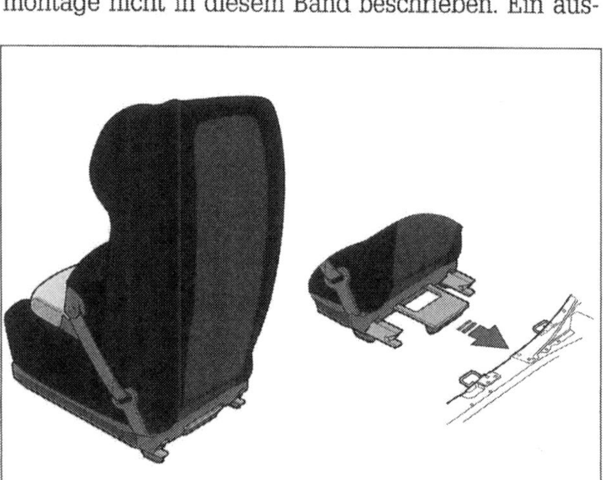

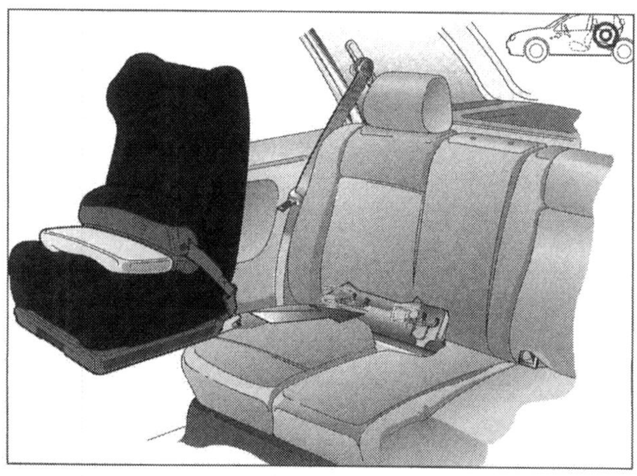

Isofix-Vorrichtung: Zu den Sicherheitsmerkmalen der Innenausstattung gehört auch die Normbefestigung für Kindersitze.

Verkleidungen – versteckt und aufgedeckt

Ablagen und Verkleidungen

Sämtliche Bestandteile der Mechanik, Elektrik und Elektronik im Innenraum sind hinter Verkleidungen und Blenden im A3 versteckt. Sie verschönern zwar die optische Anmutung, aber bei Arbeiten an den Teilen dahinter sind sie im Weg. Bei der Demontage der einzelnen Verkleidungen gibt es jedoch kein Problem, so lange Sie wissen, an welchen Punkten Sie (am besten mit Ihrem Kunststoffkeil) ansetzen müssen. Achten Sie darauf, dass die Abdeckungen der Airbageinheiten nicht beklebt (z. B. Fotorahmen fürs Auto etc.) oder anderweitig verändert wurden. Auch universell anbringbare Handy- oder Navihalterungen können, an der falschen Stelle angebracht, durch eine Airbagauslösung zum Geschoss werden. Bei der Reinigung verwenden Sie bitte nur einen trockenen oder nur leicht angefeuchteten Lappen (siehe auch Kapitel »Werterhalt«).

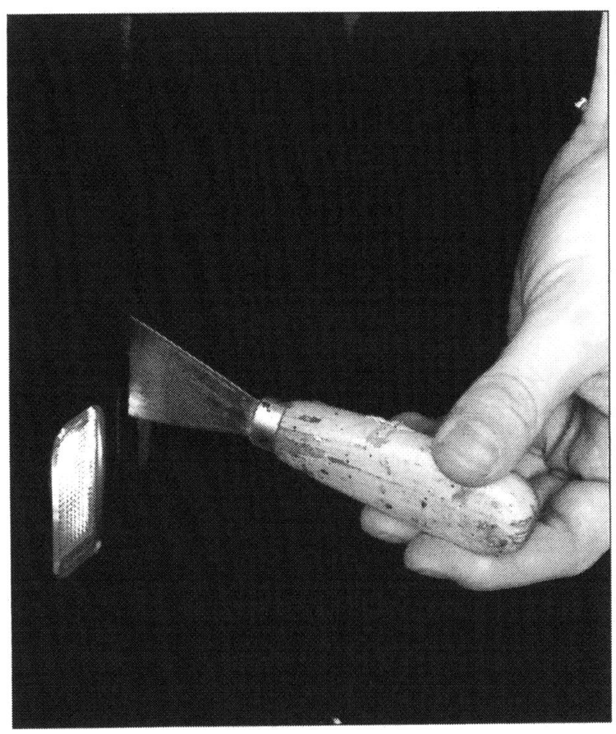

De- und Montage der Türverkleidungen

Der aufwändigere Teil dieser Arbeit findet sich an Beifahrer- und Fahrertür des Audis. Im hinteren Bereich fällt die Demontage recht leicht. Nach der erfolgten Demontage der Verschraubungen kann die Türverkleidung gerade abgezogen werden. In der Regel geht das auch ohne Unterstützung durch die Hebelwerkzeuge wie Montagekeil, Spachtel oder Schraubendreher. Achten Sie immer genau auf die vermerkten Verschraubungen in den jeweiligen Montageübersichten. Suchen Sie sich die Befestigungsstellen an Ihrer Verkleidung.

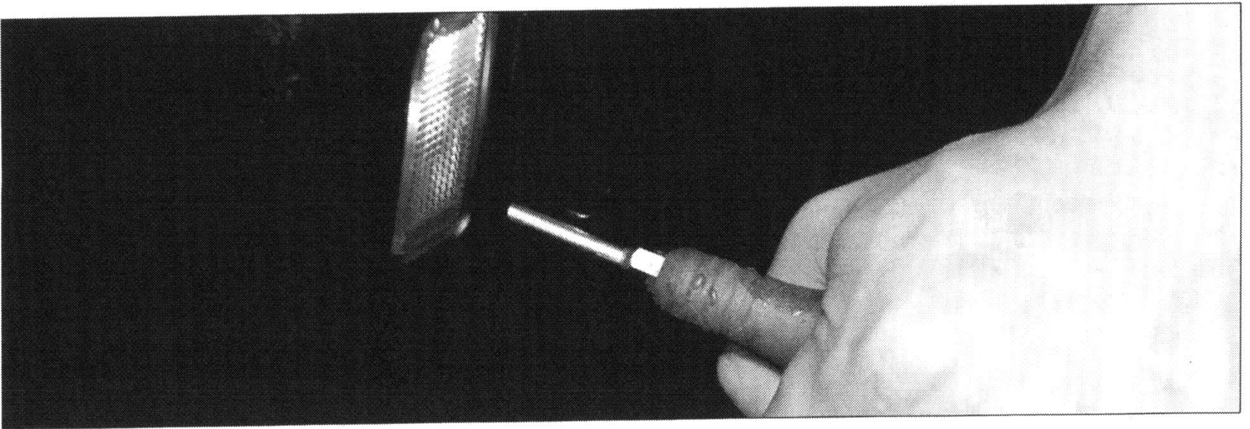

Aus- und Einbau der Türverkleidungen

Grundsätzlich unterscheiden sich diese Arbeiten unwesentlich für die rechte und die linke Fahrzeugseite.
Wir haben deshalb aus Platzgründen lediglich die Arbeiten für die Fahrerseite beschrieben.
Für die dreitürigen Fahrzeuge und die Cabrioletvariante entfallen dann die entsprechenden Arbeiten an B-, C- und D-Säulen.

Türverkleidung demontieren

Sie arbeiten, ohne dass Sie es wissen, an einem sicherheitsrelevanten Bauteil. Das Türinnenvolumen der vorderen Türen beeinträchtigt die Reaktion des Crashsensors in der Tür. Die Tür muss dementsprechend genauso abgedichtet werden, wie sie im Originalzustand ist. Die Einstellarbeiten bedürfen etwas Erfahrung. Falls Sie noch keine Erfahrungen in diesem Bereich besitzen, sollten Sie sich lieber Hilfe holen, bevor Sie möglicherweise durch fasche Einstellungen Lack- oder ähnlichen Flurschaden anrichten.

Bauteillage der Verkleidungen an der Tür vorne: 1 Türverkleidung, 2 Türsicherungsleuchte, 3 Befestigungsclip, 4 Schalter Innenraumüberwachung, 5 Dämmmatte, 6 Befestigungsschrauben, 7 Türbetätigung innen, 8 Schrauben Türverkleidung, 9 Schrauben Armlehne, 10 Armlehne, 11 Zierblende, 12 Clip, 13 Schraube, 14 Einstiegsleuchte.

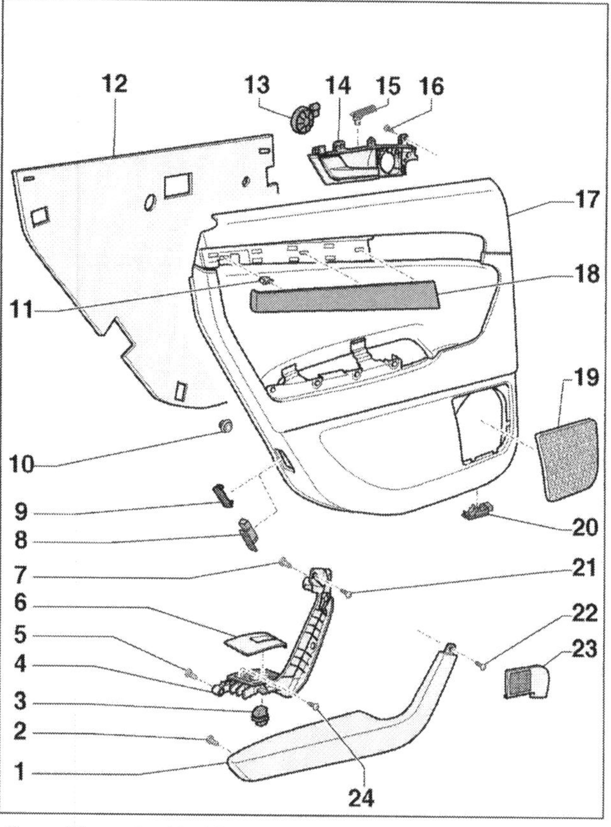

Bauteillage der Verkleidungen an der Tür hinten: 1 Armlehne, 2 Schraube, 3 Schalter Fensterheber, 4 Schalteraufnahme, 5 Schraube, 6 Abdeckkappe, 7 Schraube, 8 Türwarnleuchte, 9 Türwarnleuchte, 10 Befestigungsclip, 11 Halteclip, 12 Dämmmatte, 13 Lautsprecher, 14 Türinnenbetätigung, 15 Türöffnerbeleuchtung, 16 Schraube, 17 Türverkleidung hinten, 18 Zierblende, 19 Lautsprecherblende, 20 Einstiegsleuchte, 21 Schraube, 22 Schraube, 23 Abdeckkappe, 24 Schraube.

- Schalten Sie die Zündung aus und ziehen Sie den Zündschlüssel ab.
- Hebeln Sie die Schalterabdeckung vor dem Türgriff von unten heraus.
- Ziehen Sie (soweit verbaut) die Zierblende unter der Armlehne gerade heraus.
- Drehen Sie die Verschraubungen der Türverkleidung heraus.
- Nehmen Sie den Bowdenzug der Innenbetätigung aus seiner Führung heraus.
- Hängen Sie den Haken am Zugende aus dem Türgriff aus.
- Trennen Sie die Verbindungen zur Türverkleidung (1) und (2).

Die Montage erfolgt sinngemäß in umgekehrter Reihenfolge. Der Haken des Bowdenzuges für die Innenbetätigung muss mit der Öffnung nach oben montiert werden.

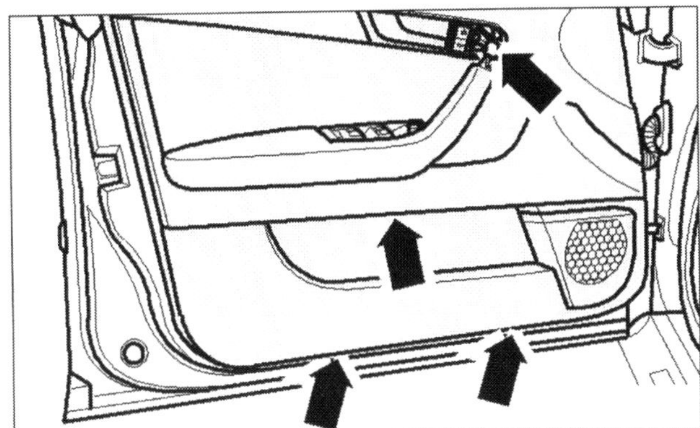

Die Verschraubungen an der Türverkleidung vorne.

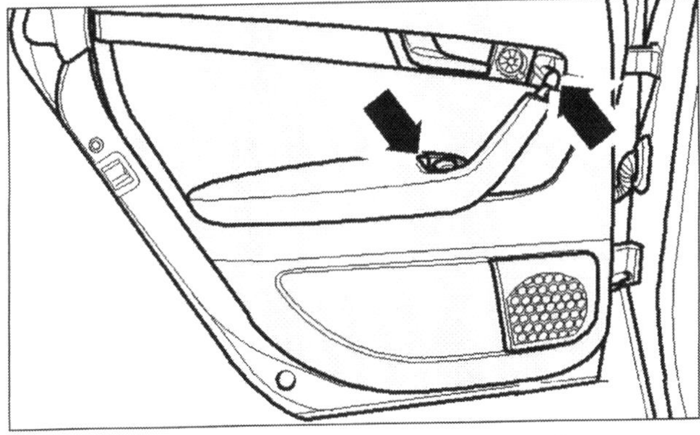

Die Verschraubungen an der Türverkleidung hinten.

Steckverbindungen zur Demontage der Verkleidung vorne trennen: 1 zur Kontrolllampe, 2 zum Türsteuergerät.

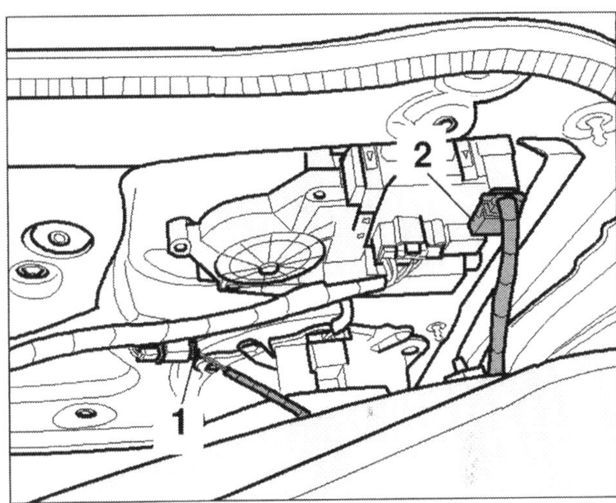

Steckverbindungen zur Demontage der Verkleidung hinten trennen: 1 zur Kontrolllampe, 2 zum Türsteuergerät.

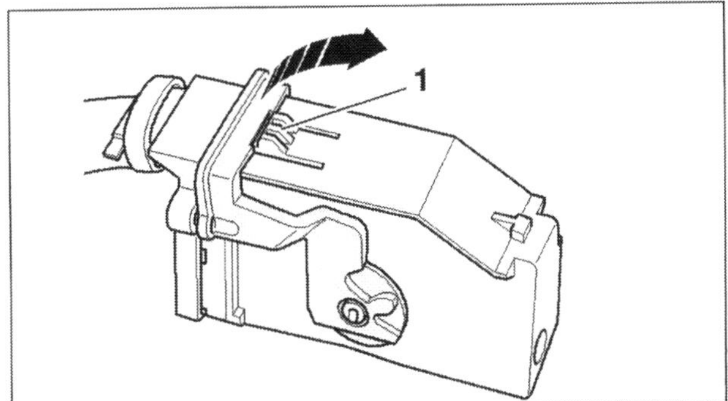

Besonderer Klappmechanismus mit Hebefunktion: Die Steckverbinder zu den Steuergeräten sind oftmals mehrpolig ausgelegt. Die Öffnung der Steckverbindungen erfolgt folgendermaßen:

1. Raste eindrücken
2. Haltebügel vorklappen

Der Stecker wird beim Klappen des Bügels bereits angehoben. Für die Montage muss dann der Bügel »offen« sein.

Ausbau der Dachsäulenverkleidungen

Demontage der A-Säulenverkleidung oben

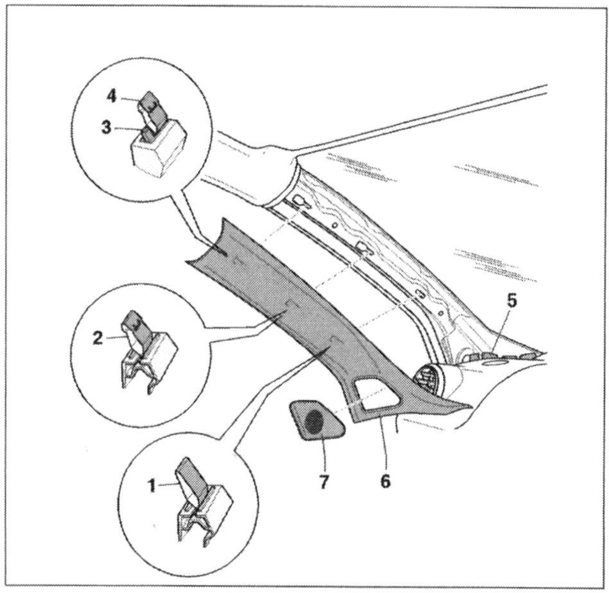

Montageübersicht Federklammern und Führungen:
1 Federklammer, 2 Federklammer mit Widerhaken, 3 Führungsbolzen, 4 Federklammer mit Widerhaken, 5 Führung Verkleidung, 6 Verkleidung, 7 Lautsprecherabdeckung.

- Öffnen Sie die entsprechende Fahrzeugtür.
- Ziehen Sie die Verkleidung so weit ab, dass Sie die erste Klammer oben erreichen können.
- Drücken Sie diese mit dem VW/AUDI Werkzeug 80-200 oder einem angewinkelten Schraubendreher ab.
- Führen Sie dasselbe für die zweite Klammer durch.
- Ziehen Sie die Verkleidung nun Richtung Dachhimmel ab.
- Ziehen Sie die Lautsprecher Verkabelung ab.

Die Montage erfolgt sinngemäß in umgekehrter Reihenfolge. Achten Sie darauf, dass die Verkleidungsführung unten sowie neben der oberen Federklammer richtig sitzt. Drücken Sie dann die Verkleidung fest.

Demontage der A-Säulenverkleidung unten

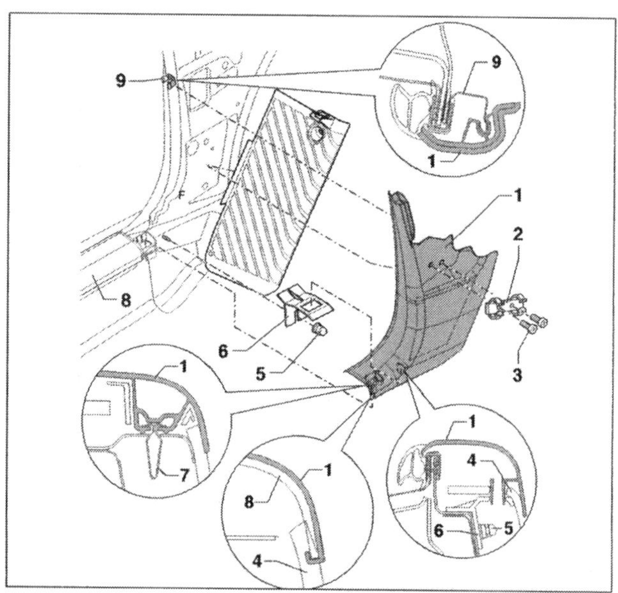

Montageübersicht mit Details:
1 Verkleidung, 2 Halter, 3 Schrauben, 4 Bodenmatte, 5 Mutter, 6 Kunststoffhalter, 7 Klammer, 8 Einstiegsleiste, 9 Klammer.

- Öffnen Sie die entsprechende Fahrzeugtür.
- Ziehen Sie die Verkleidung der Armaturentafel seitlich ab.
- Ziehen Sie die den Kabelstrang von der Halterungsklammer ab.
- Nun muss die A-Säulenverkleidung von der Einstiegsleiste und dem Kunststoffhalter (6) abgezogen werden.
- Nehmen Sie die Verkleidung heraus.

Die Montage erfolgt sinngemäß in umgekehrter Reihenfolge. Achten Sie darauf, ob die Halterungsklammern beschädigt worden sind. Die Nase der A-Säulenverkleidung muss in die Haltelasche der Einstiegsleiste einrasten. Sorgen Sie dafür, dass das Türdichtgummi die A-Säulenverkleidung richtig abdeckt.

Demontage der B-Säulenverkleidung unten

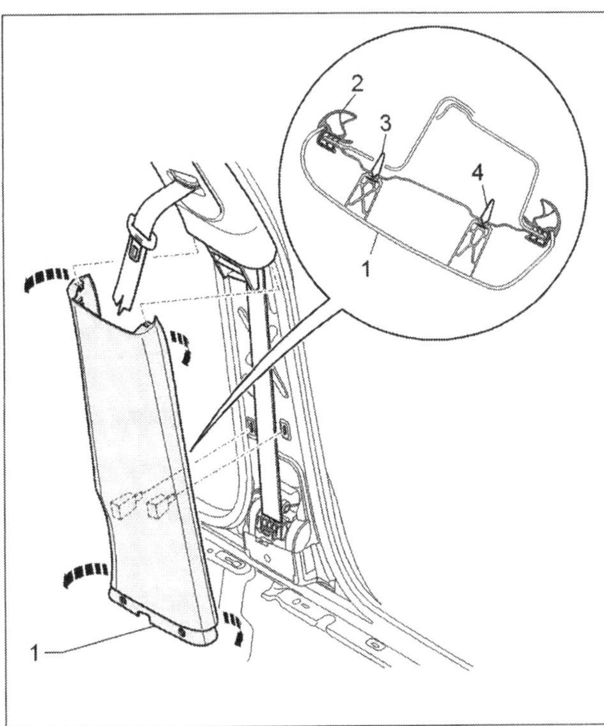

Montageübersicht Clipse und Halter:
1 Verkleidung B-Säule unten, 2 Türdichtung, 3 Federklammer, 4 Federklammer.

- Öffnen Sie die entsprechende Fahrzeugtür.
- Ziehen Sie die Einstiegsleiste nach oben ab.
- Biegen Sie die oberen Ränder der Verkleidung in Pfeilrichtung auf und ziehen Sie diese in den Innenraum. Die Federklammern rasten hierbei aus.
- Führen Sie dieselben Handgriffe für die untere Verkleidung durch.
- Nehmen Sie die Verkleidung heraus.

Die Montage erfolgt sinngemäß in umgekehrter Reihenfolge. Sorgen Sie dafür, dass das Türdichtgummi die A-Säulenverkleidung richtig abdeckt.

Demontage der B-Säulenverkleidung oben

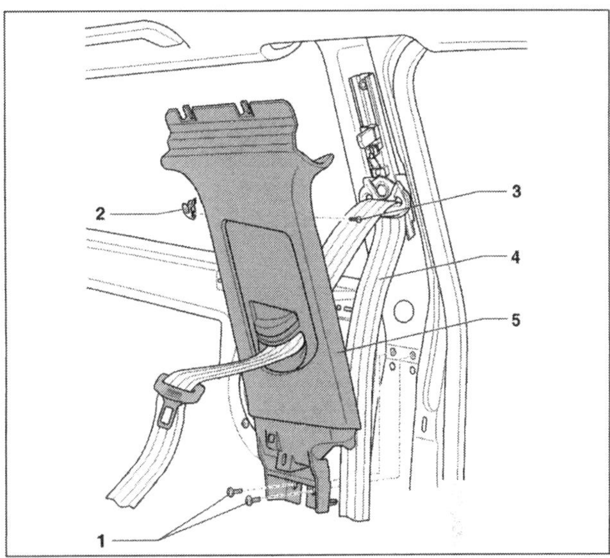

Montageübersicht Clipse, Halter und Schrauben:
1 Schraube, 2 Mantelhaken, 3 Schraube Mantelhaken, 4 Sicherheitsgurt, 5 Verkleidung B-Säule.

- Öffnen Sie die entsprechende Fahrzeugtür.
- Stellen Sie die Gurtverstellung auf die untere Stufe.
- Ziehen Sie die Einstiegsleiste ab.
- Demontieren Sie die B-Säulenverkleidung unten.
- Drehen Sie die beiden Schrauben (1) heraus.
- Ziehen Sie die Verkleidung unten so weit ab, dass die Nasen (2) frei sind und die Verstellung aus der Verkleidung herausgenommen werden kann.
- Ziehen Sie die Verkleidung nach unten ab.
- Legen Sie die Verkleidung beiseite. Wenn die Verkleidung herausgenommen werden soll, muss die untere Gurtschraube gelöst werden.

Die Montage erfolgt sinngemäß in umgekehrter Reihenfolge. Achten Sie darauf, dass die Höhenverstellung bei der Montage wieder in die Verkleidung einrastet. Achten Sie beim Einschieben in den Dachhimmel darauf, dass die beiden Haken in den Dachhimmel eingreifen. Prüfen Sie nach der Montage alle Rastpositionen der Höhenverstellung der Gurtverstellung.

Demontage der C-Säulenverkleidung

In der Seitenverkleidung kann eine Airbageinheit verbaut sein. Bitte wenden Sie sich an Ihre Werkstatt. Die Arbeiten am Airbagsystem sollten niemals ohne die entsprechende Sachkunde durchgeführt werden. Es besteht durchaus Lebensgefahr bei unsachgemäßer Handhabung.

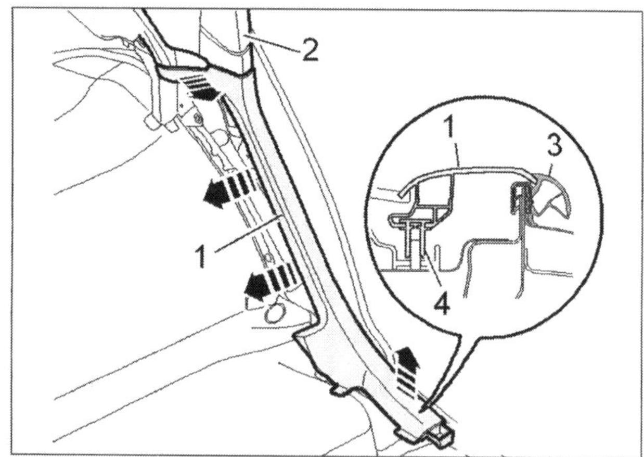

Montageübersicht:
1 Verkleidung C-Säule unten, 2 Einstiegsleiste, 3 Keder, 4 Klammer.

Haltegriffe und Sonnenblenden

Die Haltegriffe beziehungsweise ihre Befestigung unterscheiden Sich nicht bei den unterschiedlichen Modellen und Ausführungen des A3. Für die Demontage müssen Sie aufgeklappt werden. Nun lassen sich mit einem kleinen Schraubendreher jeweils die beiden Abdeckungen am Halter des Haltegriffes öffnen. Nun können die beiden Befestigungsschrauben herausgedreht werden und der Haltegriff kann abgenommen werden.

Wenn ein beleuchteter Innenspiegel in den Sonnenblenden verbaut ist, muss die Zündung während der Montagearbeiten ausgeschaltet werden und auch ausgeschaltet bleiben.

Klappen Sie die Sonnenblende auf und schwenken Sie sie aus der Halterung neben dem Innenspiegel. Nun entfernen Sie die Abdeckkappe für die Gelenkverschraubung und drehen die Befestigungsschraube im Blendengelenk heraus. Ziehen Sie die Sonnenblende aus der Aufnahme und ziehen Sie die Steckverbindung für die Spiegelbeleuchtung, soweit verbaut, ab.

Als Nächstes müssen Sie vorsichtig die Abdeckkappe der inneren Halterung herunterhebeln. Nun kann auch hier die jetzt sichtbare Schraube herausgedreht und der Halter aus der Aufnahme im Dach entnommen werden.

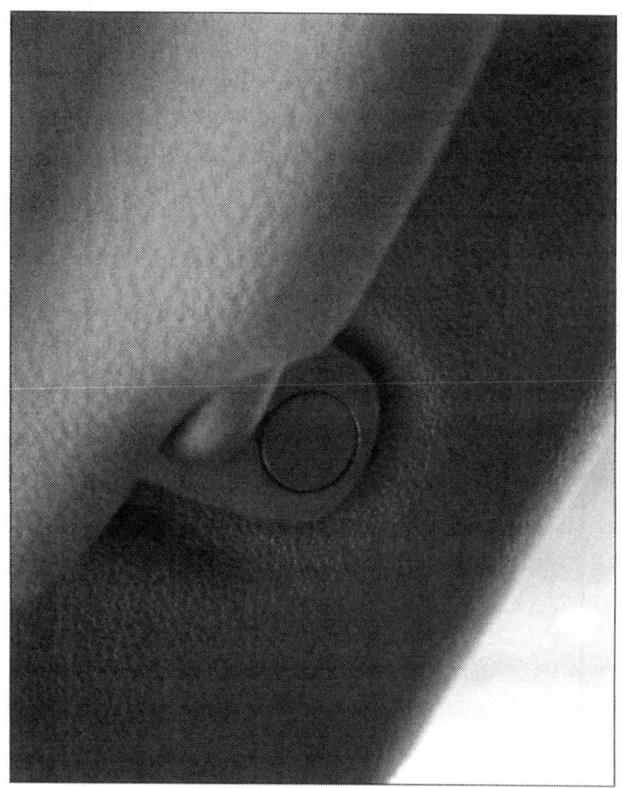

Versteckt hinter einem Kunststoffstopfen sitzt die Verschraubung.

STÖRUNGSBEISTAND

Elektrische Fensterheber

Störung	Was kann das sein?	Was muss ich tun?
A Fensterscheibe wird nur in eine Richtung verstellt	**1** Schalter defekt	Schalter auswechseln
B Fensterscheibe wird in keine Richtung verstellt	**1** Fensterscheibe schwergängig, Sicherung wegen Überlastung des Motors durchgebrannt	Fensterscheibe in den Führungen gängig machen, Sicherung erneuern
	2 Fensterheber wird nicht angesteuert	Fehlerspeicher abfragen (lassen) Fensterhebermotor prüfen
C Fensterscheibe wird im ganzen Verstellbereich zu langsam verstellt	**1** Fensterscheibe in den Führungen verklemmt	Spiel der Scheiben prüfen, ggf. korrigieren
	2 Kabelverbindungen defekt oder oxidiert	Überprüfen, reinigen ggf. auswechseln
	3 Schalter defekt oder oxidiert	Überprüfen, ggf. auswechseln
D Fensterscheibe wird an der oberen Grenze des Verstellbereichs zu langsam verstellt	**1** Fensterscheibe in den Führungen verklemmt, Aufnahmen gebrochen	Reparatursatz Fensterheber verbauen

STÖRUNGSBEISTAND

Zentralverriegelung

Störung	Was kann das sein?	Was muss ich tun?
A Verriegelung funktioniert nicht	**1** Sicherung durchgebrannt	Erneuern
	2 Servomotor oder Schlossschalter der Fahrer- oder Beifahrertür defekt	Funktion überprüfen, ggf. auswechseln
	3 Verkabelung unterbrochen	Überprüfen, ggf. erneuern lassen
	4 Can-Busfehler	Fehlerspeicher abfragen (lassen)
B Schlösser werden entriegelt, aber nicht verriegelt	**1** Mehrfachstecker an Motor und Türkasten locker oder oxidiert	Auf festen Sitz kontrollieren, ggf. reinigen
	2 Schalter in Servomotor defekt	Durchgangsprüfung an den entsprechenden Motorklemmen durchführen
	3 Can-Busfehler	Fehlerspeicher abfragen (lassen)
C Schlösser werden verriegelt, aber nicht entriegelt	**1** Mehrfachstecker an Motor und Türkasten locker oder oxidiert	Festen Sitz kontrollieren, ggf. reinigen
	2 Schalter in Servomotor defekt	Durchgangsprüfung an den entsprechenden Motorklemmen durchführen
	3 Can-Busfehler	Fehlerspeicher abfragen (lassen)
D Eines der Schlösser funktioniert nicht	**1** Schalter in Servomotor defekt	Durchgangsprüfung durchführen
	2 Kabel- bzw. Steckerverbindung am Servomotor oder Türkasten defekt	Überprüfen, ggf. instand setzen
	3 Mechanische Übertragungsteile klemmen	Teile auf Funktion überprüfen und festen Sitz kontrollieren. Ggf. Teile etwas fetten, verschlissene Teile auswechseln

Elektrik

Ein Auto braucht im Wesentlichen drei Dinge um zu fahren: Kraftstoff, Luft und Zündung. Während der Kraftstoff als ausgesprochen wertvoll gilt, wird die Stromversorgung sträflich vernachlässigt. Früher oder später rächt sich das: Misteriöse Fehlfunktionen oder sogar der Totalausfall des Bordnetzes sind die Folge. Wir verraten Ihnen, wie sich das mit wenig Aufwand vermeiden lässt und wie Sie zusätzlich Geräte anschließen können.

Ein Auto braucht im Wesentlichen drei Dinge um zu fahren: Kraftstoff, Luft und Zündung. Alle dieser Dinge werden durch elektrischen Bauteile gesteuert, geregelt und durch Elektronik beeinflusst.
Während der Kraftstoff als ausgesprochen wertvoll gilt, wird die Stromversorgung sträflich vernachlässigt. Früher oder später rächt sich das: Mysteriöse Fehlfunktionen oder sogar der Totalausfall des Bordnetzes sind die Folge.
Na klar..., früher war alles einfacher, denkt man. Stimmt aber nicht. Es ist neu, das Datenbussystem im Auto ist aber real leichter zu prüfen. »Früher...!!!« ruft

Ein Auto braucht im Wesentlichen drei Dinge um zu fahren: Kraftstoff, Luft und Zündung.

mir der Altgeselle zu »...ham wa alles noch mit der Prüflampe...!«. Das Argument, dass man manchmal das halbe Auto zerlegt hat, lässt er kaum gelten. Die Prüflampe gehört nun endgültig, schon in Kupfer, Stahl und Hausmüll getrennt, auf den Recyclingweg. Und einfacher war es auch nicht. Die guten Mechaniker haben die meisten Standardschaltpläne im Kopf und müssen meist nur wegen der Kabelfarben oder dem Einbauort im Schaltplan schauen.
Und genau das ist jetzt zwar anders, aber nicht schwerer. Die OBD ermöglicht Messungen und Funktionsprüfungen an Bauteilen, ohne die entsprechenden Bauteile überhaupt zu Gesicht zu bekommen. Dazu aber etwas später.

Was ist eigentlich der Unterschied zwischen Elektrik und Elektronik?

Von der Elektrik spricht man bei Bauteilen, die nach einem einfachen physikalischen Prinzip funktionieren. Kabel: »Stromleitung durch freie Elektronen«, Elektromotor: »Drehbewegung durch Einwirken elektrischer Feder auf Festmagneten«. Die Elektronik beschreibt alle Bauteile, die durch andere elektrische Bauteile oder Größen beeinflusst, steuern oder regeln können. Eine klare Grenze gibt es aber nicht. Betrachtet man beispielsweise den Generator, würde man sie sicherlich jetzt zur »Elektrik« zuordnen. Die Ladespannung wird aber »elektronisch« geregelt. Der Übergang zwischen diesen beiden Begriffen ist also eher fließend.

Vernetzung

Seit ungefähr 1980 ist zur Datenübertragung im Fahrzeug der CAN-Daten-Bus Industriestandard. Über eine zwei Leitungen oder sogar über Glasfaserkabel werden elektrische Signale mit einer Übertragungsrate von bis zu 500 kBit/s zwischen den einzelnen Steuergeräten ausgetauscht. Der Code enthält neben den Daten auch Informationen, für welches Steuergerät seine Daten relevant sind. Die Dateninformationen werden in einer bestimmten »Sprache« übermittelt. Schließlich müssen die Informationen auch hinsichtlich Dringlichkeit sortiert werden. Die Motortemperatur ändert sich beispielsweise deutlich langsamer als der zeitliche Abstand der Zündung oder die erforderliche Kraftstoffmenge. Neben dem ursprünglichen Netz sind mittlerweile mehrere Datennetze mit unterschiedlichen Geschwindigkeiten, Aufgaben und Ausführungen im Fahrzeug verbaut, die den möglichst reibungslosen Betrieb gewährleisten sollen.
Es gibt eigentlich zwei Argumente für die Datenbusvernetzung. Zum einen die Sparsamkeit und zum anderen die Flexibilität des Systems.
Die Anbindung an ein Datennetz ermöglicht es, tatsächlich etliche Meter Kabel an einem Fahrzeug einzusparen. Eigentlich reicht es aus, ein Steuergerät in der Tür mit einem Plus- und einem Minuskabel zu versehen und zwei weitere Kabel zur Buskommunikation zu verwenden. Betrachten wir uns zur Verdeutlichung einen solchen Datenfluss:
Franz fährt mit seinem A3 durch eine fremde Stadt und möchte sich bei einem Passanten nach dem Weg erkundigen. Um ihn besser ansprechen zu können, betätigt er den elektrischen Fensterheber für die Beifahrerfensterscheibe.

- Der Taster stellt den Fahrerwunsch »Beifahrerscheibe öffnen« dar.(Das ist die Eingabe!)
- Das Türsteuergerät erfasst den Fahrerwunsch und leitet ihn als Datensatz in das Datenbussystem ein. Anhand des »Statusfeldes« erkennen die angeschlossenen Steuergeräte in wie weit diese Nach-

richt für sie relevant ist. Interessant ist sie zuerst einmal für das Türsteuergerät auf der Beifahrerseite. (Diese Umsetzung nennt man Verarbeitung.)

■ Der Befehl wird im Türsteuergerät rechts wieder aufgeschlüsselt und der Elektromotor in der richtigen Drehrichtung angesteuert (Das ist die Ausgabe). Dieser Ablauf findet in Bruchteilen von Sekunden statt. Franz bemerkt die Datenübertragung nicht. Das Fenster aber ist auf.

Eingabe Verarbeitung Ausgabe

Das so genannte EVA-Prinzip beschreibt den Arbeitsvorgang in einer Steuerung. Eingabe ist der Ablaufauslöser. Hier wird der Startschuss für eine bestimmte Aktion gegeben. Die Verarbeitung löst die erforderlichen Vorgänge aus, die für die Umsetzung des Befehls erforderlich sind.

Über dieselben Leitungen können auch die Zentralverriegelung oder auch der elektrische Spiegel angesteuert werden. Und das sogar scheinbar gleichzeitig. Bedenkt man jetzt noch, das für die Schaltereinheit vorne in physikalischer Verdrahtung bereits zehn einzelne Kabel erforderlich wären, das Umschaltrelais und den Scheibenhebermotor mal ganz ausgeklammert, ergibt sich sehr leicht erkennbar eine deutliche Einsparung an wertvollem Indianergold (Kupferdraht). Das ist nicht nur billiger sondern gleichzeitig auch weniger störanfällig. Auch für Kabel an Knickstellen gilt: Was nicht da ist, kann nicht brechen. Passiert das dennoch einmal, wird die Fehlermeldung bei dem Kabelbruch würde dann »TÜRSTEUERGERÄT VORNE LINKS KEINE KOMUNIKATION« lauten. Die Fehlersuche ist durch die geführte Fehlersuche mit dem Tester etwas leichter als die für die alten Systeme. Weniger Kabel bedeutet auch weniger Chaos – braucht aber mehr fachliche Übersicht.

Eine Vielzahl von Informationen können von mehreren Geräten verwendet werden. Als Beispiel betrachten wir uns einmal das Geschwindigkeitssignal. Aufgenommen wird es vom ABS-System. Dieses System wertet das Signal auch aus und setzt diese Information in den Datenbus. Diese Information wird nun vom ABS-Steuergerät (Fahrhilfen und Bremshilfen) vom Motorsteuergerät (Geschwindigkeitsregelung) vom Tachometer (Anzeige) vom Radio (Lautstärke), vom Steuergerät der Lenkhilfe (Lenkkräfte, Korrekturen) und noch einigen anderen verwendet. Die Information stammt von Sensoren, die früher mal nur für das ABS-System gearbeitet haben. Heutzutage können dadurch in einem Fahrzeug eine Unmenge von Komponenten und Systemen unterschiedlichster Anwendungsgebiete miteinander arbeiten.

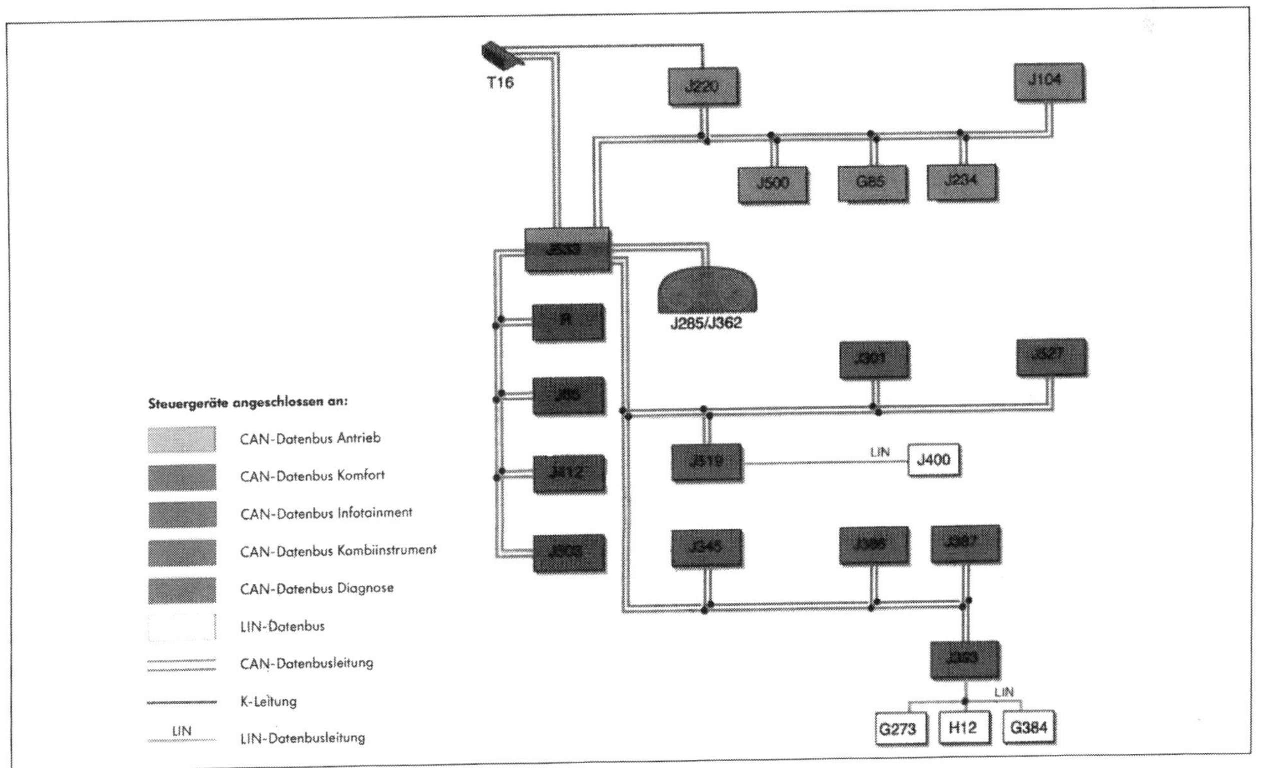

Fehlersuche und Diagnose

Bei einem Fehler in der Elektronik ist guter Rat teuer. Denn das Ermitteln der Fehlerquelle, die so genannte Diagnose, ist heutzutage ohne ein entsprechendes Diagnosetool, wie im Bild zu sehen, nicht möglich. Diagnosegeräte können dabei aber weitaus mehr als nur den Fehlerspeicher auslesen. Das moderne AUDI-System verbindet gleich mehrere Funktionen miteinander. Eine geführte Fehlersuche erläutert dem Servicetechniker ein schrittweises Vorgehen zum Beheben des aufgetretenen Fehlers. Niemals sollte die erste Hilfe nach gut nachbarschaftlichem Rat erfolgen. Setzen Sie das Steuergerät beispielsweise durch mehrstündiges Abklemmen der Batterie zurück, wird zwar der Fehlerspeicher gelöscht, aber neben dem Radiocode (der sich wieder eingeben lässt) gehen alle Feinabstimmungsdaten (so genannte Adaptionswerte) die das Steuergerät selbst ermittelt hat, verloren. Im schlimmsten Fall wird durch das mehrstündige Abklemmen auch die Software beschädigt und das Auto läuft nicht mehr. Mit etwas Glück kann der freundliche AUDI-Partner diese wieder aufspielen. Gelingt das nicht, wird die Neuanschaffung eines Steuergerätes

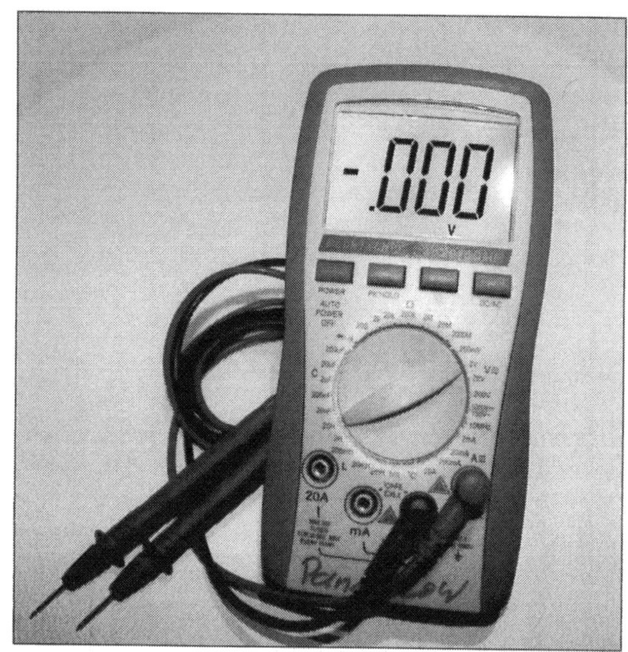

Multitalent: Der Umgang mit dem Multimeter ist nicht schwer und doch sehr hilfreich. Spannung, Stromstärke oder der Widerstand eines Verbrauchers können leicht ermittelt werden.

(könnten auch mehrere werden...) und die Anpassung an das System unumgänglich. Bei jeder Art von Messungen sollte immer ein Dauerladegerät angeschlossen werden, um die Bordnetzspannung aufrecht zu halten.
Garnicht so wenige Störungen an der Elektrik lassen sich mit einfachen Mitteln beheben. Man muss sich natürlich etwas auskennen, weswegen wir Ihnen Grundbegriffe erläutern und Hilfen bieten wollen. Wie bei anderen Baugruppen auch, gehören dennoch viele Störungen in die Fachwerkstatt oder zu einem versierten Mechaniker. Hilfen hierzu werden auch im Buch »Reparaturanleitung« unseres Verlages genauer beschrieben.

On Bord Diagnose (OBD)

Seit den 1990er-Jahren sind alle Automobilhersteller gesetzlich dazu verpflichtet, die abgasbeeinflussenden Systeme während des Fahrbetriebs permanent zu überwachen und auftretende Fehler zu speichern. Die On Bord Diagnose in Ihrem A3 erfüllt genau diese Aufgabe. Das System ist ebenso in der Lage, Fehler zu erkennen, wie auch abzuspeichern. Es informiert ggf. auch den Fahrer über eine Anzeige im Cockpit um ihn so dazu zu veranlassen, die Werkstatt aufzusuchen.

Anschlussdose: Die Verbindung zwischen Auto und Tester.

Die im A3 eingesetzte OBDII ist in der Lage, bei der Eigendiagnose die Fehlerart (Unterbrechung, Kurzschluss, unplausibles Signal), den Fehlerstatus (sporadisch, resistent) und die Fehlerquelle zumindest im System zu erkennen. Dies erleichtert der Werkstatt die Fehlersuche (das Auftrennen verschiedener Steckverbindungen mit anschließenden und aufwendigen Funktions- und Bauteileprüfungen wird oftmals unnötig). Zur Informationsübertragung wurde eine Diagnoseschnittstelle geschaffen, die eine Kommunikation zwischen den eingesetzten Steuergeräten und einem angeschlossenen Diagnosetester ermöglichen.
Der Informationsfluss ist in beide Richtungen möglich, das heißt zusammen mit dem Werkstattreparaturleitfaden hilft dieses System der Werkstatt das Einkreisen des Fehlers zu beschleunigen, die Reparatursicherheit zu erhöhen und damit auch Reparaturkosten zu senken. Die Diagnosegeräte haben sich mittlerweile vom einfachen Fehlerauslesegerät zu richtigen Hightechrechnern mit Eingriffsmöglichkeiten in die Steuergeräteumgebung entwickelt. Damit ein solches System funktionieren kann, müssen alle Systeme miteinander vernetzt sein und untereinander kommunizieren können. Dies ermöglicht der so genannte CAN-Daten-Bus.

Grundbegriffe der Elektrik

WISSENSWERTES

Spannung (Volt): Vergleichbar mit dem Druck in einer Wasserleitung. Je größer der Druck, umso schärfer der Strahl. Autos benutzen derzeit ein 12 Volt-Bordnetz, in naher Zukunft wird die Voltzahl wohl deutlich erhöht. Besonders hohe Spannungen werden in Zündanlagen bereitgestellt. Bis zu 40 000 Volt sorgen dafür, dass der Strom auch größere Distanzen überspringen kann. Im Grunde soll er das aber nur an der Zündkerze, weshalb alle spannungsführenden Teile gut isoliert sind.

Stromstärke (Ampere): Vergleichbar mit der Durchflussmenge am Wasserhahn. Neben der Spannung, die zu Stromüberschlägen führen kann, ist die Stromstärke das eigentlich Gefährliche am Strom. Wird dicht an der Stromquelle ein Kurzschluss verursacht, fließt maximaler Strom. Vergleichbar einem Wasserrohrbruch, der eine ganze Straße unter Wasser setzen kann.

Leistung (Watt): Das Produkt aus Spannung und Strom gibt an, welche elektrische Arbeit ein Verbraucher abgibt beziehungsweise aufnimmt. Das hängt wiederum von dessen Widerstand ab. Bildlich gesprochen: Der wenig geöffnete Wasserhahn kann bei hohem Druck die gleiche Menge abgeben wie ein voll geöffneter Hahn bei geringem Druck. Wie viel entnommen werden soll, bestimmt allein der Verbraucher und dessen Aufnahmefähigkeit.

Widerstand (Ohm): Fließt der Strom ungehindert, ist der Widerstand = 0. Bei einer Unterbrechung des Stromkreises dagegen unendlich. Jeder Verbraucher bietet normalerweise einen gewissen Widerstand, wenn auch zum Teil einen sehr geringen. Kurzschluss: Wenn Sie zum Beispiel mit einem Schraubenschlüssel beide Batteriepole verbinden, kann durch den massiven Stahl fast unendlich Strom fließen. Das schweißt sogar den Schlüssel an den Polen fest! Vor Kurzschlüssen im Bordnetz schützen Schmelzsicherungen mit ihrer dünnen Drahtbrücke. Dieser Draht ist das genau definierte schwächste Glied im Stromkreis und brennt bei Überlastung durch. Der Stromfluss wird somit unterbrochen und weiterer Schaden vermieden.

Bauteile und Komponenten

Der Anlasser

Beim Drehen des Zündschlüssels in Richtung Start gibt das Zündschloss über das Bordnetzsteuergerät Spannung an die Halte- und Einzugswicklungen (1 und 2) des Ausrückrelais (13) frei, das oben auf dem Anlasser sitzt. Der Relaisanker zieht den Ausrückhebel (4) an. Dieser schiebt über Führungsringe und Einspurfeder den Mitnehmer mit dem Zahnritzel (7) gegen den Zahnkranz des Motorschwungrads, wodurch sich diese Teile drehen. Der Anker (18) des Startermotors dreht sich noch nicht, der Hauptstrom für Erreger- und Ankerwicklung ist noch nicht eingeschaltet.
Erst wenn das Ritzel so weit eingespurt ist, dass das Ende des Schubweges erreicht ist und die Kontaktbrücke im Ausrückrelais an den Relaiskontakten anliegt, wird der Startermotor eingeschaltet. Der nun umlaufende Starteranker schraubt durch die Wirkung des Steilgewindes das im Zahnkranz gegen Drehung festgehaltene Ritzel weiter in den Zahnkranz hinein, bis es am Anschlagring (9) der Ankerwelle (8) anschlägt. Die Einzugswicklung ist kurzgeschlossen, die Haltewicklung hält den Relaisanker bis zum Abschluss des Startvorgangs in der eingezogenen Stellung fest. Der Motor wird durchgedreht. Ist der Motor angesprungen, steigt die Drehzahl des Starterritzels über die Leerlaufdrehzahl des Startermotors an. Der Rollenfreilauf (6) löst die kraftschlüssige Verbindung zwischen Ritzel und Ankerwelle. Der Anker wird vor Hochdrehen geschützt, das Ritzel bleibt im Eingriff. Beim Ausschalten des Startschalters gehen Ausrückhebel, Mitnehmer und Ritzel durch die Rückstellfeder (3) in die Ruhestellung zurück. Das Ritzel bleibt bis zum nächsten Startvorgang in der Ruhelage.
Funktioniert der Anlasser nicht, können mehrere Teile die Ursache sein. Der Magnetschalter oder die Schleifkohlen können klemmen oder stark abgenutzt sein. Auch ein Verschluss der Lagerung ist möglich. Es kann vorkommen, dass sich der Anlasser bei geladener Batterie nicht oder zu langsam dreht und den Motor nicht durchzieht. Dann sollten auch die Leitungsanschlüsse am Magnetschalter und die Massebänder zwischen Motor, Aufbau und Batterie auf festen Sitz überprüft werden. Diese Teile dürfen nicht oxidiert sein.

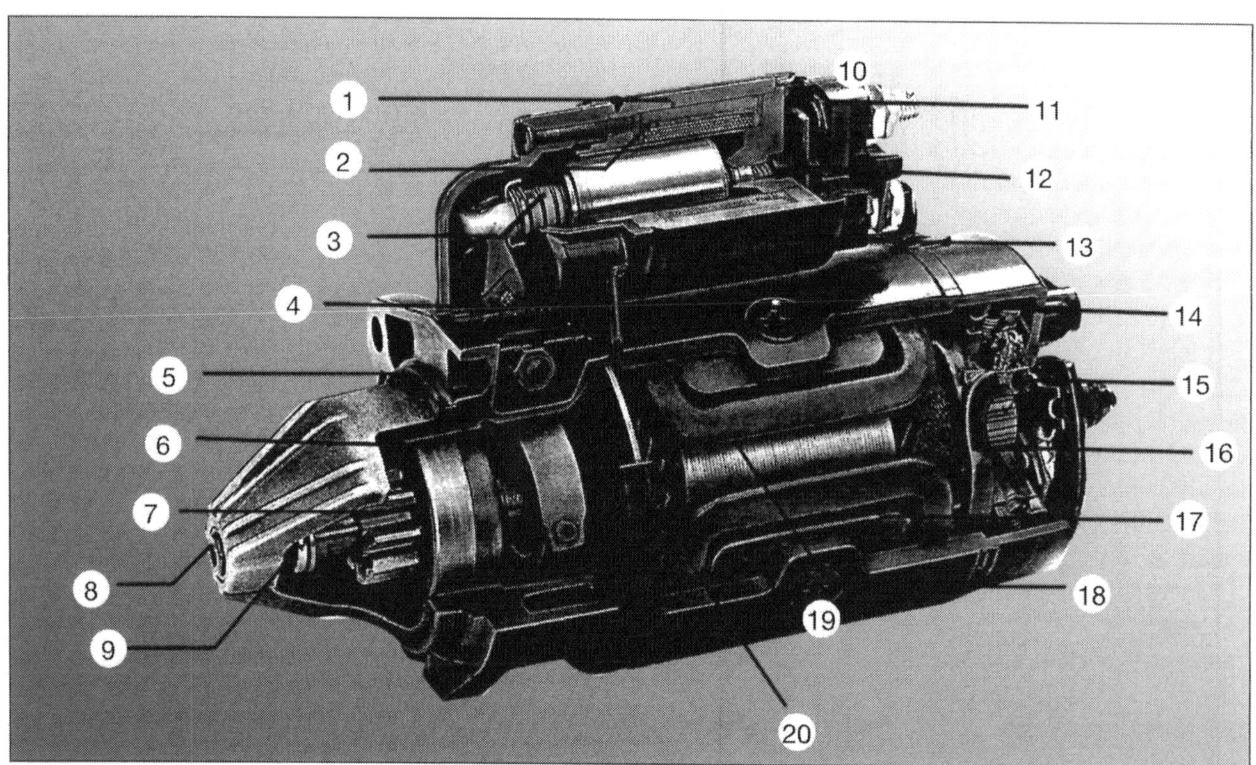

Aufbau eines Anlassers: (1) Antriebslager, (2) Starterritzel, (3) Einrückrelais, (4) Anschlussklemme 30, (5) Verschlussdeckel, (6) Bürstenhalterplatte mit Kohlebürsten, (7) Erregerwicklung, (8) Polgehäuse, (9) Anker, (10) Polschuh, (11) Planetengetriebe (Vorgelege), (12) Einrückhebel,(13) Einspurgetriebe, (14) Kommutatorlager, (15) Kommutator, (16) Bürstenhalter, (17) Polschuh, (18) Anker, (19) Polgehäuse, (20) Erregerwicklung.

Der Generator

Natürlich benötigt Ihr A3 auch während der Fahrt elektrischen Strom. Motorsteuerung und Benzineinspritzung müssen mit Energie versorgt werden. Alle weiteren unbedingt erforderlichen oder für Ihre Sicherheit und Bequemlichkeit eingebauten automatischen Systeme sowie die gesamte Lichtanlage sind ohne elektrische Energie arbeitsunfähig. Die Autoelektrik ist also eine wichtige Angelegenheit. Ein leistungsfähiger Drehstromgenerator ist das Kraftwerk (Lichtmaschine) Ihres Fahrzeugs. Er versorgt schon bei Leerlauf des Verbrennungsmotors alle elektrischen Aggregate mit Strom und lädt ständig die Batterie auf. Der Generator im A3 bringt es auf etwas mehr als 2 kW elektrische Leistung. Angetrieben wird der Generator über den Keilrippenriemen. Ein Drehstrom-Generator produziert dreiphasigen Wechselstrom. Da die Batterie mit Gleichstrom geladen werden muss, besorgen Leistungsdioden die Gleichrichtung des Wechselstroms. Diese Leistungsdioden verhindern auch die Entladung der Batterie bei stehendem Fahrzeug.

Die abgegebene Spannung des Generators hängt von ihre Antriebsdrehzahl, dem Magnetfeld des Rotors und der abgefragten Leistung ab. Je schneller der Generator dreht, um so höher steigt die Spannung wie bei einem Fahrraddynamo. Ein solches Auf und Ab ertragen weder die Stromverbraucher im Auto noch die Batterie.

Der Generator Ihres A3 wird, wie schon erwähnt, durch ein so genanntes elektronisches Lastmamagement überwacht. Ein Regler schützt vor Überspannungen und verhindert ein Überladen der Batterie. Der Regler ist an die Lichtmaschine angeschraubt. Er korrigiert die Ladespannung auf einen Wert um 13,8V. Das Lastmamagement greift unterstützend in diesen Regelprozess ein. Von der Anhebung der Leerlaufdrehzahl bei zu geringer Ladespannung kann bis zur Abschaltung einzelner Komfortverbrauchern nach einem vorgegebenen Muster die Batterieladung beziehungsweise der Erhalt der Ladespannung unterstützt werden. Der Generator ist praktisch wartungsfrei, da es nichts zu schmieren gibt. Selbst die Schleifkohlen sind ohne weiteres für 100.000 Kilometer gut.

Die Batterie

Damit Ihr Fahrzeug starten kann, muss der Anlasser (Starter) ausreichend elektrische Leistung erhalten. Das sind im Augenblick des Starts bis zu 2.000 Watt, gegenüber knapp 400 Watt, die dem Starter zum Durchdrehen des warmen Motors genügen. Diese Startenergie bereitzustellen, ist die wichtigste Aufgabe der Batterie. Sechs in Reihe geschaltete Zellen bilden das Herz einer 12-Volt-Auto-Batterie. Jede Zelle besteht aus positiven und negativen Hartblei-Gitterplatten. Die positive Platte enthält Bleidioxid, die negative Platte reines Blei. Dazwischen sitzt ein Separator. Er trennt die beiden Platten voneinander,

Aufbau einer Lichtmaschine: (1) Gehäuse, (2) Stator, (3) Läufer, (4) elektronischer Feldregler mit Bürstenhalter, (5) Schleifringe, (6) Gleichrichter, (7) Lüfter.

Energiespeicher im Audi A3: Die Batterie im Motorraum.

lässt aber den Elektrolyten, bei Säurebatterien Schwefelsäure plus destilliertes Wasser, bei Gelbatterien ein gasungsfreies, auslaufsicheres Gel, durch feinste Poren passieren. Im Inneren der Batterie laufen chemische Prozesse ab, durch die sie Energie aufnimmt und im Rahmen ihrer Kapazität speichert. Bei der Stromabgabe wird chemische in elektrische Energie umgewandelt. Dabei setzt die Blei-Säure-Batterie Gase frei, die zentral abgeführt werden. Ein Rückzündungsschutz verhindert die Zündung des brennbaren Gases. Bei Batterien mit Rohr und Schlauch für die Zentralentgasung darf der Schlauch nicht abgeklemmt werden! Bei Batterien mit nur einer Öffnung in der oberen Deckelseite muss diese frei von Verstopfungen sein.
Unter normalen Betriebsbedingungen macht die Wartung der Batterie im A3 wenig Aufwand. Bei hohen Außentemperaturen oder langen oder auch extrem kürzeren, täglichen Fahrten oder nach jedem Ladevorgang empfiehlt es sich jedoch, den Säurestand zu prüfen. Die Batterieflüssigkeit aus Schwefelsäure und destilliertem Wasser kann bei hohen Temperaturen oder bei defektem Lichtmaschinen-Spannungsregler übermäßig Wasser verdunsten. Auch eine Selbstentladung (lange Standzeiten) oder eine Tiefentladung durch einen nicht ausgeschalteten, starken Stromverbraucher (wie beispielsweise eine Kühlbox in einer nicht durch das Bordnetzmanagement überwachten Steckdose) kommen als Ursache in Frage. Füllen Sie aber nur destilliertes Wasser nach. die im Leitungs- sowie auch abgekochtem Wasser enthaltenen leitfähigen Salze und weitere mineralische Stoffe schaden der Batterie. Wirkt die Batterie trotz richtigem Säurestand kraftlos, wird per Säureheber die Säuredichte in der Batteriezelle geprüft. Diese Prüfung gibt zusammen mit der Belastungsprüfung Aufschluss über den Batteriezustand. Eine ausgebaute Batterie oder den Akku in einem vorübergehend stillgelegten Fahrzeug sollten Sie einmal im Monat nachladen. Verwenden Sie dazu aber nur Geräte, die ausgewiesen ohne Strom- und Spannungsspitzen arbeiten. Batteriestopfen müssen gut schließend eingeschraubt sein. Die Batterie muss zum Laden eine Mindesttemperatur von 10°C haben. Schnellladen schadet der Batterie und ist nur im Ausnahmefall (z. B. bei Starthilfe) akzeptabel.
Zum Schutz der Umwelt sind Kauf und Entsorgung einer Autostarterbatterie per Gesetz geregelt. Ein Pfandsystem verhindert, dass Batterien unsachgemäß entsorgt werden und dadurch giftige Inhaltsstoffe in die Umwelt gelangen können.
Eine ausgediente Batterie muss beim Händler oder der Werkstatt abgegeben werden.
Dort ist man verpflichtet, die Alt-Akkus unentgeltlich abzunehmen. Beim Kauf einer Batterie muss ein Alt-Akku zurückgegeben oder ein Pfand gezahlt werden. Haben Sie für die alte Batterie bereits Pfand gezahlt, erhalten Sie dort, wo Sie die Batterie gekauft haben (natürlich nur gegen Vorlage der Quittung) Ihr Geld wieder zurück. Geben Sie beim Kauf einer Batterie eine alte zurück, für die Sie noch kein Pfand entrichtet haben, ist es egal, wo Sie sie gekauft haben. Ein Pfand für die neue Batterie entfällt aber auch in diesem Fall. Zur Zeit wird dem Händler durch die Recyclingfirmen sogar ein annehmbares Entgelt geboten. In der Regel nehmen deshalb die Händler ihre Altbatterie auch gerne ohne einen Neukauf an.

Batterie Begriffe und Normen

WISSENSWERTES

Kennzeichnung. Ist auf dem Gehäuse der Batterie, bezeichnet ihre Eigenschaften. Beispiel: 12V 340A 70Ah (12V = Nennspannung; 340A = Kälteprüfstrom; 70Ah = Nennkapazität).
Nennspannung. Die allgemeine Spannungsabgabe beträgt bei allen A3-Modellen 12V (Volt). Die tatsächliche Spannung hängt vom Ladezustand der Batterie ab.
Nennkapazität. Entspricht dem Speichervermögen einer Batterie, gemessen in Amperestunden (Ah). Gibt an, wie viel die vollgeladene Batterie bei 25 Grad in 20 Stunden abgeben kann, ohne dass dabei die Spannung unter 10,5V absinkt (Entladeschlussspannung). Das Standlicht des A3 nimmt z.B. 25 Watt auf. Bei der Bordspannung von 12V gibt die Batterie nach der Formel Strom (A) = Leistung (W) geteilt durch Spannung (V) einen Strom von 2,08 Ampere ab. Mit einer 40Ah-Batterie könnten Sie also theoretisch 19,2 Stunden mit eingeschaltetem Standlicht parken.
Kälteprüfstrom. Ein definierter Entladestrom in Ampere (A), der einer 12-Volt-Batterie bei -18 Grad C entnommen werden kann, ohne dass die Spannung innerhalb von 30 Sekunden unter 9 Volt, innerhalb von 150 Sekunden unter 6 Volt absinkt.
Selbstentladung. Chemische Vorgänge im Inneren der Batterie führen zur Entladung, auch wenn kein Verbraucher angeschlossen ist. Eine geladene Starterbatterie verliert täglich etwa 0,5 Prozent ihrer Ladung. Hohe Temperaturen, Beschädigungen und Verschmutzungen des Batteriedeckels beschleunigen die Selbstentladung.

Die Sicherungen

In Ihrem A3 sorgen zahlreiche Sicherungen für den Schutz der elektrischen Systeme. Eine Sicherung ist Teil eines Stromkreises. Sie tritt in Aktion, wenn zum Beispiel bei einem Kurzschluss (defekter Verbraucher, beschädigtes Kabel) der Strom plötzlich stark ansteigt. Das Innenleben der Sicherung wird zerstört, der Stromfluss unterbrochen, eine Überlastung des Stromkreises verhindert übrigens auch dann, wenn Sie an einen bereits voll ausgelasteten Stromkreis zusätzliche Verbraucher anschließen.

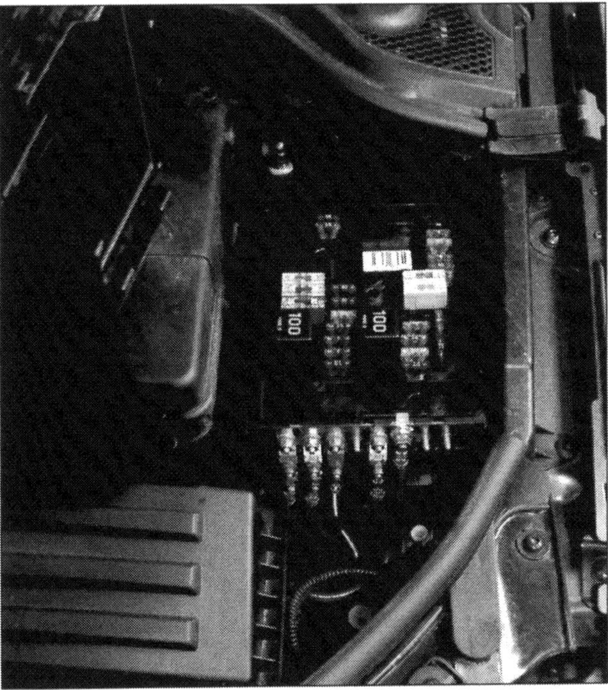

Die Hauptsicherungen, einige Gerätesicherungen und Zusatzsicherungen finden Sie in diesem Sicherungskasten in der Nähe der Batterie.

Sicherungen in mehreren Stromkreisen

Damit Ihr Fahrzeug bei einem elektrischen Defekt nicht ohne Strom dasteht, sind die Sicherungen auf verschiedene Stromkreise verteilt. Die Einspritzanlage und die meisten elektrischen Aggregate haben eine eigene Absicherung. In einem separaten Sicherungskasten mit Relaisplatte überwachen verschiedene Hauptsicherungen auch den Stromfluss zwischen Batterie und Verbrauchern wie Anlasser und Lichtmaschine und schützen so die gesamte Fahrzeugelektrik bei Störungen durch Kabelbrand oder Kurzschluss. Sicherungsbelegung:

Stromstärke	Kennfarbe
1 A	Schwarz
2 A	Grau
3 A	Violett
4 A	Rosa
5 A	Hellbraun
7,5 A	Dunkelbraun
10 A	Rot
15 A	Hellblau
20 A	Gelb
25 A	Weiß/farblos
30 A	Hellgrün
35 A	Blaugrün
40 A	Orange

Hochbelastbare Sicherungen

Stromstärke	Kennfarbe
30 A	Pink
50 A	Rot
60 A	Gelb
80 A	Schwarz

Die Auswahl der richtigen Sicherung: Die Sicherungen sind nach Belastbarkeit (Ampere) farblich markiert.

Die Sicherungsbelegung ist abhängig von Baujahr, Motorisierungund Ausstattung Ihres Fahrzeugs: Die Belegung bei Ihrem Auto finden Sie auch im Deckel vor dem Sicherungskasten oder in Ihrer Bedienungsanleitung.

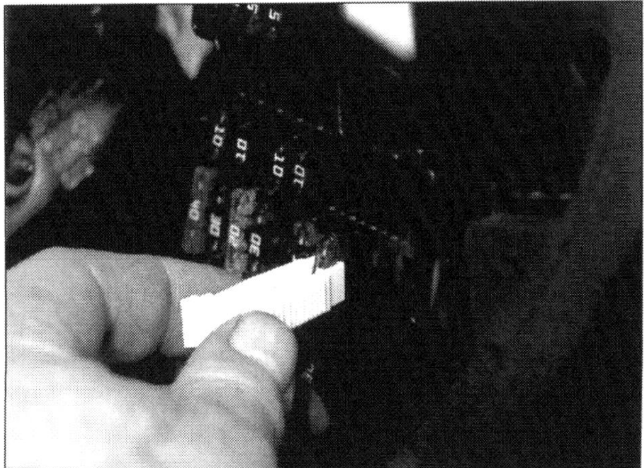

Sicherungskasten: Hinter der Klappe seitlich am Armaturenbrett verbirgt sich der Sicherungskasten. Mit der Plastikzange können Sie besser als mit den Fingern einzelne, defekte Sicherungen entnehmen.

Die Beleuchtung

Die Fahrzeugbeleuchtung ist das zentrale aktive Sicherheitselement im nächtlichen Straßenverkehr. Ein neuzeitlicher Autoscheinwerfer soll angesichts immer höherer Verkehrsdichte den Gegenverkehr möglichst nicht blenden, auch bei höheren Geschwindigkeiten die Fahrbahn gut ausleuchten und dem Fahrzeug ein unverwechselbares Gesicht geben. Die wichtigsten Teile eines Scheinwerfers sind Lichtquelle, Reflektor und Streuscheibe, wobei moderne Scheinwerfer schon ohne Streuscheibe auskommen. Der Blinker ist fester Bestandteil des Scheinwerfers, er lässt sich nicht separat austauschen. Als Lichtquelle setzt AUDI bei den Scheinwerfern Halogenlampen ein. Der Reflektor war früher fast ausschließlich parabolisch, heute gibt es Stufenreflektoren, Freiformflächen oder Systeme mit Abbildungsoptik PES. Die Reflektoren aus Stahlblech oder Kunststoff sind mit einer dünnen Schicht Aluminium plus Spezialschicht präpariert. Streuscheiben aus Glas oder Kunststoff streuen oder bündeln das Licht zur Erzielung des gewünschten Ausleuchtungseffekts. Sie haben normalerweise nach innen hin ein Raster optischer Elemente (Linsen, Prismen), sind neuerdings aber auch völlig klar, also nur noch Schutz- und keine eigentlichen Streuscheiben.

Dritte Bremsleuchte

WISSENSWERTES

Seit 1998 ist eine dritte Bremsleuchte, wie in den USA schon seit den 1980er-Jahren, auch hierzulande bei allen Neufahrzeugen Pflicht. Die stetig zunehmende Verkehrsdichte und das damit verbundene Auffahrunfallrisiko erforderten für die Signalwirkung der Bremsleuchten neue Konzepte. Denn fest steht: je früher ein Bremssignal erkannt wird, desto kurzer sind Reaktionszeit und damit auch der Anhalteweg. Untersuchungen der Autoindustrie ergaben, dass die verbesserte Signalwirkung einer dritten Bremsleuchte die Reaktionszeit um bis zu 0,4s verkürzen. Bei einer Geschwindigkeit von 130 km/h bedeutet dies immerhin eine Reduzierung des Anhaltewegs um 15m. Die größere Warnwirkung hilft also Auffahrunfalle zu vermeiden. Mittlerweile ist auch die Nachrüstung älterer Fahrzeuge unproblematisch. Detaillierte, leicht verständliche Einbauanleitungen und komplettes Montagezubehör machen den Einbau auch für wenig geübte Selbermacher möglich. Vorsicht sollte bei Nachrüstteilen geboten sein, die den Austausch einzelner Leuchtdioden ermöglichen. Ihre Verwendung ist laut Gesetzgebung nicht zulässig. Apropos Leuchtdioden: Die kleinen leuchtenden Halbleiter erreichen ihre volle Leuchtkraft schon nach weniger als 1ms. Zum Vergleich die normale Glühbirne braucht dazu ca. 200ms! Auch die Lebensdauer der LEDs ist in aller Regel länger als die normaler Glühbirnen. Überprüfen Sie regelmäßig, ob alle Bremsleuchten noch ihren Dienst verrichten. Fragen Sie zur Not eine zweite Person um Mithilfe. Beim Defekt gilt: Wechseln Sie am besten die Birnen beider Bremslichter. Wenn die eine versagt, naht nach aller Wahrscheinlichkeit auch der Defekt der zweiten Birne.

Der Freiflächenreflektor

Der so genannte Freiflächen-Reflexionsscheinwerfer Ihres A3 erzeugt einen genau definierten Lichtkegel auch ohne Streuscheibe. Die optimale Form des Reflektor ist nach speziellen mathematischen Verfahren per Computer berechnet. Bestimmte Segmente im Reflektor sind bestimmten Bereichen auf der Straße zugeordnet. Infolge dadurch ermöglichter kleinerer Brennweiten und können im Bauraum herkömmlicher parabolischer Reflektoren drei getrennte Reflektoren für Abblendlicht, Fernlicht und Nebellicht untergebracht werden. Gleichzeitig wird die Lichtausbeute erhöht.

Spezialglas für die Streuscheibe

Der Gesetzgeber schreibt für das Abblendlicht eine spezielle Lichtverteilung vor. Mit einer asymmetrischen Hell-Dunkel-Grenze, bei der sich das Lichtmaximum auf der rechten Seite der Fahrbahn konzentriert. Damit diese Vorgaben eingehalten werden, ist die übliche Streuscheibe auf der Innenseite mit Zylinderlin-

Die Scheinwerfer sind nur so gut wie die Klarglasscheibe davor: Etwas Autopolitur nach der Wäsche kann kleine Kratzer gut versiegeln.

Hupe und Warnblinker

WISSENSWERTES

Die Straßenverkehrszulassungsordnung (StVZO) schreibt vor, dass jedes Fahrzeug zum Abgeben von Warnzeichen mit einer Hupe ausgestattet sein muss. Außerdem muss die Warnblinkanlage funktionieren, damit im Notfall das haltende oder liegen gebliebene Fahrzeug gesichert werden kann. Da die Warnblinkanlage auch bei ausgeschalteter Zündung funktionieren muss wird diese Funktion, auch ohne die engeschaltete Zündung, vom Bordnetzsteuergerät freigegeben. Die Richtungsblinker erhalten dagegen nur bei eingeschalteter Zündung Strom. Achtung! Warnblinkanlage darf nicht zum Entladen des Einkaufs oder zum Halten in der zweiten Reihe missbraucht werden. Die Hüter des Gesetzes verlangen dafür ein Bußgeld. Ebenso ist der Einsatz der Hupe, ohne dass Gefahr im Verzug ist, kostenpflichtig.

sen, Prismen und Parallelflächen ausgestattet, die das vom Reflektor kommende Licht in der gewünschten Richtung verteilen. Beim A3 besteht die allerdings klare, wegen der modernen Reflektoren von optischen Elementen freie Streuscheibe aus Kunststoff, der gegen Steinschlag zehnmal widerstandsfähiger ist als Glas. Eine harte Decklackschicht schützt vor Kratzern. Ein anderer Effekt des Kunststoff-Einsatzes: Der Scheinwerfer ist etwa ein halbes Kilogramm leichter als einer mit Glasscheibe.

DE ist die Abkürzung für dreiachsiges Ellipsoid und bezeichnet die Form der Reflektorflächen. Die Technik erlaubt Scheinwerfer besonders kleiner Bauart mit hoher Lichtleistung. Sie funktionieren ähnlich wie Dia-Projektoren: Eine Blende, die wie ein Dia wirkt, begrenzt die Lichtverteilung und erzeugt die Hell-Dunkel- Grenze. Sie ist beim DE-Licht besonders scharf, weshalb es für Nebelscheinwerfer sehr gut geeignet ist. Eine Linse übernimmt die Funktion des Objektives und projiziert die Lichtverteilung auf die Straße. Jüngste Entwicklung sind die Poly-Ellipsoid-Systeme PES.

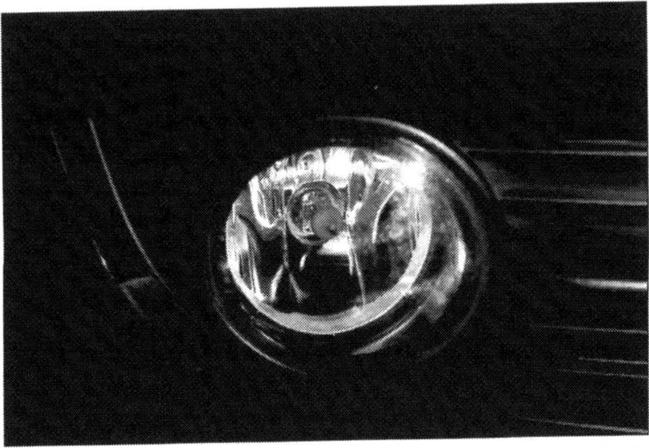

Kaum zu unterscheiden: Tagfahrlicht, oder doch der Freiflächenreflektor der Nebelscheinwerfer?

Instrumente und Geräte

Die meisten Messstellen im Inneren Ihres A3 werden durch elektronische Bauteile kontrolliert. Das spart Ihnen jede Menge Arbeit, weil Sie nur noch wenige Anzeigen und Kontrolllämpchen beachten müssen. Die allerdings sollten Sie stets im Blick haben und eventuelle Fehlanzeigen in jedem Fall ernst nehmen: Leuchtet während der Fahrt plötzlich eine Kontrollleuchte auf, ist dies grundsätzlich ein Alarmzeichen. Vor allem den rot aufleuchtenden Symbolen muss höchste Aufmerksamkeit gelten, sie haben oberste Priorität und signalisieren eine Gefahr (anhalten, Motor abstellen!). Gelbe Symbole signalisieren eine Warnung (begleitet von warnendem Signalton).

Kontroll- und Warnleuchten

Zwei der brisantesten Warnleuchten betreffen die Bremsen und Motorschmierung. Blinkt die Öldruckleuchte während der Fahrt rot auf, sofort anhalten, Motor abstellen, Ölstand prüfen. Entweder muss Öl nachgefüllt werden oder es liegt ein Fehler vor. Dann darf der Motor auch nicht einmal mehr im Leerlauf laufen. Fachmännische Hilfe ist angesagt. Häufige Fehlermeldungen der gelben Ölwarnleuchte kommen beim A3 aber auch aus nur schwer erklärlichen Ursachen zustande. Meist weiß bei diesem Problem leider auch die Werkstatt keinen Rat. Eine mögliche Fehlerquelle konnte die Motorhaubensensorik (bei Fahrzeugen mit Longlife Service) sein. Diese überwacht die Häufigkeit der Motorhaubenöffnungen und leitet daraus das Wartungsbemühen des Fahrers ab. Treten bei der Übertragung dieser Information zum Steuergerät Störungen auf, geht die Motorelektronik von einem Missstand der Schmiermittel aus (trotz des Ölstandssensors in der Ölwanne). Die Folge ist die besagte Warnmeldung. Leider kann die Warnung aber auch nicht einfach übergangen werden. Was wäre, wenn sich die Elektronik doch nicht irrt und Ihrem Motor tatsächlich Schaden droht? Es bleibt Ihnen also leider nichts außer der Kontrolle des Ölstandes. Brennt die rote Kontrollleuchte für die Bremsanlage, können drei Probleme vorliegen. Welche Funktion gemeint ist, wird mit einem Informationshinweis auf dem Display in der Mitte der Instrumententafel angezeigt: Ist der

Bremsflüssigkeitsstand zu niedrig, heißt die Warnung: Stop! Bremsflüssigkeit / Betriebsanleitung lesen, stimmt etwas mit ABS, EDS, ASR oder ESP nicht, lautet der Hinweis: Stop! Bremsenfehler / Betriebsanleitung lesen. Wenn der dritte Fall vorliegt, ist am schnellsten Abhilfe zu schaffen: Handbremse angezogen. Eine weitere Warnung betrifft die Funktionstüchtigkeit der Abgasanlage. Störungen zeigt Ihnen die Anzeige mit dem gelb aufleuchtenden Motorblock im Tachometer. Auch hier gilt: Um weiteren Schaden zu vermeiden unverzüglich eine Werkstatt aufsuchen.

Sensoren, Kabel und Schalter

Die Kontrollsysteme selbst arbeiten nun auch nicht immer ohne Störungen. Manchmal sind Sensoren oder Kabel beschädigt, bisweilen sorgt somit auch ein kaputter Schalter für eine Fehlinformation.

Batteriespannung und Ladesystem

Batterie Sichtprüfung

Die Pflege der Kontakte sichert die Leitfähigkeit und verhindert Korrosion an den jeweiligen Polanschlüssen. Haben sich dennoch an den Polen Oxidkristalle abgelagert, gehen Sie wie folgt beschrieben vor.

WISSENSWERTES

Instrumente zeigen nicht an

Es gibt eigentlich keine physikalische Anbindung der Sensoren zu den Anzeigeleuchten im Tachometergehäuse. Bei dem Cockpit handelt es sich um ein eigenständiges Steuergerät, welches auch die Wegfahrsperre integriert. Die Befehle zur Auslösung einer Kontrollleuchte erfolgen immer über dieses Steuergerät. Gerade bei länger abgeklemmter Batterie kann es vorkommen, das ein Teil der Software verloren gegangen ist. Ein Ergebnis einer solchen Situation ist das »dunkle Cockpit«
Hier hilft nur das Aufspielen neuer Daten beim AUDI-Händler. Im schlimmsten Fall droht der Ersatz des einen oder andern Steuergerätes.

- Oxidkristalle an den Batterieklemmen mit warmem Sodawasser abwaschen oder mit Neutralon (Varta-Produkt) behandeln.
- AUDI schreibt neuerdings vor, dass die Batteriepole nicht mehr gefettet werden dürfen.
- Die Batterie-Polklemmen dürfen nur gewaltfrei von Hand aufgesteckt werden, um Beschädigungen des Gehäuses zu vermeiden. Klemmenanzugsdrehmoment : 6 Nm.

Lichterspiel nach Zündung ein: Das Aufleuchten aller Kontrollanzeigen dient zum Funktionstest der kleinen Lampen.

■ Gehäuse auf Risse und Beschädigungen inspizieren, insbesondere auf ausgelaufene Batteriesäure. Diese sofort mit Seifenlauge abspülen!

■ Batteriepole und die angebrachten Leitungsanschlüsse auf Beschädigungen kontrollieren. Bei Polschaden ist der erforderliche Kontakt nicht sichergestellt.

■ Halterung kontrollieren, auf der die Batterie sitzt.

■ Lose (montierte) Batterien sind erhöhten Erschütterungen ausgesetzt, wodurch sich ihre Lebensdauer verkürzt, zudem besteht erhöhte Explosionsgefahr. Bei einem Unfall stellt eine lose Batterie ein zusätzliches Sicherheitsrisiko dar.

Ein plus für die Lebendauer: Die Verpackung dient nicht der optischen Aufwertung, sondern isoliert gehen Hitze und Kälte.

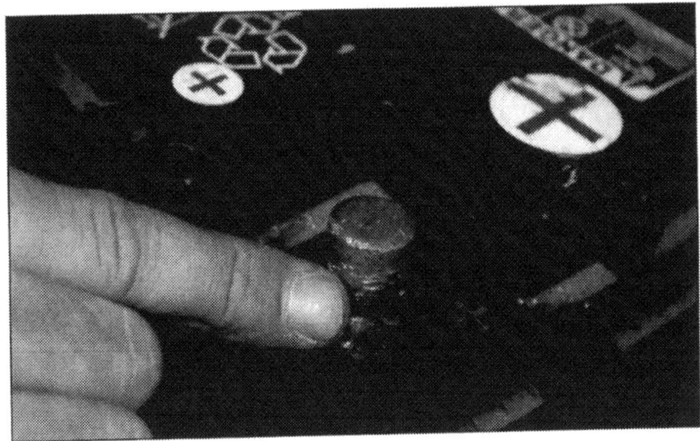

Pole an der Batterie fetten: Zwar ist das heute nicht mehr gefordert, da die Abdichtung zwischen Batterie und Gehäuse deutlich besser geworden ist, schaden kann der kleine Fettring aus Polfett, der Pol und Gehäuse abdichten soll aber heute auch nicht. Übrigens sollte nie der Pol eingefettet werden. Fett bedeutet einen Übergangswiderstand und der wiederum wirkt sich auch wie das Oxid negativ auf die Stromleitung aus.

GEFAHRHINWEISE

⚠ Batterien

Beim Umgang mit Blei-Säure-Batterien gelten folgende Sicherheitsvorschriften: Feuer, Funken, offenes Licht und Rauchen sind verboten. Vermeiden Sie Funkenbildung durch elektrostatische Entladungen und Kurzschlüsse (Werkzeuge nie auf der Batterie ablegen!). Vor dem Aus- und Einbau von Blei-Saure-Batterien müssen alle schaltbaren Stromverbraucher sowie der Motor aus sein, damit es nicht zu einer Funkenbildung kommt. Aufgrund der Verätzungsgefahr tragen Sie unbedingt eine geeignete Brille zum Schutz der Augen und Schutzhandschuhe. Batterie nicht kippen! Ladegerät erst nach dem Anschließen an die Batteriepole einschalten, vor dem Abklemmen ausschalten. Beim Laden von Batterien entsteht hochexplosives Knallgasgemisch: Es besteht daher Explosionsgefahr! Bei erforderlichem Schnellladen darf sich das Gehäuse nicht über 55 Grad erhitzen! Halten Sie Kinder von Saure und Batterien fern. Entsorgen Sie Altbatterien nach Vorschrift und nie über den Hausmüll!

Batterieprüfung, Säurestandskontrolle und Kontaktpflege

■ Führen Sie die Kontrolle des Batteriesäurestandes einmal jährlich, zum Beispiel im Herbst, oder ca. alle 15.000 km durch. Die Batterie befindet sich rechts vorne im Motorraum und reicht fast an den linken Frontscheinwerfer heran. Auf der Längsseite der Batterie sind Säurestandsmarken aufgebracht. Kontrollieren Sie diese.

■ Bei Batterien mit magischem Auge (Batterien mit schwarzem oder weißem Gehäuse) ist die Kontrolle sehr erleichtert: Im Sichtfenster zeigt eine Farbänderung ungünstig veränderten Lade- oder Säurezustand an. Luftblasen können die Farbanzeige verfälschen.

Klopfen Sie leicht auf das magische Auge! Im Normalfall ist die Anzeige grün. AUDI schreibt für das Nachfüllen oder Absaugen (zu hoher Säurestand) die Batterie-Füllflasche VAS 5045 vor.

■ Die Batteriesäure muss mindestens bis zur MIN-Markierung am Gehäuse reichen (Oberkanten der Platten müssen gut bedeckt sein), darunter darf der Stand nicht abfallen. Richtig ist es, den Säurestand immer auf der MAX-Marke zu halten.

■ Bei einer geladenen Batterie bis zum oberen Strich (15 mm über den Oberkanten der Platten) mit destilliertem Wasser auffüllen.

■ In eine stark entladene Batterie nur so viel Wasser füllen, dass die Platten gerade bedeckt sind. Beim Aufladen steigt der Säurestand erheblich. Erst nach dem Laden bis zur oberen Marke nachfüllen.

■ Den Akku nicht überfüllen. Die Saure tritt sonst an den Verschlussstopfen oder an der seitlichen Entlüftungsbohrung aus. Das verursacht Korrosion und Säurekristalle an der Oberfläche der Batterie oder an Funktionsteilen im Motorraum. Daher überschüssige Batteriesäure unbedingt absaugen.

Ladezustand und Kapazität der Batterie prüfen

Wirkt die Batterie trotz richtigem Säurestand kraftlos, sollten Sie den Ladezustand kontrollieren. Dazu verwenden Sie einen handelsüblichen Säureheber (Araometer). Seine Skala zeigt die Dichte des Elektrolyten in der Batteriezelle an.

Säuredichtemessung mit dem Säureheber

■ Führen Sie die Messung erst durch, wenn die letzte Aufladung mindestens sechs Stunden zurückliegt.

■ Schrauben Sie alle Batterie-Stopfen (Verschlussstopfen der Batteriezellen) heraus und tauchen Sie den Säureheber senkrecht in die Batteriezelle. Dann so viel Batteriesäure ansaugen, bis die Messspindel frei in der Saure schwimmt. Je höher die Säuredichte, desto mehr taucht der Schwimmer auf.

■ An der Skala des Säurehebers können Sie die Säuredichte in kg pro Kubikdezimeter ablesen.

■ Vergleichen Sie nun den abgelesenen Messwert mit den Werten in der Tabelle.

■ Die Säuredichte muss mindestens 1,24 kg/l betragen. Ferner dürfen die Messwerte für die Säuredichte der einzelnen Batteriezellen nicht mehr als 0,03 kg/l voneinander abweichen. Ist die Dichte zu gering: Batterie laden. Nach dem Laden die Säuredichteprüfung wiederholen.

Ladezustand in normalen Klimazonen:

Spezifische Dichte (kg/l)	Zustand der Batterie
1,28	voll geladen
1,22	halbentladen
1,15	entladen

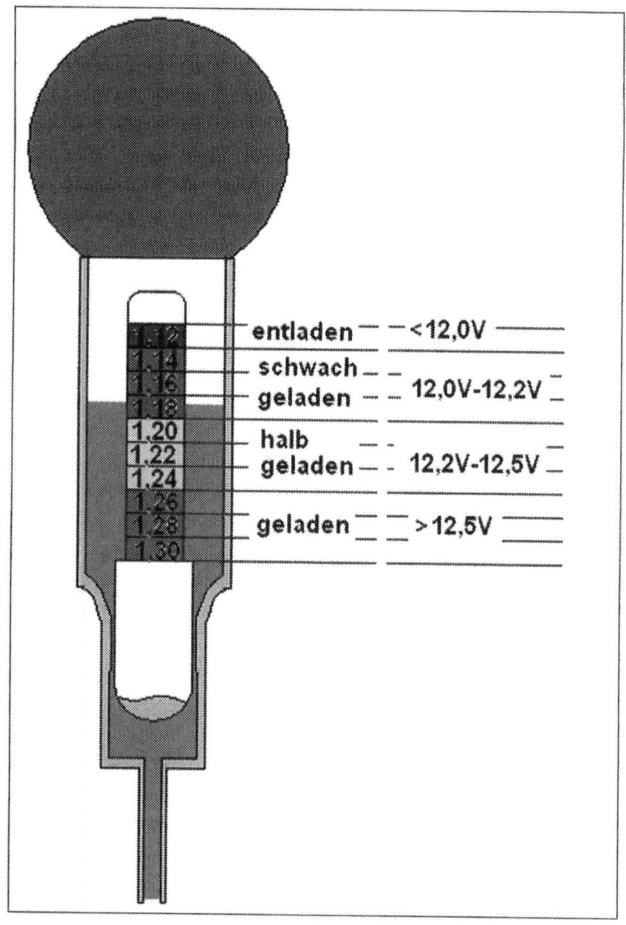

Säuredichte bestimmen: Unkompliziert und schnell erledigt.

Batteriespannung messen

■ Liegt die letzte Batterieladung weniger als sechs Stunden zurück, das Abblendlicht für etwa 30 Sekunden einschalten, damit durch die Ladung entstandene Spannungsspitzen abgebaut werden.

■ Nach vier bis fünf Minuten Wartezeit die Batteriespannung zwischen den Polen messen. Dazu alle Stromverbraucher ausschalten. Eine ausgebaute Batterie sollten Sie einmal im Monat mit einem Ladegerät nachladen. AUDI empfiehlt zum Akkuladen die V.A.G.-Geräte 1471, 1648 oder 1974. Völlig leere Batterien können bei Frost einfrieren und platzen, randvoll geladen vertragen sie Kälte recht gut. Das gilt übrigens auch für einen Akku im vorübergehend stillgelegten Fahrzeug. Befindet sich die Batterie noch an Bord, schalten Sie zum Laden die Zündung aus. Räume, in denen Batterien geladen werden, dürfen wegen des entstehenden Knallgases nicht mit offenem Licht oder rauchend betreten werden. Stel-

PRAXISTIPP

Belastungsprüfung der Batterie

Im Zusammenhang mit der Säuredichteprüfung gibt eine Belastungsprüfung Aufschluss über den Zustand der Batterie. Erforderlich ist dazu ein Batterieprüfgerät. Wird ein Gerät VAS 1979 oder VAS 5033 verwendet, muss die Batterie nicht ausgebaut und auch nicht abgeklemmt werden. Dann Zündung ausschalten und die Zangen der Prüfleitungen an die Batteriepole anschließen. Je nach Batteriekapazität muss am Prüfgerät der richtige Belastungsstrom eingestellt werden:

Batterie-kapazität	Kälteprüf-strom	Belastungs-strom	Mindest-spannung
36Ah	175A	100A	10,0V
40–49Ah	220A	200A	9,2V
50–60Ah	265–280A	200A	9,4V
61–80Ah	300–380A	300A	9,0V
81–110Ah	380–500A	300A	9,5V

Durch die hohe Belastung der Batterie während dieser Prüfung sinkt die Batteriespannung, bei einwandfreier Batterie allerdings nur bis zur Mindestspannung. Wenn die Spannung sehr schnell unter die Mindestspannung laut Tabelle sinkt, ist die Batterie nur schwach geladen oder defekt.

Spannung (V)	Zustand der Batterie
12,66	100% geladen
12,48	75% geladen
12,3 (und mehr)	50% entladen

len Sie Durchlüftung sicher: Funken beim An- oder Abklemmen könnten das Gas ebenfalls entzünden. Die Batteriestopfen müssen gut schließend eingeschraubt sein. Die Batterie muss eine Mindesttemperatur von 10°C haben.

Und noch ein Tipp: So genanntes Schnellladen schadet der Batterie und führt bei tief entladenen Batterien auch nur zu »Oberflächenladung«.

Prüfung des Spannungsreglers

- Multimeter zwischen Plus-Klemme (rotes Kabel) der Lichtmaschine und Masse anklemmen.
- Motor kurz laufen lassen, damit die Lichtmaschine betriebswarm wird (ca. 80°C).
- Schalten Sie das Licht, Radio oder das Frischluftgebläse ein. Das entspricht einer Strombelastung von drei bis zehn Ampere. Die Ladespannung muss jetzt zwischen 13,5 und 14,8 Volt liegen.
- Messen Sie eine höhere Spannung, ist der Regler defekt und muss ausgetauscht werden. Ist die Spannung zu niedrig, deutet das auf abgenutzte Schleifkohlen oder einen Reglerdefekt hin. In diesem Fall zuerst den Fehlerspeicher auslesen, eventuell die Lichtmaschine ausbauen und zum Überholen in die Autoelektrik-Werkstatt bringen.

Ruhestrommessung am Fahrzeug

Liefert die am Vortag intakte Batterie keinen Strom, hat vielleicht ein defekter Verbraucher im Bordnetz den Akku über Nacht entladen. Das überprüfen Sie zunächst mit einer Strommessung. Wenn nötig, ermitteln Sie dann den betreffenden Verbraucher. Bei Schaden an Leitungssätzen (Kabel, Kabelbäume) ist es wichtig, die Ursache wie Schmoren/Überhitzung, Scheuern, Klemmen, Quetschen, Durchtrennen, Ermüdunsgsbruch, Korrosion, Marderbiss oder Montagefehler herauszufinden. Nur so kann sichergestellt werden, dass sich der Schaden nach der Reparatur nicht wiederholt. Ersetzen Sie niemals eine defekte Sicherung mit einer stärkeren Sicherung oder gar einer massiven Brücke! Angeschmolzene Kabel oder sogar Kabelbrände können die Folge sein. Gehen Sie den Dingen lieber auf den Grund.

Im günstigsten Fall sollte ein Fahrzeug, wenn es abgestellt wurde, keine Energie umsetzen. Da diverse Steuergeräte in Bereitschaft liegen, verhält es sich nicht anders als beim heimischen Fernsehgerät. Es fließt immer ein geringer Strom, der auch irgendwann die Batterie vollständig entladen hat. Natürlich sollte, wenn schon nicht vermeidbar, der Strom so klein wie möglich ausfallen. Defekte Bauteile oder fehlerhafte Sensoren können allerdings leicht einen größeren Stromverbrauch verursachen. Schon beim Öffnen einer Tür werden neben der Innenraumleuchte diverse Steuergeräte hochgefahren und gehen in Bereitschaft. Die Stromaufnahme steigt dann zum Teil bis zu 30A an. Schon diese Zahl zeigt, dass die Messung mit dem Multimeter nicht ratsam ist. Die Stromaufnahme kann mit einer Strommesszange leicht erfasst werden.

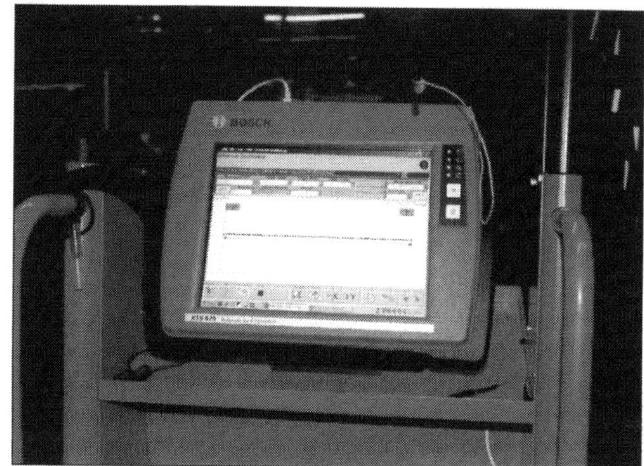

Besser ist natürlich eine Langzeitüberwachung über einen Tester: Hier kann die Aufzeichnung auch durchaus über mehrere Stunden durchgeführt werden. Die Auswertung erfolgt dann anhand des Oszilloskopbildes.

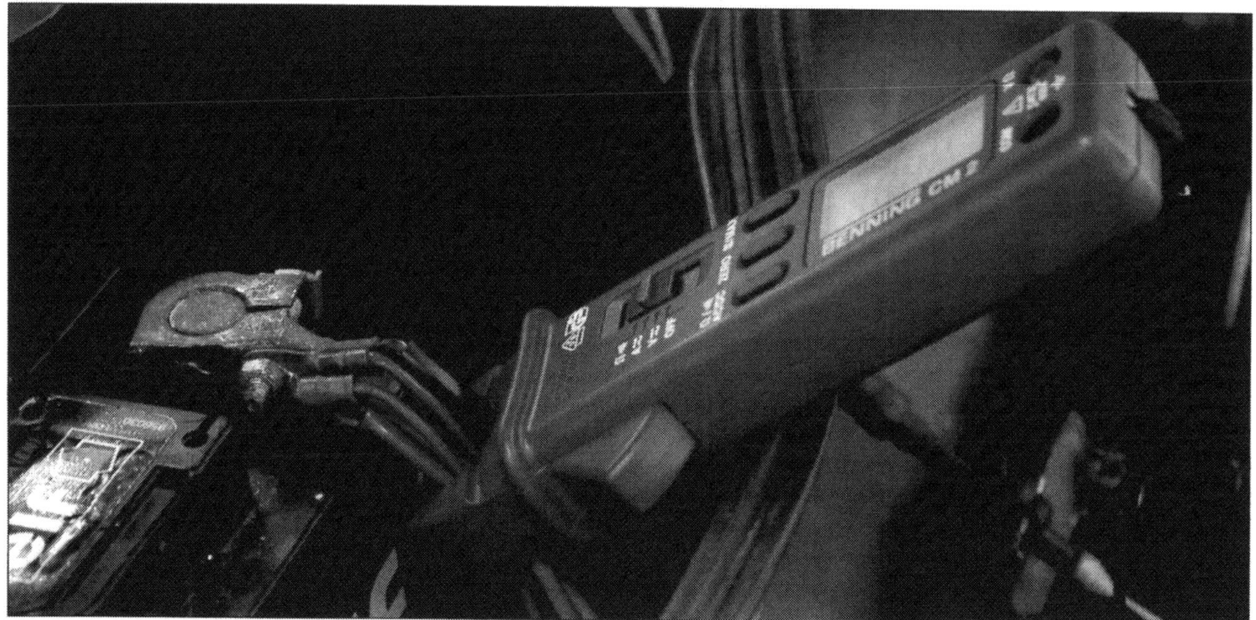

Strommesszange über alle oder Minus-/Pluskabel der Batterie anschließen und den Wert ablesen: Die kleine Amperezange gibt es schon recht günstig in Elektronikversandhäusern.

Batterie laden / Batterie aus- und einbauen

Batterie laden

- Pluskabel des Ladegeräts am Batterie-Pluspol, Minuskabel am Minuspol anklemmen.
- Ladestrom am Batterieladegerät entsprechend der Batteriekapazität einstellen und Ladegerät einschalten.
- Bei tiefentladenen Batterien, bei denen die Ruhespannung unter 11,6V abgesunken ist, den Ladestrom auf maximal 10% der Batteriekapazität einstellen. Bei einer 60- Ah-Batterie betragt der Ladestrom dann 6 A.
- Unterschreitet nach Auffüllen der Batteriesäure und Aufladen der Batterie die Ruhespannung den Wert von 12,5V, muss die Batterie ersetzt werden.
- Die Ladezeit muss dann mindestens 24 Stunden betragen.
- Wird die Batterie wieder angeklemmt, denken Sie daran, die Fahrzeugausstattungen wie Radio, Uhr und Komfortelektrik auf einwandfreie Funktion zu prüfen.

Batterie aus- und einbauen

Die Batterie in Ihrem A3 finden Sie auf der linken Fahrzeugseite.
Um die Abdeckung abzuheben müssen Sie die Entriegelungstaste seitlich drücken und dann die Abdeckung in Fahrtrichtung, also nach vorne ziehen. Die Abdeckung muss nach der Montage wieder hörbar einrasten die Batteriepole dürfen nicht an die Verkleidung drücken.

Ausbau

- Schalten Sie die Zündung aus. Klemmen Sie das Batterie-Masseband am Batterie-Minuspol ab, damit beim weiteren Hantieren kein Kurzschluss entstehen kann.
- Zum Öffenen des Sicherungshalters die Verriegelungslaschen zusammendrücken und Abdeckung aufklappen.
- Schrauben Sie die Befestigungsschraube des Stromleitbleches von der Plusklemme der Batterie ab.
- Zum Abklemmen der angeschlossenen Leitungen an den Streifensicherungen schrauben Sie die Befestigungsschrauben ab.
- Drücken Sie mit dem Daumen auf den Spannbügel und hebeln Sie mit einem Schraubendreher die Verrastung des Hebels mit der Batterie auf. Nehmen Sie den Sicherungshalter nach oben von der Batterie ab.
- Pluskabel-Klemme lösen und abnehmen.
- Sechskant-Schraube M8 x 25 am Batteriefuß losdrehen und den Befestigungsbügel abnehmen.
- Batterie herausheben.

Einbau

- Achten Sie beim Einbau darauf, dass nur Batterien mit 10,5 mm Fußleisten verwendet werden, um festen Sitz zu gewährleisten. Die Nase des Batterieträgers muss so in die Aussparung der Fußleiste eingreifen, dass sich die Batterie nicht mehr nach links oder rechts verschieben lässt. Nur so ist Rüttelsicherheit gegeben, um die Bleiplatten vor Schaden zu bewahren.
- Nun das Pluskabel mit 6 Nm an der Befestigungsschraube anschließen, dann das Minuskabel.
- Zur Aktivierung des automatischen Tief-/Hochlaufs fahren Sie alle Türscheiben mit elektrischen Fensterhebern bis zum Anschlag nach oben. Anschließend betätigen Sie alle Fensterheberschalter für mindestens eine Sekunde in Stellung schließen.

Saft aus der Steckdose: Im Zubehörhandel sind Aufladegeräte zum Laden an der heimischen Steckdose zu erhalten.

Motor mit Starthilfekabel starten

Verwenden Sie zur Überbrückung von einer vollen zu einer leeren Batterie spezielle Elektronik-Starthilfekabel. Damit schützen Sie die elektronischen Bauteile Ihres A3 vor gefährlichen Spannungsspitzen.

- Hilfsfahrzeug dicht an Ihr Fahrzeug heranfahren, damit die Batterien durch die Starthilfekabel verbunden werden können. Schalten Sie in Ihrem Fahrzeug alle Stromverbraucher ab.

- Die Pluspole mit dem Starthilfekabel verbinden, zuerst die leere, dann die volle Batterie anklemmen.

- Das andere Kabel zuerst am Minuspol der Fremdbatterie und dann am Minuspol der entladenen Batterie (oder an Masse) anschließen.

- Motor des Hilfswagens starten und mit erhöhter Drehzahl laufen lassen, damit die Lichtmaschine viel Strom liefert.

- Starten Sie Ihr Fahrzeug. Wenn der Motor nicht gleich anspringt, sollten Sie nach weiteren Versuchen immer wieder eine Pause einlegen, damit der Anlasser abkühlen kann. Dabei den Motor des Hilfsfahrzeugs weiterlaufen lassen. Die leere Batterie in Ihrem A3 wird dadurch schon nachgeladen.

- Zum Abnehmen der Starthilfekabel zuerst den Minuspol der eigenen Batterie, dann den der Fremdbatterie abklemmen. Anschließend Kabel von den Pluspolen abnehmen, erst Vollbatterie, dann Leerbatterie.

PRAXISTIPP

Anschieben / Anschleppen

Wagen anschieben

Das klappt am besten, wenn Motor und Anlasser in Ordnung sind. Verzichten Sie aufs Anschieben, wenn der Motor wegen einer defekten Zündanlage nicht startet – unverbrannte Gemischanteile können nachgezündet werden und die Temperatur im Katalysator auf gefährliche Höhen treiben. Anschieben oder Anschleppen über eine Strecke von mehr als 50 Metern ruiniert den Kat. Fahrzeuge mit Automatikgetriebe können nicht angeschoben werden.

- Zündung einschalten und zweiten oder dritten Gang einlegen.
- Kupplung durchtreten, Wagen durch Helfer anschieben lassen, bis er in Schwung ist.
- Kupplung schnell kommen lassen – der Motor wird abrupt durchgedreht und müsste anspringen. Dann sofort Kupplung treten und Gas geben.

Wagen anschleppen

Auch diese Methode eignet sich nicht bei einer defekten Zündanlage. Arbeiten Sie nur mit einem erfahrenen Helfer zusammen. Denken Sie daran, dass Bremskraftverstärker und Servolenkung bei stehendem Motor nicht arbeiten. Fahrzeuge mit Automatikgetriebe können nicht angeschleppt werden. Auch hier gilt: Anschieben oder Anschleppen über eine Strecke von mehr als 50 Metern ruiniert den Kat.

- Zündung einschalten, zweiten oder dritten Gang einlegen und Kupplung treten.
- Der Zugwagen muss langsam anfahren.
- Bei etwa 15 km/h die Kupplung langsam kommen lassen. Bleiben Sie stets bremsbereit (Hand an die Handbremse).
- Ist der Motor angesprungen, Kupplung treten und Gas geben.
- Dem Schleppfahrer ein Hupsignal geben, beide Fahrzeuge sanft abbremsen.

Achtung! Sämtliche Servoeinrichtungen (Bremse/Lenkung) funktionieren ohne laufenden Motor nicht.

Glühlampenwechsel

Die Glühlampen in den Scheinwerfern werden vom Motorraum her ausgebaut. Der Wechsel einer Lampe fürs Standlicht verändert die Justierung des Scheinwerfers nicht. Bei allen anderen Lampen sollten Sie nach einem Tausch die Einstellung des betreffenden Scheinwerfers kontrollieren.

Fassen Sie intakte Glühlampen nicht mit den Fingern am Glaskolben an. Selbst geringe Spuren von Handschweiß verdampfen auf der brennenden Lampe, trüben den Glaskolben und können im Extremfall das Lampenglas zerstören. Verwenden Sie deshalb zum Einsetzen einer Lampe ein sauberes Tuch.

Streuscheibe und Scheinwerferreflektor sind miteinander verklebt. Bei einem beschädigten Scheinwerferglas oder einem matten Reflektor ist daher stets der Austausch des kompletten Scheinwerfers fällig. Der einzelne Wechsel des Streuglases oder des Reflektors ist nicht möglich.

Vorsicht: Nach dem Einbau eines neuen Scheinwerfers grundsätzlich die Einstellung kontrollieren (lassen). Der Blinker ist Bestandteil des Scheinwerfers und lässt sich separat nicht tauschen. Vor dem Ausbau wie bei allen Arbeiten an der elektrischen Anlage das Batterie-Masseband (Minuspol) abklemmen!

Lampen zugänglich machen:
Bei Fahrzeugen mit Scheinwerferreinigungsanlage sind gegebenenfalls die Schlauchleitungen zur Seite zu legen. Prinzipiell gilt für alle Arbeiten an der elektrischen Anlage:
Die Zündung und andere elektrischen Verbraucher müssen ausgeschaltet sein. Der Zündschlüssel sollte abgezogen werden.

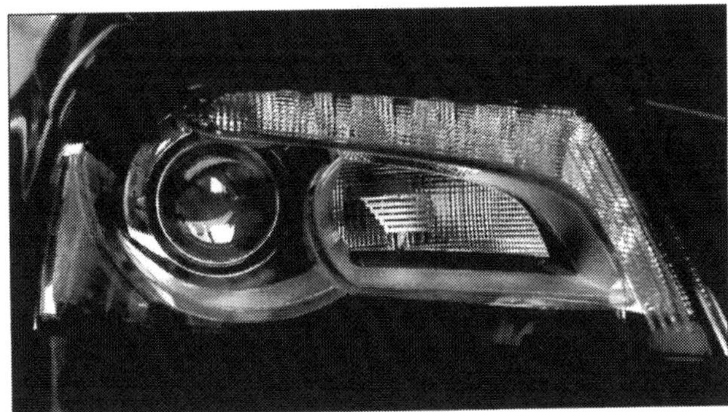

Schwachstelle: Sind die Halter wie hier gerissen, kann nur der Scheinwerfer als ganzes Teil getauscht werden.

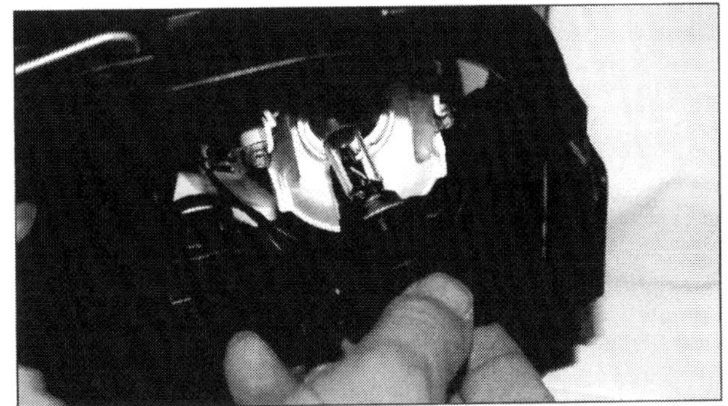

Hauptscheinwerfer A3 von hinten.

Rücklichtplatte: Auf einer Leiterplatte sind alle Rücklichter befestigt.

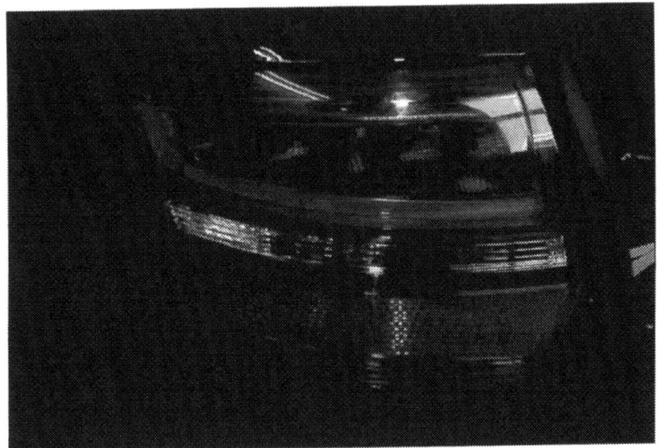

Präsent: Hinter der Schlussleuchte des A3 verbirgt sich die Leiterplatte mit allen Rücklichtern.

Lampenwechsel bei Fahrzeugen mit Gasentladungslampen (Xenonlicht)

Zuerst einmal müssen wir Sie an dieser Stelle an die Gefahren beim Wechsel die speziellen Lampen aufmerksam machen. Es bestehen erhebliche Gefahren für die Gesundheit und durchaus auch Lebensgefahr. Die Lampen arbeiten ohne Glühfaden und erzeugen ihre Leuchtkraft durch das Glühen des Gases im Inneren. Das Glühen wird durch eine Zündspannung von bis zu 30.000V erreicht. Kommen Sie mit dieser Spannung in Kontakt, kann es sein, das Sie an diesem Stromschlag zum Beispiel durch Herzkammerflimmern versterben. Fassen Sie die Glaskolben der Lampe nicht mit bloßen Fingern an. Die Fettrückstände würden beim Einschalten der Lampe verdunsten und Sie auf dem Reflektor niederschlagen. Das wiederum beeinträchtigt die Leuchtkraft des Scheinwerfers zunehmend. Die Gasentladungslampen enthalten Quecksilber so wie Spuren von Thallium. Dementsprechend gehören die Gasentladungslampen nicht in den Hausmüll und müssen als Sondermüll entsorgt werden. Auch wenn der Birnchenwechsel einfach erscheint, führen Sie die Arbeiten nur dann durch, wenn Sie ausreichende Erfahrung mit solchen Arbeiten haben. Unser Tipp: Fahren Sie zum Wechsel in die Werkstatt.

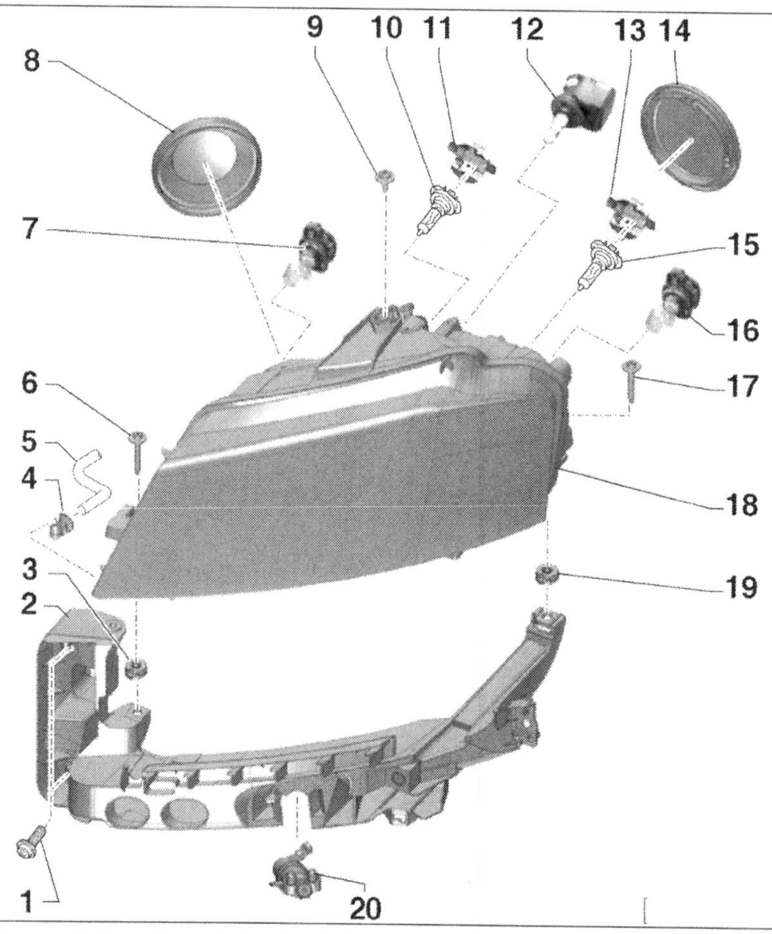

Montageübersicht Halogenscheinwerfer: 1 Schraube, 2 Aufnahme, 3 Einstellmutter, 4 Wasserablauf, 5 Ablaufschlauch, 6 Schraube, 7 Lampe Blinklicht vorn (PSY 24W) 12V 24W, 8 Gehäusedeckel, 9 Schraube, 10 Lampe Fernlicht (H7) 12V 55W, 11 Fassung, 12 Stellmotor für Leuchtweitenregulierung, 13 Fassung, 14 Gehäusedeckel, 15 Lampe für Abblendscheinwerfer (H7) 12V 55W, 16 Lampe für Tagfahrlicht und Standlicht (PS19W) 12V19W, 17 Schraube, 18 Scheinwerfergehäuse, 19Einstellmutter, 20 Spritzdüse Scheinwerferreinigungsanlage.

Lampe für Abblendlicht ersetzen

- Schalten Sie die Zündung aus und ziehen Sie den Zündschlüssel ab.
- Drehen Sie den Lichtschalter auf die Stellung »0«.
- Demontieren Sie die Radhausschale vorne.
- Drehen Sie den Verschlussdeckel gegen den Uhrzeigersinn (Blickrichtung in Fahrtrichtung) und nehmen Sie ihn ab.
- Drehen Sie den Lampenträger gegen den Uhrzeigersinn auf.
- Entnehmen Sie die Glühlampe mit dem Lampenträger aus dem Lampengehäuse.
- Glühlampe D aus dem Reflektor herausziehen. Setzen Sie die neue Lampe so ein, dass die Rastnasen am Lamellenteller in den Aussparungen am Reflektor liegen.
- Drehen Sie den Lampenträger mit dem Uhrzeigersinn zu.
- Setzen Sie den Verschlussdeckel auf und drehen Sie ihn in Uhrzeigerrichtung zu.

Lampe für Fernlichtlicht ersetzen

Die Montagearbeiten unterscheiden sich nicht von dem Lampenwechsel für das Abblendlicht. Lediglich für den Lampenwechsel auf der linken Seite muss je mach Modell der Luftfilter demontiert werden da nicht ausreichend Platz zur Verfügung steht. Folgen Sie den Montageanweisungen für die Lampe des Abblendlichtes.

Lampe für Tagfahrlicht und Standlicht ersetzen

- Schalten Sie die Zündung aus und ziehen Sie den Zündschlüssel ab.
- Drehen Sie den Lichtschalter auf die Stellung »0«.
- Demontieren Sie die Radhausschale vorne.
- Drehen Sie den Verschlussdeckel gegen den Uhrzeigersinn (Blickrichtung in Fahrtrichtung) und nehmen Sie ihn ab.
- Drehen Sie den Lampenträger gegen den Uhrzeigersinn auf und ziehen Sie die Lampe aus dem Scheinwerfer heraus.
- Drücken Sie die Entriegelung nach unten (Pfeil) und ziehen Sie die Steckverbindung ab.

Die Montage erfolgt sinngemäß in umgekehrter Reihenfolge. Achten Sie darauf, dass der Schriftzug »Top« auf dem Gehäusedeckel oben steht.

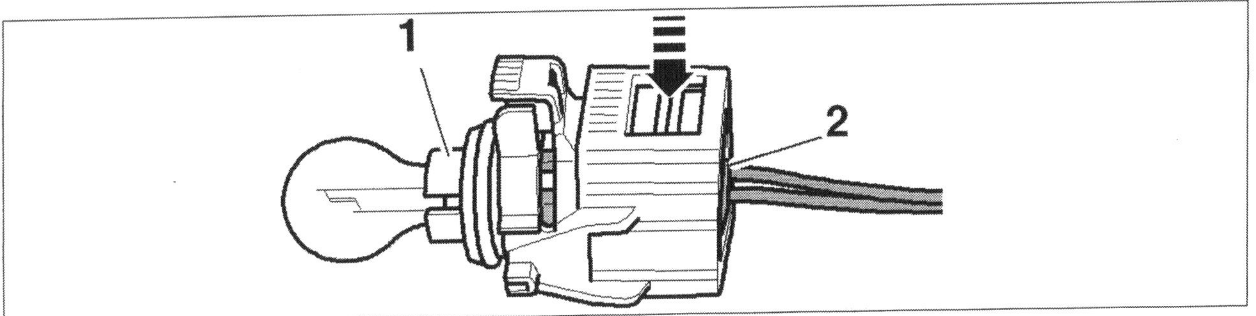

Lampe für Blinklicht ersetzen

Auch hier unterscheiden sich die Montagearbeiten nicht von dem Lampenwechsel für das Abblendlicht. Lediglich für den Lampenwechsel auf der linken Seite muss je mach Modell der Luftfilter demontiert werden da nicht ausreichend Platz zur Verfügung steht. Folgen Sie den Montageanweisungen für die Lampe des Abblendlichtes. Für den Lampenwechsel muss wie beim Tagfahrlicht auch die Entriegelungstaste des Steckers gedrückt werden, um die Steckverbindung abziehen zu können.

Nebelscheinwerfer aus- und einbauen

- Schalten Sie die Zündung aus und ziehen Sie den Zündschlüssel ab.
- Drehen Sie den Lichtschalter auf die Stellung »0«.
- Entriegeln Sie die Rastnasen des Lufteinlassgitters.
- Für die Variante 1 ziehen Sie das Luftgitter unten vom Stoßfänger ab.
- Die Variante 2 muss das Gitter vom Scheinwerfer abgeschwenkt und die Haltenase im Stoßfänger dabei ausgehängt werden.
- Demontieren Sie die drei äußeren Halterungsnasen.
- Ziehen Sie die elektrischen Anschlüsse ab.

Die Montage erfolgt sinngemäß in umgekehrter Reihenfolge. Achten Sie darauf, dass die Rastnasen hörbar einrasten. Kontrollieren Sie die Scheinwerfereinstellung.

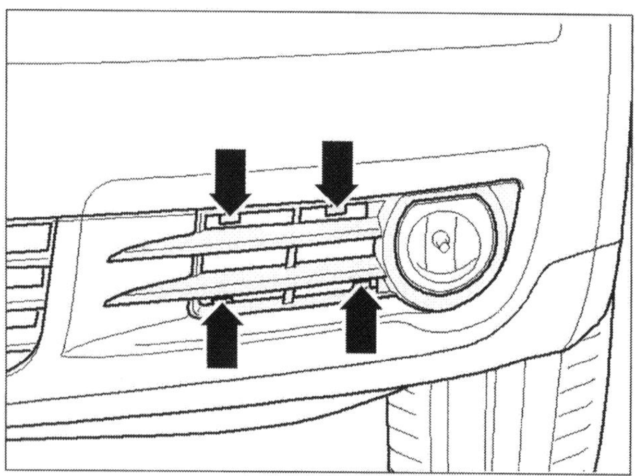

Lufteinlassgitter in der Variante 1 (4 Rasthaken).

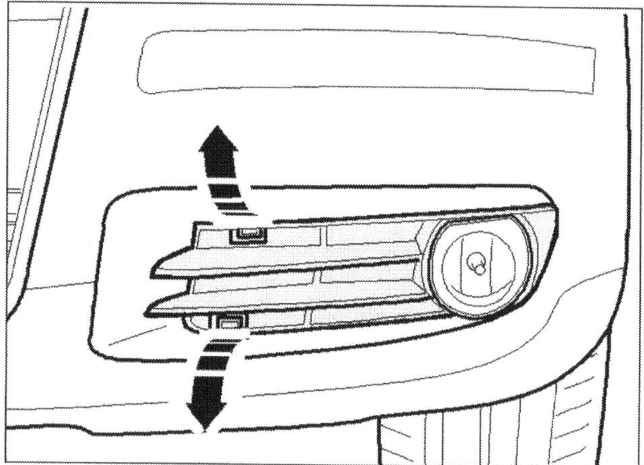

Lufteinlassgitter in der Variante 2 (2 Rasthaken).

Lampe für Nebelscheinwerfer ersetzen

- Demontieren Sie den Nebelscheinwerfer aus dem Stoßfänger.
- Lösen Sie die Haltelaschen am Scheinwerferdeckel und ziehen Sie ihn gleichmäßig nach oben.
- Ziehen Sie die elektrischen Anschlüsse ab.
- Drücken Sie die beiden Drahtbügel zusammen und rasten Sie diese aus.
- Nehmen Sie die Glühlampe aus dem Reflektor heraus.

Die Montage erfolgt sinngemäß in umgekehrter Reihenfolge. Die Lampen für den Nebelscheinwerfer haben eine vorgegebene Einbaurichtung, die schon durch die Fassungsform erkennbar wird. Achten Sie darauf, dass die Rastnasen hörbar einrasten. Prüfen Sie den Sitz der Steckkontakte. Kontrollieren Sie die Scheinwerfereinstellung.

Scheinwerfergehäuse aus- und einbauen

- Schalten Sie die Zündung aus und ziehen Sie den Zündschlüssel ab.
- Drehen Sie den Lichtschalter auf die Stellung »0«.
- Demontieren Sie die Stoßfängerverkleidung vorne.
- Bauen Sie die Spritzdüsen für die Scheinwerferreinigungsanlage ab (soweit vorhanden).
- Ziehen Sie die Verkabelung vom Scheinwerfer ab.
- Drehen Sie die Schrauben (2), (3), (5) heraus.
- Entriegeln Sie die Halteklammer (Pfeil) von der Rückseite aus und nehmen Sie den Scheinwerfer und die Aufnahme des Scheinwerfergehäuses ab.

Die Montage erfolgt sinngemäß in umgekehrter Reihenfolge. Achten Sie darauf, dass die Spaltmaße zur Karosserie gleichmäßig sind und genauso groß erscheinen wie die des anderen Scheinwerfers. Stellen Sie den Scheinwerfer ein.

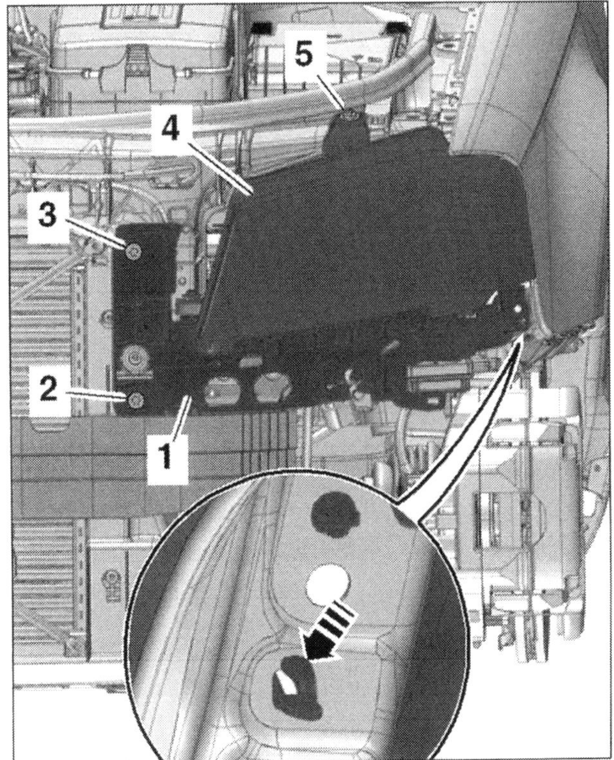

Scheinwerfer vorne Montageübersicht: 1 Aufnahme Scheinwerfergehäuse, 2 Schraube, 3 Schraube, 4 Scheinwerfergehäuse, 5 Schraube, Pfeil Halteklammer im Kotflügel

Aufnahme für das Scheinwerfergehäuse aus- und einbauen

- Demontieren Sie die Schrauben (1) und (3).
- Bauen Sie das Scheinwerfergehäuse aus.
- Lösen Sie die Halterungsschrauben an der Karosserie.
- Nehmen Sie die Aufnahme des Scheinwerfergehäuses ab.

Die Montage erfolgt sinngemäß in umgekehrter Reihenfolge. Achten Sie darauf, die Einstellelemente leichtgängig sind. Soweit erforderlich kann eine Höhenkorrektur nach der Montage der Stoßfängerverkleidung erfolgen. Achten Sie darauf das der Scheinwerfer unten in die Führungen des Scheinwerferträgers eingeschoben wird.

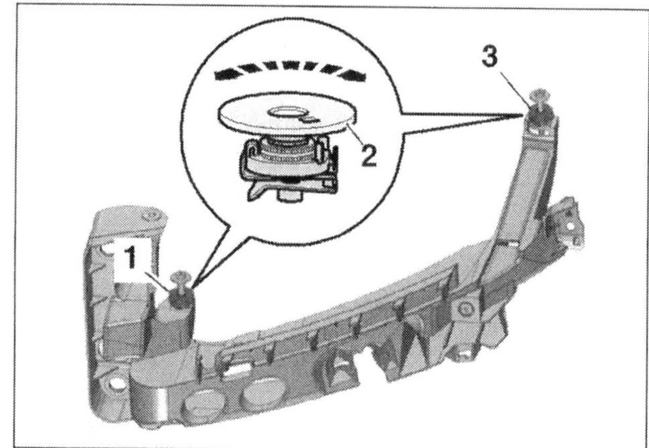

Bauteile der Scheinwerferaufnahme: 1 Einstellmutter zur Höhenkorrektur, 2 Einstellelement, 3 Einstellmutter zur Höhenkorrektur.

Blinkleuchte im Spiegelgehäuse

- Demontieren Sie das Spiegelgehäuse (diese Arbeit haben wir bereits im Kapitel Karosserie vorgestellt)
- Drehen Sie die beiden Halterungsschrauben (5) heraus.
- Nehmen Sie die Lampe heraus.

Die Montage erfolgt sinngemäß in umgekehrter Reihenfolge. Achten Sie darauf, dass das Spiegelgehäuse hörbar einrastet. Kontrollieren Sie die Funktion der Leuchte vor der endgültigen Montage.

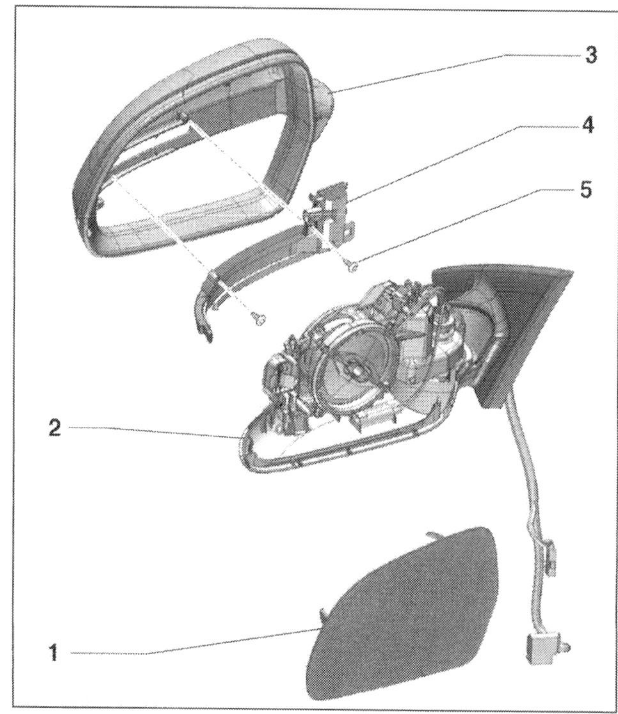

Montageübersicht des Rückspiegels: 1 Spiegelglas, 2 Aufnahme für Spiegelverstelleinheit, 3 Spiegelgehäuse, 4 Lampe für Blinklicht, 5 Schraube.

Seitliche Blinkleuchte wechseln

- Drücken Sie die Blinkleuchte auf der Seite der Lagerstelle (1) vorsichtig in Pfeilrichtung gegen die Kraft der Federklammer (2) auf der anderen Seite der Leuchte und nehmen Sie diese heraus. Wenn Sie einen Schraubendreher benutzen, seien Sie vorsichtig, damit der Lack nicht zerkratzt wird. Der Ausbau der Blinkleuchte ist nur in einer Richtung möglich. Aber Sie können von außen nicht erkennen, auf welcher Seite die Lagerstelle und auf welcher Seite die Federklammer sitzt. In der Regel lässt sich die Blinkleuchte aber nur in Richtung der Feder verschieben.

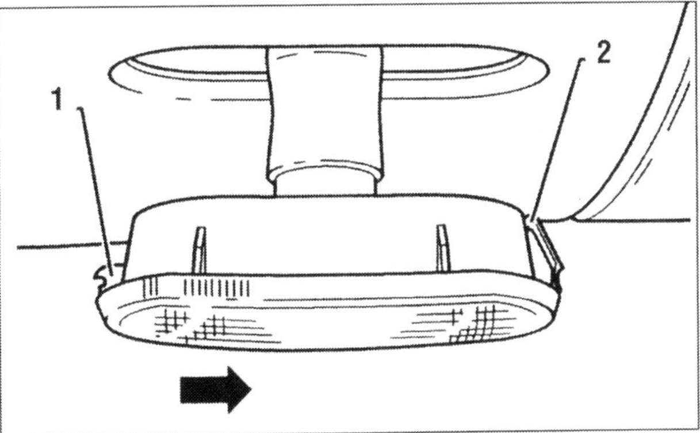

- Gummifassung mit Steckkompatibel vom Lampengehäuse abziehen.
- Wenn Sie die Lampe (12V/5W) austauschen müssen, ziehen Sie diese aus der Fassung heraus (nicht drehen!).
- Stecken Sie dann die Gummifassung mit Steckkompatibel auf das Lampengehäuse auf.
- Setzen Sie die Blinkleuchte in den Kotflügel ein. Alt und neu: Die Seitenblinker wurden im Laufe der Serie modifiziert. Ein Austausch der alten gegen neue kostet nicht allzu viel, weswegen der Tausch auch als beliebtes Mittel der optischen Verschönerung angewandt wird.

Rücklampe außen

Zunehmend werden die Lampen als LED (Leuchtdioden) ausgeführt. Die Dioden dürfen nicht einzeln ersetzt werden. Bei Ausfall muss dann das komplette Rücklicht ersetzt werden.

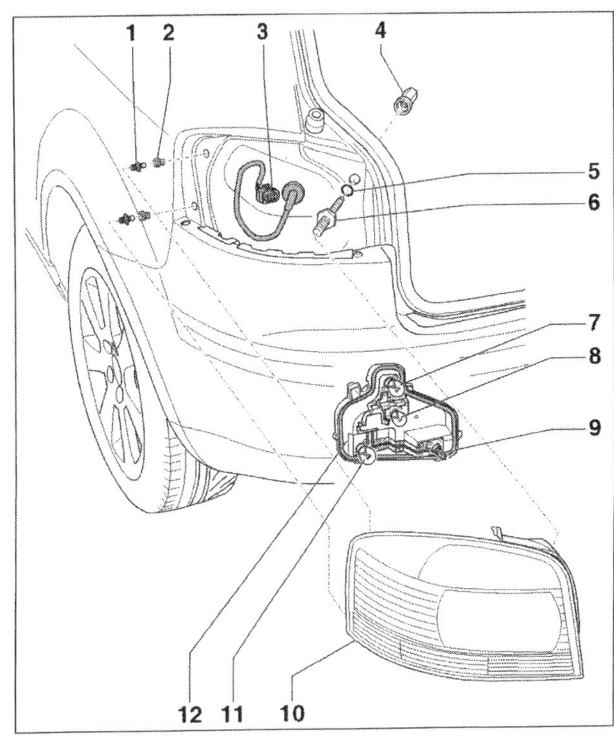

Montageübersicht Rückleuchte hinten: 1 Haltebolzen, 2 Clipmutter, 3 Kabelanschluss, 4 Mutter, 5 O-Ring, 6 Gewindebolzen, 7 Glühlampe für Bremslicht 21V 21W, 8 Glühlampe für Rücklicht 12V 10W, 9 Glühlampe für Nebelschlussleuchte oder Rückfahrscheinwerfer 12V 21W, 10 Schlussleuchte, 11 Glühlampe für Blinklicht 12V 21W, Lampenfassung.

- Schalten Sie die Zündung aus und ziehen Sie den Zündschlüssel ab.
- Drehen Sie den Lichtschalter auf die Stellung »0«.
- Demontieren Sie die Mutter (2).
- Drehen Sie die Rückleuchte leicht nach außen. Hierbei sollten die Clipmuttern die Halterungsbolzen freigeben.
- Ziehen Sie den Steckkontakt ab oder rasten Sie den Lampenträger aus.

Die Montage erfolgt sinngemäß in umgekehrter Reihenfolge. Achten Sie darauf, dass das Lampengehäuse hörbar in die Clipmuttern einrastet. Kontrollieren Sie die Funktion der Leuchte vor der endgültigen Montage.

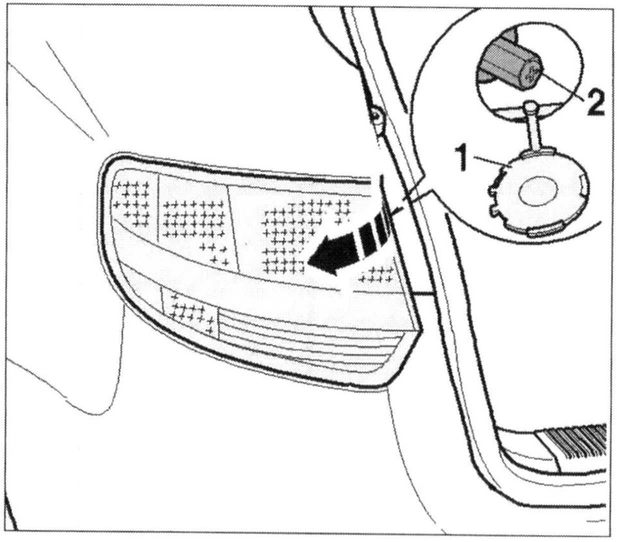

1 Abdeckung Kofferraumverkleidung, 2 versteckte Halterungsschraube.

Rücklampe innen

- Schalten Sie die Zündung aus und ziehen Sie den Zündschlüssel ab.
- Drehen Sie den Lichtschalter auf die Stellung »0«.
- Demontieren Sie die Abdeckung in der Kofferraumklappe.
- Ziehen Sie den Steckkontakt ab oder rasten Sie den Lampenträger aus.
- Drehen Sie die Befestigungsschraube heraus und nehmen Sie den Klemmhalter ab.
- Drücken Sie die Rückleuchte soweit nach außen, bis sie zur Außenseite abgenommen werden kann.

Die Montage erfolgt sinngemäß in umgekehrter Reihenfolge. Achten Sie darauf, dass die Lampendichtung richtig sitzt. Setzen Sie die Rückleuchte innen ganz außen an und verschieben Sie diese dann nach innen.
Verschrauben Sie die Lampe nur mit dem Klemmhalter als Unterlage.

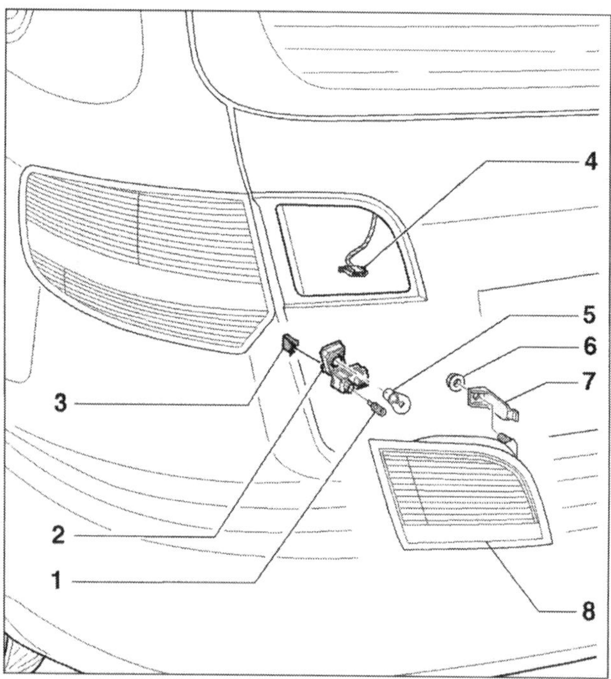

Montageübersicht Rückleuchte Heckklappe: 1 Lampe für Rückfahrscheinwerfer12V 16W, 2 Lampenfassung, 3 Halteklammer, 4 Stecker, 5 Lampe Nebelschlussleuchte 12V 21W, 6 Mutter, 7 Klemmhalter, 8 Schlussleuchte.

Dritte Bremsleuchte

Eigentlich reicht es aus, die Verkleidung im oberen Bereich zu lösen und etwas wegzubiegen, um an die Bremsleuchteneinheit heranzukommen. Um zu verhindern, dass die Heckverkleidung bricht, sollte sie gerade bei älteren Fahrzeugen eine Mindesttemperatur von 20°C haben. In der kalten Jahreszeit kann hier ein Heißluftfön eine gute Montagehilfe darstellen.

Beim Sportsback:

- Lösen Sie die Verkleidung an den oberen Halteklipsen vorsichtig und biegen Sie sie etwas nach unten.
- Drücken Sie mit einer Spitzzange die Verriegelungen vorsichtig zusammen.
- Beginnen Sie nun von rechts aus die Bremsleuchte aus dem Heckklappenausschnitt herauszudrücken.
- Ziehen Sie den Steckkontakt ab.

Die Montage erfolgt sinngemäß in umgekehrter Reihenfolge. Die Lampen sind als LED (Leuchtdioden) ausgeführt. Die Dioden dürfen nicht einzeln ersetzt werden. Bei Ausfall muss dann die komplette Bremsleuchteneinheit ersetzt werden.

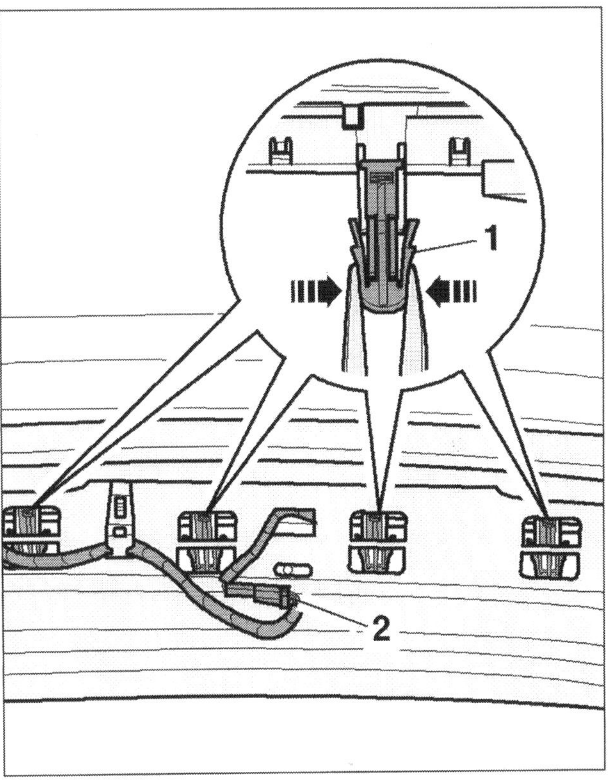

Montageübersicht Bremsleuchte: 1 Verriegelungen, 2 Steckverbinder.

Beim 3-türigen:

- Lösen Sie die Verkleidung an den oberen Halteklipsen vorsichtig und biegen Sie sie etwas nach unten.
- Verschieben Sie die Halteschiene in Pfeilrichtung mit Hilfe eines kleinen Schraubendrehers. Achten Sie darauf, dass die Halteschiene nicht in die Heckklappe fällt. Für den Fall des Falles ist ein kleiner Montagemagnet sehr hilfreich.
- Beginnen Sie nun von rechts aus die Bremsleuchte aus dem Heckklappenausschnitt herauszudrücken.
- Ziehen Sie den Steckkontakt ab.

Die Montage erfolgt sinngemäß in umgekehrter Reihenfolge. Die Lampen sind als LED (Leuchtdioden) ausgeführt. Die Dioden dürfen nicht einzeln ersetzt werden. Bei Ausfall muss dann die komplette Bremsleuchteneinheit ersetzt werden.

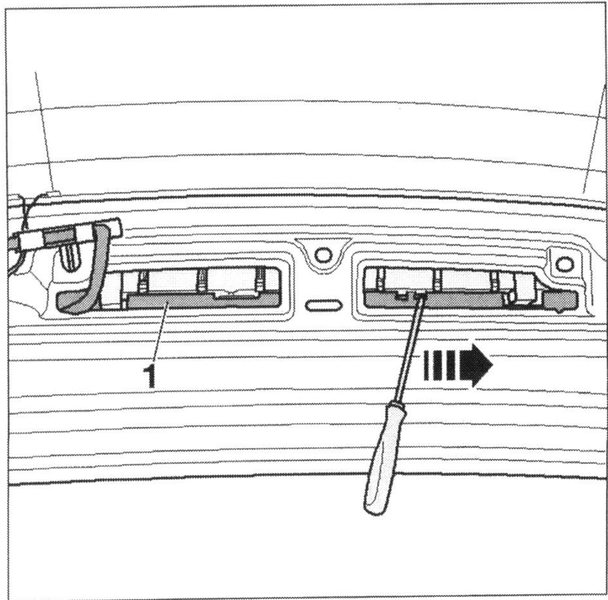

Montageübersicht Bremsleuchte: 1 Halteschiene, Pfeil Demontagerichtung.

Für den Wiedereinbau einer gebrauchten Leuchteneinheit ist etwas Vorarbeit erforderlich. In der Regel zerfällt die Bremsleuchte in ihre Einzelteile, da sie nicht mehr verriegelt ist. Tragen Sie bei den Montagearbeiten eine Schutzbrille, da hier einige Bauteile durchaus mit Schwung herausspringen können.

- Setzen Sie zuerst die drei Federzungen in das Leuchtengehäuse ein.
- Setzen Sie die Halteschiene auf und schieben Sie diese ganz nach rechts. Achten Sie darauf, dass die Nasen (4) einrasten.
- Schieben Sie nun die drei Federn zwischen Federzungen und Halteschiene ein.

Nun ist die Leuchteneinheit wieder montagefertig.

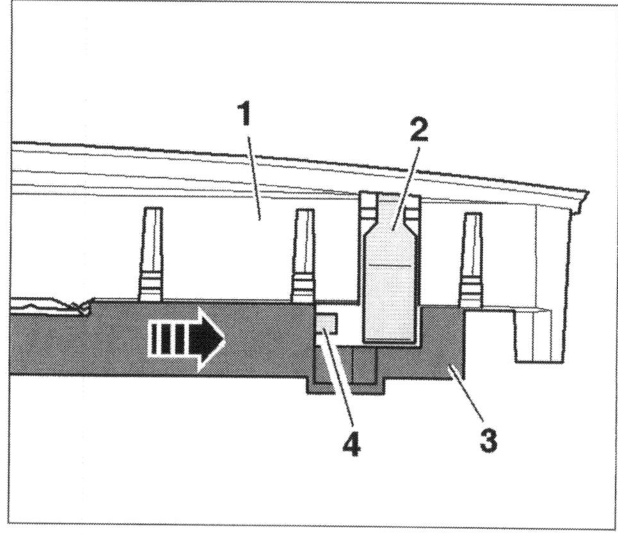

Montageübersicht der Bremsleuchte: 1 Leuchtengehäuse, 2 Federzunge, 3 Halteschiene, 4 Rastnasen.

Kennzeichenleuchte aus- und einbauen

- Schalten Sie die Zündung aus und ziehen Sie den Zündschlüssel ab.
- Drehen Sie den Lichtschalter auf die Stellung »0«.
- Drehen Sie die Befestigungsschraube heraus.
- Nehmen Sie die Leuchteneinheit mit Hilfe eines Schraubendrehers aus der Griffleiste heraus.
- Ziehen Sie für den Lampenwechsel die12 V 5W Lampe aus der Klemmfassung heraus.

Die Montage erfolgt sinngemäß in umgekehrter Reihenfolge. Achten Sie darauf, dass die Kabelführung nicht eingequetscht wird und die Leuchteneinheit wieder richtig sitzt.

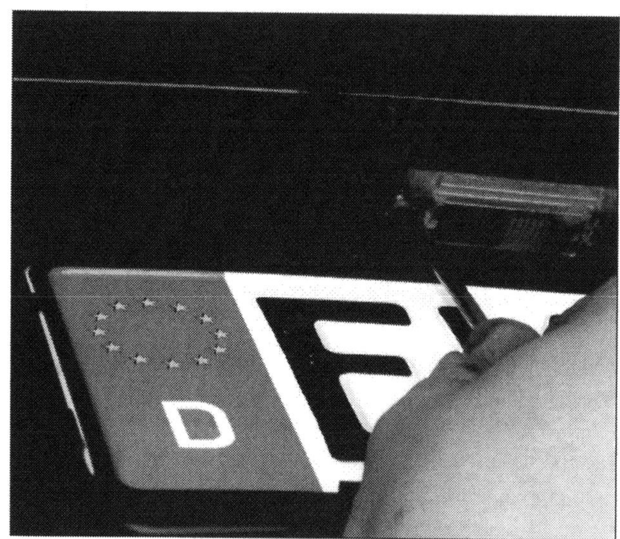

Alles erkennbar: Die Kennzeichenleuchte.

Anlasser aus- und einbauen

Fällt der Anlasser aus und die Anschlusskabel zum Anlasser und die Motormasse sind in Ordnung bleibt nur die Demontage des Anlassers. Als Fehlerquelle kommen abgenutzte Kohlebürsten genauso in Betracht wie einen verbrannten Kontaktschalter oder mechanische Fehler wie eine defekte Lagerung oder schwergängige Mechanik. Sicherlich lassen sich die meisten Bauteile irgendwie wieder »in die Gänge« bringen. Wirtschaftlich ist das aber meist dann doch nicht. Anlasser oder Starter, wie sie eigentlich heißen müssten, gibt es im Austauschprogramm genauso, wie auf einem gut sortieren Schrottplatz.

Grundsätzlich findet sich der Anlasser bei Ihrem Audi in Fahrtrichtung links vom Motor nach vorne verbaut. Oftmals kann man ihn schon erspähen, wenn man in diesem Bereich in die Tiefe des Motorraums blickt. Die Montagearbeiten unterscheiden sich im wesentlichen nur darin, dass für das eine Modell mehr Bauteile demontiert werden müssen, um den Anlasser zu erreichen. Wir haben aus Platzgründen die folgenden Anweisungen allgemeiner gehalten und nach Grundaufbauten sortiert.

1,2l und 1,4l Benzin Motor und 2l TDI Motoren

- Schalten Sie die Zündung aus und ziehen Sie den Zündschlüssel ab.
- Demontieren Sie den Luftfilterkasten und den Luftführungsschlauch.
- Bauen Sie die Batterie und den Batteriehalter aus.
- Demontieren Sie die Masseleitung des Anlassers.
- Schieben Sie die Staubmanschette zurück (soweit verbaut).
- Ziehen Sie die Steckverbindungen am Anlasser ab.
- Demontieren Sie das B+ Kabel am Magnetschalter des Anlassers.
- Demontieren Sie den Kabelhalter in dem Sie die 8mm Mutter am Kabelhalter entfernen.
- Drehen Sie die beiden Halterungsschrauben des Anlassers heraus.
- Nehmen Sie den Anlasser nach oben heraus.

1,6l, 1,8l und 2l Benzin Motor und die 1,6 - 1,9l TDI Motoren

Gelegentlich ist die Kabelführung nur von unten erreichbar. In diesem Fall demontieren Sie den Unterfahrschutz Ihres Audi. Für die »TFSI« Motoren muss zusätzlich die Luftführung bis zum Luftmassenmesser weichen. Am 2l TFSI sollte der Stecker zum Luftmassenmesser im Luftfiltergehäuse nicht vergessen werden.

- Schalten Sie die Zündung aus und ziehen Sie den Zündschlüssel ab.
- Demontieren Sie den Luftfilterkasten und die Motorabdeckung. Beachten Sie den Luftführungsschlauch so wie die Anschlüsse für Unterdruck und Ansauglufttemperaturfühler.
- Bauen Sie die Batterie und den Batteriehalter aus.
- Demontieren Sie die Masseleitung des Anlassers.
- Schieben Sie die Staubmanschette zurück (soweit verbaut).
- Ziehen Sie die Steckverbindungen am Anlasser ab.
- Demontieren Sie das B+ Kabel am Magnetschalter des Anlassers.
- Demontieren Sie die Halterungsmutter an der Stütze des Abgaskrümmers oben.
- Demontieren Sie den Kabelhalter in dem Sie die 8mm Mutter am Kabelhalter entfernen.
- Drehen Sie die beiden Halterungsschrauben des Anlassers heraus.
- Nehmen Sie den Anlasser nach oben heraus.

3,2l Benzin Motor

- Schalten Sie die Zündung aus und ziehen Sie den Zündschlüssel ab.
- Klemmen Sie den Batteriemasseanschluss ab.
- Demontieren Sie den Luftfilterkasten oben.
- Demontieren Sie den Luftführungsschlauch.
- Nehmen Sie den Filtereinsatz heraus.
- Demontieren Sie die Luftführung.
- Demontieren Sie den Luftfilterkasten und die Halterung.
- Demontieren Sie die Masseleitung des Anlassers.
- Schieben Sie die Staubmanschette zurück (soweit verbaut).
- Ziehen Sie die Steckverbindungen am Anlasser ab.
- Demontieren Sie das B+ Kabel am Magnetschalter des Anlassers.
- Drehen Sie die beiden Halterungsschrauben des Anlassers heraus.
- Nehmen Sie den Anlasser nach oben heraus.

Die Montage erfolgt in allen Fällen sinngemäß in umgekehrter Reihenfolge. Achten Sie darauf, dass die Kabelführung genauso ausgeführt, wird wie Sie sie bei der Demontage vorgefunden haben. Versuchen Sie niemals mit Gewalt den Anlasser an Bauteilen vorbei zu drücken. Sollten Steckverbindungen wie die für den Rückwärtsgang Ihre Arbeit behindern, so demontieren Sie diese zuerst. Prüfen Sie immer zum Abschluss der Arbeiten alle Schläuche und Leitungen auf korrekten Sitz und Dichtheit.

Generator aus- und einbauen

Fällt der Generator aus und die Anschlusskabel zum Generator und die Motormasse sowie der Erregeranschluss sind in Ordnung bleibt nur die Demontage des Generators. Sie werden schnell feststellen, welche Nachteile einfache Arbeit ergeben. Auch hier stellen wir Ihnen die Arbeiten aus Platzgründen in zwei Kategorien unterteilt vor.

1,6l, 1,8l, 2,0 FSI und TFSI Benzin Motor, 2,0L TDI Motor

- Schalten Sie die Zündung aus und ziehen Sie den Zündschlüssel ab.
- Klemmen Sie den Batteriemasseanschluss ab.
- Demontieren Sie den Luftfilterkasten und die Motorabdeckung. Beachten Sie den Luftführungsschlauch so wie die Anschlüsse für Unterdruck und Ansauglufttemperaturfühler.
- Ziehen Sie den Aktivkohlefilter mit angeschlossenen Leitungen nach oben heraus und legen Sie ihn auf die Seite. Beim TDI muss entsprechend an dieser Stelle der Kraftstofffilter herausgezogen und auf die Seite gelegt werden.

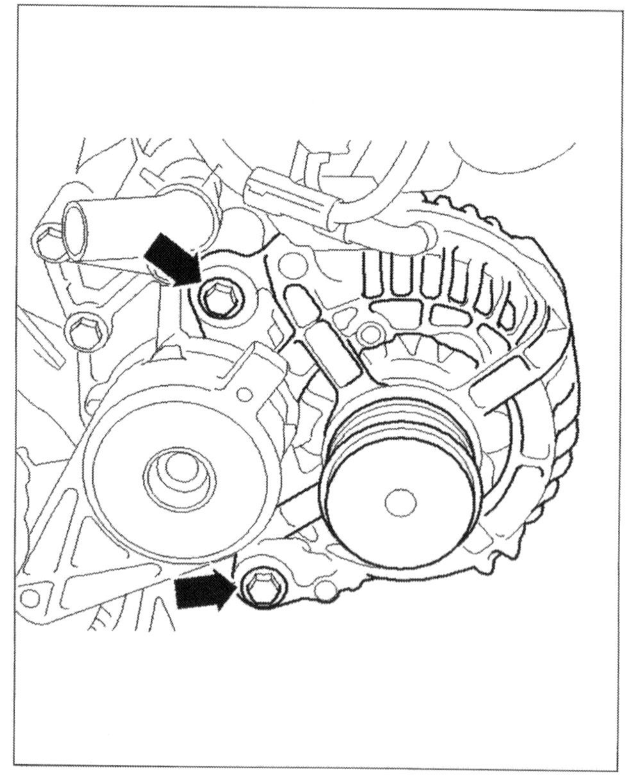

Verschraubungen am Generator.

- Beim 2,0l FSI muss nun die Unterdruckdose für die Umschaltwalze demontiert werden. Des weiteren muss der Kühlmittelschlauch, der über dem Kühler liegt, etwas auf die Seite gelegt werden.
- Auch das Kühlmittelrohr muss gelöst werden.
- Markieren Sie nun die Laufrichtung des Keilrippenriemens.
- Demontieren Sie den Keilrippenriemen. (Die Arbeitsanweisung hierzu finden Sie im nächsten Kapitel!)
- Ziehen Sie die Steckverbindungen zum Generator ab.
- Demontieren Sie den B+ Anschluss am Generator.
- Lösen Sie die Kabelführung (soweit verbaut). Für den TFSI Motor muss oftmals die Verkabelung zu den Öldruckschaltern entfernt werden.
- Lösen Sie die Befestigungsschrauben und nehmen Sie den Generator nach oben heraus. Sollte der Generator klemmen, drehen Sie die Schrauben bis auf zwei Umdrehungen wieder hinein und schlagen Sie vorsichtig auf den Schraubenkopf. Die Hülsen lösen sich dann etwas.

Die Montage erfolgt in allen Fällen sinngemäß in umgekehrter Reihenfolge. Achten Sie darauf, dass die Kabelführung genauso ausgeführt, wird wie Sie sie bei der Demontage vorgefunden haben. Die Unterdruckverstellung am FSI kann lediglich in einer Stellung montiert werden. Die Mitnehmer im Stellwerk sind unterschiedlich breit.

1,2l,1,4l und 1,8l TFSI, 1,6lFSI, 1,9l und 2,0l TDI Motoren

- Schalten Sie die Zündung aus und ziehen Sie den Zündschlüssel ab.
- Markieren Sie nun die Laufrichtung des Keilrippenriemens.
- Demontieren Sie die Unterbodenverkleidung.
- Demontieren Sie den Keilrippenriemen. (Die Arbeitsanweisung hierzu finden Sie im nächsten Kapitel!)
- Demontieren Sie die Umlenkrolle für den Keilrippenriemen.
- Ziehen Sie den Steckkontakt für die Magnetkupplung des Klimakompressors ab.
- Drehen Sie die Befestigungsschrauben für den Klimakompressor heraus.
- Binden Sie den Klimakompressor mit angeschlossenen Kältemittelleitungen am Längsträger mit Kabelbinder hoch.
- Lösen Sie die elektrischen Anschlussleitungen.
- Beim 1,8l TFSI muss nun die Unterdruckleitung abgezogen und der Aktivkohlebehälter herausgezogen werden. Die Leitungen müssen dazu nicht abgezogen werden. Des weiteren werden die beiden Kühlmittelschläuche mit einer Kühlschlauchklemme abgeklemmt und abgezogen. Stellen Sie sich ein Auffanggefäß unter das Fahrzeug.
- Beim 1,9l TDI sollte das Luftführungsrohr des Ladesystems zusätzlich demontiert werden.
- Für den 2,0l TDI sollte nun die obere Schraube herausgedreht und die untere gelöst werden. Der Generator kann dann nach vorne geschwenkt werden.

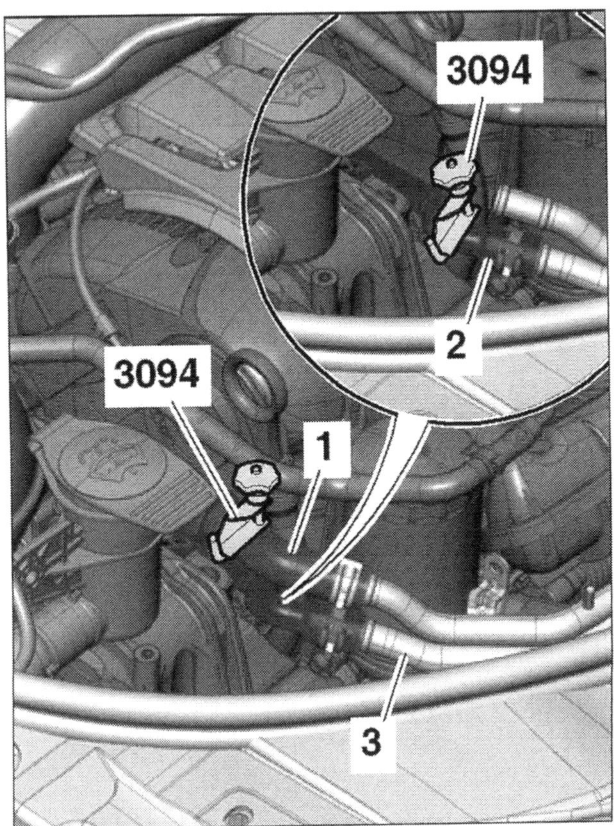

1 Kühlmittelschlauch oben, 2 Kühlmittelschlauch oben, 3 Kühlmittelrohr, 3094 Kühlschlauchklemme von VW/AUDI.

- Ziehen Sie die Steckverbindungen zum Generator ab.
- Demontieren Sie den B+ Anschluss am Generator.
- Lösen Sie die Kabelführung (soweit verbaut).
- Lösen Sie die Befestigungsschrauben und nehmen Sie den Generator heraus. Sollte der Generator klemmen, drehen Sie die Schrauben bis auf zwei Umdrehungen wieder hinein und schlagen Sie vorsichtig auf den Schraubenkopf. Die Hülsen lösen sich dann etwas.

Die Montage erfolgt in allen Fällen sinngemäß in umgekehrter Reihenfolge. Achten Sie darauf, dass die Kabelführung genauso ausgeführt, wird wie Sie sie bei der Demontage vorgefunden haben. Entlüften Sie das Kühlsystem und achten Sie darauf das alle Anschlüsse dicht sind.

Sicherungen auswechseln

Den Sicherungskasten finden Sie, wenn Sie die Fahrertür öffenen und die seitliche Verkleidung am Armaturenbrett mit einem Schraubendreher oder notfalls mit dem Zündschlüssel aufhebeln. Die kleine Zange zum Sicherungswechsel finden Sie unterhalb der Sicherungen angebracht.
Weitere Einbauorte für die Sicherungen ist der Motorraum vorne links vor dem Dämpferdom sowie ein Sicherungsträger im Bereich der Batterie. Einige Modelle weisen sogar einen Sicherungsträger im Kofferraum im Bereich der Reserveradmulde aus. Die Informationen aus dem Bordbuch sind also abhängig von Modell und Baujahr.

- Öffnen Sie die Fahrertür und hebeln Sie mit einem Schraubendreher oder notfalls mit einem Zündschlüssel die Abdeckplatte am Armaturenbrett ab.
- Mit dem Sicherungszieher (Kunststoffpinzette auf der Abdeckplatte) die defekte Sicherung aus dem Steckplatz ziehen.
- Neue Sicherung mit gleicher Amperestärke in den Steckplatz eindrücken. Achten Sie dabei auf korrekten Sitz.
- Brennt die neue Sicherung sofort wieder durch, haben Sie eventuell eine zu schwache Sicherung eingesetzt oder der Verbraucher ist defekt. In diesem Fall sollten Sie dem Problem schnellstens auf den Grund gehen. Der Verbraucher könnte beschädigt werden, im schlimmsten Fall sogar ein Kabelbrand entstehen.

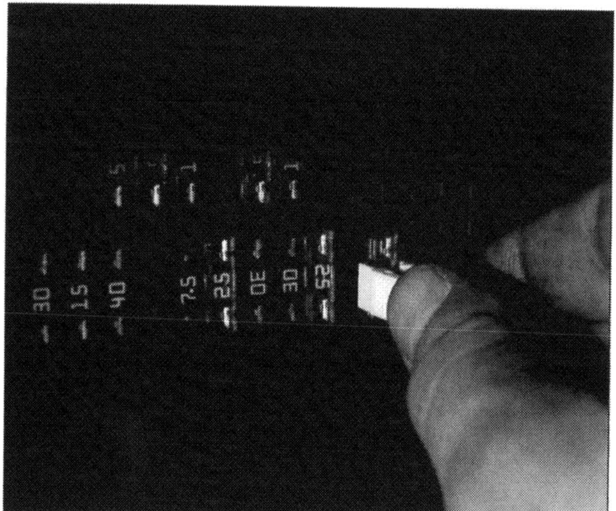

Defekte Sicherung entnehmen: Achten Sie darauf, immer eine gleich starke Sicherung einzusetzen.

Reparaturen am Generator

Generell ist es möglich, den Generator zu reparieren. Wie man schon an dem Schaubild gut sehen kann, besteht der Generator aus nicht allzu vielen Teilen. Die Zerlegbarkeit scheitert meist an unzureichendem Werkzeug. Beispielweise muss bei einigen Generatoren die Diodenplatte (der Gleichrichter) demontiert werden.

Da er angelötet ist und zudem recht dicke Drähte am Generator verbaut wurden, wird ein Lötgerät mit einer hohen Leistung notwendig.

Für die Demontage der Lager müssen passende Abzieher vorhanden sein, um den Anker und seine Welle nicht zu beschädigen. In den meisten Fällen sind die Kohlen des Reglers verschlissen. Bei einigen Generatoren sind diese einzeln, beziehungsweise mit dem Bürstenhalter lieferbar.

Entscheidend für einen sinnvollen Austausch der Kohlen ist der Zustand der Schleifringe des Ankers. Sind diese durch den langen Betrieb eingelaufen, werden die neuen Kohlen sehr schnell wieder verschleißen. Hier sollte dann auf einen Austauschgenerator zurückgegriffen werden.

Bei allen Arbeiten am Generator gelten die bekannten Hinweise: Nach Abklemmen des Massekabels den Minuspol der Batterie am besten mit Isolierband abkleben, Generator nicht bei angeschlossener Batterie ausbauen, beim Ausbau Radio-Codierung beachten, nach Wiedereinbau Fehlerspeicher auslesen. Fahrzeuggeneratoren und Anlasser sind Austauschteile: Ein defekter wird beim Kauf eines überholten oder neuen Teils in Zahlung genommen. Er muss aber noch vollständig, einigermaßen sauber und zusammengebaut sein.

Zerlegt kann Ihr Generator so aussehen: In wieweit sich diese Arbeit rechnet, hängt von Ihrer Austattung und ihrer fachlichen Erfahrung ab.

Ständige Kontrolle der Beleuchtung

Lassen Sie die Einstellung der Scheinwerfer an Ihrem Fahrzeug regelmäßig prüfen, zum Beispiel bei den im Herbst stattfindenden Aktionen von ADAC, TÜV Dekra und bei den meisten Werkstätten, die der KFZ-Innung angehören. Außerdem sollten Sie vor jeder Fahrt die Beleuchtung Ihres Fahrzeugs kontrollieren. Dazu Zündung einschalten und nacheinander Standlicht, Abblendlicht, Fernlicht und Nebelscheinwerfer einschalten. Am Heck des Wagens müssen Rücklichter, Kennzeichenleuchten, Rückfahrscheinwerfer und Nebelschlussleuchte einwandfrei funktionieren.

Steuergerät reparieren

Es ist der Fluch der modernen Technik: Seltsame Fehlfunktionen, unregelmäßige Ausfälle ganzer Baugruppen oder auch die Totalverweigerung des Autos deuten oft auf ein defektes Steuergerät hin. Das kann sowohl die Motorsteuerung treffen als auch das ESP. Oft genug ist zwar nur ein Sensor der Grund für den Elektronik-Spuk. Manchmal hilft aber alles nichts und das Steuergerät muss ersetzt werden. Noch schlimmer als die Diagnose Steuergerät defekt ist in der Regel aber die darauf folgende Rechnung. Denn ein brandneues Steuergerät verschlingt mindestens eine vierstellige Euro Summe. Dabei ist vielleicht nur eine Lötstelle defekt. Eine wachsende Zahl von Firmen hat sich deshalb darauf spezialisiert, Steuergeräte zu reparieren. Das kostet in der Regel nur die Häfte. Immer noch viel Geld, falls der Fehler nur an einer Lötstelle lag, aber weniger schmerzhaft als der Austausch bei Audi…

Selbstleuchtendes Nummernschild

Falls Sie zu denen gehören, die sich eine bestimmte Kombination reserviert haben und ihr Kennzeichen mit einem gewissen Stolz an das Auto schrauben, dürfen Sie sich freuen: Seit 2006 ist nämlich das selbstleuchtende Nummernschild SLN erhältlich. Natürlich hat die Sache einen vernünftigen Hintergrund: Das mittels LEDs und optischer Folien leuchtende Kennzeichen bietet zusätzliche Sicherheit im Dunklen und ist auch bei starker Verschmutzung noch gut lesbar. Wichtiger scheint die Tatsache, dass Kennzeichenleuchten mit Kontaktschwierigkeiten oder durchgebrannt, damit bald der Vergangenheit angehören. Technisch ist der insgesamt 21 Millimeter dicke Einbausatz bei jedem Auto mit normaler Schildgröße anbaubar, finanziell gesehen doch eine etwas größere Investition. Zum Leuchtkörper für rund 70 Euro addiert sich nämlich noch der Preis für das transluzente Kennzeichen. Immerhin ist das eine Innovation, die pünktlich zum 100sten Geburtstag des Nummernschildes eigentlich niemand erwartet hatte.

Bi-Xenon Scheinwerfer als Leuchtmittel

Oftmals kopiert, aber nie erreicht. Die Rede ist von farbigen Scheinwerferbirnen, die das Xenonlicht nachempfinden sollen. Beim Empfinden bleibt es dann aber auch schon. Denn die bunten Lämpchen bieten nachweislich weniger Licht und gefährden zusätzlich durch die stärkere Blendung (Streulichtanteil großer) auch noch den Gegenverkehr. Mittlerweile sind aber sogar schon Lösungen mit Gasentladungslampen für Abblend- und Fernlicht im Handel. Wichtig: Das Set muss eine Scheinwerferreinigungsanlage beinhalten, wenn diese nicht schon an Ihrem Audi A3 installiert ist. Nur so erfüllen Sie auch nach dem Einbau noch die gesetzlichen Vorschriften der StVZO.

Komplettsatz: Die Scheinwerfer-Waschanlage ist Pflicht nach dem Einbau von Xenonlichtern.

Scheinwerfer von Links- auf Rechtsverkehr umstellen

Ihr Audi ist mit Scheinwerfern mit asymmetrischer Lichtverteilung ausgerüstet. Am Garagentor wird es schnell deutlich: Wenn Sie genau hinsehen, bemerken Sie, dass das Abblendlicht jedes Scheinwerfers auf der rechten Seite etwas höher steht als auf der linken Seite. Das ermöglicht die Ausleuchtung des rechten Fahrbahnrandes. Die Lichtverteilung ist also nicht spiegelgleich also unsymmetrisch (asymmetrisch).
Für Länder mit Linksverkehr müssen die Scheinwerfer umgestellt werden, damit die asymmetrische Flanke nicht den Gegenverkehr blendet.

	Scheinwerfer links	***Scheinwerfer rechts***
Hebel oben	Rechtsverkehr	Linksverkehr
Hebel unten	Linksverkehr	Rechtsverkehr

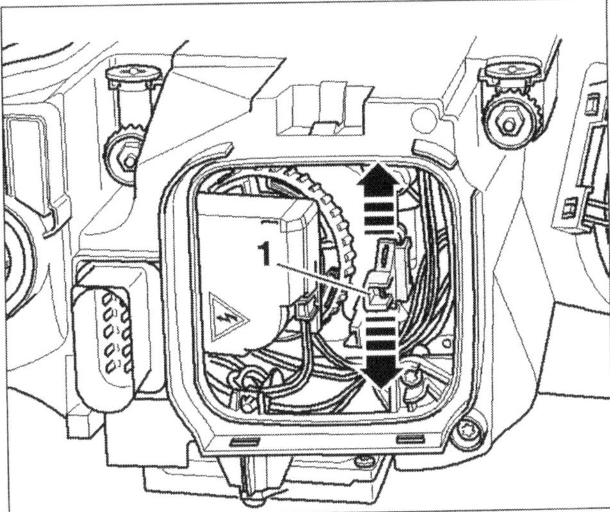

Sicht ins Scheinwerfergehäuse : 1 = Umschalthebel

- Beachten Sie den Umgang mit Xenongasentladungslampen.
- Entriegeln Sie die Haltezunge am Gehäusedeckel und nehmen Sie den Deckel ab.
- Prüfen Sie die Einstellung der Umschalthebel beider Scheinwerfer.
- Die Einstellung muss bei abgeschalteten Scheinwerfern erfolgen. Achten Sie darauf, dass die neue Hebelstellung merklich einrastet.
- Montieren Sie den Gehäusedeckel wieder und befestigen Sie soweit verbaut auch seine Sicherungsschraube.

Reparatursatz für das Scheinwerfergehäuse

Oftmals brechen schon bei einem leichten Blechschaden die Halterungen der Scheinwerfer ab. Im Regelfall müssen diese dann erneuert werden. Ein Scheinwerfer kann aber durchaus recht teuer ausfallen. Audi bieten für den Reparaturfall »Halter« ein Reparatursatz an. Fragen Sie beim freundlichen Audi-Händler nach.

- Bauen Sie den entsprechenden Scheinwerfer aus.
- Prüfen Sie das Gehäuse auf eventuelle Risse oder Ausbrüche, durch die Wasser eindringen könnte oder die die Stabilität des Gehäuses beeinträchtigen.
- Entfernen Sie den Rest der betroffenen Scheinwerferlasche.
- Setzen Sie die Reparaturlasche an und verschrauben Sie sie.

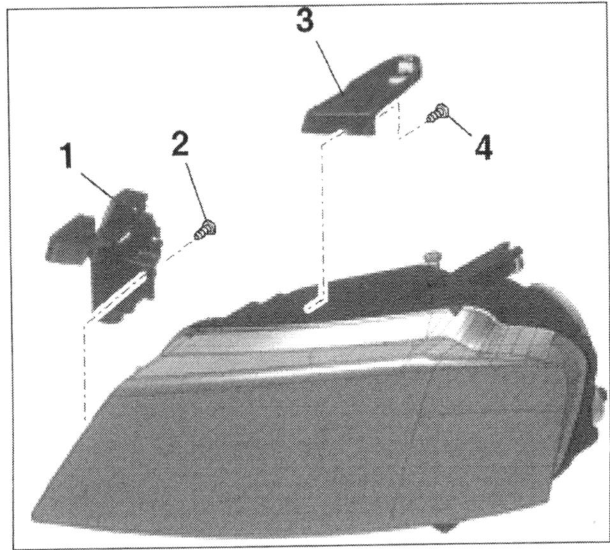

Reparatursatz für die vorderen Scheinwerfer: 1 Befestigungslasche, 2 Schraube, 3 Befestigungslasche, 4 Schraube

STÖRUNGSBEISTAND

Batterie und Generator

Störung	Was kann das sein?	Was muss ich tun?
A Rote Ladekontrolle brennt nicht beim Einschalten der Zündung	**1** Batterie leer	Mit Starthilfekabel starten oder Wagen anschleppen
	2 Batteriekabel gebrochen. Kabelklemmen lose oder oxidiert	Batteriekabel und -klemmen kontrollieren
	3 Kontrollleuchte defekt	ersetzen
	4 Kabelweg zwischen Zündschloss, Kontrollampe und Lichtmaschine unterbrochen	Stromweg mit Prüflampe kontrollieren
	5 Schleifkohlen abgenutzt	Regler tauschen
	6 Spannungsregler defekt	Regler austauschen
	7 Generator schadhaft	Generator überholen oder austauschen
	8 Feuchtigkeit bildet einen isolierenden Schmierfilm zwischen den Schleifringen und Kohlen (z.B. nach Motorwäsche)	Lichtmaschine mit Druckluft ausblasen oder Schleifringe und Kohlen sauberreiben
B Ladekontrolle brennt oder glimmt bei laufendem Motor	**1** Keilrippenriemen lose bzw. ohne Spannung	Keilrippenriemenspannung kontrollieren
	2 Mangelnder Kontakt an Kabelanschlüssen der Lichtmaschine oder unterbrochene Kabel	Kabelanschlüsse und Kabel prüfen
C Batterieoberfläche feucht	**1** Zu viel eingefülltes destilliertes Wasser	Ausgasen lassen, keine Säure absaugen
	2 Batterieverschlüsse verstopft	Entlüftungslöcher säubern
	3 Spannungsregler defekt	austauschen
D Batterie gast stark	**1** Batterie Zellenschluss	Batterie ersetzen
	2 Ladespannung zu hoch	Lastmanagement prüfen, Fehlerspeicher auslesen (lassen)

Anlasser

Störung	Was kann das sein?	Was muss ich tun?
A Beim Drehen des Zündschlüssels in Startstellung dreht der Anlasser zu lange oder gar nicht	**1** Kontrolllampen brennen schwach oder verlöschen **1a** Batterie entladen **1b** Kabelanschlüsse lose oder oxidiert **1c** Batterie entladen	Mit Starthilfekabel starten, Auto anschieben/anschleppen, Kabel befestigen, Anschlüsse säubern, Anlasser überholen lassen oder austauschen
	2 Kontrolllampen brennen hell, Klicken aus Richtung Anlasser **2a** Kohlenbürsten bzw. deren Anschlüsse im Anlasser gelöst **2b** Kontakte im Magnetschalter verschmort **2c** Anlasserwicklung schadhaft	Anlasser überholen lassen oder austauschen
B Der Anlasser dreht, aber der Motor dreht nicht	**1** Ritzel verschmutzt	Ritzel reinigen
	2 Einrückvorrichtung klemmt	Anlasser überholen lassen
	3 Verzahnung des Ritzels oder der Motorschwungscheibe beschädigt	Wagen bei eingelegtem Gang durch Helfer ein Stück vorschieben lassen. Erneut starten. Beschädigte Teile ersetzen
C Magnetschalter schaltet schnell ein und aus. Anlasser läuft nicht an	**1** Batterie stark entladen, beim Einschalten des Magnetschalters fällt die Spannung ab und er schaltet wieder ab	Batterie laden
	2 Einrückvorrichtung klemmt	Anlasser überholen lassen
	3 Verzahnung des Ritzels oder der Motorschwungscheibe beschädigt	Wagen bei eingelegtem Gang durch Helfer ein Stück vorschieben lassen – Zündung aus! Erneut starten. Beschädigte Teile ersetzen
D Anlasser läuft weiter, obwohl der Zündschlüssel losgelassen wurde	**1** Magentschalter hängt oder schaltet nicht ab	Zündung sofort abschalten, notfalls Batterie abklemmen. Magnetschalter reparieren oder Anlasser austauschen
	2 Zünd-/Anlassschalter defekt	Schalter ersetzen
E Ritzel spurt nach Anspringen des Motors nicht aus	**1** Rückstellfeder des Einrückhebels lahm oder gebrochen	Motor abstellen, Anlasser austauschen

Hupe

STÖRUNGSBEISTAND

Störung	Was kann das sein?	Was muss ich tun?
A Hupe tönt nicht	**1** Sicherung defekt	Ersetzen
	2 Kabel vom Lenkrad zum Lenksäulensteuergerät unterbrochen	Kabelverlauf kontrollieren, Steckkontakte der Hupe blankkratzen
	3 Hupe defekt	Prüfen, ggf. ersetzen
	4 Relais defekt	Prüfen, ggf. ersetzen
B Hupe tönt dauernd	**1** Kabel vom Hupenkontakt zum Steuergerät hat Masseschluss	Anschlüsse zum Lenksäulensteuergerät prüfen
	2 Hupe hat inneren Masseanschluss	Hupe ersetzen. Unterwegs Kabel von der Hupe abziehen

Bremslicht

STÖRUNGSBEISTAND

Störung	Was kann das sein?	Was muss ich tun?
A Eine Bremsleuchte brennt nicht	**1** Glühlampe durchgebrannt	Austauschen
	2 Masseverbindung unterbrochen. Brennen alle übrigen Lampen in derselben Heckleuchte?	Kabel kontrollieren
	3 Unterbrechung in der Zuleitung	Kabel kontrolllieren
B Beide bzw. alle drei Bremslichter brennen nicht	**1** Sicherung defekt	Ersetzen
	2 Bremslichtschalter defekt	Überprüfen, ggf. ersetzen
	3 siehe A1 und A3	
C Bremslicht brennt dauernd	**1** Kabel zum Bremslichtschalter haben direkten Kontakt	Kabel kontrollieren

Warnblink- und Blinkanlage

Störung	Was kann das sein?	Was muss ich tun?
A Kontrolllampe für Richtungsblinker leuchtet in ganz kurzen Intervallen auf. Normaler Blinkrhythmus beim Warnblinken	**1** Eine Glühlampe defekt oder ohne Kontakt	Auswechseln
B Blinkleuchten und Kontrollleuchte brennen bei Richtungs- und Warnblinken dauernd oder gar nicht	**1** Blinkrelais defekt	Auswechseln
C Richtungsblinken funktioniert, aber kein Warnblinken	**1** Sicherung defekt	Auswechseln
	2 Kabel vom Steckkontakt am Warnblinkschalter zur Sicherung bzw. Blinkerrelais unterbrochen	Durchgang kontrollieren, ggf. erneuern
	3 Warnblinkschalter defekt	Auswechseln
D Warnblinken funktioniert, aber kein Richtungsblinken	**1** Kabel zwischen Blinkerschalter und Lenksäulensteuergerät unterbrochen	Durchgang kontrollieren, ggf. erneuern
	2 Blinkerschalter defekt	Auswechseln (lassen)
	3 Sicherung defekt	Ersetzen
E Kein Richtungs- und kein Warnblinken	**1** Sicherung defekt	Auswechseln
	2 Warnblinkschalter defekt	Auswechseln
	3 Anschlüsse zum Lenksäulensteuergerät defekt	prüfen
F Kein Schalter der Hebel am Lenker funktioniert mehr	**1** Anschlüsse zum Lensäulensteuergerät defekt	prüfen
	2 Lensäulensteuergerät defekt	Fehlerspeicher auslesen (lassen), Kabel und Anschlüsse prüfen
	3 CAN-Bus-Fehler	Fehlerspeicher auslesen (lassen), Pegel und Signalbild auf der Datenleitung prüfen

Treibende Kraft

Eine breit gefächerte und durchgehend sportlich ambitionierte Motorenpalette erwartet den AUDI A3 Fahrer schon immer. High-Tech Motoren mit bis zu 184KW treiben den AUDI A3 an und definieren seine eigene Fahrzeugklasse neu. Aufgeladene Motoren ermöglichen Fahrleistungen, die man in diesen Hubraumklassen nicht erwartet. Selbstverständlich dürfen auch die TDI Motoren nicht fehlen. Im A3 finden Sie beide derzeit aktuelle Einspritzsysteme, die auch hier stetig weiter entwickelt werden.

Der Audi A3 wartet mit einer breiten Palette von Motoren auf. Erklärte Philosophie von Audi ist es, dem Kunden ein genau auf seine Wünsche und Ansprüche zugeschnittenes Triebwerk zur Verfügung zu stellen – von hoch ökonomisch bis ausgesprochen sportlich. Alle Motoren sind flüssigkeitsgekühlt und quer zur Fahrtrichtung eingebaut. Sie sind oben links und rechts in Gummi-Metall-Lagern aufgehängt. Dadurch könnten sie theoretisch wie ein Pendel schwingen. Die Drehmomentkräfte werden von einer weit unten angeordneten Stütze abgefangen. Schwingungen werden nur geringfügig auf die Karosserie übertragen, wodurch sich der Fahrkomfort erhöht.

Die Wahl des Motors fällt also gar nicht leicht. Die Entscheidung zwischen Vernunft und Fahrspass liegt in dieser Motorenpalette allerdings nicht so weit auseinander.

Turbomotoren sind aufgrund des geringeren Hubraums pro Leistung grundsätzlich hinsichtlich der steuerlichen Gesichtspunkte im Vorteil. Man sollte aber auch nicht nur nach der Situation schauen, die im Moment die Kosten des Autos ausmachen. Erfahrungsgemäß wird der Staat schon einen Weg finden, die neu erstandene Sparsamkeit der Autofahrer in irgendeiner Form als Steuer wieder einzukassieren.

Die Benzindirekteinspritzer mit Turbolader zeigen wieder einmal die Innovationskraft für die Audi mit sportlichen Fahrzeugen in jeder Klasse bekannt geworden ist. Dabei muss man den Einsatz der Technik nicht mal als mutig bezeichnen. Langjährige Forschung, Motorsporterfahrung und nicht zuletzt Komponenten aus der Konzernkruppe fundieren die qualitativ hochwertigen Konzepte, die Ihr Fahrzeug vorwärtstreiben.

Auch die Entscheidung zum Dieselmotor ist nicht nur von Sparsamkeit geprägt. Kenner der TDI-Triebwerke wählen durchaus dieses Motorkonzept aufgrund der Spritzigkeit und des druckvollen Durchzugs, der auch im Vergleich zu anderen Fahrzeugherstellern seines Gleichen sucht.

Wie vieles bei Audi entstammt auch die Motorisierung durch Kombinationen aus bewährten Komponenten der Großserie. Bis zum heutigen Tag wurden in dieser Audi A3 Serie 32 Motoren verbaut. Im Laufe der Produktionszeit werden sicherlich noch die eine oder andere Variante mit hinzukommen.

Die Benzinmotoren

Bezeichnung	Hubraum	Bauzeitraum	Motorkennbuchstabe	Leistung
Audi A3 1,4 TFSI	1,4l	09/2007-	CAXC	92 KW
Audi A3 1,6	1,6l	05/2003-05/2005	BGU	75 KW
Audi A3 1,6	1,6l	06/2005-	BSE	75 KW
Audi A3 1,6	1,6l	06/2005-	BSF	75 KW
Audi A3 1,6 FSI	1,6l	08/2003-05/2004	BAG	85 KW
Audi A3 1,6 FSI	1,6l	01/2005-09/2007	BLF	85 KW
Audi A3 1,8 FSI	1,8l	11/2006-06/2007	BYT	118 KW
Audi A3 1,8 TFSI	1,8l	01/2005-09/2007	BZB	118 KW
Audi A3 2,0 FSI	2,0l	05/2003-05/2004	AXW	110 KW
Audi A3 2,0 FSI	2,0l	10/2003-01/2004	BHD	110 KW
Audi A3 2,0 FSI	2,0l	05/2003-08/2004	BMB	110 KW
Audi A3 2,0 FSI	2,0l	06/2004-12/2004	BLX	110 KW
Audi A3 2,0 FSI	2,0l	09/2004-10/2005	BLY	110 KW
Audi A3 2,0 FSI	2,0l	01/2005-10/2005	BLR	110 KW
Audi A3 2,0 FSI	2,0l	11/2005-11/2006	BVY	110 KW
Audi A3 2,0 FSI	2,0l	01.11.05	BVZ	110 KW
Audi A3 2,0 TFSI	2,0l	09/2004-10/2005	AXX	147KW
Audi A3 2,0 TFSI	2,0l	01.09.05	BWA	147KW
Audi A3 2,0 TFSI	2,0l	01.10.07	CAWB	147KW
Audi A3 3,2 Quattro	3,2l	07/2003-08/2004	BDB	184KW
Audi A3 3,2 Quattro	3,2l	07/2003-08/2004	BMJ	184KW
Audi A3 3,2 Quattro	3,2l	01.11.05	BUB	184KW

Die Dieselmotoren

Bezeichnung	Hubraum	Bauzeitraum	Motorkennbuchstabe	Leistung
Audi A3 1,9 TDI	1,9l	06/2003-05/2006	BKC	77 KW
Audi A3 1,9 TDI	1,9l	11/2005-	BLS	77 KW
Audi A3 1,9 TDI	1,9l	06/2006	BXE	77 KW
Audi A3 2,0 TDI	2,0l	06/2003-05/2006	AZV	100 KW
Audi A3 2,0 TDI	2,0l	05/2003-	BKD	103 KW
Audi A3 2,0 TDI	2,0l	11/2004-	BKD	103 KW
Audi A3 2,0 TDI	2,0l	01/2005-	BMM	103 KW
Audi A3 2,0 TDI	2,0l	11/2005-	BMM	103 KW
Audi A3 2,0 TDI	2,0l	06/2006-	BUY	120 KW
Audi A3 2,0 TDI	2,0l	03/2006-	BMN	125 KW

Audi kennzeichnet jeden Motortyp mit drei »Kennbuchstaben« und einer sechsstelligen »laufenden Nummer«. Wurden von einem Motortyp mehr als 999.999 Triebwerke hergestellt, wird die erste der sechs Stellen durch einen Buchstaben ersetzt.

Benzinmotoren

Der Motorblock der Benzinmotoren besteht aus Aluminium. In allen anderen Fällen ist der Motorblock ganz aus Grauguss. Der Zylinderkopf aus Aluminiumguss ist auf den Motorblock aufgeschraubt. Nach unten wird der Motor durch eine Leichtmetall-Ölwanne abgeschlossen. Hier sammelt sich das für Schmierung und Kühlung nötige Motoröl. Der Zylinderkopf für die Benzinmotoren funktioniert nach dem Querstromprinzip: Das frische Kraftstoff-Luft-Gemisch strömt auf der einen Seite ein, die verbrannten Gase werden auf der anderen Seite ausgestoßen. Ein schneller Gaswechsel über die Ein- und Auslassventile ist auf diese Art sichergestellt. Hydraulische Ausgleichselemente, sogenannte Hydrostößel, halten automatisch das Ventilspiel konstant. Entsprechende Einstellungen etwa im Rahmen der Wartung sind damit überflüssig. Für Aufbereitung und Zündung des Kraftstoff-Luft-Gemisches sorgen wartungsfreie Motormanagement-Systeme. Das Einstellen des Zündzeitpunktes oder Leerlaufs im Rahmen der Wartung ist nicht erforderlich. Nur die Zündkerzen und der Luftfiltereinsatz müssen regelmäßig erneuert werden.

Alle Motoren haben einen Keilrippenriemen, der die Nebenaggregate wie Generator, Servopumpe und Klimakompressor antreibt und nur sehr selten erneuert werden muss. Mit welchem Motor aus der umfangreichen Palette Ihr Fahrzeug ausgestattet ist, können Sie dem Fahrzeugdatenträger im Serviceplan oder natürlich den amtlichen Fahrzeugpapieren entnehmen. Ein Fahrzeugdatenträger ist ferner auf der B-Säule links aufgeklebt. Auch er enthält die im Serviceplan verzeichneten Daten plus der Produktions-Steuerungsnummer.

Wolfsburger Nostalgie: Bereits seit 40 Jahren werden Benzinmotoren durch Elektronik gesteuert.

Was ist ein FSI?

Das Kürzel FSI bedeutet »Fuel Stratified Injektion« zu deutsch »Benzin-Schicht Einspritzung«. Der Kraftstoff wird nicht mehr vor die Einlassventile gespritzt, sondern in den Brennraum. Hierzu wird durch ein ausgeklügeltes Ansaugsystem ein Luftwirbel im Motor erzeugt der den Kraftstoff sehr gut durchmischt und vor der Zündkerze platziert um einen optimalen Verbrennungsablauf zu gewährleisten. Neben einem deutlich verbesserten Abgasverahlten ergibt sich so ein geringerer Kraftstoffverbrauch bei gestiegener Motorleistung.

Was ist ein TFSI was ein TSI ?

Dass Turbomotoren leistungsfähig sind, ist ja nun hinlänglich bekannt. Das agile Image des Turbo s ist der Inbegriff von sportlichen Motoren mit beeindruckenden Leistungen. Werfen wir einen kurzen Blick auf das Funktionsprinzip dieser Technologie:

TSFi bedeutet **T**urbocharged **F**uel **S**tratified **I**njektion. Zum FSi kam nun noch der Turbolader dazu. Klarer Vorteil der Benzineinspritzung ist die recht späte Gemischzusammensetzung in Brennraum. Das sogenannte Motorklopfen beschränkt den Motorlauf deutlich geringer. Im Ergebnis ergibt sich ein höheres mögliches Verdichtungsverhältnis und somit ein besseres Abgasverhalten und eine höhere Motorleistung.

TSI hingegen bedeutet **T**wincharged **S**tratified **I**njektion. Auch hier ist die Basis das FSi Motorenkonzeptes. Neben dem Turbolader kommt hier aber ein Rootsgebläse dazu, was aber bei Audi elektrisch nach Bedarf betrieben wird. Ansteuerung und Aufladung vom feinsten. Die TSi werden allerdings bei Audi nicht besonders gekennzeichnet. Sie laufen unter der Bezeichnung TFSi.

Betrachten wir nun einige typische Vertreter der Motorenpalette etwas genauer:

Die 1,6 Liter-Benzin Motoren mit 75KW (BGU, BSE, BSF)

Bei den 1,6 Liter-Motoren handelt es sich um Zweiventilmotoren. Es stehen also jeweils ein Auslass und ein Einlassventil pro Zylinder zur Verfügung. Die Motornummer (Kennbuchstaben und Seriennummer) ist bei diesem Typ an der Vorderseite neben der Trennfuge zwischen Motor und Getriebe in den Zylinderblock eingeschlagen. Sie ist auch wieder am Zahnriemenschutzdeckel aufgeklebt. Zusätzlich finden sich die Kennbuchstaben im Typenschild des Fahrzeugs sowie auf den Fahrzeugdatenträgern in Serviceheft und auf dem Kofferraumboden.

Der Motor wird auch im Touran sowie im Golf verbaut. Wie für den 1,4l Motor ist der Motor für den Betrieb mit Super Bleifei (95 Oktan) ausgelegt, kann aber auch ohne Bedenken mit Normalbenzin betrieben werden. Auch hier ist eine geringe Leistungseinbuße und ein etwas höherer Verbrauch zu erwarten.

Die FSI Motoren 1,6l mit 85KW (BAG und BLF), der 1,8l (BYT), und der 2,0l Motor (AXW, BHD, BMB, BLX, BLY, BLR, BVY, BVZ):

Die FSI Motoren sind durchweg mit vier Ventilen pro Zylinder ausgestattet. Dieses Motorkonzept beschreibt die nicht durch einen Turbolader aufgeladenen Benzindirekteinspritzer des Konzernes. Auch ohne Turbo beweisen die Sauger ein erstaunliches Kraftpotenzial und erzeugen beeindruckende Fahrleistungen.

1,6-Liter-Motor: Alt bekannt und lang bewährt..

FSI Motor: Ein Arbeitsverfahren, das dem Diesel ähnelt.

TFSI Beeindruckend – nicht nur der Umwelt zu liebe.

Für die TFSI Benzin Turbo Motoren: Der 1,4l mit 92Kw (CAXC), der 1,8l mit 110KW (BZB) und die 2,0l Motoren mit 147KW (AXX, BWA, CAWB)

Der 1,4-Liter-Motor mit vier Ventilen pro Zylinder hat eine Leistung von 92Kw (125 PS) bei einer Drehzahl von 5000/min. Er verfügt über zwei oben liegenden Nockenwellen, von denen die eine mit einem Zahnriemen direkt von der Kurbelwelle angetrieben wird. Anders als sonst bei Motoren mit zwei Nockenwellen üblich wird die zweite Nockenwelle jedoch nicht direkt vom Haupt-Steuerriemen angetrieben, sondern über einen zweiten Zahnriemen von Nummer eins aus in Rotation versetzt (»Verbindungsantrieb«). Der Leichtmetall-Zylinderkopf und die fünffach gelagerte Kurbelwelle erinnern dann wieder an andere Audi-Motoren – abgesehen von der Ölpumpe, die hinter dem Steuerrad der Kurbelwelle sitzt.

Alle Varianten sind für den Betrieb mit Super bleifrei (95 Oktan) ausgelegt, können aber auch ohne Bedenken mit Normalbenzin betrieben werden. Eine geringe Leistungseinbuße und ein etwas höherer Verbrauch müssen dann allerdings einkalkuliert werden.

Bei allen diesen Motoren sind Motorkennbuchstaben und Motornummer auf einem Aufkleber am Zahnriemenschutz (siehe Pfeil) zu finden. Zusätzlich findet man sie auf dem Kurbelgehäuse über dem Getriebe und natürlich auf dem Fahrzeugdatenträger. Die Kennbuchstaben sind auch in das Typenschild des Fahrzeugs eingestanzt.

Dieselmotoren

Audi darf für sich das Recht in Anspruch nehmen, der Diesel-Entwicklung entscheidende Impulse gegeben zu haben. Schon mit der Einführung der Turbodiesel im Audi A3. Der Diesel zeigt sich so spritzig wie nie zuvor. Jahre später demonstriert der konzernweit bei vielen weiteren Modellen eingesetzte 1.9 TDI im Audi A3 II wahre Spartugenden: Durchschnittsverbräuche von nur 4,9 Liter auf 100 Kilometer zeugen von den Fortschritten in Sachen Diesel-Motortechnik. Dabei ist dieser Audi A3 Diesel nun wirklich keine lahme Ente, sondern entwickelt ein bemerkenswertes Temperament. Sprints von 0 auf 100km/h sind mit Schaltgetriebe durchaus in 12 Sekunden erledigt. Mitverantwortlich für die guten Fahrleistungen ist auch ein beachtlicher Drehmomentverlauf. Sein Maximum an Durchzugskraft stellen die TDI-Audi A3 bereits bei 1900 U/min bereit – satter Durchzug also bereits aus niedrigen Drehzahlen. So mancher leistungsstärkerer Benziner hatte da schon an der Ampel das Nachsehen. Die Anforderungen an Abgaswerte und Partikelbildung zeigten die Grenzen der Verteilereinspritzpumpen. Audi begann seine TDIs vom Verteilereinspritzverfahren, mit einer zentralen Einspritzpumpe, auf die Pumpe-Düse-Technik umzustellen. Für einen ruhigeren Motorlauf und ein besseres Abgasverhalten konnten nun sogenannte Mehrfacheinspritzungen mit höherem Druck realisiert werden. So konnte dann ein Eingriff in den Verbrennungsablauf des Motors realisiert werden. Pumpendüsen Systeme werden sicherlich bald von den Railsystemen abgelöst und ergeben ein weiterhin verbessertes Abgasverhalten mit beeindruckenden Motoreckdaten und geringeren Verbrauchswerten.

Was ist ein TDI?

TDI Schriftzug auf der Motorblende.

TDI ist die Abkürzung für »Turbodiesel Direkteinspritzer« und gibt einen Hinweis darauf, dass in diesen Motorkonzepten keines der Vorkammerverfahren angewendet wird, sondern die Verbrennung im Brennraum selbst beginnt. Bei Audi fand die TDI Technik bereits sehr früh ein Einsatzgebiet.

Das klassische Merkmal des »DI s«, also das Einspritzen des Kraftstoffes direkt in den Brennraum stellt natürlich besondere Anforderungen an die Einspritzsysteme. Um eine bessere Vergasung des Kraftstoffes erreichen zu können, wurden der Verdichtungsdruck und damit auch die Temperatur im Brennraum gesteigert. Gegen den höheren Druck muss die Kraftstoffeinspritzung ankommen. Nicht nur das Kraftstoff in irgendeiner Form in den Zylinder gelangen soll, sondern die Anforderungen an Wirtschaftlichkeit, Abgaswerte und zuletzt auch die Partikelgröße der Verbrennungsrückstände erfordern sehr fein zerstäubte Kraftstoffnebel. Um diese feine Zerstäubung auch noch unter dem Verdichtungsdruck realisieren zu können, ist es erforderlich, mit einem Druck von zum Teil mehr als 1200 bar einzuspritzen.

Andere Hersteller hingegen setzten sehr früh schon auf die Commonrail Systeme. Bei Citroen-Peugeot nennen sich die Motoren dann meist HDI. Mercedes verwendet die Bezeichnung CDI. Natürlich gehören die RAIL Systeme auch zu den Dieseldirekteinspritzverfahren, unterscheiden sich aber deutlich im Aufbau und auch in der Philosophie.

Ein weiteres wichtiges Merkmal und der wesentliche Unterschied zu den SDI »Saugdiesel Direkteinspritzer« Motoren stellt der Turbolader da. Zwei deutlich andere Systeme kamen hier zum Einsatz. Man unterschied zwischen Bypass und VTG Ladern. Die Zylinderfüllung lässt sich durch die unter Druck gesetzte Luft leicht verbessern. Der Motor saugt mehr Luft an und so entsteht die Möglichkeit, zusätzlichen Kraftstoff zu verbrennen. Ein Problem der Turbomotoren lag in dem Anspruchsverhalten des Turboladers. Da die Turbine mit dem Motorabgas angetrieben wird, konnte bis zu einer Motordrehzahl von ca 2000 1/min kein ausreichender Ladedruck aufgebaut werden. Einmal darüber hinweg, beginnt der Motor deutlich spürbar Drehmoment aufzubauen. Das sogenannte Turboloch ist durch die verstellbaren Leitschaufeln im VTG-Lader nicht mehr vorhanden. VTG bedeutet »Variable Turbine Geometrie«. Durch die Ablenkung des Abgasstrahls kann zwischen langsamer Turbinendrehzahl und hoher Turbinendrehzahl gewählt werden. Je weiter der Abgasstrom in die Mitte der Turbine gelenkt wird um so langsamer dreht diese. Das Anströmen des äußeren Randes der Turbine ermöglicht so schon bei geringer Abgasgeschwindigkeit eine hohe Turbinendrehzahl und somit einen hohen Ladedruck bei Motordrehzahlen, die knapp über dem Leerlauf liegen.

1.9-Liter-TDI-Motor.

2,0-Liter-TDI-Dieselmotor.

Bio-Diesel

Hinweis zur Verwendung von Biodiesel
Biodiesel, auch RME-Kraftstoff »Rapsölfettsäuren- Methyl-Ester« genannt, darf nur in Fahrzeugen verwendet werden, die von Audi serienmäßig oder durch Sonderausstattung (PR-Nr. 2G0) für RME Kraftstoff freigegeben sind. Wenn Sie RME-Kraftstoff einfüllen, obwohl Ihr Fahrzeug dafür nicht geeignet ist, kann das Kraftstoffsystem beschädigt werden. Verwenden Sie nur RME-Kraftstoff entsprechend der DIN EN 14214 (FAME= Fatty Acid Methyl Ester)! Bei Biodiesel, der von dieser Norm abweicht, kann der Kraftstofffilter verstopfen. Und über noch eines sollten Sie sich klar sein: Bei Betrieb mit Biodiesel können die Fahrleistungen geringfügig niedriger sowie der Kraftstoffverbrauch geringfügig höher ausfallen. Biodiesel ist auch nur wintertauglich bis ca. -10°C. Bei niedrigeren Temperaturen empfiehlt Audi, Winterdieselkraftstoff zu tanken. Beachten Sie bei Betrieb mit Biodiesel auch die geänderten Intervalle für das Entwässern und das Wechseln des Kraftstofffilters. Sind Standzeiten von mehr als ca. zwei Wochen geplant, empfiehlt Audi, das Fahrzeug vorher mit herkömmlichem Dieselkraftstoff vollzutanken und über eine Strecke von ca. 50 Kilometer zu fahren, um Schäden an der Einspritzanlage zu vermeiden.

Grundbegriffe Motorentechnik

WISSENSWERTES

Alle Motoren arbeiten nach dem **Viertaktprinzip.** Das bedeutet: Bis der Motor Leistung abgibt, muss der Kolben vier Hübe zurücklegen.
Ansaugen (1. Takt): Kolben geht nach unten zum Unteren Totpunkt (UT). Einlassventil öffnet, das Kraftstoff-Luft-Gemisch strömt in den Zylinder.
Verdichten (2. Takt): Kolben bewegt sich von UT zum Oberen Totpunkt (OT). Einlassventil schließt. Der Kolben verdichtet das eingeströmte Gemisch.
Verbrennen (3. Takt): Kurz vor OT springt an der Zündkerze der Funke über. Beim Diesel zündet das Gemisch von selbst. Das Gemisch verbrennt und drückt den Kolben nach UT. Über den Pleuel wird die Kurbelwelle in Umdrehung versetzt.
Ausstoßen (4. Takt): Kolben bewegt sich wieder nach oben. Auslassventil öffnet, die verbrannten Gase werden ins Auspuffsystem geschoben.
Hubraum Der Raum, den die Kolben bei ihrer Bewegung von UT nach OT durchmessen. Wenn der Kolben seinen höchsten Punkt erreicht hat, bleibt noch der Brennraum, in dem sich das Kraftstoff-Luft-Gemisch befindet. Hubraum und Brennraum bilden zusammen den Zylinderraum.
Verdichtungsverhältnis Das Verhältnis des Zylinderraums zum Brennraum. Es gibt an, auf den wievielten Teil des Zylinderraums das Kraftstoff-Luft-Gemisch verdichtet wird. Bei Benzinern liegt es in der Regel bei etwa 10:1, bei Dieselmotoren bei rund 20:1.

Was Sie am Motor noch selber tun können

Bei den A3-Motoren handelt es sich um aufwändige Konstruktionen, die mit entsprechender Sorgfalt behandelt werden müssen. Wenn Sie nicht sicher sind, ob Sie eine Arbeit an den Bestandteilen des Motors fachgerecht durchführen können: Verzichten Sie aufs Do-it-yourself! Ein falsch ausgetauschter Zahnriemen zum Beispiel kann schwere Schäden an Kolben und Ventilen verursachen. Überlassen Sie Reparaturen an Zylinderkopfdichtung und Ventilen also besser der Fachwerkstatt, ebenso die Beseitigung eines Lagerschadens. Dort gibt es nicht nur das Fachwissen und die Erfahrung im Abschätzen der Schäden, sondern auch nötige Spezialwerkzeuge, Prüf- oder Messgeräte und alle anderen Hilfsmittel bis hin zum Hebewerkzeug zum Ausbau der kompletten Antriebseinheit.
Für die heimische Garage bleiben Ihnen trotzdem noch eine Reihe von Prüf- und Wartungsarbeiten, die Sie in Eigenregie durchführen können. Auf diese werden wir auch in den folgenden Arbeitsschritten ausführlich eingehen. Wichtig ist, dass Sie die Wartungsarbeiten regelmäßig durchführen und damit Ihren Motor in Schuss

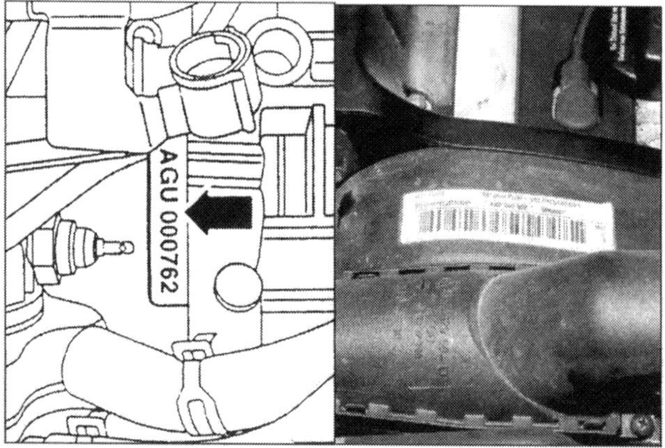

Motorkennnummer: Sowohl an der Trennfuge zwischen Getriebe und Motor, als auch auf dem Keilriemenschutz findet sich die Motortypbezeichnung wieder.

halten. Denn ein schlecht gewarteter Motor kann Ausgangspunkt einer Verkettung von Folgeschäden sein. Zur Identifizierung Ihres Motors nach den Motorkennbuchstaben beachten Sie die verschiedenen Datenträger an Ihrem A3. Diese befinden sich an unterschiedlichen Stellen im Motorraum.

Motordatenträger.

Motorraum des 2,0-Liter-TDI: (A) Kühlflüssigkeitsbehälter, (B) Wischwasserbehälter, (C) Ölpeilstab, (D) Öleinfüllstutzen, (E) Luftfilterkasten, (F) Batterie, (G) Kraftstofffilter.

Sie sind zum Beispiel auf der Abdeckung des Riementriebs als Aufkleber oder an der Trennfuge zwischen Motor und Getriebe angebracht. Die Kennbuchstaben werden bei der Beschaffung der Ersatzteile relevant.

Der Keilrippenriemen

Der Antrieb von Nebenaggregaten wie Wasserpumpe oder Klimakompressor (bei Fahrzeugen mit Klimaanlage) geschieht über einen Keilrippenriemen. Dieser selbst wird durch das Antriebsrad (5), welches auf der Kurbelwelle sitzt, angetrieben. Seine Längsrillen dienen der Führung an den Antriebsrädern der einzelnen Aggregate. Die Breite ist so dimensioniert, dass sie dem Riemen eine hohe Stabilität verleiht. Der Verlauf des meterlangen Riemens unterscheidet sich je nach Motorvariante und Ausstattung. Der Riemen ist aber

Vom Keilriemen angetriebene Nebenaggregate: (1) Riemenscheibe, (2) Umlenkrolle, (3) Drehstromgenerator, (4) Klimakompressor, (5) Kurbelwelle, (6) Spannrolle.

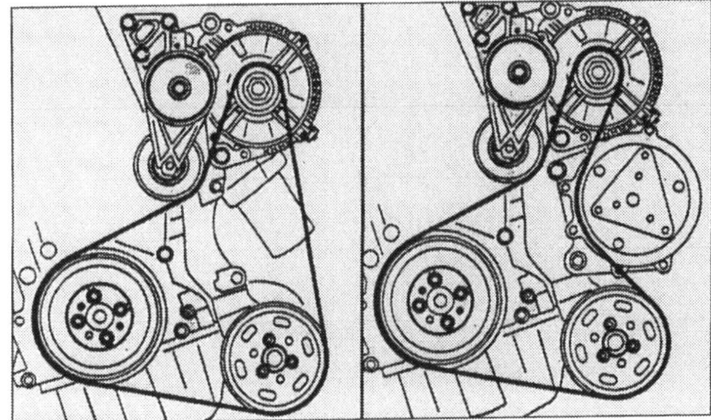

Mit und ohne Klimakompressor: Am komplexeren Verlauf des Riemens lässt sich die Mehrausstattung erkennen.

bei allen A3 in seiner Auslegung so standfest, dass er nur sehr selten erneuert werden muss. So ist beim 1,8-Liter-Turbomotor laut Audi ein Wechsel alle 120.000 km vorgeschrieben. Dennoch kann natürlich ein prüfender Blick von Zeit zu Zeit nicht schaden. Wenn der Riemen deutliche Laufspuren zeigt oder an den Ränder ausgefranst ist, sollte er getauscht werden.

Der Zahnriemen

Der Steuerriemen (auch Zahnriemen genannt) hat die Aufgabe die Nockenwelle anzutreiben, welche über Hydrostößel die Ventile öffnet und schließt. Der Zahnriemen sitzt außerhalb des Kurbelgehäuses auf Zahnrädern an Nockenwelle und Kurbelwelle. Durch die Übersetzung der Zahnradpaarung Nockenwellen/Kurbelwellenrad im Verhältnis 2:1 treibt der Zahnriemen die Nockenwelle mit halber Umdrehungsgeschwindigkeit der Kurbelwelle an. Im Gegensatz zum Keilriemen besitzt der Zahnriemen keine längs verlaufende Rillen, sondern quer geschnittene Zähne. Aufgrund der höheren Kräfte ist er durch die Einlage von Stahl- oder Kevlarlagen verstärkt. Die Zähne dienen dazu, eine genaue Position der Nockenwelle zur Kurbelwelle sicherzustellen. Diese Steuerzeiten sind für den Motor elementar. Reißt der Riemen oder springt er nur um einen Zahn über, kann der Motor schweren Schaden nehmen. Im ungünstigsten Fall schlagen die Ventile auf den Kolben auf. Eine Schmierung ist nicht nötig, im Gegenteil: Der Riemen sollte frei von Fetten und Ölen gehalten werden. Allerdings muss bei den Motoren in streng einzuhaltenden Intervallen der Zahnriemen gewechselt werden. Die verschiedenen Intervalle sind vom Motortyp und der Bauzeit abhängig. Beachten Sie unbedingt die Service-Unterlagen Ihres A3. Ist ein vorgesehener Wechsel nicht erfolgt, lassen Sie die Arbeit schnellstmöglich in einer Werkstatt erledigen! Warum? Der Wechsel erfordert eine Menge Erfahrung sowie Spezialwerkzeuge.

Nichts zu machen: Trotz der äußerst stabilen Auslegung steht bei den TDI regelmäßig der Wechsel an, den Sie in der Werkstatt erledigen lassen sollten.

Die Motorschmierung

An allen Stellen, an denen Metallteile aneinander reiben, braucht es eine Schmierung. Das Motoröl ist dafür zuständig, dass Teile wie der Kolben und seine Zylinderlaufbahn oder auch die Lager der Kurbel- und Nockenwelle beim Verrichten ihrer Arbeit keiner Metallreibung ausgesetzt sind.

Die Durchströmung des Motors mit Öl wird durch ein komplexes Leitungssystem innerhalb des Motorblocks ermöglicht. Dabei versorgt die Ölpumpe die zahlreichen Bohrungen mit dem wichtigen Schmiermittel. Ihre Aufgabe ist es, das Öl aus der Ölwanne, die sich unten am Motorblock befindet, anzusaugen und über den Hauptstrom des Schmiersystems letztlich an alle Leitungen weiterzureichen. Dabei passiert das Öl auch den Ölfilter, der Verunreinigungen wie Ruß oder Staubablagerungen herausfiltert. Steigt der Öldruck zu sehr an, kann ein Überdruckventil an der Öldruckpumpe geöffnet werden, damit überschüssige Ölmengen zurück zur Ölwanne fließen können. Einen zu niedrigen Öldruck erkennt der Öldruckschalter, die Warnlampe im Cockpit schlägt dann, begleitet von einem Signalton, Alarm. Dann heißt es: Sofort anhalten und Ölstand kontrollieren. Meist ist nämlich »nur« zu wenig Öl im System und die Ölpumpe hat Luft angesaugt. Tritt das Problem nach dem Nachfüllen jedoch weiterhin auf, muss von einem mechanischen Schaden an der Ölpumpe, einer Verstopfung des Ansaugsiebes oder einem kapitalen Lagerschaden ausgegangen werden.

Öpumpe im Schnitt.

Öldruckwarnung: Leuchtet die Öldruckwarnlampe während der Fahrt rot auf, sollten Sie so schnell wie möglich anhalten und nach der Ursache suchen.

Der Ölkreislauf

Der Ölkreislauf sorgt mit Hilfe der Öldruckpumpe dafür, dass immer genügend Schmierung an allen benötigten Stellen vorhanden ist. Dieses System wird deshalb auch als Druckumlaufschmierung bezeichnet. Das Motoröl wird dabei unter Druck in einen Kreislauf durch den gesamten Motor geleitet. Vom Ölfilter gelangt das Öl durch die Ölbohrungen und Kanäle in Richtung Motorblock bis zu den Schmierstellen der Kurbelwelle und der Pleuel. Von den Gleitlagern der Kurbelwelle wird das Öl in den Zylinderkopf und zu den Lagerstellen der Nockenwelle sowie zur Kipphebelbrücke gedrückt. Von dort aus fließt das Öl über Rücklaufkanäle zurück in die Ölwanne, wo es wieder durch die Ölpumpe angesaugt wird und den Kreislauf von Neuem durchlaufen kann.

Der Ölfilter

Genauso wie das Öl nach einer gewissen Zeit gealtert ist und gewechselt werden muss, ist auch der Ölfilter auszutauschen. Er setzt sich mit den Verschmutzungen zu und wird im Extremfall durch einen »Bypass« (durch den zu hohen Druck tritt ein Überdruckventil in Aktion) übergangen. Damit ist eine sichere Schmierung zwar stets gewährleistet, aber die notwendige Filterung wird umgangen, was zum Beispiel an den Lagerstellen einen erhöhten Verschleiß hervorruft.

Der Öldruckschalter

Ein wichtiges Bauteil an der Ölfiltereinheit des A3 ist der Öldruckschalter. Er ist drucklos geschlossen und wird bei Erreichen des Schaltdruckes geschlossen. Die Öldrucküberwachung wird zehn Sekunden nach dem Einschalten der Zündung aktiviert. Die Einschaltverzögerung der Warnung beträgt drei Sekunden, die Ausschaltverzögerung etwa fünf Sekunden. In der Praxis bedeutet das: Nach Einschalten der Zündung muss bei stehendem Motor die Öldruckkontrolllampe im Schalttafeleinsatz leuchten. Spätestens drei Sekunden nach dem Anlassen sollte die Leuchte verlöschen. Wenn bei eingeschalteter Zündung und stehendem Motor der Öldruckschalter geschlossen ist oder aber bei Drehzahlen über 1500 U/min. noch geöffnet ist, erfolgt eine Warnung durch Blinken der Leuchte und dreimaliges Ertönen des Summers. Selbst wenn der Öldruck in der Zwischenzeit wieder in Ordnung ist, hält die Warnung für mindestens fünf Sekunden an. Passiert das Ganze bei Drehzahlen über 5000 U/min. oder dreimal in Folge, wird die Öldruckwarnung gespeichert. Ansonsten ist das System spätestens nach dem Ausschalten der Zündung wieder auf Null gesetzt. Für eine genauere Analyse müssen der Öldruck gemessen und die Funktion des Öldruckschalters überprüft werden. Dazu verwendet die Werkstatt die V.A.G.-Geräte 1342 (Öldruck-Prüfgerät) und 1527 B (Diodenprüflampe). Dabei arbeitet die Diodenprüflampe genau umgekehrt: Bei Motorstillstand darf diese nicht leuchten, bei leicht erhöhtem Leerlauf muss die Leuchtdiode dagegen bei dem für den jeweiligen Motor angegebenen Überdruck aufleuchten (1,4-l-Motor 0,3 bis 0,7 bar, 1,6/1,8/2,0-l-Motor 1,2 bis 1,6 bar). Bei einer Drehzahl von 2000/min und 80 Grad Öltemperatur soll der Öldruck mindestens 2,0 bar betragen. Geringerer Öldruck weist auf ein defektes Öldruckregelventil, eine defekte Ölpumpe oder aber verschlissene Kurbelwellen- oder Pleuellager hin. Aber auch nach oben sind Grenzen gesetzt: Bei höherer Drehzahl darf der Öldruck 7,0 bar nicht überschreiten. Liegt er darüber, muss in diesem Fall das Öldruckregelventil erneuert werden. Wird der Öldruck zu hoch, drohen Undichtigkeiten – es kann sogar der Ölfilter platzen.

Leichtlauföl

Auch Leichtlauföl (Synthetiköl) kommt nicht ohne Erdöl aus. Allerdings wird der Molekülaufbau des Rohöls in einem aufwändigen Verfahren (Cracken) aufgelöst und nach neuer Rezeptur mit speziellen Additiven neu zusammengesetzt. Synthetiköl ist im Prinzip nicht künstlicher als Mineralöl, aber durchweg teurer. Dafür versprechen die Hersteller einen geringeren Öl- und Kraftstoffverbrauch, eine größere Beständigkeit und langsamere Alterung. Das bedeutet theoretisch auch längere Ölwechselintervalle. Allerdings sieht Ihre Vertragswerkstatt für Leichtlauföle keine längeren Ölwechselintervalle vor. Wenn Sie sich den Luxus dieses Spitzenöls leisten, sollten Sie sich also trotzdem an die vorgesehenen Intervalle halten.

Die Hydrostößel

Frühere Motorkonstruktionen ohne Hydrostößel mussten noch von Zeit zu Zeit manuell nachjustiert werden. Dies entfällt im A3 dank des automatischen Ventilspielausgleichs. Die Hydrostößel selbst bestehen aus Kolben, Zylinder und Druckfeder. In den Motoren des A3 kompensieren die Hydrostößel die Wärmeausdehnung und den Verschleiß des Ventiltriebs. Ohne diese Maßnahme wäre durch die im heißen Motor verlängerten Ventilschäfte die Abdichtung zum Zylinder nicht mehr ausreichend. Die Funktionsweise ist recht einfach: Ist der Stößel nicht belastet (Ventil geschlossen), so drückt eine Feder den Kolben aus dem Zylinder, bis dieser am Ventilschaft anstößt. Das Ventilspiel ist quasi null. Mo-

WISSENSWERTES

Ölnormen und Begriffe

Viskosität. Maß der Fließfähigkeit des Öls. Im Winter muss Motoröl so dünnflüssig sein, dass es nach dem Kaltstart sofort alle Schmierstellen versorgt. Im Sommer dagegen ist dickflüssiges Öl gefragt, das auch bei hohen Temperaturen den Schmierfilm nicht abreißen lässt.

SAE-Klasse (Society of Automotive Engineers). Bezeichnet die Klasse der Viskosität, zum Beispiel SAE 15W-40. Je kleiner die erste Zahl, umso dünner fließt das Öl bei Kälte (W = Winter). Ein Öl mit 0W schmiert noch bei minus 30 Grad, bei 5W steigt dieser Wert auf minus 25 Grad, bei 15W auf minus 15 Grad. Je höher die zweite Zahl, um so besser widersteht das Öl hohen Temperaturen.

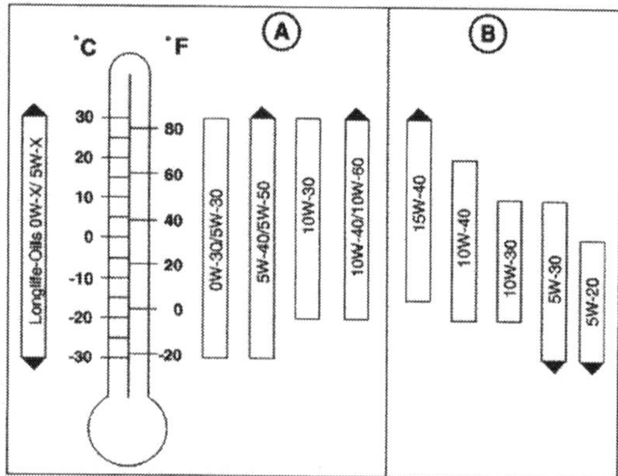

Die Ölviskositätsempfehlungen von AUDi:

In Mitteleuropa genügt das ganze Jahr über ein Öl der Viskositätsklasse 15W-40.

A: Mehrbereichs-Leichtlauföle nach VW/AUDI-Norm 500 00; für Benzinmotoren, nicht für Turbo-Diesel.

B: Mehrbereichsöle nach VW/AUDI-Norm 505 00 (alle Motoren) oder nach VW/AUDI-Norm 501 01 bzw. API-SF oder SG; für Benzinmotoren, nicht für Turbo-Diesel.

ACEA (Association des Constructeurs Européen d'-Automobiles). 1996 eingeführte europäische Ölnorm. Löst die CCMC-Norm ab. Für Benziner gibt's die Gruppen A1 (spritsparendes Öl), A2 (gering belastetes Öl), A3 (Hochleistungs-Öl). Für Diesel gilt die Einteilung B1, B2 und B3.

CCMC (Comittée des Constructeurs d'Automobiles du Marché Commun). Die Spezifikation besteht aus den Buchstaben G (Benziner) und PD (Diesel) sowie einer Zahl. Je höher diese ist, umso besser ist die Qualität des Öls.

Hydrostößel als Schnittmodell.

toröl fließt, von der Ölpumpe unter Druck gesetzt, durch eine umlaufende Ölnut in den Ölvorratsbehälter und dann durch das Rückschlagventil in den kleinen Hochdruckraum. Beginnt nun der Nocken auf den Hydrostößel zu drücken, schließt das Rückschlagventil und schottet somit den Hochdruckraum ab. Da man Öl nicht zusammenpressen kann, besteht jetzt zwischen Nocken und Ventilschaft eine »starre« Verbindung, und das Ventil öffnet sich unter dem Druck der Nockenwelle. Treten Defekte am Hydrostößel auf, macht sich das durch ein Klappergeräusch bemerkbar. Die Ursachen hierfür können unterschiedlich sein. Haben Sie Ihren A3 längere Zeit nicht mehr gefahren, kann kurz nach dem Start die Ölversorgung noch nicht ausreichend sein. Andersherum kann aber auch kurz nach einer hohen Belastung bei erhöhten Außentemperaturen oder bei extrem niedrigem Ölstand die Ölversorgung ebenfalls nicht ausreichend sein. Ein schlechtes Zeichen ist ein anhaltendes Ventilgeräusch, das auch nach längerer Fahrt nicht verschwindet. Dann kommen Sie an einem Austausch der Stößel nicht vorbei. Dazu sind umfangreiche Demontagearbeiten nötig, Reparaturen wie diese finden Sie daher in unserer Reihe »Reparaturanleitung«.

Ausgleichende Wirkung: Durch den Ventilspielausgleich der Hydrostößel dichten die Ventilteller stets optimal ab.

Motormanagement

Die stetig komplexeren Anforderungen an die Motorsteuerung, auch bedingt durch die verschärften Abgasbestimmungen, machen eine effizientere Verbrennung sowie emissionsminimierte Verwertung des Kraftstoffs erforderlich.
Sensoren (Fühler) erkennen die IstZustände wie Temperatur, Last, Drehzahl und einige andere, erfassen aber auch Begebenheiten, die den normalen Motorlauf beeinflussen. Die Klimaanlage stellt eine solche Last dar. Aktoren (Stellglieder) verändern die Drosselklappenstellung oder auch die Luftzumischung. Realisiert werden diese sehr umfangreichen Steuerungsprogramme durch mehrere Computer, die zudem noch miteinander vernetzt sind. Für den Motor können sich nun anhand der bekannten Betriebszustände Rechenmodelle ergeben, die bestimmte Aktionen durch Aktoren erforderlich machen.
Der bordeigene Computer, also das Steuergerät (oder besser die Steuergeräte), können aufgrund der zur Verfügung stehenden Informationen die Regelung vieler Systeme übernehmen. Schon allein am Motor ergeben sich vielfältige Aufgaben, die im normalen Betriebszustand bewältigt werden.

- Leerlaufdrehzahlregelung
- Lambdaregelung
- Steuerung des Kraftstoffrückhaltesystems
- Klopfregelung
- Abgasrückführung
- Steuerung des Turboladers
- Steuerung der Saugrohrumschaltung
- Regelung der Nockenwellenverstellung

Zusammenschluss der Steuergeräte

Bei Automatikfahrzeugen wird die Getriebesteuerung mit dem Motorsteuergerät verknüpft, um zum Beispiel komfortable Schaltvorgänge umzusetzen. Das Schaltsignal der Automatik veranlasst die Motorsteuerung das Drehmoment zurückzunehmen, wodurch kein Rucken beim Gangwechsel zu spüren ist. Auch mit den Fahrsicherheitssystemen wie ABS und ESP muss das Motorsteuergerät zusammenarbeiten.

Das Duell von Diesel und Otto

WISSENSWERTES

Als Ende des 19. Jahrhunderts die Herren Rudolf Diesel und Nikolaus August Otto ihre Erfindungen zum Patent anmeldeten, konnten beide nicht ahnen, dass ihr Duell um das beste Motorenkonzept bis heute nicht entschieden sein wird. Lange Zeit galt der Benziner als das Maß der Dinge, war er doch auch schon rund 30 Jahre früher erfunden worden. Die schweren, robusten Diesel kamen zunächst nur bei Schiffen, Lastkraftwagen und Taxis zum Zuge, also überall dort, wo Temperament und Spitzenleistung kein Thema waren. Denn im Gegensatz zum Benziner, bei dem das Gemisch durch einen Funken fremdgezündet wird, braucht der hochverdichtete Diesel mehr Zeit, bis sich das Gemisch auf Grund des Druck- und Temperaturanstieges entzündet. Durch diesen so genannten Zündverzug kann der Diesel bis heute keine hohen Drehzahlen erreichen, bei maximal 5500 U/min ist Schluss. Kraft war dagegen schon immer vorhanden: Dieselkraftstoff hat mit 35,3 MJ/L nämlich einen höheren Energiegehalt als Benzin (32 MJ/L). Der spezifische Verbrauch pro kW war deshalb von Anfang an niedriger, das Drehmoment höher. Ab den 70er-Jahren machte der Turbolader den Dieseln zusätzlich Dampf. Das verfügbare Drehmoment hing bei hohem Luftüberschuss im Wesentlichen nur noch von der dazu eingespritzten Menge Diesel ab. Der Benziner ist dagegen in jedem Betriebszustand auf ein bestimmtes Gemisch (14,7 Teile Luft zu einem Teil Kraftstoff), abgesehen von den Benzindirekteinspritzern FSI, welche auch mit »Luftüberschuss« betrieben werden können, angewiesen. Alles andere verbrennt nur unvollständig. Das konnten erst die elektronisch gesteuerten Einspritzsysteme wirklich gut, die Anfang der 80er-Jahre zusammen mit dem geregelten Katalysator Einzug hielten. Die Diesel kamen erst später in den Genuss einer digitalen Motorsteuerung, dann aber zusammen mit der Hochdruck-Direkteinspritzung. Heute ist das Vorglühen eine Sache von Sekunden, Abgasrückführung und Rußfilter sorgen für eine weitgehend reine Weste. Aber: Das raue Laufgeräusch ist geblieben und längst nicht jedermanns Sache. Ebenfalls direkteinspritzende Benziner der neusten Generation versprechen weiteres Sparpotenzial und noch saubere Abgase. Die Technik von Diesel und Benziner wird dabei immer ähnlicher. Bereits heute laufen die ersten Diesotto-Motoren auf dem Prüfstand.

Bits und Bytes: Die Motorsteuerung für die Verbrennungsoptimierung und Emissionsverbesserung ist unerlässlich geworden.

Druckregler der Automatik: Im Sinne des Fahrkomforts stimmt sich das Motorsteuergerät auch mit dem Automatikgetriebe ab. Druckregler bestimmen die Schaltvorgänge.

Komponenten der Steuerung und Regelung im Detail

Der Saugrohrdrucksensor

Der Saugrohrdrucksensor liefert zusammen mit der Motordrehzahl eine der Hauptsteuergrößen für die Bestimmung der Einspritzgrundzeit. Er kann entweder im Saugrohr oder als Element der Motorsteuerung verbaut sein.

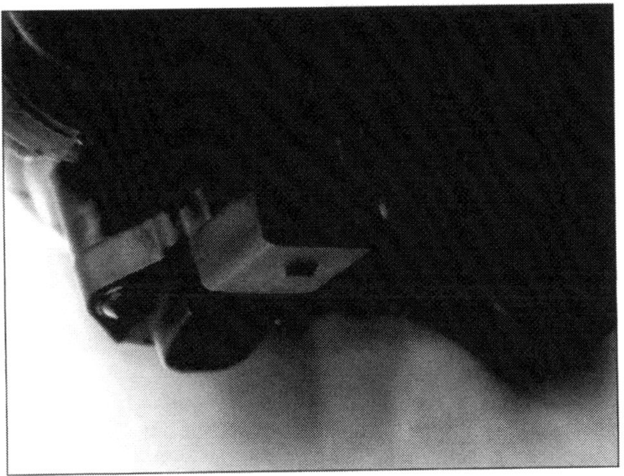

Saugrohrdrucksensor.

Höhendrucksensor.

Das Drosselklappenpotenziometer

Der Zugkraftwunsch wird über diesen Sensor an die Motorsteuerung weitergegeben. Der Wert gibt dem Steuergerät die Rückmeldung über die tatsächliche Stellung der Drosselklappe.

Drosselklappenpotenziometer.

Der Höhendrucksensor

Sitzt direkt im Steuergerät. Der Sensor erlaubt eine exakte Bestimmung der Dichte der Umgebungsluft. Diese Information findet in zahlreichen Anpassungsfunktionen Anwendung. Beim Turbomotor kommt noch ein Ladedrucksensor zum Einsatz.

Der OT-Geber oder I-Geber

Seine Position an der Kurbelwelle gibt dem Steuergerät Anhaltspunkte über die Stellung der Kurbelwelle und damit über die Stellung jedes einzelnen Zylinders. Wichtig ist auch die Stellung der Nockenwelle, über die

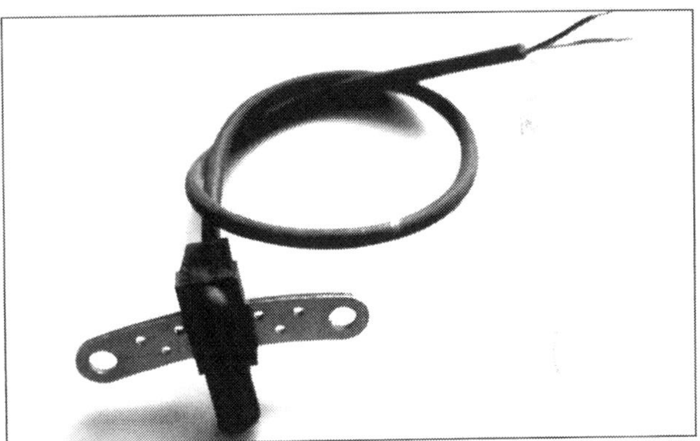

Der OT-Geber oder I-Geber.

ein weiterer Sensor Auskunft gibt. Das Steuergerät kann durch ihn erkennen, welche Zylinder sich gerade im Verdichtungstakt befinden, und so jeder einzelnen Zündspule das Zündsignal geben.

Das E-Gas und der Drosselklappen-Geber

Ob Diesel oder Benziner: Die Fahrzeuge des VW/Audi-Konzerns sind heute ausschließlich mit E-Gas ausgerüstet. Die Drosselklappe wird nicht mehr durch einen Seilzug betätigt. Zwischen den beiden Teilen besteht keine mechanische Verbindung mehr. Am Gaspedal sitzen stattdessen zwei Geber, die das Steuergerät über die Gaspedalstellung informieren. Die Stellung des Gaspedals (»Fahrerwunsch«) ist eine Haupteingangsgröße für das Motorsteuergerät. Entsprechend dieser Eingangsgröße betätigt das Steuergerät einen Elektromotor an der Drosselklappe. Das Steuergerät öffnet die Drosselklappe nun aber nicht immer so weit, wie vom Fahrer vorgeschlagen. Die Elektronik passt die Drosselklappenstellung stattdessen dem jeweiligen Betriebszustand an. So kann beim Beschleunigen die Drossel-

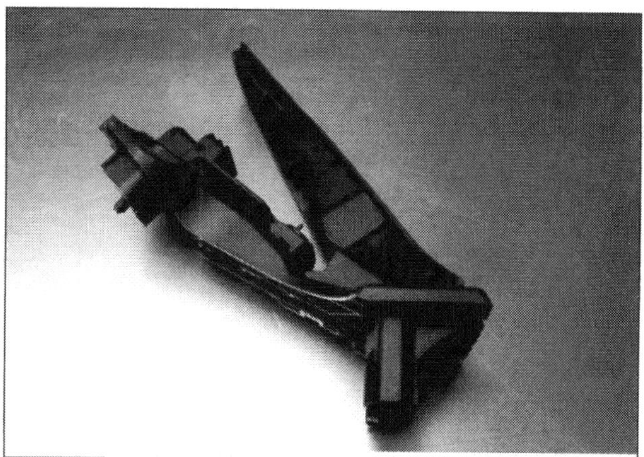

Fahrpedal- oder E-Gas-Sensor.

klappe schon ganz geöffnet sein, obwohl das Gaspedal erst halb durchgetreten ist. Dies hat den Vorteil, dass Drosselverluste an der Klappe vermieden werden. Das E-Gas greift auch bei der Antriebsschlupfregelung ein: Wenn der Fahrer zu viel Gas gibt, kann das Steuergerät das Gas so weit zurücknehmen, bis kein Rad mehr durchdreht.

Der Klopfsensor

Ein Piezokeramik-Bauteil, eingebaut in den Zylinderblock, registriert die bei klopfender Verbrennung entstehende Schwingung und wandelt sie in elektrische Signale um. Die Motorsteuerung reguliert danach den Zündzeitpunkt.

Klopfsensor.

Motortemperaturfühler

Der Motortemperatursensor sitzt im Kühlmittel-Kreislauf und gibt dessen Temperatur an das Steuergerät weiter. Der Ansauglufttemperatursensor befindet sich im Ansaugkanal und gibt die Temperatur der Ansaugluft an das Steuergerät weiter.

Motortemperaturfühler.

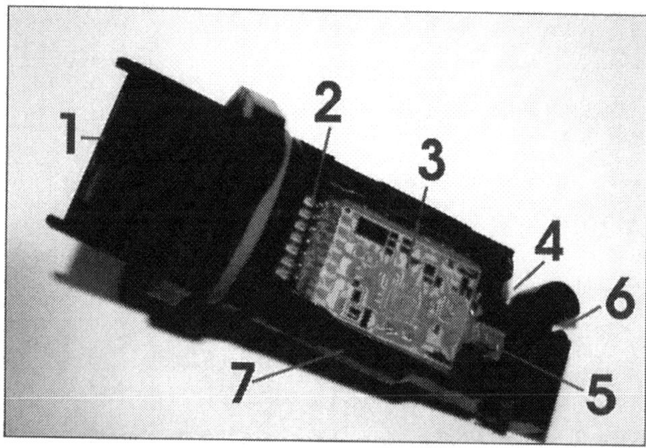

Aufbau des HFM: (1) Anschluss, (2) Leitungen, (3) Platine, (4) Lufteinlass, (5) Sensorelement, (6) Luftauslass, (7) Gehäuse.

Der Luftmassenmesser

Er befindet sich im Ansaugrohr zwischen Luftfilter und Drosselklappe und bestimmt die Menge der angesaugten Luft, die bekanntlich von Temperatur, Feuchtigkeit und Dichte abhängt. Im Gegensatz zum früher verwendeten mechanischen Luftmengenmesser, der lediglich das Volumen der durchgesetzten Luft im Ansaugtrakt bestimmen konnte, gibt der heute sowohl beim Diesel, als auch beim Benziner verwendete Heißfilmluftmassenmesser viel präzisere Signale zur Einspritzregelung ab. Das Messprinzip basiert auf dem Prinzip »thermischer Lastsensoren«: Die Oberfläche des Sensors ist

ein unterschiedlich beschichteter Filmdraht und beinhaltet gleich drei verschiedene elektrische Widerstände. Sie funktionieren als Heiz-, Sensor- und Temperaturwiderstand.
Durch den Luftstrom kühlt die Oberfläche des beheizten HFM-Sensors ab, die daraus resultierenden Werte kann das Steuergerät interpretieren. Leider zählt der HFM zu den reparaturanfälligen Teilen. Ein Defekt äußert sich durch verminderte Leistungsabgabe des Motors, da ohne die Daten des HFM die Elektronik im Notprogramm läuft. Das heißt: Es wird anhand von Durchschnittswerten die durchströmende Luftmenge geschätzt und der Motor dementsprechend grob geregelt. Defekte werden durch Verschmutzung, zum Beispiel von der Motorseite durch Öl oder durch Wassereinbruch von der Luftseite, verursacht. Eine solche Verschmutzung bzw. Benetzung kann durch das ständige Nachheizen bis zur Überhitzung des empfindlichen Heißfilms führen. Leider kann man diesem Problem auch nicht mit einer Reinigung des Drahtes zu Leibe rücken, da dieser gut abgeschirmt ist. Es bleibt also nur der Austausch.

Ottos Motoren

Einspritzung und Zündung

Die Einspritzdüsen werden für jeden Zylinder einzeln angesteuert. Das bildet die ideale Grundlage für ein funktionales Gemischaufbereitungssystem. Die Betätigung der Einspritzventile erfolgt elektromechanisch, durch die Ansteuerung können die Einspritzzeit und damit auch die Einspritzmenge geregelt werden. Durch die verkürzten Wege im Saugrohr ist die Gefahr, dass sich bei kaltem Motor das Benzin an der Saugrohrwand niederschlägt, ebenfalls stark verringert. Auch die Zündanlage wird von diesem System komplett angesteuert.
Jeder Zylinder hat seine eigene Zündspule, die auf der Zündkerze montiert ist. Verbrannte Verteilerkappen und Finger gehören bei diesen Zündanlagen endlich der Vergangenheit an. Die Ansteuerung durch das Steuergerät ermöglicht die Veränderung des Zündwinkels und des Zündzeitpunktes. Sogar eine Laufruheregelung für jeden einzelnen Takt des Motors wird nun möglich.

Die Einspritzdüsen

Das Steuergerät sorgt mit Hilfe eines elektrischen Impulses für das Öffnen der Einspritzdüsen. Die Öffnungsdauer, Art der Düsen und der anliegende Kraftstoffdruck entscheiden dann über die jeweils eingespritzte Kraftstoffmenge. In jedem Fall wird der Kraftstoff fein zerstäubt, um sich mit der Luft zu mischen.

Einspritzdüsen.

Die Lambdasonden

Die Lambdasonden haben die Aufgabe, den Luftanteil im Abgasstrom zu messen. Sie sind Bestandteil eines Regelkreises, der ständig die richtige Zusammensetzung des Luft-Kraftstoffgemisches sicherstellt. Das optimale Mischungsverhältnis der Luftmenge zu Kraftstoff, bei dem eine maximale Umsetzung der Schadstoffe im Katalysator erreicht wird, liegt bei Lambda=1. Es entspricht einem Anteil von Luft zu Kraftstoff im Verhältnis von etwa 15,7:1 (auch »stöchiometrisches Mittel« genannt). Änderungen dieser Zusammensetzung werden von der Lambdasonde, die im Abgasrohr sitzt, registriert und dienen dem Motormanagement zur Steuerung zahlreicher Funktionen. Übermäßige Abweichungen werden ebenfalls erkannt und gelten als erster Hinweis für mögliche Fehler. Das Funktionsprinzip der Lambdasonde beruht auf der Umwandlung des gemessenen Luft-Kraftstoffverhältnisses in elektrische Spannung. Dies ermöglicht ein gasundurchlässiger Keramikkörper, der von einer dünnen, mikroporösen Platinschicht ummantelt ist. Die Keramik erlaubt ab einer Temperatur von ca. 300 °C die Leitung von Sauerstoffionen. Der Unterschied an Sauerstoffanteilen im Abgasstrom zwischen Abgas- und Luftseite bewirkt dabei die Entstehung einer elektrischen Spannung. Der Regelwert nimmt bei Lambda=1 sprunghaft einen bestimmten Wert (z. B. 500 mV) an. Bei Abweichungen dieser

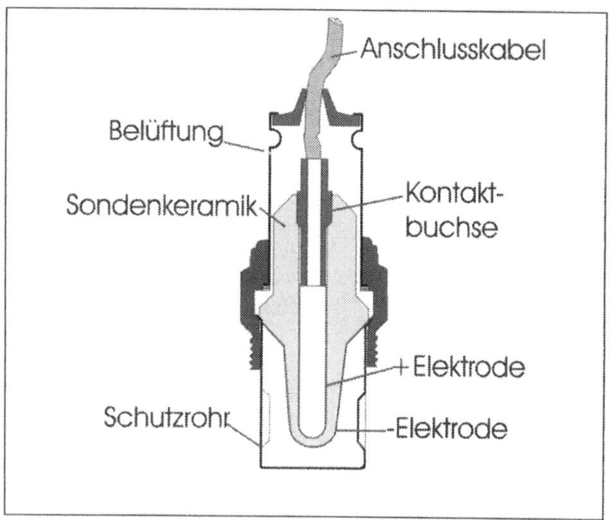

Aufbau der Lambdasonde.

Größe (z. B. zwischen 100 mV = mageres Gemisch und 800 mV = fettes Gemisch), leitet das Motorsteuergerät entsprechende Korrekturmaßnahmen ein.

Rudolfs Diesel hat Erfahrung

1989 startete die Erfolgsgeschichte der TDI-Motoren (Turbocharged Direct Injection = Turbodieseltechnik mit Direkteinspritzung): Audi stellte damals auf der IAA in Frankfurt den weltweit ersten Pkw-Dieselmotor mit Direkteinspritzung und elektronischer Regelung vor. In Serie zunächst im Audi 80 verbaut, sorgte der durchzugsstarke Turbodiesel auch oder vor allen Dingen seiner gesitteten Trinkmanieren wegen für Aufsehen bei der Fachpresse sowie den glücklichen Käufern. Der TDI-Erfolg ist mittlerweile auch im Rennsport unbestritten: Im Jahr 2006 sorgte ein TDI, abermals in einem Audi, für reichlich Aufsehen: Als Sieger des ruhmreichen 24-Stunden-Rennens von Le Mans. Der Verbrauchsvorteil der 650-PS-Boliden kam hier voll zum Tragen. Durch längere Etappen auf der Strecke und damit weniger Boxenstopps gegenüber den Ottoaggregaten der Konkurrenz, bescherte der TDI-Audi auf dem Siegerpodium den ersten und dritten Platz. Sie als A3-TDI-Fahrer müssen wir damit aber zuletzt beeindrucken. Denn auch ohne Le-Mans-Sieg wissen Sie die genannten Vorzüge Ihrer Motorisierung im täglichen Einsatz besser zu schätzen, als wir es in Worten ausdrücken könnten.

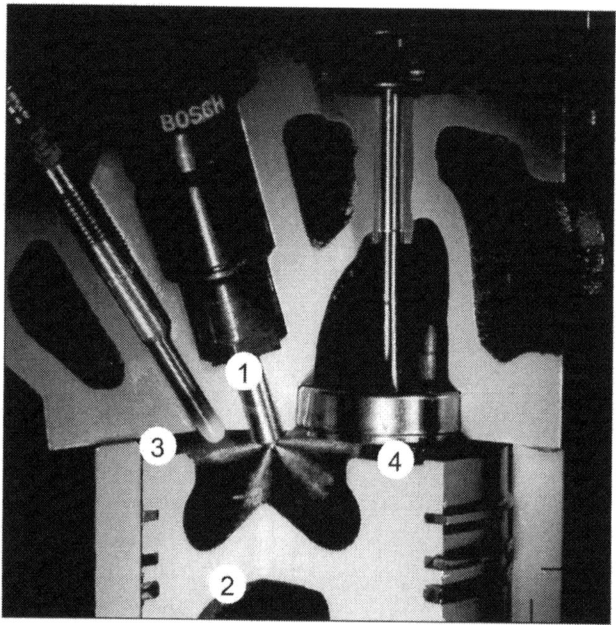

Verdichtungs-/Arbeitstakt des Direkteinspritzers: Das Einspritzventil (1) zerstäubt den Diesel in die Kolbenmulde, die als Verbrennungsraum dient (2). Die Glühstiftkerze (3) minimiert dabei den Schadstoffausstoß und verkürzt den Zündverzug beim kalten Motor.

Die Elektronische Diesel Control (EDC)

Die Komplexität moderner Dieselmotoren stellt selbstverständlich auch Herausforderungen an die Steuerung des Verbrennungsvorgangs. Ebenso wie der Einspritz- und Zündvorgang beim Benziner, wird auch die Selbstzündung des Dieselkraftstoffs heute von Sensoren, Aktoren und einem Steuergerät beeinflusst und gesteuert. Zusammengefasst sind all diese Aufgaben in der Elektronic Diesel Control, kurz EDC. Ihr Regelkreis verfolgt dabei das klassische Prinzip: Eingabe – Verarbeitung – Ausgabe. Für die Eingabe, der Datenerfassung aller momentanen Stellgrößen des Motors, sind die Sensoren zuständig. Zu den wichtigsten zählen Temperatursensoren im Kühlmittelkreislauf, im Ansaugkanal oder auch an der Einspritzpumpe. Der Kurbelwellen-Drehzahlsensor erkennt die Stellung der Kurbelwelle, wodurch die Position der einzelnen Kolben errechnet wird. Auch beim Diesel misst ein Luftmassenmesser die Menge und Dichte der angesaugten Luft. Die Aufladung mittels

Turbo macht auch einen Ladedrucksensor erforderlich. Der Fahrpedalsensor gibt den Fahrerwunsch an das Steuergerät weiter. Dieses verarbeitet die Daten und bedient dann die Stellglieder, wie beispielsweise das Ladedruck-Regelventil oder auch die Regelung der Abgasrückführung. Diese hat beim Diesel die Aufgabe, die Rohemissionen zu senken, und arbeitet nur in bestimmten Lastzuständen. Das wichtigste Teil ist jedoch die Pumpe, deren elektronische Regelung über Einspritzzeitpunkt und -menge wacht. Die Regelung ist dabei so exakt, dass bei den PDETriebwerken während der kurzen Zeitdauer eines Taktspiels mehrere Einspritzintervalle möglich sind. Dadurch läuft ein Diesel wesentlich sanfter und umweltfreundlicher.

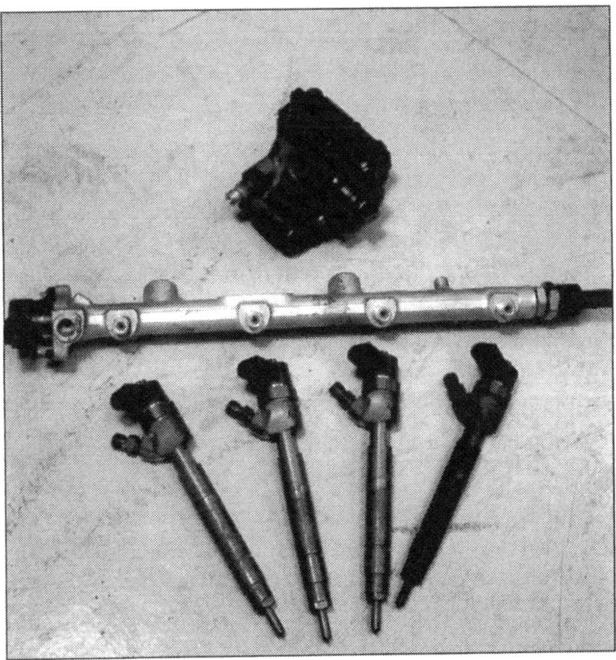

Hauptkomponenten der Direkteinspritzung: Der Injektor, die Hochdruckbenzinpumpe und das Steuergerät.

Drucksache: Erst durch enorm hohe Drücke gelang es, den Diesel über eine Mehrlochdüse so fein zu zerstäuben, dass Drehfreudigkeit und Motorlauf salonfähig wurden.

Die Hochdruckeinspritzung

Doch wie konnte sich aus dem ehemals stinkig-blau qualmenden und vor allen Dingen trägen Dieselmotor das leistungsfähige und drehmomentstarke TDI-Sparwunder entwickeln? Hauptverantwortlich für diesen Fortschritt ist die Entwicklung der Hochdruck-Direkteinspritzung. Zunächst unter Verwendung einer zentralen Verteilereinspritzpumpe, die den Dieselkraftstoff allen Einspritzventilen zuteilt, und später mit der Pumpe-Düse-Technologie, bei der jeder Zylinder seine eigene Hochdruckpumpe in Form eines Dieselinjektors direkt am Zylinder sitzen hat. Damit wurden Einspritzdrücke von über 2000 bar möglich. Gegenüber der Vorkammer- oder Wirbelkammerverfahren bietet die Direkteinspritzung einen deutlich gesteigerten Wirkungsgrad. Der im Brennraum als feiner Sprühnebel verteilte Dieselkraftstoff bietet ein viel größeres Angriffsvolumen zur Entflammung und kann dadurch optimaler ausgenutzt werden.

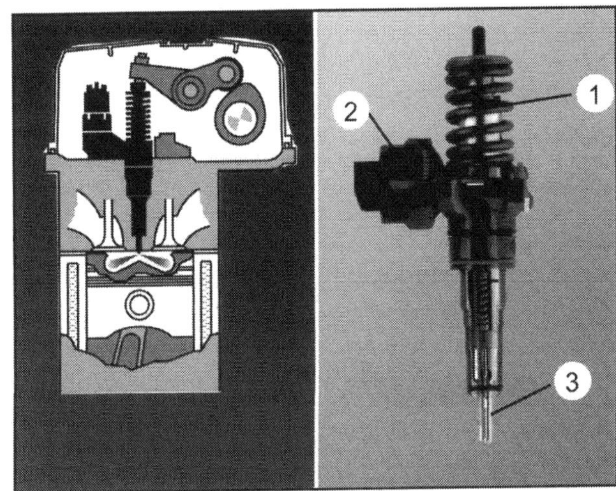

Pumpe-Düse-Einheit: In einem Gehäuse vereinigt sind Hochdruck-Kolbenpumpenelement (1), das Magnetventil zur Steuerung des Einspritzverlaufs (2) und die Einspritzdüse mit dem Einspritzventil (3).

Pumpe-Düse-Technik

Als Nachfolger dieser Technologie entwickelte VW in Zusammenarbeit mit Bosch die Pumpe-Düse-Technik (PD). Die PD-Technik ist ein elektronisches Einspritzsystem, bei dem jeder Motorzylinder eine PD-Einheit hat. Sie kam ab Oktober 1998 – zunächst in einer 115-PS-Variante – zum Einsatz. Nach und nach wurden dann alle Dieselmotoren auf PD-Technik umgestellt. Durch den gesteigerten Einspritzdruck gelang es zwar, die Energiebilanz des ohnehin effizienten Dieselbrennverfahrens weiter zu steigern, doch erforderten die enormen Drücke auch weitere Maßnahmen. So muss der nicht verbrannte Kraftstoff auf dem Rückweg in den Tank heruntergekühlt werden. Unter dem Wagenboden sitzt daher ein Wärmetauscher. Auch andere Teile mussten modifiziert werden. Denn die Pumpenelemente werden von der Nockenwelle angetrieben, was den Zahnriemen enormen Belastungen aussetzt. Nach anfänglichen Schwierigkeiten mit gerissenen Riemen hat Audi diese Technik längst im Griff. Ein regelmäßiger Wechsel des Riemens ist dennoch wichtig. Ab Modelljahr 2004 kann der Riemen 120.000 Kilometer unter der Haube bleiben, bei früheren Modellen muss er noch alle 90.000 Kilometer ersetzt werden.

Die Glühanlage

Da in der kalten Jahreszeit beim Startvorgang die Wärme der verdichteten Luft nicht zur Selbstzündung ausreicht, gibt es die Vorglühanlage. Sie heizt mittels einer Glühkerze den Brennraum auf Selbstzündungs-Temperatur auf. Die modernen 3-Phasen-Glühkerzen in Ihrem A3 ermöglichen einen problemlosen Kaltstart genauso schnell wie beim Benziner, selbst bis -30 Grad Celsius Außentemperatur. Nach Einschalten der Zündung hat die Glühkerze in weniger als zwei Sekunden bereits eine Temperatur von 850 Grad Celsius erreicht, was allemal genügt, um einen sicheren Kaltstart zu ermöglichen. Danach werden während des Warmlaufens (Phase 2) die Glühkerzen weitergeglüht. Dies hat gleich mehrere Vorteile: Zum einen werden die Emissionen um bis zu 40% reduziert – vollständige Verbrennung des Dieselkraftstoffs –, zum anderen wird das dieseltypische Nagelgeräusch in dieser Phase minimiert. Als erfreulicher Langzeiteffekt bleibt Ihr Dieselaggregat durch den ruhigeren Motorlauf geschont, was zur längeren Lebensdauer beiträgt.

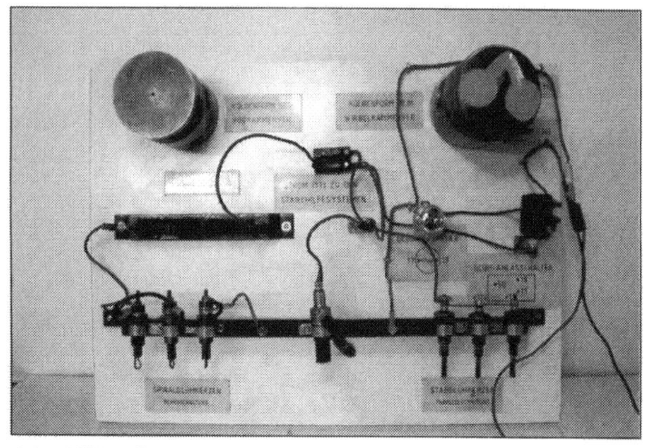

Die Glühanlage.

Das Verschleißteil Glühkerze

Durch die Verwendung einer Regelwendel, die vor Überhitzung schützt, ist die Glühkerze sehr standfest. Um die Funktion sicherzustellen, empfehlen wir Ihnen, die Glühkerzen regelmäßig etwa alle 15.000 km zu prüfen. Ein Wechsel wird von Audi alle 60.000 km vorgesehen, bei sehr stark beanspruchten Motoren, beispielsweise durch häufigen Hängerbetrieb oder in

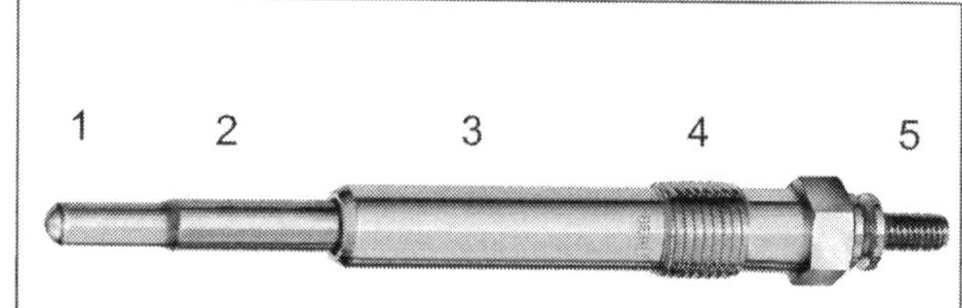

Aufbau einer Glühstiftkerze: (1) u. (2) Heiz- und Regelwendel (innerhalb des Glührohrs), (3) Kerzenkörper, (4) Einschraubgewinde, (5) Anschlussbolzen.

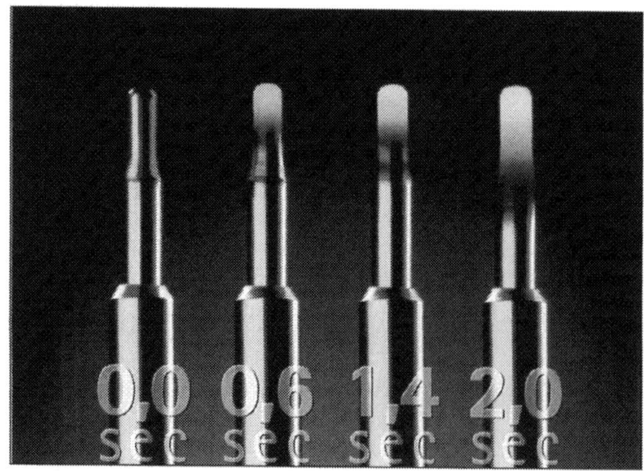

Zeitraffer: Bereits kurze Zeit nach der Ansteuerung durch das Vorglührelais erreicht die Glühstiftkerze eine Temperatur von 850 Grad Celsius.

überwiegend heißen Temperaturregionen, kann der Wechsel aber auch schon nach 30.000 km notwendig sein. Lesen Sie dazu im Arbeitsabschnitt die Seiten »Glühkerzen prüfen/austauschen«. In allen Dieselmotorvarianten des A3 wird die gleiche Glühkerze verwendet. Sie können zum Beispiel vom Glühkerzenhersteller Beru das Modell GN855 einsetzen. Beachten Sie unbedingt das Anzugsdrehmoment von 15 Nm bei der Montage, um Schäden an der Glühkerze und dem Einschraubgewinde zu vermeiden.

Motorraumverkleidung oben demontieren

Wer den Motorraum seines A3 begutachtet, sollte sich nicht blenden lassen: Über der eigentlichen Technik des Antriebsaggregates sitzen großflächige Kunststoffabdeckungen. Vom Motor selbst ist also so gut wie nichts zu sehen. Zwar sind der Luftfilter, der Ölmessstab sowie der Öleinfüllstutzen gut zu erreichen, um aber weiterführende Wartungstätigkeiten durchzuführen zu können, muss die Plastikhaube im Motorraum runter.

Benötigtes Werkzeug
- flacher Schraubenzieher
- Ratsche mit Verlängerung und 10er-Nuss

Hinweis: Die unterschiedlichen Motoren weichen in der Befestigungsart ab. Einige Abdeckungen können einfach nach oben abgezogen werden.

- **beim TDI:** Mit einem flachen Schraubenzieher zuerst alle Stopfen heraushebeln (1), dann mit einer Ratsche und einer Verlängerung die Muttern lösen. Sind alle Muttern entfernt, lässt sich die Abdeckung leicht abnehmen.

- **beim 1,4- bzw. 1,6-Liter-Benziner:** Die Pfeile (2) zeigen die Stopfen der Befestigungsschrauben für die Abdeckung an. Stopfen entfernen und Muttern herausschrauben, danach Haube nach oben abnehmen.

Motorraumverkleidung unten demontieren

Die untere Abdeckung dient zum Schutz der Aggregate von unten, aber auch der Geräuschdämmung. Dazu sind auf der Oberfläche schalldämmende Würfelstrukturen aufgebracht, die unangenehme Frequenzen tilgen. Die Abdeckung ist im vorderen Bereich (Schlossträger) eingesteckt und an etlichen Stellen angeschraubt. Sie muss zum Beispiel zum Ölwechsel entfernt werden. Kontrollieren Sie bei dieser Gelegenheit den Zustand der Abdeckung. Trotz der vielen Schrauben können durch Schwingungen und Verspröden des Materials leicht Risse im Kunststoff entstehen. Um weiteren Schaden oder einen Verlust zu verhindern, sollte die Verkleidung erneuert werden.

Benötigtes Werkzeug:
– Ratsche mit Verlängerung und 25er-Torx-Einsatz

- Bocken Sie das Fahrzeug z. B. mit Auffahrböcken oder wie unter »Fahrzeug richtig aufbocken« beschrieben auf.
- Lösen Sie von vorn nach hinten alle Schrauben mit einer Ratsche und einem 25er-Torxaufsatz.
- Vorsicht: Fällt die Verkleidung vorzeitig ab, können die Halteclipse abreißen.
- Nehmen Sie nach dem Lösen aller Schrauben die Abdeckung vorsichtig aus der vorderen Halterung.

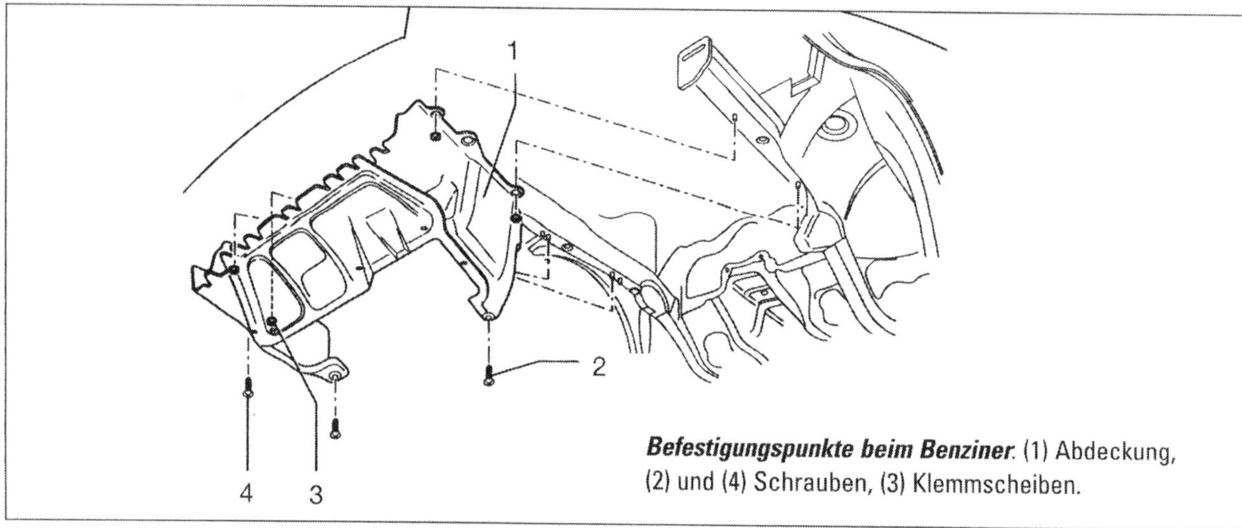

Befestigungspunkte beim Benziner. (1) Abdeckung, (2) und (4) Schrauben, (3) Klemmscheiben.

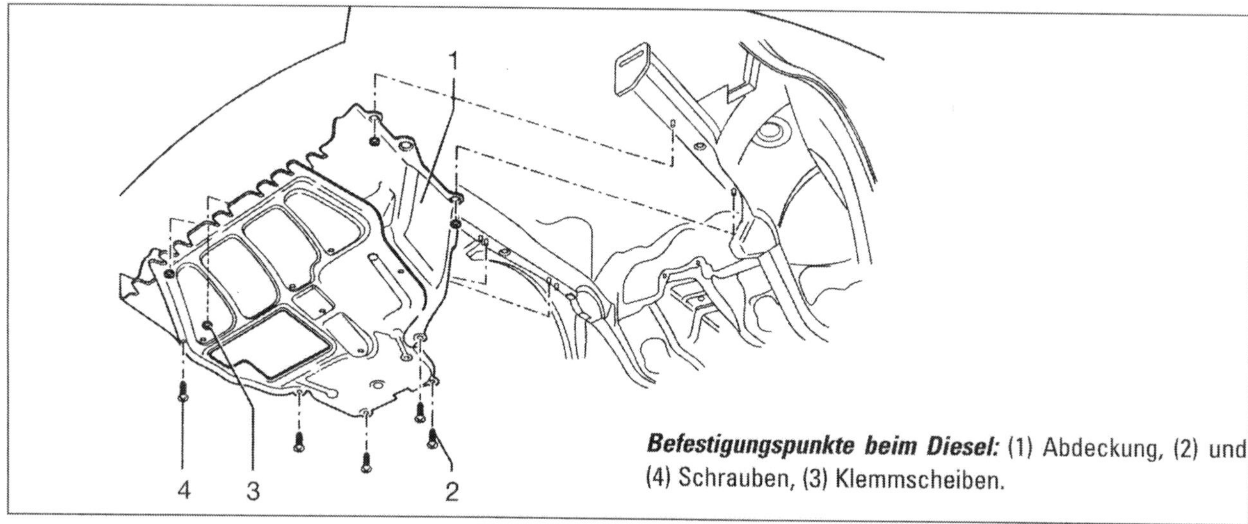

Befestigungspunkte beim Diesel: (1) Abdeckung, (2) und (4) Schrauben, (3) Klemmscheiben.

Keilrippenriemen prüfen

Der Keilrippenriemen im A3 wird über eine automatische Spannvorrichtung nachgespannt. Sie müssen also hier keine Wartungsarbeit mehr investieren. Allerdings sollten Sie dennoch den Zustand des Riemens von Zeit zu Zeit begutachten. Sollte der Riemen unterwegs reißen, stehen Sie nämlich vor einem größeren Problem.

- Die Spannung und die Funktion der Spannrolle überprüfen Sie durch kräftiges Drücken, zum Beispiel mit dem Daumen gegen den Riemen. Gibt der Riemen nach und die Spannrolle schwenkt aus (und beim Loslassen wieder in die Ausgangsstellung zurück), dann sind die Spannung und die Spannrolle in Ordnung. Hängt der Riemen aber lose durch, ist die Spannrolle defekt.

- Kontrollieren Sie den Zustand des Keilrippenriemens (am besten von unten). Achten Sie besonders auf:
  - Unterbaurisse (Anrisse, Kernbrüche, Querschnittbrüche)
  - Lagentrennung (Deckschicht, Zugstränge)
  - Ausbruch am Unterbau
  - Ausfransen der Zugstränge
  - Flankenverschleiß (Materialabtrag, Ausfransungen, Flankenverhärtung, Oberflächenrisse)
  - Öl- und Fettspuren

- Um alle Stellen zu inspizieren, lassen Sie den Motor zwischendurch kurz laufen. Setzen Sie eine Markierung um sicher zu stellen, dass Sie nicht per Zufall die gleiche Stelle in Augenschein nehmen.

Keilrippenriemen aus- und einbauen

Das Auswechseln des Keilrippenriemens ist sehr aufwändig. Bei allen Motoren muss dazu die obere, bei den TDI auch die untere und seitliche Abdeckung (am Radlauf) ausgebaut werden.
Zusätzlich sollte bei den TDI-Motoren mit Verteilereinspritzpumpe das Ladeluftrohr hinter dem Ladeluftkühler ausgebaut werden. Zudem wird je nach Ausstattung die Umlenkung des Keilrippenriemens sehr aufwändig.
Die Riemenführung kann sich nicht nur in Abhängigkeit von Ausstattung und Motorisierung verändern. Im Zweifelsfall skizzieren Sie sich die Einbaulage auf einem Blatt Papier, bevor sie mit der Demontage beginnen.

Benötigtes Werkzeug und Materialien:
- Kombizange zum Lösen von Schlauchschellen (Verteilereinspritzpumpen TDI)
- Dorn (z. B. passender Schraubenzieher ca. 4,5 mm Durchmesser, Länge ca. 55 mm) zum Arretieren der Spannvorrichtung (Pumpe-Düse TDI)
- Ringschlüssel SW 16 (SDI/TDI)

Ausbau

- Motorabdeckung(en), wie unter »Motorabdeckung oben/unten ausbauen« beschrieben, entfernen.

- Bei allen TDI-Motoren die seitliche Verkleidung am Radhaus entfernen.

- Bei den TDI-Motoren AGR, AHF, ALH und ASV (Verteilereinspritzpumpe) zusätzlich das Ladeluftrohr zwischen Ladeluftkühler und Turbolader ausbauen. Dieses ist mit Schlauchschellen befestigt.

- Laufrichtung des Keilrippenriemens kennzeichnen.

- Im folgenden Arbeitsschritt die Spannrolle ausschwenken, um den Riemen zu lockern. Dazu gehen Sie bei den unterschiedlichen Motorvarianten folgendermaßen vor:

- Bei den SDI- und TDI-Motoren (2) mit Schraubenschlüssel Spannrolle in Pfeilrichtung schwenken.

- Bei den Pumpe-Düse-TDI-Motoren mit Schraubenschlüssel Spannrolle in Pfeilrichtung schwenken. Ist die Rolle ausgeschwenkt, kann sie zur leichteren Montage des Keilriemens mit einem passenden Dorn arretiert werden. Dorn dazu durch die Aussparung hindurch stecken.

- Beim 1,4-/1,6-Liter-Benziner schwenken Sie die Spannrolle an der Befestigungsschraube mittels eines Schrauben-/Ringschlüssels in Pfeilrichtung.
- Bei den 1,6-Liter-Motoren mit 100 und 102 PS sowie den 1,8- und 2,0-Liter-Motoren können Sie die Spannrolle mittels einem Schraubenschlüssel SW16 in Pfeilrichtung schwenken.
- Nehmen Sie nun den gelockerten Keilrippenriemen ab.

Ansicht TDI von unten.

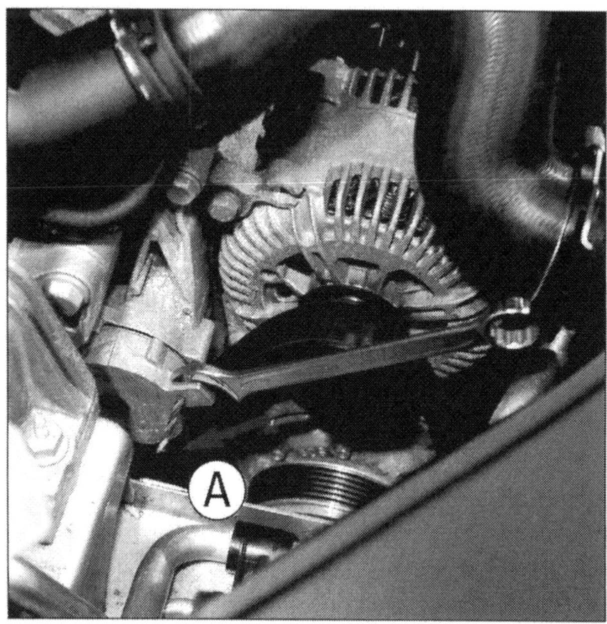

Mit dem Ringschlüssel die Spannrolle wie dargestellt entspannen. Die Aussparung (A) dient zum Arretieren der Spannrolle, sobald sie ausgeschwenkt ist. Dazu benötigen Sie einen geeigneten Dorn (z. B. Bohrer).

Einbau

- Legen Sie den Keilrippenriemen zuerst über die Kurbelwellen-Riemenscheibe und dann über die Riemenscheiben der Nebenaggregate. Zuletzt den Riemen auf die Spannrolle schieben. 1,4- und 1,6-Liter-Benziner: Die Spannrolle wird vom Keilriemen weggedrückt, um diesen zu entspannen.
- Bei den Dieselmotoren ohne Klimaanlage Keilriemen beim Einbau zuletzt am Drehstromgenerator (Generatorrad befindet sich rechts neben der Spannrolle) auflegen.
- Bei den Dieselmotoren mit Klimaanlage Keilriemen beim Einbau zuletzt an der Umlenkrolle auflegen.
- Auf bündigen Sitz der Rippen in den Vertiefungen der Rollen achten.
- Je nach Bauart die Spannrolle wieder in die Ausgangsstellung zurückstellen.
- Motorraumabdeckungen (bei den entsprechenden Dieselmotoren auch Ladeluftrohr) wieder anbauen.
- Keilriemensitz überprüfen, dann Motor starten um den Keilriemenlauf zu überprüfen.

Mit dem Schlüssel wird die Spannrolle wie dargestellt entspannt.

Ölstand prüfen

Prüfen Sie den Ölstand regelmäßig und vor allen Dingen vor längeren Fahrten wie zum Beispiel der Urlaubsreise. Dazu sollte der Motor ein paar Minuten stillgestanden haben und das Auto natürlich auf einer ebenen Fläche stehen. Der Pegel sollte ein bis zwei Millimeter unter der Maximal-Markierung liegen, denn auch zu viel Öl schadet dem Motor. Vorsicht beim Nachfüllen! Verschüttetes Öl kann sich am heißen Motor entzünden!

- Je nach Modell finden Sie den Ölpeilstab links am Motor (z. B 1,4-Liter- oder 1,6-Liter-FSI) oder zentral in der Mitte (Dieselmotoren) vor dem Motorblock. Gekennzeichnet ist er durch die orangefarbene Grifflasche.
- Ziehen Sie den Peilstab heraus und wischen Sie ihn zunächst ab, bevor Sie ihn wieder für einige Sekunden zurückstecken. Nach dem erneuten Herausziehen lesen Sie den Ölstand auf der Skala am unteren Ende ab.
- Bereich A – Öl muss nachgefüllt werden. Es genügt, wenn sich danach der Ölstand irgendwo im Minusbereich befindet.
- Bereich B – Öl muss nicht nachgefüllt werden.
- Bereich C – Öl darf nicht nachgefüllt werden.

Achtung: Bei Ölstand über der Max-Markierung (s. Abbildung) besteht die Gefahr von Katalysatorschäden!

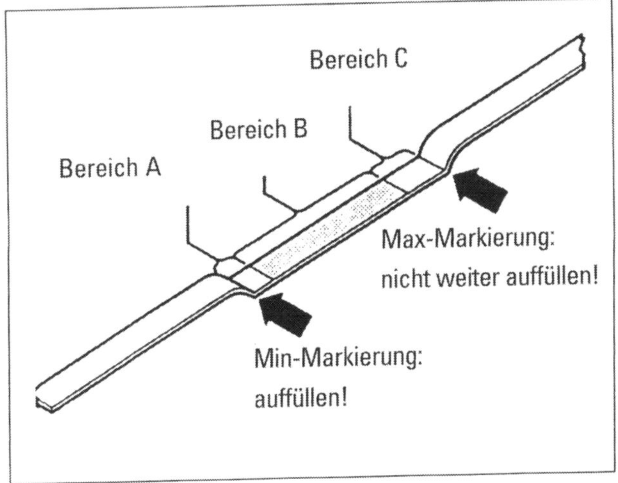

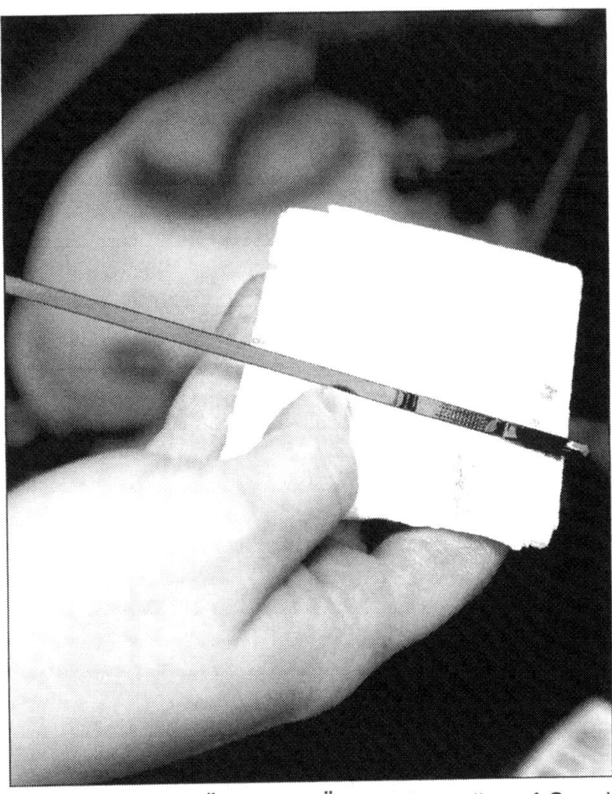

Bei gebrauchtem Öl fällt die Ölstandskontrolle auf Grund der dunklen Färbung besonders leicht. Ölkontrolle beim 1,9 Liter-TDI: Peilstab (orange) und Öleinfülldeckel sind leicht zu finden.

VW/Audi-Norm beachten: Füllen Sie in Ihren A3 nur die für den jeweiligen Motor freigegebene Ölsorte nach.

Ölwechsel

Der Ölwechsel beim A3 ist kein Hexenwerk und daher auch nicht schwer zu bewerkstelligen. Das Öl sollte betriebswarm sein, damit es besser abfließt. Achten Sie unbedingt auf die richtige Ölsorte und Füllmenge. Es empfiehlt sich, diese Arbeit im Idealfall über einer Grube oder noch besser einer Hebebühne zu erledigen. Der Wagen darf dabei auf gar keinen Fall schräg stehen, da sonst nicht das ganze Altöl abfließen kann. Verbleibende Restmengen mindern sonst die Qualität des frisch nachgefüllten Öls.

Benötigtes Werkzeug und Material:
- Spannbandschlüssel, Ölfilterzange oder Spezialwerkzeug Hazet 2169 zum Lösen des Ölfilters
- Stecknuss zum Lösen der Ölablassschraube
- Ölablassschraube inkl. Dichtring
- Ölfilter und Dichtringe (klein und groß)
- ausreichende Ölmenge der richtigen Sorte zum Neubefüllen (s. Tabellen)
- geeigneter Auffangbehälter (mindestens 6 Liter Fassungsvermögen) für Altöl
- geeigneter Auffangbehälter für den alten Ölfilter

Vorbereitende Maßnahmen:

■ Motor vor Beginn der Arbeiten etwas warm fahren.

■ Verkleidungen des Motors abbauen (siehe »Motorverkleidung oben/unten demontieren«).

Filterwald: Eine Auswahl passender Ölfilter finden Sie am Ende des Abschnitts.

Verbrennungsgefahr: Das Altöl kann sehr heiß sein und durch die Gegend spritzen.

Audi-Norm	Eignung
501.01	Für Benzinmotoren
502.00	Für Benzinmotoren mit gesteigerter Leistungsfähigkeit gegenüber 501.01 Wechselintervall bis 15.000 km oder 1 Jahr
503.00	Diese Norm ist nicht mehr aktuell. Sie wurde ersetzt durch die Audi-Norm 504.00
504.00	Universalöle für alle Benzin-Motoren
505.00	Für Dieselmotoren mit und ohne Abgasturbolader (TDI und SDI)
505.01	Für Dieselmotoren mit Pumpe-Düse-Einspritzsystem ohne Partikelfilter
506.00	Diese Norm ist nicht mehr aktuell. Sie wurde ersetzt durch die Audi-Norm 504.00
506.01	Diese Norm ist nicht mehr aktuell. Sie wurde ersetzt durch die Audi-Norm 507.00
507.00	Neue Audi-Norm für Fahrzeuge mit und ohne Longlife-Service. Dieses Öl ist auch für Dieselfahrzeuge mit Partikelfilter geeignet.

- Ölmessstab entfernen: Ziehen Sie den Ölmessstab vor Beginn der Arbeiten heraus, dann können Sie die Abdeckung abnehmen.
- Fahrzeug auf der Hebebühne anheben, so dass Sie bequem darunter arbeiten können.
- Öl ablassen:
- Halten Sie ein geeignetes Behältnis bereit, um das auslaufende Öl aufzufangen.
- Ölablassschraube mit dem Schlüssel öffnen und Altöl ganz auslaufen lassen.
- Achtung! Das Öl kann sehr heiß sein!
- Da die Gewinde in den Ölwannen sehr empfindlich sind, sollten Sie bei jedem Ölwechsel eine neue Ablassschraube (mit integriertem Dichtring) spendieren. Beachten Sie beim Anziehen der Schraube das zulässige Anzugsdrehmoment von 30 Nm.
- Fahrzeug wieder ablassen.

Ölfilter wechseln

Hinweis: Der A3 verfügt selbstverständlich über unterschiedliche Einbauarten des Ölfilters. Wir haben daher zunächst die Einbaulage der Diesel und anschließend die unterschiedlichen Einbaulagen der Benziner aufgeführt. Die Vorgehensweise für beide Motorarten ist jedoch prinzipiell gleich. Der Ölfilter muss bei jedem Wechsel mitgetauscht werden. Zum Lösen des Ölfilters ist eventuell ein spezieller Schlüssel (Hazet 2169) nötig, um die Filterkappe zu lösen. Die Bilder finden Sie auf der nächsten Seite.

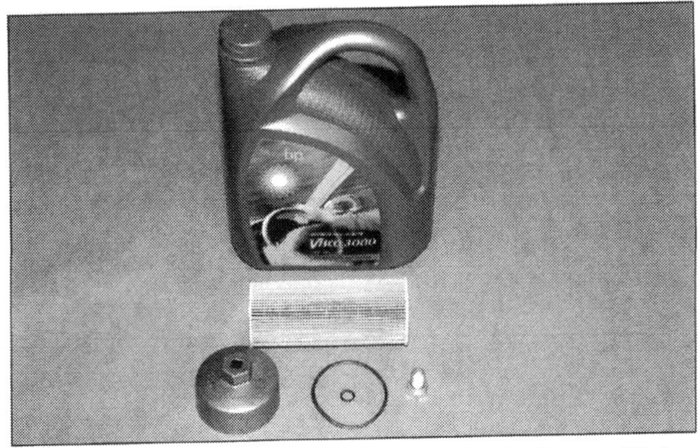

Kleiner Ölservice: Bei Motoren mit unverlierbarem Dichtring brauchen Sie auch eine neue Ablassschraube.

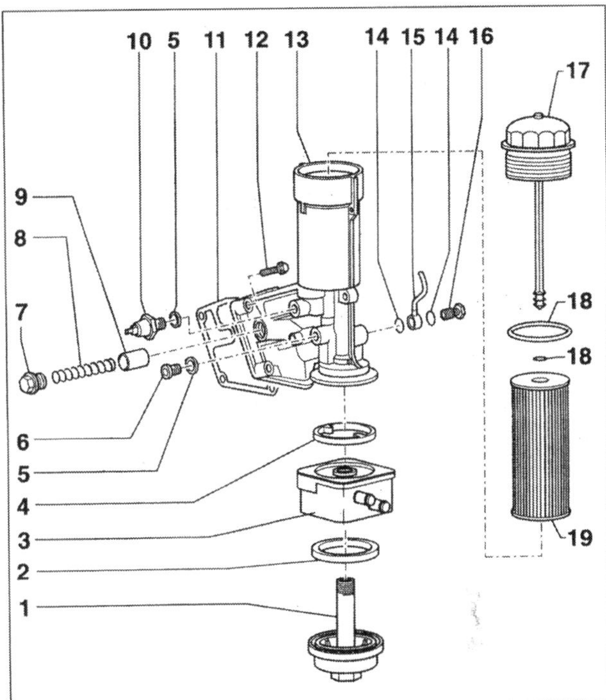

Ölfiltereinheit am Dieselmotor (Auswahl): (1) Verschlussstopfen, (2) Dichtring, (3) Wärmetauscher, (4) Dichtring, (5) Dichtring, (6) Verschlussschraube, (7) Verschlussschraube, (8) Feder, (9) Drucksteuerkolben, (10) Öldruckschalter, (11) Dichtung, (12) Schraube, (13) Gehäuse, (14) Dichtring, (15) Druckleitung, (16) Hohlschraube, (17) Verschlussstopfen, (18) Dichtring, (19) Filtereinsatz.

Ölfilterwechsel bei Dieselmotoren:

- Den Verschlussstopfen des Ölfilters mit passendem Spezialwerkzeug lösen (1). Dieser kann sehr fest sitzen und muss dann langsam und gleichmäßig gelöst werden.
- Zunächst Verschlussstopfen abziehen, dann Ölfilter herausheben (2) und eine kurze Weile abtropfen lassen. Anschließend Ölfilter in ein bereitgestelltes Gefäß stellen.
- Neuen Ölfilter einsetzen (3), dabei unbedingt die Einbaurichtung Oben/Top beachten. Ölfilter fest in die Halterung eindrücken.
- Verschlussstopfen reinigen und Dichtringe ersetzen. Dazu mit Schraubenzieher zuerst vorsichtig ablösen (4). Die neuen Dichtringe zur besseren Montierbarkeit und Abdichtung rundherum etwas einölen. Dann Deckel wieder einschrauben und mit max. 25 Nm anziehen.

- Öl einfüllen (5). Dabei die Nachfüllmenge bis auf eine kleine Restmenge einfüllen.

- Motor kurz laufen lassen, bis sich das Öl verteilt hat. Nochmals mittels Peilstab nachmessen. Restmenge bis knapp unter die Maximal-Markierung nachfüllen.

Ölfilterwechsel bei Benzinmotoren:

Bei den Vierzylinder-Benzinern ist der Ölfilter nicht stehend, sondern vertikal eingebaut. Außerdem befindet er sich vergleichsweise tief im Motorraum und ist daher nicht so leicht aufzufinden. Die Abnahme der unteren Motorabdeckung bleibt also nicht aus.

- Benzinmotoren mit »Blechfilter«: (Bild 1) Bei diesen Motoren muss der Ölfilter von unten mit einem Werkzeug der Schlüsselweite 30 gelöst werden.

- Filtereinheit mit Ölfiltereinsatz: Bei diesen Motoren muss der Ölfilter mit einem Spannbandschlüssel oder dem Werkzeug 2171-1 von Hazet gelöst werden.

- Ersetzen Sie in jedem Fall den O-Ring!

Altöl entsorgen

GEFAHRENHINWEIS

Altöl ist gefährlicher Sonderabfall, dessen Entsorgung die Altölverordnung (AltölV) regelt.
Etwa 1 Liter Altöl kann 1 Mio. Liter Trinkwasser verseuchen! Auch kleinste Mengen an Altöl müssen daher gesammelt und zu den Altölsammelstellen (z.B. Ölverkaufsstellen, Tankstellen, Entsorgungsbetriebe) gebracht werden.
Liefern Sie Ihr Altöl am besten immer dort ab, wo Sie das Frischöl gekauft haben. Sämtliche Verkaufsstellen müssen Altöl in der Menge des verkauften Frischöls entsorgen. Bewahren Sie daher den Kassenbeleg beim Ölkauf stets im Handschuhfach auf.
Der Aufwand lohnt sich: Denn Altöl ist recycelbar und kann zu neuen Schmierstoffen aufgearbeitet werden. Dies setzt jedoch voraus, dass Altöl nicht mit anderen Abfällen verunreinigt oder vermischt wird, was nach der Altölverordnung überdies als Ordnungswidrigkeit gilt. Die Beimischung von Lösemitteln, Brems- oder Kühlflüssigkeit ist indes sogar strafbar (AltölV §7)! Verwenden Sie ebenfalls der Umwelt zuliebe Mehrwegbehälter, die an der Tankstelle aufgefüllt werden können.
Denken Sie daran, dass auch gebrauchte Ölfilter sowie mit Öl verschmutzte Lappen entsorgungspflichtig sind.

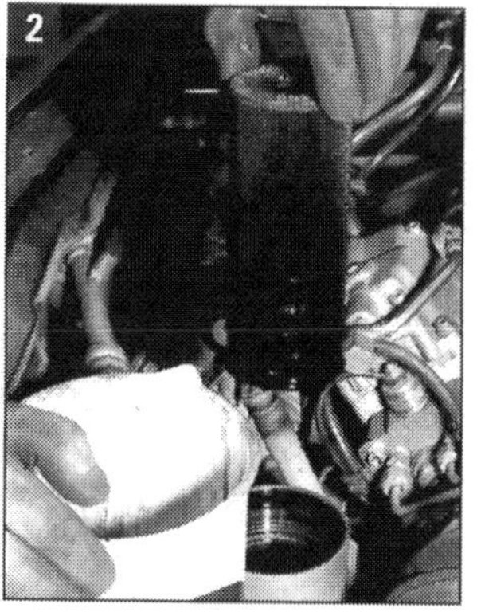

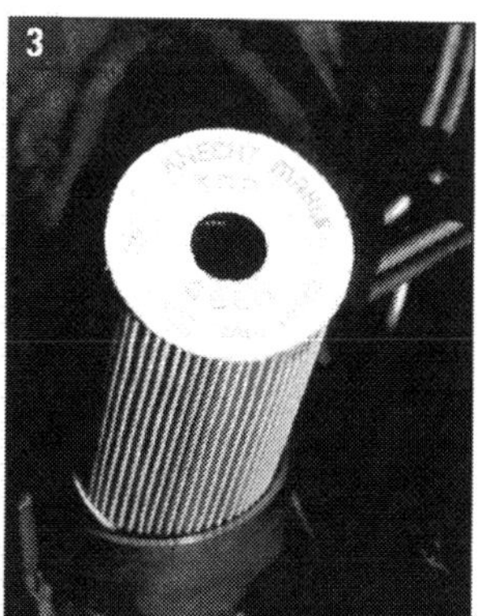

Luftfilter wechseln

Der Luftfiltereinsatz hält die angesaugte Luft für die Verbrennung frei von Verunreinigungen wie Staub und Schmutz. Durch eine Gummidichtung ist der Filter nach außen abgedichtet. Mit der Zeit setzt der Luftfilter durch die Schmutzpartikel zu. Er sollte deshalb alle 12 Monate gereinigt und alle 24 Monate bzw. spätestens alle 60.000 km ausgetauscht werden.

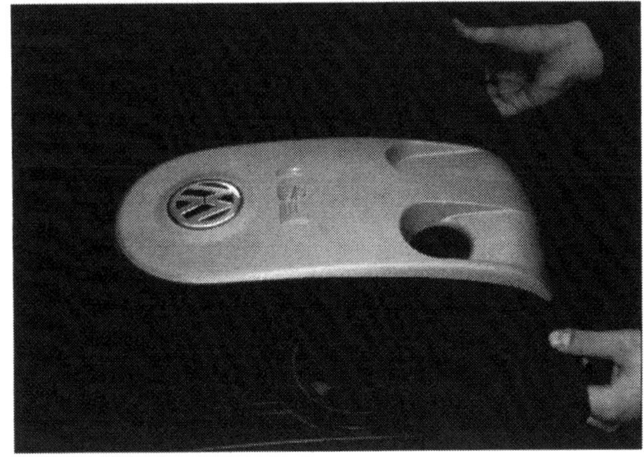

Luftfiltergehäuse abziehen.

Luftfilter wechseln

Komplett geschlossene Abdeckung

Benötigtes Werkzeug und Ersatzteile:
- Kreuzschlitzschraubenzieher
- Staubsauger oder Staubtuch
- Neuer Luftfiltereinsatz (nur beim Wechsel)

- Ziehen Sie den Motorentlüftungsschlauch vom Luftfiltergehäuse ab.
- Ziehen Sie nun das komplette Luftfiltergehäuse nach oben ab.
- Drehen Sie das Luftfiltergehäuse um und zerlegen Sie es auf der Werkbank.
- Die Montage erfolgt in umgekehrter Reihenfolge.

TIPP: Beachten Sie das Anzugsdrehmoment der selbstschneidenden Schrauben! Das Luftfiltergehäuse kann durch zu festes Anziehen der Schrauben beschädigt werden!

Zentrales Luftfiltergehäuse

Benötigtes Werkzeug und Ersatzteile:
- Kreuzschlitzschraubenzieher
- Staubsauger oder Staubtuch
- Neuer Luftfiltereinsatz (nur beim Wechsel)

- Zuerst die Abdeckung über dem Nockenwellengehäuse ausbauen, dann den Schlauch für die Kurbelgehäuseentlüftung abziehen.
- Danach alle Schrauben am Luftfilterkasten lösen und den Deckel nach oben abnehmen.

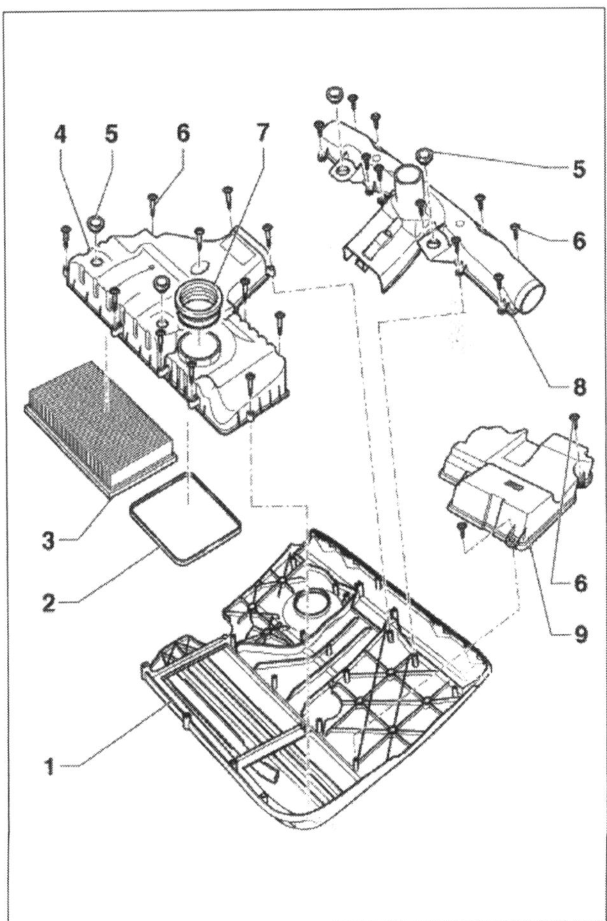

Luftfiltergehäuse in Teilen.
1 Schraube, 2 Gehäuse, 3 Filtereinsatz, 4 Gehäuseunterteil, 5 Stopfen, 6 Schraube, 7 Dichtung, 8 Luftverteilerrohr, 9 Gehäuse.

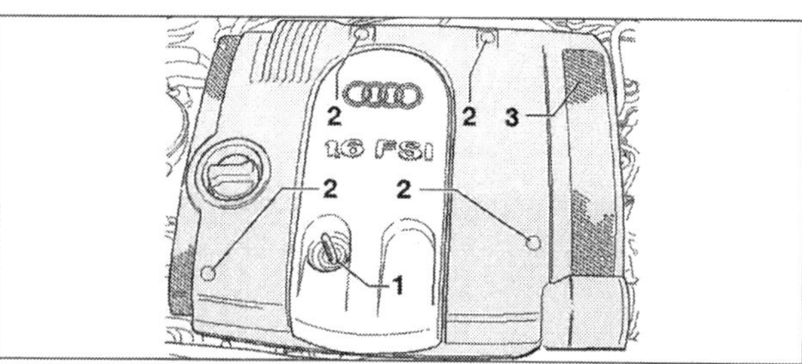

Einfach hochziehen. Kunststoffabdeckung über dem Motor: (1) Ölmessstab, (2) Befestigungsstopfen in Gummi, (3) Schlauchverbinder unter der Verkleidung.

- Für die Reinigung die Innenseite des Kastens aussaugen oder mit einem Staubtuch auswischen. Bei einer Wiederverwendung den gebrauchten Filter vorsichtig ausklopfen oder von der Motorseite her leicht ausblasen.

- Filter in das Gehäuse einsetzen.

- Anschließend den Deckel wieder aufsetzen und alle Schrauben des Gehäuses anziehen (3 Nm). Luftansaugschlauch wieder aufstecken und Abdeckung der Nockenwellengehäuse montieren.

TIPP: Beachten Sie das Anzugsdrehmoment der Schrauben! Das Luftfiltergehäuse kann durch zu festes Anziehen der Schrauben beschädigt werden!

Seitliches Gehäuse

Der eigentliche Arbeitsvorgang unterscheidet sich nicht nennenswert zu den anderen freistehenden Luftfiltergehäusen.

Benötigtes Werkzeug und Ersatzteile:
- Kreuzschlitzschraubenzieher
- Staubsauger oder Staubtuch
- neuer Luftfiltereinsatz

- Lösen Sie alle Schrauben am Luftfilterkasten (2) und nehmen Sie den Deckel nach oben ab.

- Bauen Sie den Haltebügel aus und entnehmen Sie den Luftfiltereinsatz,

- Reinigen Sie die Innenseite des Kastens durch Aussaugen mit einem Staubsauger oder wischen Sie ihn mit einem Staubtuch aus. Bei einer Wiederverwendung den gebrauchten Filter vorsichtig ausklopfen oder von der Motorseite her leicht ausblasen.

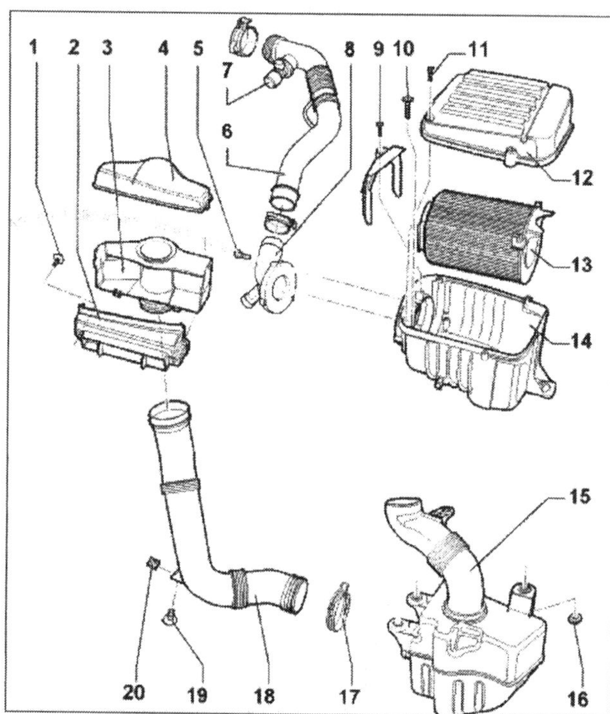

1 Schraube, 2 Gehäuse, 3 Luftführung, 4 Abdeckung, 5 Schraube, 6 Luftführung, 7 Sensor, 8 Stutzen, 9 Schraube, 10 Schraube, 11 Schraube, 12 Deckel, 13 Luftfiltereinsatz, 14 Luftfilterkasten, 15 Ansauggeräuschdämpfer, 16 Tülle, 17 Schelle, 18 Luftführung, 19 Schraube, 20 Mutter.

- Filter in das Gehäuse einsetzen.

- Anschließend den Deckel wieder aufsetzen und alle Schrauben des Gehäuses anziehen (3 Nm). Luftansaugschlauch wieder aufstecken.

TIPP: Beachten Sie das Anzugsdrehmoment der selbstschneidenden Schrauben! Das Luftfiltergehäuse kann durch zu festes Anziehen der Schrauben beschädigt werden!

Seitliches Gehäuse

Für alle Motorvarianten mit seitlich verbautem Luftfilterkasten wird hier exemplarisch der Wechsel des Luftfilters anhand des 2,0l TDI gezeigt.

Benötigtes Werkzeug und Ersatzteile:
- Kreuzschlitzschraubenzieher
- Staubsauger oder Staubtuch
- neuer Luftfiltereinsatz

- Anschlussstecker am Luftmassenmessers lösen. Verriegelung mit einem kleinen Schraubendreher entriegeln.
- Stecker des Luftmassenmessers abziehen.
- Danach mit der Kombizange den Klemmring lösen. Dann das Luftansaugrohr vom Luftfilterkasten abziehen.
- Damit keine Gegenstände in das offene Ansaugrohr hineinfallen können, dichten Sie es mit einem Lappen ab.
- Den Schlauch des Unterdruckanschlusses vorsichtig abziehen, damit das Anschlussstück nicht abbricht (4).
- Danach die zwei Schrauben an der Oberseite des Luftfilterkastens lösen. Deckel nach oben abnehmen.
- Alten Luftfilter entnehmen.
- Innenseite des Kastens aussaugen oder mit einem Staubtuch auswischen.
- Neuen Filter einsetzen. Dabei die Einbaurichtung und den korrekten Sitz des neuen Luftfilters beachten.
- Anschließend den Deckel des Luftfilterkastens wieder aufsetzen und die Schrauben des Gehäuses gleichmäßig mit 6 Nm anziehen.
- Den Luftansaugschlauch wieder aufstecken und mit Klemmring fixieren. Dabei nicht vergessen den Lappen aus dem Ansaugrohr zu nehmen.
- Unterdruckschlauch wieder vorsichtig am Anschlussstück anbringen. Achtung! Auch beim Aufstecken besteht Bruchgefahr.
- Anschluss des Luftmassenmessers wieder einstecken.

Montageübersicht: (1) und (2) Spannklammern, (3) Luftmassenmesser, (4) Luftschlauch, (5) Schraube.

Kraftstofffilter wechseln (Diesel)

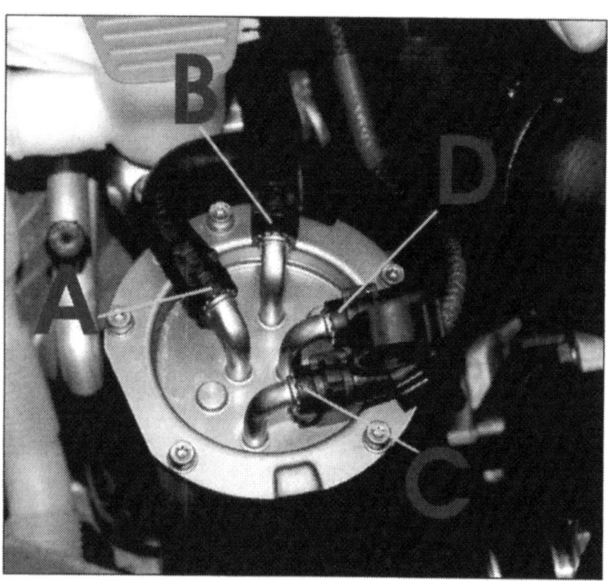

Anschlüsse und Einbaulage des Kraftstofffilters: (A) Vorlaufleitung vom Tank, (B) Rücklaufleitung zum Tank, (C) Rücklaufleitung von der Einspritzpumpe, (D) Vorlaufleitung zur Einspritzpumpe.

Zuleitung zum Kraftstofffilter lösen: Nur so kann der Behälter auch leerlaufen. Achtung: Kraftstoffreste sind Sonderabfall und gehören nicht in den Ausguss. Füllen Sie Kraftstoffreste in einen verschließbaren, beschrifteten Behälter um und entsorgen Sie seinen Inhalt umweltgerecht. Zum Teil werden solche Stoffe bei den Entsorgungszentren der Gemeinden entgegengenommen. Nachfragen jedenfalls kostet noch nichts.

GEFAHRHINWEISE

Kraftstoff

Der Umgang mit Kraftstoff ist gefährlich. Restgase sind hochexplosiv, Dämpfe gelten als krebserregend und unmittelbarer Kontakt oder Verschlucken können akute Reizungen, in schweren Fällen auch eine lebensbedrohliche Lungenentzündung hervorrufen. Nehmen Sie daher Wartungsarbeiten und Reparaturen an Teilen der Kraftstoffanlage nicht auf die leichte Schulter. Stellen Sie sicher, dass sich keine eingeschalteten elektrischen Geräte, offenen Flammen, Wärme- und Funkenquellen in unmittelbarer Nähe befinden. Führen Sie Arbeiten an der Kraftstoffanlage möglichst nur mit kraftstoffbeständigen Handschuhen aus. Als chemisch resistent gelten Handschuhe aus Naturlatex, Nitril oder Vinyl. Vor allem beim Entleeren des Kraftstoffbehälters müssen Sie mit äußerster Vorsicht vorgehen. Kraftstoffbehälter sollten Sie nur bei genügend Frischluftzufuhr entleeren. Unverzichtbar ist dabei ein entsprechendes Abpumpgerät (z. B. kraftstofffeste Balgen-Schlauchpumpe). Auf keinen Fall den Kraftstoff durch Saugen an einem Schlauch mit dem Mund entleeren! Kraftstoffbehälter nie über Montagegruben entleeren. Die entweichenden Gase sind schwerer als Luft und würden sich für mehrere Stunden in der Grube absetzen. Folge: Gesundheitsschäden durch Einatmen, wie Kopfschmerzen, Schwindel, Übelkeit, Sehstörungen, Bewusstlosigkeit und akute Explosionsgefahr. Kraftstoff nur in einen verschließbaren, beschrifteten Behälter umfüllen. Gut sind spezielle Behälter mit Flammschutz und Druckausgleichsverschluss. Im entleerten Kraftstofftank befinden sich Restgase. Auch die sind gefährlich, gelten als krebserregend. Arbeiten also nur mit besonderer Vorsicht ausführen!

Kraftstoff: Entzündlich, giftig, umweltschädigend

Der Kraftstofffilter sollte beim Diesel alle 90.000 km oder 72 Monate erneuert werden. Zu seinen Hauptaufgaben zählt das Zurückhalten von Schmutzpartikeln und Wasser. Das System entlüftet sich selbst.

Benötigtes Werkzeug und Materialien:
- T20 Torxschraubendreher
- kleines Auffanggefäß (ca. 200 ml)
- neuer Filter und Dichtring (O-Ring)
- dicken Lappen, Reiniger
- 10er-Nuss, lange Verlängerung, Ratsche

Vorsicht: Eventuell vorhandene Verschmutzungen und Wasserreste im Kraftstofffiltergehäuse müssen unbedingt vor dem erneuten Zusammenbau entfernt werden! Haben Sie keine geeignete Absaugeinrichtung zur Verfügung, müssen Sie das Gehäuseunterteil demontieren, um es zu entleeren. Den Aus- und Einbau des Kraftstofffiltergehäuses beschreiben wir am Ende dieses Kapitels.

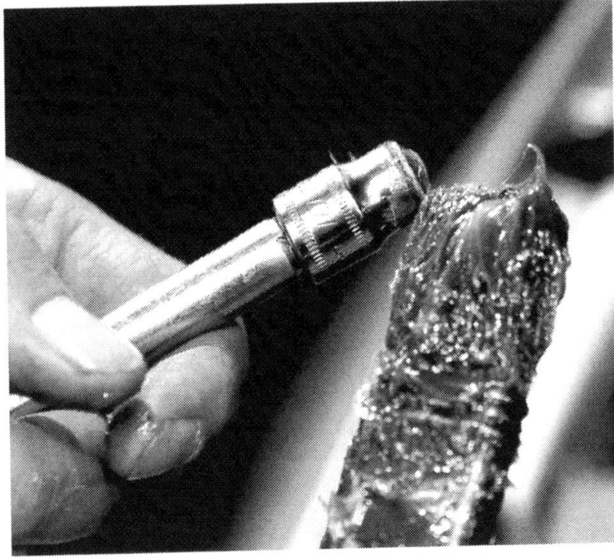

Praktische Montagehilfe: Damit Ihnen beim Ansetzen von oben nicht immer die Schraube oder Mutter herunterfällt, kleben Sie diese vorher mit etwas Fett in die Nuss.

Achtung: Kraftstoffreste sind Sonderabfall und gehören nicht in den Ausguss. Füllen Sie Kraftstoffreste in einen verschließbaren, beschrifteten Behälter um und entsorgen Sie seinen Inhalt umweltgerecht.

Achtung: Dieselkraftstoff greift Gummiteile an! Kraftstoffreste an Kühlerschläuchen und Leitungen sofort gründlich entfernen. Beachten Sie die Entsorgungsvorschriften!

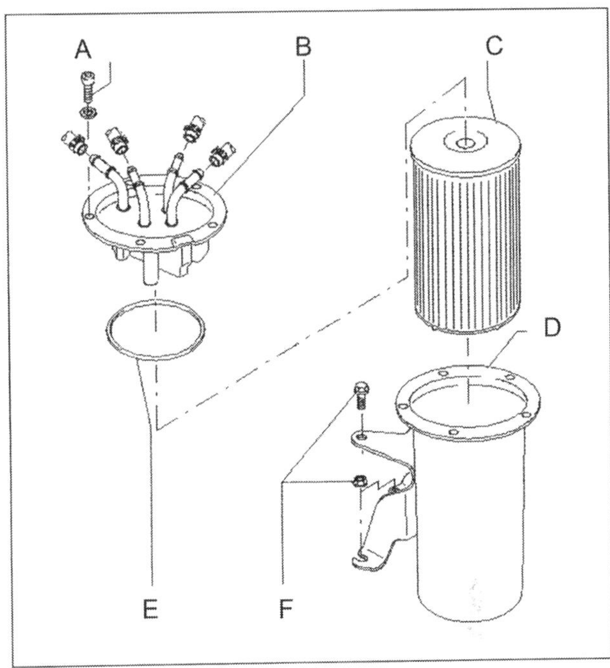

Ausbau:

- Fünf Befestigungsschrauben und Unterlagsscheiben (A) mit dem Torxschraubendreher (T20) über Kreuz in mehreren Schritten herausdrehen.
- Deckel (B) vorsichtig nach oben abnehmen.
- O-Ring (E) entfernen und die Dichtfläche reinigen. Den neuen Dichtring vorsichtig in der Nut platzieren.

TIPP: Etwas Fett auf dem O-Ring erleichtert die Montage auch später beim Zusammenbau des Gehäuses.

- Kraftstofffilter (C) herausnehmen und in bereitgestellten Behälter abtropfen lassen.
- Kraftstofffiltergehäuse (D) reinigen.

Filtereinbau:

- Den neuen Filter (C) einsetzen.
- Deckel ansetzen und Befestigungslöcher ausrichten.
- Fünf Schrauben (A) ansetzen und über Kreuz in drei Schritten eindrehen. Achten Sie hierbei besonders darauf, den Deckel nicht zu verkanten und den O-Ring nicht zu beschädigen.
- Deckelschrauben (A) mit 5 Nm festziehen.

Dieselkraftstofffiltergehäuse aus-/einbauen

■ Die zwei Befestigungsmuttern (F) des Gehäuses (D) mit der Ratsche und 10er-Nuss lösen. Die Mutter nicht ganz herausdrehen!

■ Die Schraube ganz herausschrauben.

■ Kraftstofffiltergehäuse (D) erst etwas zur Seite bewegen und dann nach oben herausnehmen.

■ Gehäuse entleeren und reinigen.

■ Gehäuse wieder unter die Befestigungsmuttern ansetzen und diese ganz herunterdrehen.

■ Schrauben (F) ansetzen und mit 6 Nm festziehen.

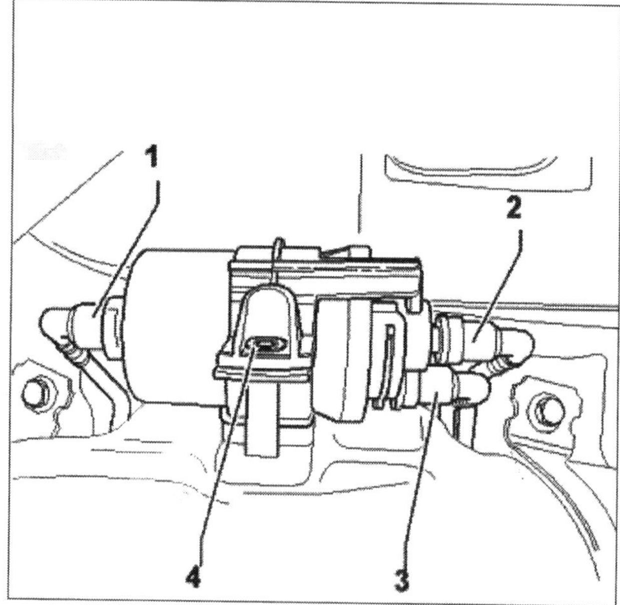

Die zum Motor führende Benzinleitung (1) ist schwarz gekennzeichnet, die Rückleitung (2) ist blau gefärbt. Die Rücklaufleitung (3) darf nicht geknickt werden.

Kraftstofffilter auswechseln (Benziner)

Beim Benziner finden Sie den Kraftstofffilter nicht im Motorraum sondern direkt am Kraftstofftank (in Fahrtrichtung rechts an der Unterseite zum Motor hin). Der regelmäßige Wechsel des Benzinfilters ist in den Wartungsunterlagen von Audi nicht vorgesehen. Ein verstopfter Filter kann aber Ursache bei unruhigem Motorlauf mit Zündaussetzern sein und sollte spätestens dann ersetzt werden.

Benötigtes Werkzeug und Materialien:
- Schraubenzieher
- Austauschfilter
- Schraubschelle
- Lappen und Auffanggefäße für austretenden Kraftstoff

■ Federbandschellen der Leitung und die Rohrschelle am Tank öffnen – **Vorsicht:** Austretender Kraftstoff!

■ Kraftstofffilter abnehmen.

■ Achten Sie beim Einbau auf genügend Abstand zwischen Schellenschloss (Schraube) und dem Kraftstoffbehälter.

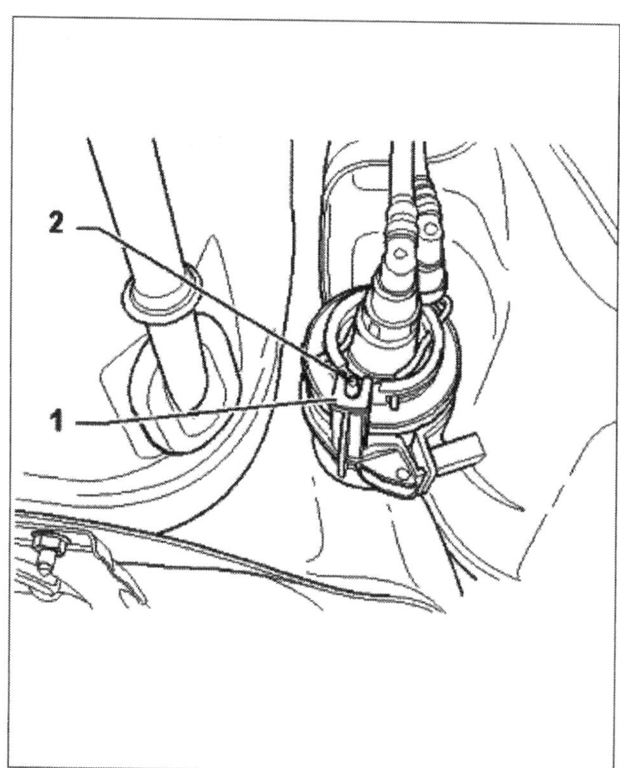

Achten sie darauf, dass die Nase (2) in der Führung (1) einliegt.

Motor

Störung	Was kann das sein?	Was muss ich tun?
A Motor startet nicht, Anlasser dreht nicht	**1** Die Wegfahrsperre bzw. die Anlasssicherung	Zu- und wieder aufschließen, Bremse getreten halten und Schalthebel auf Stellung N
	2 Batterie leer	Wenn die Scheinwerfer bei eingeschalteter Zündung nur schwach leuchten: Alle Verbraucher abschalten, Starthilfekabel benutzen und dann mindestens 20 Kilometer fahren
B Der Anlasser dreht, aber der Motor springt nicht an	**1** Die häufigsten Ursachen sind: Kein Sprit und/oder kein Zündfunke. Das kann leider an sehr vielen Bauteilen liegen	Zuerst prüfen, ob noch Sprit und auch die richtige Sorte (Benzin oder Diesel) im Tank ist. Dann die Verkabelung im Motorraum auf Beschädigungen prüfen (Marderbiss?) Vorsicht! Zündung dabei unbedingt ausschalten!
C Motor läuft nach dem Start unrund	**1** Benziner: ein Fehler in der Kraftstoffversorgung und/oder Zündanlage, Nebenluft durch undichte Schläuche	Zunächst eine Sichtkontrolle des Motorraums bei ausgeschalteter Zündung durchführen. Beschädigte Leitungen mit Isolierband notdürftig flicken. Mit einem Diagnosegerät den Fehlerspeicher auslesen lassen.
	2 Diesel: Falschbetankung oder defekte Glühkerzen	Vorsicht: Bei Falschbetankung nicht mehr weiterfahren, sonst kann die Hochdruckpumpe kollabieren
D Motor qualmt und stinkt aus dem Auspuff	**1** Turbolader (blauer Rauch) oder Zylinderkopfdichtung (weißer Rauch) defekt	Ist der Turbolader defekt, besteht akute Gefahr: Bruchstücke wandern durch den Motor. Nicht mehr starten! Bei einer kaputten Kopfdichtung fehlt Wasser im Ausgleichsbehälter, auf jeden Fall auffüllen
	2 Diesel: Wenn der Motor warm gut läuft, sind es die Glühkerzen	Die Glühkerzen können Sie selber prüfen und ersetzen. Anleitung dazu finden Sie in diesem Kapitel
E Motor zieht nicht mehr richtig	**1** Der Hauptverdächtige ist auch hier der Turbolader, besonders wenn der Motor im Leerlauf oder bei wenig Gas noch gut läuft	Beobachten Sie die Ladedruckanzeige (sofern vorhanden) und achten Sie auf ungewöhnliche Geräusche beim Beschleunigen. Eventuell entweicht Ladedruck. Ein blockierter Lader macht dagegen gar keine Geräusche mehr
	2 Luftmassenmesser defekt	Ladedruck prüfen und Fehlerspeicher auslesen
	3 AGR-Ventil prüfen	AGR-Ventil rüfen, Fehlerspeicher auslesen
F Hoher Verbrauch	**1** Wahrscheinlich ist der Luftfilter stark verschmutzt	Luftfilter austauschen, die Anleitung dazu finden Sie in diesem Kapitel
G Motor wird zu langsam warm	**1** Thermostat hängt	Sie können zunächst weiter fahren, der Thermostat sollte jedoch so bald wie möglich getauscht werden

Wartung und Pflege

Damit Sie möglichst lange Freude an Ihrem Audi A3 haben, finden Sie hier eine Übersicht der regelmäßig anfallenden Wartungsarbeiten und Prüfpunkte. Diese Inspektionen, falls durchgeführt, leisten einen erheblichen Beitrag dazu, Ihren Wagen für lange Zeit in Schuss zu halten.

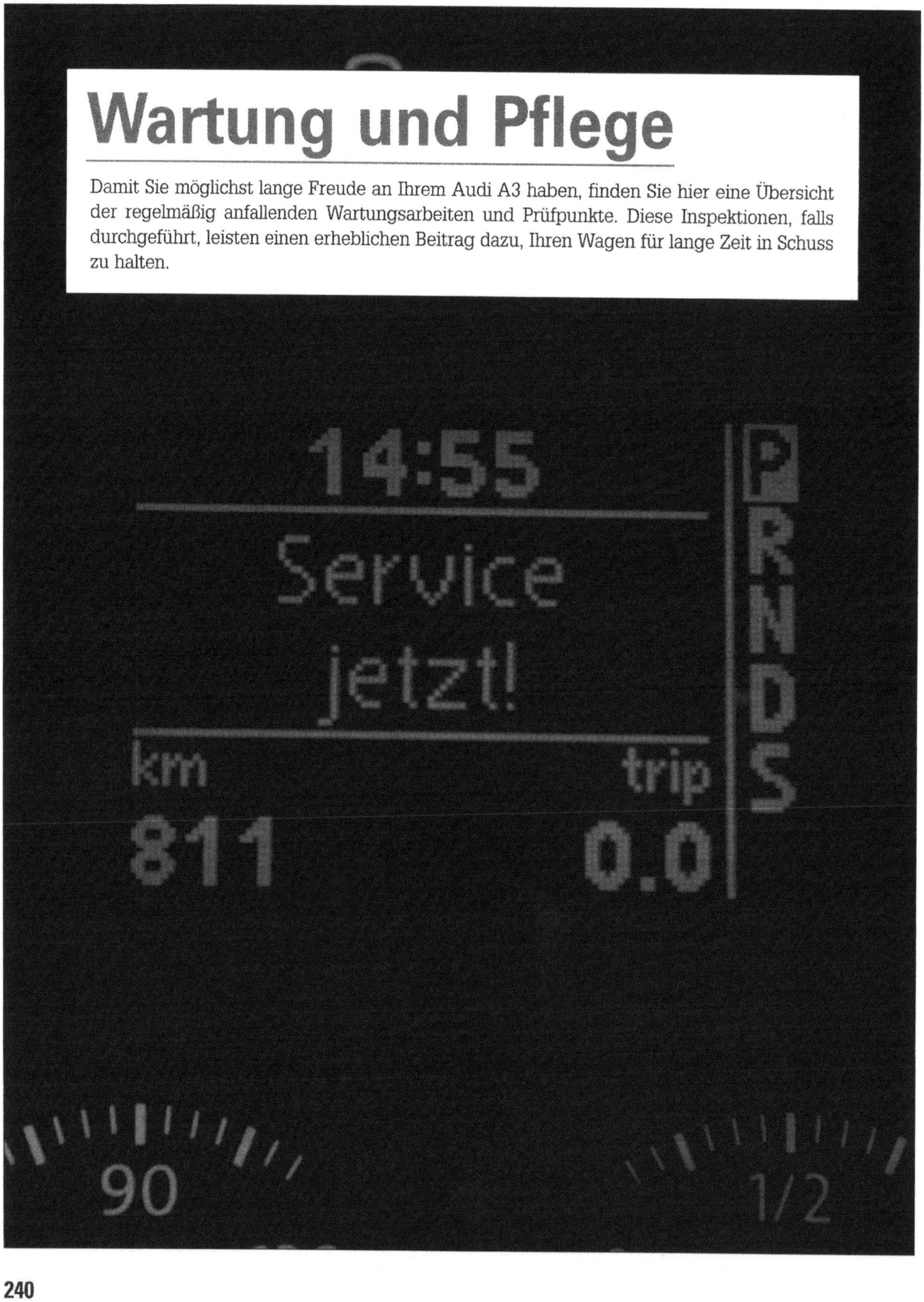

Service & Inspektion

Grundsätzlich gibt es für den A3 zwei unterschiedliche Wartungssysteme zur Durchführung der Inspektion. Beide Systeme werden eingesetzt und haben ihre Vor- und Nachteile. Einerseits sind die Wartungsintervalle festgelegt durch die Fahrzeuglaufleistung und das Alter des Fahrzeugs. Dies ist die traditionelle Vorgehensweise, der so genannte starre Wartungsintervall. Andererseits wurde Mitte 1999 erstmals im Golf das Longlife-Service-System beim Volkswagen-Konzern eingeführt. Wie der Name bereits suggeriert, handelt es sich hier um eine mögliche Verlängerung des Zeitraums zwischen den Serviceterminen.

Was versteht man unter Wartung?

Unter Wartung wird laut DIN 31051 eine Maßnahme verstanden, die die immer existente Abnutzung verzögert. Es soll also der betriebsbereite Zustand des Fahrzeuges so lange wie möglich erhalten bleiben. Die Wartung beschränkt sich nicht auf den Wechsel des Motoröles und den kurzen Blick unter das Auto, sie sollte auch nach Ende der Garantiezeit ernst genommen werden. In regelmäßigen Intervallen soll die Wartung von Fachkundigen durchgeführt werden. Fachkundige oder zumindest erfahrene Kfz-Mechaniker oder -Mechatroniker erkennen oftmals schon vor einem teuren Schaden die Ursache. Ein kleiner Defekt, wie ein undichter Kühlschlauch, kann schon zu einem kapitalen Motorschaden führen. Kabel und Züge können, wenn sie nicht sauber geführt werden, aufscheuern und entsprechende Ausfälle produzieren.
Das Ersetzen und Nachfüllen von Betriebsmitteln wie Schmierstoffen und Wasser, der Austausch von Verschleißteilen wie Bremsbeläge und Filter sowie das Nachstellen, Schmieren und Reinigen von Komponenten bezeichnet man als Wartung oder Inspektion. Es macht Sinn, sich bei der Wartung an die Herstellerangaben zu halten, denn diesem sind Haltbarkeit der Betriebsmittel und der Verschleißteile bekannt. Entsprechend dieser Erfahrungswerte wurden auch die Wartungsintervalle und Prüfpunkte beim A3 festgelegt.
Auch die Abfrage des Fehlerspeichers gehört zu der Wartung und Pflege eines Fahrzeuges. Entgegen der landläufigen Meinung sind im Fehlerspeicher nicht nur die großen Probleme abgelegt, sondern oftmals verstecken sich hier schon kleine Hinweise auf einen möglicherweise nahen Defekt. Angemerkt sei noch, dass die Servicerückstellung bei Audi eigentlich auch

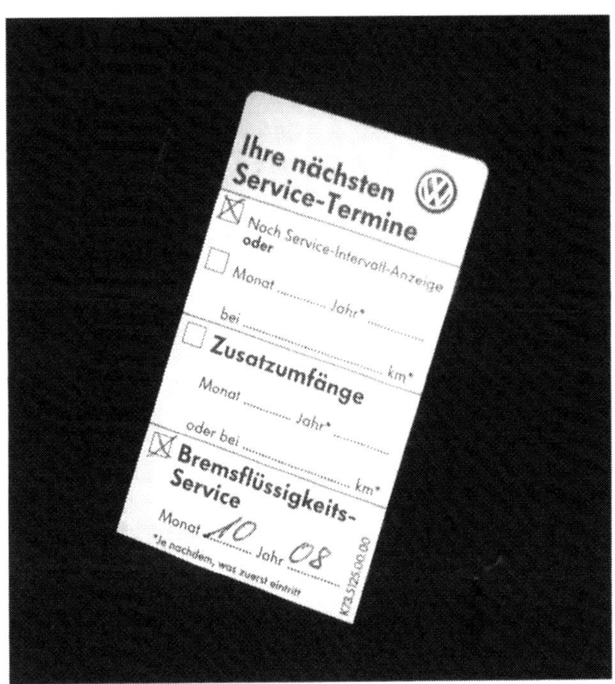

Merkzettel am Türholm: Termine und erforderliche Wartungsumfänge des nächsten Service werden am Türholm Ihres A3 auf einem Aufkleber vermerkt.

eine Datenübertragung zum Hersteller zur Folge hat. Gerade veränderte Werte und Parameter sowie so mancher Softwareeingriff werden so leicht vom Hersteller erfasst. Garantie und Kulanzleistungen werden dann im Zweifelsfall sehr eingeschränkt.

Welcher Service gilt für meinen A3?

Ein Blick auf den Fahrzeugdatenträger bringt Sie in dieser Frage auf jeden Fall weiter. Den Fahrzeugdatenträger finden Sie in der Reserveradmulde des Wagens sowie im Service-Heft. Halten Sie Ausschau nach einem Code, der mit »QG« beginnt. Diese Angabe enthält Informationen bezüglich des ab Werk vorgesehenen und programmierten Serviceintervalls. Als Voraussetzung für flexible Serviceintervalle müssen eine Service-Intervall-Anzeige im Kombiinstrument, ein Motorölstandsensor und eine Bremsbelagverschleißanzeige verbaut sein. Des Weiteren muss der jeweils verwendete Motor auch eine Freigabe für lange Ölwechselintervalle haben. Der Datenträger kann folgende Einträge enthalten: QG0 – Der Wagen ist nicht mit Komponenten ausgestattet, die eine flexible Wartung zulassen. QG1 – Das Fahrzeug ist werkseitig mit Komponenten für flexible Wartung ausgestattet und der Longlife-Service ist aktiviert. QG2 – Das Fahrzeug ist werkseitig mit Komponenten für flexible Wartung ausgestattet, aber der Longlife-Service ist nicht aktiviert. Die Wartung erfolgt nach starren Service-Intervallen. QG3 – Fahrzeug verfügt nicht über Komponenten, die eine flexible Wartung ermöglichen. Service-Intervall-Anzeige ist auch nicht vorhanden. Nur QG1-Fahrzeuge verfügen werkseitig über Longlife-Service und werden nach flexiblen Service-Intervallen gewartet. Die Codes QG0, QG2, QG3 bedeuten, dass eine Wartung nach starren Service-Intervallen erfolgt.

Longlife-Service (QG1)

Ziel des Longlife-Service ist es, die Häufigkeit der Werkstattaufenthalte für Inspektionen auf das nötigste Mindestmaß zu reduzieren. Maximal 30.000 km oder 2 Jahre können Sie unter günstigen Bedingungen abspulen, bevor ein Gongsignal Sie umgehend in die Werkstatt beordert. Die Art und der Zeitpunkt der fälligen Wartung werden Ihnen in der Service-Anzeige angezeigt. Mit der Anzeige »Service« ist im Prinzip der Motorölwechsel gemeint und die Anzeige »Service-Inspektion« bedeutet, dass jetzt eine große Inspektion fällig ist. Den fälligen Service erhalten Sie bereits vorher im Kombiinstrument angezeigt. Die erste Meldung erfolgt 3000 km vor dem fälligen Kundendienst in Verbindung mit den noch bis dahin verbleibenden Tagen. Der bereits überschrittene Wartungstermin wird durch ein Minuszeichen vor der Anzeige symbolisiert. Tipp: Sie können jederzeit die noch verbleibenden Kilometer oder Tage bis zur Wartung im Kombiinstrument sehen, indem Sie bei eingeschalteter Zündung kurz die Taste mit dem Schraubenschlüssel oder auch die Taste für die Tageskilometerrückstellung kurz drücken.
Es ist allerdings auch möglich, den A3 auf die »normalen« Inspektionsintervalle umzustellen.
Diese Umstellung muss auch im Steuergerät durchgeführt werden. In der Regel ist das aber nur durch den Audi-Partner oder ähnlich mit Testern ausgerüstete Werkstätten zu realisieren.

Besonderheiten des Longlife-Services

Der Longlife-Service zeichnet sich unter anderem durch die Verwendung eines speziellen, besonders langlebigen Motoröls aus. Die flexible Gestaltung der Kundendienstintervalle wird ermöglicht durch diverse Sensoren, die mit dem Motorsteuergerät verbunden sind. Hierzu zählen zum Beispiel ein Motoröltemperaturfühler, ein Geber für Geschwindigkeit, Drehzahl, Bremsbelagverschleißanzeige und die wartungsarme Batterie. Unter Berücksichtigung dieser Eingangsmesswerte und der gefahrenen Strecke inklusive des erfassten Benzinverbrauchs wird der Motorölverschleiß berechnet.
Dieser errechnete Motorölverschleiß ist das Hauptkriterium für die Berechnung der maximalen Laufleistung bis zum folgenden Service.

Ölnormen

Ölnormen bei VW/Audi (Achtung, diese werden laufend aktualisiert!)

Audi-Norm	Eignung
501.01	Für Benzinmotoren
502.00	Für Benzinmotoren mit gesteigerter Leistungsfähigkeit gegenüber 501.01 Wechselintervall bis 15.000 km oder 1 Jahr
503.00	Diese Norm ist nicht mehr aktuell. Sie wurde ersetzt durch die Audi-Norm 504.00
504.00	Universalöle für alle Benzin-Motoren
505.00	Für Dieselmotoren mit und ohne Abgasturbolader (TDI und SDI)
505.01	Für Dieselmotoren mit Pumpe-Düse-Einspritzsystem ohne Partikelfilter
506.00	Diese Norm ist nicht mehr aktuell. Sie wurde ersetzt durch die Audi-Norm 504.00
506.01	Diese Norm ist nicht mehr aktuell. Sie wurde ersetzt durch die Audi-Norm 507.00
507.00	Neue Audi-Norm für Fahrzeuge mit und ohne Longlife-Service. Dieses Öl ist auch für Dieselfahrzeuge mit Partikelfilter geeignet.

Müssen Sie Öl nachfüllen und es findet sich kein speziell spezifiziertes Longlife-Öl, können maximal 0,5 l gewöhnliches Öl nachgefüllt werden, ohne dass der Service seinen Longlife-Status verliert. Bei der Beimischung von mehr als einem halben Liter normalen Schmierstoffs verliert der Wagen seinen »Longlife«-Status und muss für das nächste Intervall wie beim starren Service-Intervall behandelt werden. Wird ein anderes nicht als »Longlife-Öl« freigegebenes Motorenöl verwendet, muss der Ölwechsel alle 15.000 km oder nach einem Jahr erfolgen.

Starre Wartungsintervalle (QG0, QG2, QG3)

Die Wartungsintervalle für den Ölwechsel (Service) und die Inspektion (Service-Inspektion) hängen nur von der Laufleistung in Kilometern und der Zeitdauer seit dem letzten Kundendienst ab. Außerdem gibt es Servicetätigkeiten, die nach einer festen Kilometerlaufleistung durchzuführen sind, wie etwa die Erneuerung des Zahnriemens nach einer bestimmten Laufleistung. Die Fahrzeuge, die nach starren Wartungsintervallen gewartet werden, erhalten jährlich einen Ölwechsel mit kleinerer Durchsicht und alle zwei Jahre zusätzlich eine große Inspektion. Als Limit gilt hier die Grenze von 15.000 km. Das bedeutet, wenn Sie nur eine jährliche Laufleistung von 10.000 km haben, muss Ihr A3 trotzdem alle 12 Monate frisches Motoröl und einen neuen Ölfilter erhalten. Ebenso verhält es sich mit der Inspektion: Spätestens alle 24 Monate ist diese fällig, unabhängig der gefahrenen Kilometer. Sind Sie ein Vielfahrer und haben die 15.000 km vor 12 Monaten gefahren, müssen Sie auch schon vorher zum Service. Genauso bedeutet es, dass bei 30.000 km die Inspektion fällig ist, egal wann der letzte Service stattgefunden hat. Zusammengefasst heißt das für Sie: Der Service ist fällig alle 15.000 km oder spätestens nach einem Jahr, je nachdem, was zuerst eintrifft.

Service-Anzeige im Display

Wird die Anzeige nicht als realer Text ausgegeben, gibt die Serviceintervallanzeige dem Fahrer in Abhängigkeit von einer bestimmten Wegstrecke (beispielsweise 30.000 km) oder innerhalb eines bestimmten Zeitintervalls (1Jahr oder 365 Tage) über die Displayanzeige die Fälligkeit der Wartung in einem Kürzel bekannt. Diese Kürzel finden sich oft auch noch als textliche Beschreibungen auf den Werkstattrechnungen wieder.

OEL	Motorölwechsel
IN00	Keine Inspektion erforderlich
IN01	Jahresinspektion (Ablauf der 365 Tage)
IN02	30.000-Kilometer-Inspektion

WISSENSWERTES

Serviceanzeige zurücksetzen

Grundsätzlich wird die Serviceanzeige mit dem Diagnosegerät zurückgesetzt. Dies ist auch zwingend nötig, wenn Sie den Longlife-Service aktiviert haben und das auch so bleiben soll. Denn die manuelle Rückstellung der Anzeige hat zur Folge, dass Ihr Audi A3 auf starre Intervalle umprogrammiert wird. Die Rückstellung in der Werkstatt hat zudem einen weiteren Vorteil: Wenn das Fahrzeug sowieso am Diagnoseanschluss (Stecker unter dem Armaturenbrett) hängt, können Sie bei dieser Gelegenheit gleich den Fehlerspeicher auslesen (lassen). Das Auslesen des Fehlerspeichers ist übrigens Prüfpunkt bei jedem Kundendienst und sollte nicht vernachlässigt werden. Die Rückstellung ist nur bei Fahrzeugen bis zum Modelljahr 2007 möglich.

Zur manuellen Rückstellung der Serviceanzeige (ohne Tester) führen Sie folgende Schritte durch:

- Zündung einschalten und den rechten Knopf der Intervallanzeige ziehen. Auf dem Display erscheint die Anzeige »SERVICE«.
- Die rechte Taste nun so lange ziehen, bis die Anzeige »Service in ... km ...Tagen erscheint«.
- Das Service-Intervall ist nun zurückgestellt.
- Zündung einschalten, im Display ist nun »Service in ... km ...Tagen erscheint« zu lesen.
- Zündung ausschalten. Serviceanzeige zurücksetzen.

Wollen Sie wissen, wie lange es noch bis zu nächsten Kundendienst dauert oder die Service Anzeige zurückstellen? An der Taste mit dem Schlüsselsymbol kommen Sie nicht vorbei.

Die Serviceanzeige für den Longlife-Service sieht etwas anders aus. Wird eine Wartung fällig, blinkt der Schriftzug »Service« oder eventuell »Service jetzt!« im Display auf. Die Rückstellung erfolgt generell mit dem Tester.

Der Wartungsplan

Auf den folgenden Seiten finden Sie einen tabellarischen Wartungsplan für Fahrzeuge mit starren und flexiblen Wartungsintervallen. Diesen können Sie sich herauskopieren und als Arbeitsgrundlage für die Wartung verwenden.

Longlife-Fahrzeuge:
Bei der Anzeige »Service« führen Sie nur die Sichtkontrollen durch und füllen die Flüssigkeiten auf. Wird in der Anzeige »Service-Inspektion« angezeigt, sind alle Wartungspunkte abzuarbeiten. Achten Sie bei jeder Wartung darauf, auch die kilometerabhängigen Arbeiten, wie die Erneuerung des Zahnriemens nach einer bestimmten Laufleistung, nicht zu vergessen.

Fahrzeuge mit starrem Wartungsintervall:
In den Spalten finden Sie den jeweils fälligen Wartungsdienst für Ihren A3. Entweder die Kilometerlaufleistung oder die Dauer seit dem letzten Kundendienst, je nachdem, was zuerst eintrifft. In der entsprechenden Spalte sind die angekreuzten Prüfpunkte oder Arbeitspositionen abzuarbeiten. Allgemeine Bemerkungen und Hinweise finden sich in der letzten Spalte.

Wie viel Öl darf mein Motor maximal verbrauchen?

Audi hat hierzu klare Vorstellungen und gibt einen maximalen Motorölverbrauch von 1 Liter pro 1.000 km an. Ist Ihr Motor technisch in Ordnung, verbraucht er so wenig Öl, dass zwischen den einzelnen Ölwechselintervallen nur eine geringe Menge nachgefüllt werden muss. Das gilt jedoch nur, wenn Sie regelmäßig das Öl wechseln und der Motor nicht übermäßig belastet wird. Genauso besorgniserregend wie der übermäßig hohe Ölverbrauch ist ein kaum abnehmender Ölstandspegel. Denn nimmt der Ölstand zwischen den Messungen nicht ab, ist das Motoröl durch Kraftstoff und Kondenswasser verdünnt, was seine Schmiereigenschaft verschlechtert. Das kann im Winter vorkommen, wenn Sie das Fahrzeug nur auf Kurzstrecken bewegen. In diesem Fall empfiehlt es sich, das Öl auch mal zwischen den üblichen Intervallen zu wechseln.

Fahrzeugdatenträger: Ist in der Reserveradmulde angeklebt und findet sich auch im Service-Heft bei den Fahrzeugunterlagen.

Zündkerzen wechseln (Benziner)

Die Zündkerzen sollen laut Serviceplan alle vier Jahre oder 60.000 km gewechselt werden. Zum Ein- und Ausbau der Zündkerzen benötigen Sie, unabhängig von Ihrer Motorisierung, einen speziellen 16-mm-Zündkerzenschlüssel (VAG 3122B alternativ Hazet 4766-1). Die Vorgehensweise, um an die Zündkerzen heranzukommen, unterscheidet sich jedoch typabhängig und benötigt daher eventuell auch eigene Spezialwerkzeuge.

Achtung: Führen Sie Arbeiten an der Zündanlage zu Ihrer Sicherheit nur bei ausgeschalteter Zündung durch. Kerzen nur bei kaltem Motor austauschen!

Benötigtes Werkzeug und Materialien:
- neue Zündkerzen
- Zündkerzenschlüssel 16 Millimeter (Spezialwerkzeug VAS 3122B alternativ Hazet 4766-1) gegebenenfalls passenden Abzieher für Zündspulen beziehungsweise Kerzenstecker (siehe Arbeitsschritte).

Ausbau der Zündkerzen:

- Zunächst Motorverkleidung oben demontieren.
- Ziehen Sie die Zündspulen oder die Kerzenstecker von den Zündkerzen ab. Verwenden Sie immer ein Abziehwerkzeug. Die Zündspuleneinheiten können sehr fest sitzen und sind leicht zu beschädigen.
- Drehen Sie nun die Zündkerzen heraus.
- Achten Sie auf eine gleichmäßige Verfärbung der Zündkerzen im Bereich der Elektroden. Fällt eine Kerze aus der Reihe, kann ein Problem vorliegen oder anstehen.

Einbau der Zündkerzen:

- Achten Sie darauf, dass die Zündkerzen nicht herunterfallen oder eventuell Sturzschäden haben. Das ist recht leicht an einem ungleichmäßigen Elektrodenabstand festzustellen.
- Ziehen Sie die Zündkerzen mit dem erforderlichen Drehmoment an.
- Achten Sie auf korrekten Sitz der Zündspulen beziehungsweise der Zündkabel.

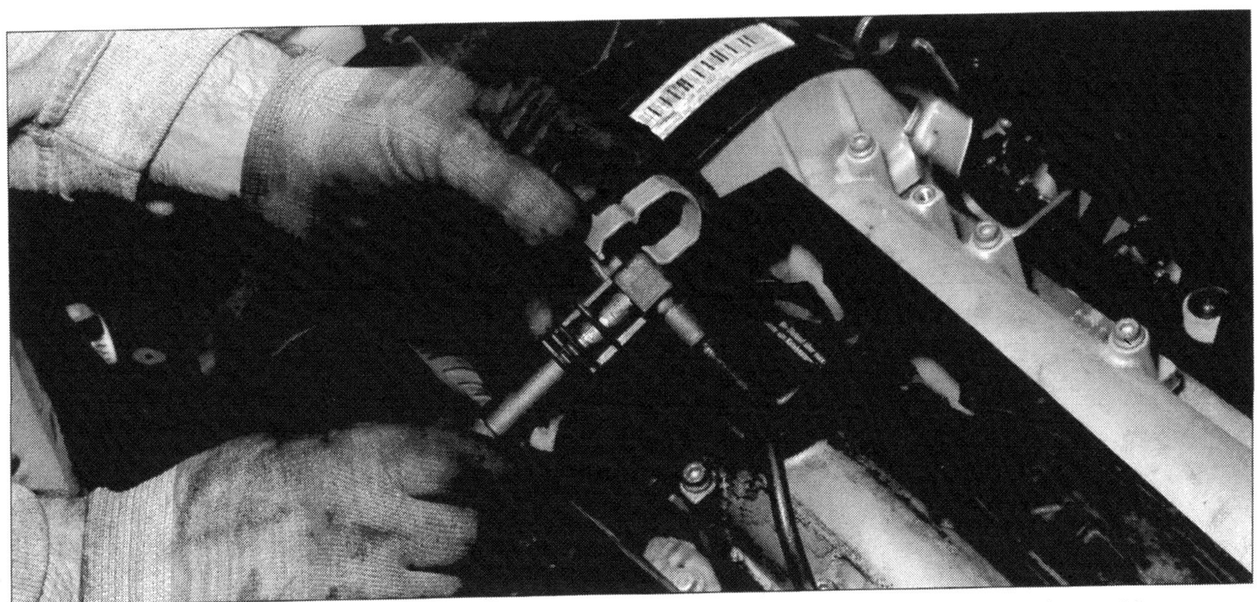

Damit geht's auch: Abziehwerkzeuge älterer VW-Fahrzeuge (hier vom Golf 2 16V) passt unter Umständen auch!

Ausbau der Glühkerzen

- Motorabdeckung abbauen (wie beschrieben).
- Mit der Klemme die Zuleitung abziehen, darunter werden die Glühkerzenanschlüsse sichtbar.
- Mit der Schüsselverlängerung und 10er-Nuss die Glühkerze ausschrauben (4). Neue Glühkerze einschrauben. Vorsicht: Max. Anzugsmoment 15 Nm nicht überschreiten! Die Glühkerze kann sonst brechen!

TIPP: Wenden Sie niemals Gewalt an, wenn sich die Glühkerzen nicht lösen lassen. Sollte eine Glühkerze abreißen, bleiben meist nur der Ausbau des Zylinderkopfes und eine recht aufwändige Prozedur zum Ausbohren und Neuschneiden des Kerzengewindes. Meistens lassen sich die Glühkerzen dann an einem heißen Motor wesentlich leichter lösen. ACHTUNG: Verbrennungsgefahr!

Kühlmittelstand und Frostschutz prüfen

Wichtig ist die regelmäßige Kontrolle des Kühlwasserstandes im Ausgleichsbehälter. Beim Audi A3 sitzt dieser in Fahrtrichtung gesehen vorne rechts nahe dem Kotflügel. Wie der Name schon sagt, dient dieser Behälter als Reservoir. Es ist deswegen völlig normal, dass der Pegel bei heißem Motor höher liegt als bei kaltem Motor. Gemessen wird immer im kalten Zustand. Ist der Pegelstand zu niedrig, wird dies auch durch eine Kontrolllampe im Armaturenbrett angezeigt. Befindet sich die Markierung unter oder nahe der MIN-Markierung, füllen Sie normales Wasser nach. Wird das Kühlsystem neu befüllt, sollten Sie immer eine Mischung aus kalkarmem Wasser und Frostschutzmittel einfüllen. Als Kühlmittelzusatz schreibt VW/Audi das hauseigene Frostschutzmittel G12 Plus vor (lilafarben). VW/Audi proklamiert für seinen Kühlmittelzusatz G12 Plus, dass es Frost- und Korrosionsschäden sowie Kalkansatz verhindert und außerdem die Siedetemperatur anhebt. Die Vermischung mit dem roten G12 ist zulässig. Aber: Das ältere, grünliche G11 darf nicht eingefüllt werden!

G11, G12

- Vorsicht beim Öffnen (1): Heißes Kühlwasser steht unter Druck und kann aus der Öffnung sprudeln!
- Verwenden Sie zur Bestimmung des Frostschutzgehalts einen Frostschutzprüfer (2).
- Füllen Sie gegebenenfalls Wasser nach (3). Der Stand sollte bei kaltem Motor nahe der MAX-Markierung liegen.

Das Kühlsystem muss ganzjährig mit Kühlerfrost- und Korrosionsschutzmittel (Anteil ca. 40 %) befüllt sein! Beachten Sie das richtige Mischungsverhältnis:

Benziner		
Mindest-Temperaturbereich	**Anteil G12**	**Anteil Wasser**
-25 °C	ca. 40 % (2,0 l)	ca. 60 % (3,0 l)
-35 °C	ca. 50 % (2,5 l)	ca. 50 % (2,5 l)
Diesel		
Mindest-Temperaturbereich	**Anteil G12**	**Anteil Wasser**
-25 °C	ca. 40 % (2,4 l)	ca. 60 % (3,6 l)
-35 °C	ca. 50 % (3,0 l)	ca. 50 % (3,0 l)

Die Mischung macht's: Beim Nachfüllen auf die richtige Zusammensetzung und die MAX-Markierung (Pfeil) achten.

Vorsicht beim Öffnen: Der Kühlmittelbehälter kann unter Druck stehen, wenn der Motor gerade noch gelaufen ist.

Messspindel: Eine einfache, aber effiziente Methode zur Bestimmung des Frostschutzgehalts.

Kühlerventilator auf Funktion prüfen

Der Kühlerventilator wird nur unter starker thermischer Belastung des Motors zugeschaltet. Bei einem Defekt können Sie weiterfahren, wenn Sie den Motor zunächst abkühlen lassen und sich dann mit zügigem Tempo in eine Werkstatt begeben (Leerlauf und Langsamfahrt vermeiden!) Dabei stets die Temperaturanzeige und die Warnleuchte im Auge behalten. Am besten unterstützen Sie die Wärmeabfuhr durch das Einschalten der Heizung und des Gebläses.

Vorsicht: Bei gerade abgestelltem und heiß gefahrenem Motor niemals mit den Händen in die Nähe des Lüfters greifen! Der Ventilator kann auch bei ausgeschalteter Zündung unvermittelt loslaufen!

- Kontrollieren Sie zuerst die Sicherungen F54 im Sicherungskasten im Fahrerfußraum.

- Es können auch im Sicherungshalter neben der Batterie noch Sicherungen eingebaut sein. In diesem Fall handelt es sich dann um die Sicherung Nr. 3.

- Wenn der Lüfter nicht anläuft oder nur in einer Geschwindigkeit arbeitet, müssen die elektrischen Leitungen überprüft werden (Werkstattdiagnose). Kontrollieren Sie die Anschlüsse auf guten Kontakt und festen Sitz.

- Auch für die Funktionsprüfung der Lüftermotoren geht kein Weg am Tester vorbei. Über die On-Board-Diagnose wird durch die so genannte »Komponentenprüfung« auch das Steuergerät für die Kühlerlüfter angesteuert. Die Lüfter können so angesprochen werden. Der Auslesewert des Temperaturfühlers kann auch leicht über die »Ist-Werte« ausgelesen werden.

Sichtprüfungen am Motor und Getriebe

Ölflecken und andere Undichtigkeiten sind nicht nur umwelttechnisch ein Problem, sondern oft auch Vorboten eines Schadens. Zeitnah behoben, müssen sich kleine Leckagen jedoch nicht gleich zu größeren Schäden ausweiten.

- Sichtprüfung auf Ölverlust: Um die undichte Stelle auszumachen, bei kaltem Motor den Generator mit einer Plastiktüte schützen, Kaltreiniger aufsprühen und den Motor mit Wasser in der Carwashbox abspülen. Anschließend eine kurze Autobahnetappe abfahren. Danach den Motorraum erneut absuchen, Leckagen müssten nun lokalisiert werden können. Achten Sie auf kleinste Spuren.

Getriebeölstand kontrollieren (5- und 6-Gang-Getriebe)

Das Getriebeöl ist für den gesamten Lebenszyklus des A3 ausgelegt. Im Gegensatz zum Motoröl wird es nicht verbraucht, muss also auch nicht nachgefüllt werden. Dennoch kann eine Kontrolle notwendig werden, spätestens dann, wenn Sie eine übermäßig starke Ölverschmutzung am Getriebegehäuse feststellen.

Benötigtes Werkzeug:
- Ratsche mit Verlängerung und Innensechskantaufsatz

Arbeitsschritte:

- Fahrzeug eben abstellen. Für diese Arbeit (unter dem Fahrzeug) ist eine Montagegrube oder Hebebühne ideal.

- Die Schraube am Getriebegehäuse (1) zunächst von Schmutz befreien.

- Öffnung aufschrauben. Tritt bereits jetzt Öl aus, ist der Ölstand ausreichend, ansonsten müssen Sie den Ölstand durch die Öffnung nachprüfen.

- Der Ölstand ist korrekt, wenn das Getriebe bis zur Unterkante der Öleinfüllbohrung befüllt ist (2).
- Wenn Sie Öl nachfüllen müssen: Das Getriebeöl muss den VW-Spezifikationen entsprechend ein Synthetik-Getriebeöl G 50 SAE 75 W 90 sein.
- Beim Einschrauben beachten Sie bitte das Anzugsdrehmoment der Schraube von maximal 25 Nm.
- Einfüllstopfen: Die Schraube am Loch der Gewindebohrung (Pfeil) muss zur Kontrolle herausgeschraubt werden.

Hinweis: Der Getriebeölstand bei Automatikfahrzeugen kann leider nicht in Eigenregie durchgeführt werden und ist daher Werkstattsache.

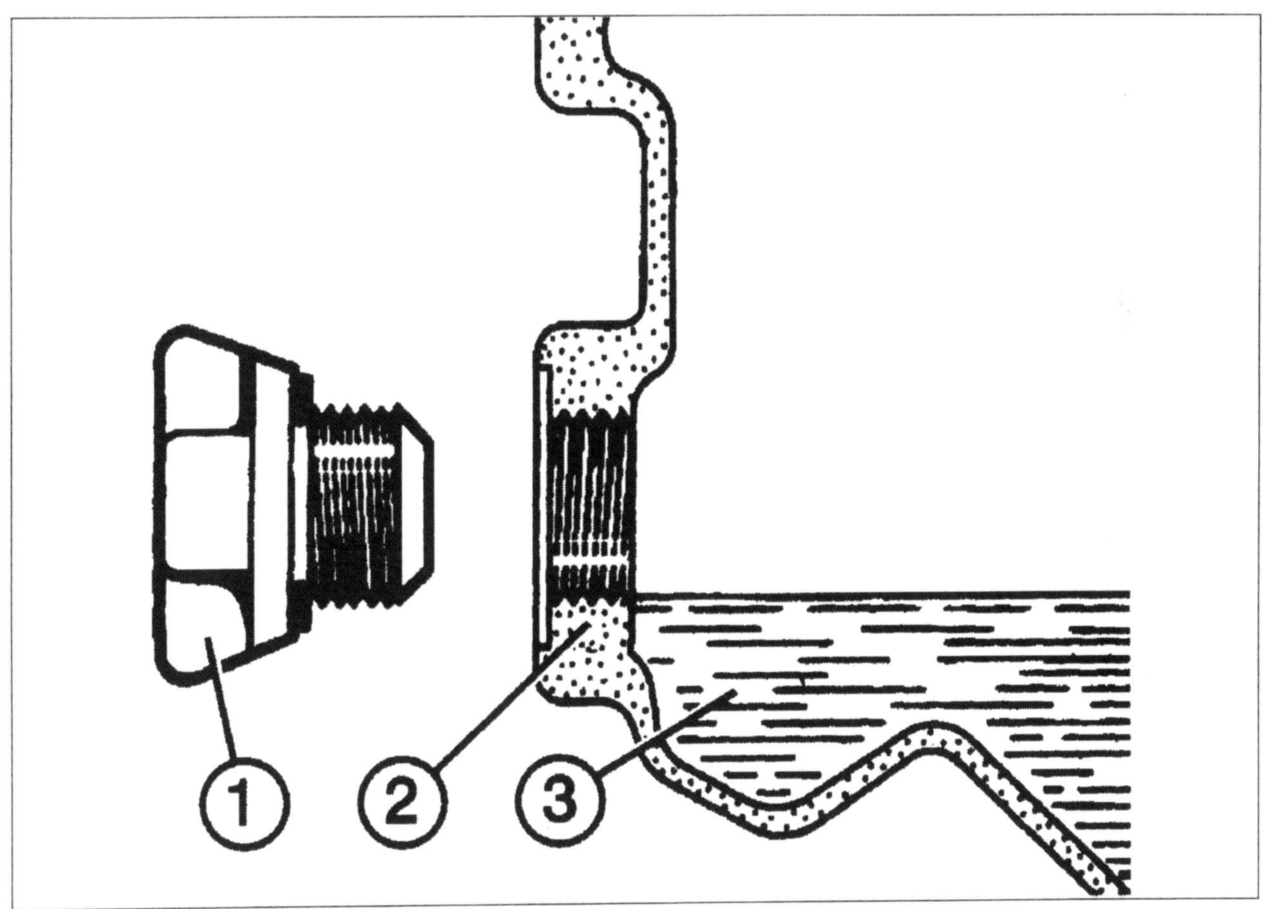

Korrekter Getriebeölstand: Das Herausdrehen des Stopfens (1) legt den Weg zum Getriebeöl (3) frei. Die Unterkante (2) gilt als Markierung für die richtige Füllmenge.

Füllmengen im Getriebe

Bauart	Kennbuchstabe	Ölfüllmenge
5-Gang manuell	0AH	2,1 l
5-Gang manuell	0A4	1,9 l
6-Gang manuell	02Q	2,3 l
6-Gang manuell Allrad	02Q	2,3 l
Winkelgetriebe Allrad	--	0,9 l
6-Gang DSG	02E	5,2 l

Auspufftopf austauschen

- Fahrzeug richtig aufbocken, ideal wäre die Arbeit mit dem Fahrzeug auf der Hebebühne, beim Endtopf reichen auch zwei Auffahrrampen für hinten.
- Mit dem Rohrschneider oder der Eisensäge an den angezeigten Stellen (1) das Rohr durchtrennen.
- Abgetrennte Teile entfernen und neue Teile einsetzen, dabei die Gummis zum Aufhängen mit ersetzen.
- Neues Teil mit dem alten Rohrstück durch die Doppelschelle befestigen.

Natürlich gibt es schon jetzt einige Schalldämpferanlagen aus dem Zubehörbereich. Hier zeigen sich sehr schnell deutliche Qualitätsunterschiede, die sich natürlich auch im Preis niederschlagen. Die Doppelschelle von AUDI ist ein typisches Beispiel dafür. Das Originalteil ist ein mehrlagiges gewickeltes Rohr, welches sehr gute Anpassungs- und damit auch Abdichtungseigenschaften hat. Kein Vergleich zu den billigen Lösungen, die lediglich aus einem einfachen geschlitzten Rohr bestehen.

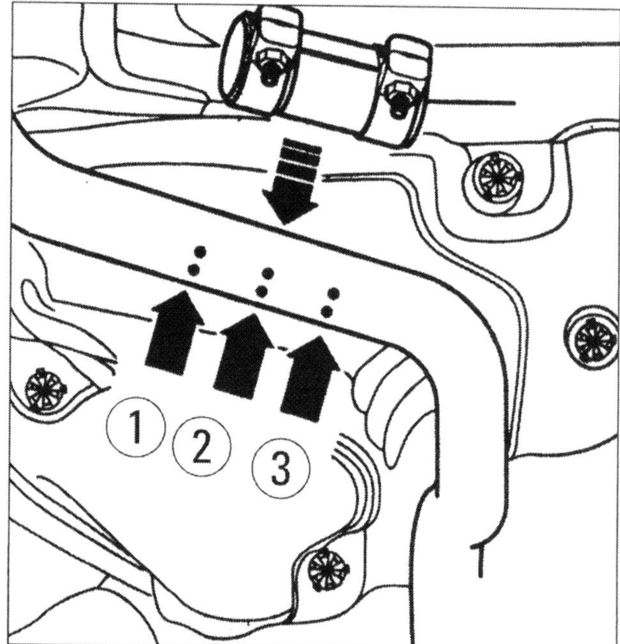

Markierungen: Die Trennstellen sind durch Striche markiert. Beachten Sie, den Schnitt an der mittleren Stelle (Pfeil 2) anzusetzen. Die Doppelschelle (A) muss mit den äußeren Markierungen (Pfeile 1 und 3) abschließen.

Probefahrt zum Abschluss

Auch die Probefahrt ist ein wichtiger Bestandteil der Wartung eines Fahrzeuges. Natürlich bewegen Sie Ihr Fahrzeug jeden Tag und selbstverständlich geht man davon aus, jedes ungewöhnliche Geräusch wahrzunehmen. In der Regel aber ist man durch die Alltagseinflüsse während der Fahrt eher von der Fahrzeugfunktion abgelenkt. Suchen Sie sich eine asphaltierte Strecke, auf der Sie auch Bremsproben gefahrlos durchführen können. Achten Sie mal auf das Beschleunigungsverhalten und auch die Höchstgeschwindigkeit bei einem bestimmten Punkt Ihrer »Teststrecke«. Ein Leistungsverlust lässt sich so recht einfach erkennen.

Jahre oder **Kilometer x 1000** **(was zuerst eintritt)**	**1** **1** **5**	**2** **3** **0**	**3** **4** **5**	**4** **6** **0**	**5** **7** **5**	**6** **9** **0**	**7** **10** **5**	**8** **12** **0**	**9** **13** **5**	**10** **15** **0**	**11** **18** **0**	**12** **18** **0**	**...**	**16** **24** **0**	**Bemerkung**
Antrieb															
Abgasanlage Sichtprüfung durchführen				X				X				X	usw	X	
Motorölwechsel mit Filter durchführen	X	X	X	X	X	X	X	X	X	X	X	X	usw	X	
Diesel-Kraftstofffilter erneuern						X						X	usw	X	
Frostschutz und Kühlmittelstand prüfen	X	X	X	X	X	X	X	X	X	X	X	X	usw	X	
Sichtprüfung von Motor, Getriebe, Achsantrieb,				X				X					usw	X	
Sichtprüfung Kühler und Lüfter		X		X		X		X		X		X	usw	X	
Kupplung Funktion und Zustand prüfen		X		X		X		X		X		X	usw	X	
DSG-Getriebeöl und Filter erneuern				X				X				X	usw	X	
Automatic Getriebeöl prüfen				X				X				X	usw	X	
Luftfilter erneuern												X	usw		
Zündkerzen erneuern				X				X				X	usw	X	
Zündkerzen erneuern (2,0 l Turbo FSI)												X	usw		
Keilrippenriemenzustand prüfen				X				X				X	usw	X	
Zahnriemen für Nockenwellenantrieb prüfen								X				X	usw		
Zahnriemen für Nockenwellenantrieb erneuern								X					usw	X	nur Diesel
Zahnriemen für Nockenwellenantrieb erneuern												X	usw		2,0 l Benzin
Zahnriemenspannrolle erneuern														X	nur Diesel
Fahrwerk															
Sichtprüfung der Bremsanlage				X				X				X	usw	X	
Bremsflüssigkeitsstand prüfen	X	X	X	X	X	X	X	X	X	X	X	X	usw	X	
Bremsbelagdicke vorn und hinten prüfen	X	X	X	X	X	X	X	X	X	X	X	X	usw	X	
Bremsflüssigkeit erneuern		X		X		X		X		X			usw	X	
Reifendrucksensoren erneuern													usw	X	Diagnose-tester
Reifen: Zustand, Laufbild, Profiltiefe	X	X	X	X	X	X	X	X	X	X	X	X	usw	X	
Felgen und Radzierblenden auf Schäden prüfen	X	X	X	X	X	X	X	X	X	X	X	X	usw	X	Halterung
Reifenluftdruck incl. Reserverad prüfen	X	X	X	X	X	X	X	X	X	X	X	X	usw	X	
Pannenset erneuern				X				X				X	usw	X	falls vorhanden
Reifen-Kontrollanzeige Grundeinstellung durchführen				X				X				X	usw	X	wenn verbaut
Spurstangenköpfe prüfen				X				X				X	usw	X	
Achsgelenke prüfen				X				X				X	usw	X	
Radlager prüfen		X		X		X		X		X		X	usw	X	

Jahre oder Kilometer x 1000 (was zuerst eintritt)	1 15	2 30	3 45	4 60	5 75	6 90	7 105	8 120	9 135	10 150	11 180	12 180	…	16 240	Bemerkung
Elektrik															
Batterie prüfen				x				x				x	usw	x	Auch Zweitbatterie
Beleuchtungsanlage innen / außen prüfen				x				x				x	usw	x	s. Kap. Elektrik
Funkschlüsselbatterie erneuern		x		x		x		x		x		x	usw	x	
Fahrzeugsystemtest / Fehlerspeicher auslesen	x	x	x	x	x	x	x	x	x	x	x	x	usw	x	Diagnosegerät
Karosserie															
Türfeststeller schmieren													usw		
Türgriff schmieren	x	x	x	x	x	x	x	x	x	x	x	x	usw		
Schiebedach prüfen Schienen reinigen /schmieren				x				x				x	usw		
Scheibenwisch-/Waschanlage und Scheinwerferreinigungsanlage Funktion und Einstellung prüfen				x				x				x	usw		
Scheibenreinigungskonzentrat auffüllen	x	x	x	x	x	x	x	x	x	x	x	x	usw		
Scheibenwischblätter auf Beschädigung und Ruhestellung prüfen				x				x				x	usw		
Unterbodenschutz und -verkleidungen prüfen				x				x				x	usw		
Sichtprüfung aller Bauteile (von unten / Motorraum / Türen / Deckel)				x				x				x	usw		
Scheinwerfereinstellung prüfen	x	x	x	x	x	x	x	x	x	x	x	x	usw		
Sicherheitsgurte und Schlösser prüfen		x		x		x		x		x		x	usw		
Pollenfilter erneuern		x		x		x		x		x		x	usw		
Warndreieck / Warnweste vorhanden		x		x		x		x		x		x	usw		
Erste-Hilfe-Ausrüstung Verfallsdatum / Vollständigkeit prüfen		x		x		x		x		x		x	usw		
Hauptuntersuchung / Abgasuntersuchung Fälligkeit prüfen	x	x	x	x	x	x	x	x	x	x	x	x	usw		
Probefahrt / Endkontrolle durchführen	x	x	x	x	x	x	x	x	x	x	x	x	usw		
Allgemeines															
Fahrzeug auf nötige Änderungs-/ Rückrufe prüfen	x	x	x	x	x	x	x	x	x	x	x		usw		
Service Intervall Anzeige zurücksetzen	x	x	x	x	x	x	x	x	x	x	x	x	usw		
Kundendienst schriftlich festhalten	x	x	x	x	x	x	x	x	x	x	x	x	usw		
Longlife Service	alle markierten Positionen abarbeiten														
Longlife Service Inspektion	Gesamten Wartungsplan abarbeiten, einschließlich der markierten Service Positionen														

Technische Daten – Praxis

Datenblätter nach Motor und Aufbau

Motordaten

	1,6 l	1,4 l TFSI	1,8 l TFSI	2,0 l TFSI
Leistung	75 kW (102 PS)	92 kW (125 PS)	118 kW (160 PS)	147 kW (200 PS)
Größtes Drehmoment 1/min.	148 Nm/3800 1/min.	200 Nm/1500-4000 1/min.	250 Nm/1500-4500 1/min.	280 Nm/1700-5000
Anzahl der Zylinder	R4	R4	R4	R4
Hubraum	1595 cm³	1390 cm³	1798 cm³	1984 cm³
Kraftstoff	Super ROZ 95 *	Super ROZ 95 *	Super ROZ 95 *	Super ROZ 95 *

*ROZ 91 kann zu geringfügigem Leistungsverlust, leichtem Mehrverbrauch und eventuell einem lauteren Motorgeräusch führen. Der Einsatz des Kraftstoffes wird durch die Klopfregelung des Motors erkannt und die erforderlichen Korrekturen werden selbsttätig durchgeführt.

Fahrleistung

	1,6 l	1,4 l TFSI	1,8 l TFSI	2,0 l TFSI
Höchstgeschwindigkeit 238 km/h A3 + A3 Sportback		185 km/h	203 km/h	222 km/h
Höchstgeschwindigkeit A3 Cabrio	183 km/h	--	218 km/h	231 km/h
Beschleunigung von 0-100 km/h A3	11,8 Sekunden	9,4 Sekunden	7,6 Sekunden	7,0 Sekunden
Beschleunigung von 0-100 km/h A3 Sportback	12,1 Sekunden	9,6 Sekunden	7,8 Sekunden	7,1 Sekunden
Beschleunigung von 0-100 km/h A3 Cabrio	12,5 Sekunden	--	8,2 Sekunden	7,4 Sekunden

Kraftstoffverbrauch

	1,6 l	1,4 l TFSI	1,8 l TFSI	2,0 l TFSI
Verbrauch innerorts	9,5 l	8,0 l	9,1 l	9,8 l
Verbrauch außerorts	5,3 l	4,8 l	5,3 l	5,5 l
Verbrauch kombiniert	6,8 l	6,0 l	6,7 l	7,1 l
CO2-Emission	162 g/km	139 g/km	155 g/km	164 g/km

Gewichte und Lasten

	1,6 l	1,4 l TFSI	1,8 l TFSI	2,0 l TFSI
Leergewicht A3	1185 kg	1245 kg	1280 kg	1295 kg
Zulässiges Gesamtgewicht A3	1745 kg	1805 kg	1840 kg	1855 kg
Leergewicht 1370 kg	A3 Sportback	1225 kg	1285 kg	1320 kg
Zulässiges Gesamtgewicht A3 Sportback	1785 kg	1845 kg	1880 kg	1930 kg
Leergewicht A3 Cabrio	1330 kg	--	1425 kg	1435 kg

Zulässiges Gesamtgewicht A3 Cabrio	1830 kg	--	1925 kg	1935 kg
Zulässiges Dachlast A3+ A3 Sportback	75 kg	75 kg	75 kg	75 kg
Zulässiges Dachlast A3 Cabrio	--	--	--	--
Zulässiges Stützlast A3+A3 Sportback+Cabrio	75 kg	75 kg	75 kg	75 kg
Anhängelast gebremst bis 12% Steigung A3	1200 kg *	1200 kg *	1400 kg *	1500 kg *
Anhängelast gebremst bis 12% Steigung A3 Sportback	1200 kg *	1200 kg *	1400 kg *	1400 kg *
Anhängelast gebremst bis 12% Steigung A3 Cabrio	1200 kg *	--	1400 kg *	1400 kg *
Anhängelast ungebremst A3	630 kg	660 kg	670 kg	680 kg
Anhängelast ungebremst A3 Sportback	650 kg	680 kg	690 kg	740 kg
Anhängelast ungebremst A3 Cabrio	700 kg	750 kg	750 kg	750 kg

* Beim Eintrag der Anhängekupplung kann auch eine Anhängelast bis zu einer Steigung von 8% angenommen werden. Für den A3 2,0 TFSI ergibt sich dann eine Anhängelast von bis zu 1800 kg.

Motordaten

	3,2 l	**1,9 l TDI**	**2,0 l TDI**	**2,0 l TDI**
Leistung	184 kW (250 PS)	77 kW (105 PS)	103 kW (140 PS)	125 kW (170 PS)
Größtes Drehmoment	320 Nm/2500-3000 1/min.	250 Nm/1900 1/min.	320 Nm/1750-2500 1/min.	350 Nm/1750-2500 1/min.
Anzahl der Zylinder	V6	R4	R4	R4
Hubraum	3189 cm³	1896 cm³	1968 cm³	1968 cm³
Kraftstoff	Super ROZ 98 *	Diesel EN 590	Diesel EN 590	Diesel EN 590

*ROZ 95 kann zu geringfügigem Leistungsverlust, leichtem Mehrverbrauch und eventuell einem lauteren Motorgeräusch führen. Der Einsatz des Kraftstoffes wird durch die Klopfregelung des Motors erkannt und die erforderlichen Korrekturen werden selbsttätig durchgeführt.

Fahrleistung

	3,2 l	**1,9 l TDI**	**2,0 l TDI**	**2,0 l TDI**
Höchstgeschwindigkeit A3 + A3 Sportback	250 km/h	187 km/h	207 km/h	224 km/h
Höchstgeschwindigkeit A3 Cabrio	--	185 km/h	205 km/h	--
Beschleunigung von 0-100 km/h A3	6,1 Sekunden	11,4 Sekunden	9,4 Sekunden	9,3 Sekunden

Beschleunigung von 0-100 km/h A3 Sportback	6,2 Sekunden	11,7 Sekunden	9,6 Sekunden	9,5 Sekunden
Beschleunigung von 0-100 km/h A3 Cabrio	--	12,2 Sekunden	9,7 Sekunden	--

Kraftstoffverbrauch

	3,2 l	**1,9 l TDI**	**2,0 l TDI**	**2,0 l TDI**
Verbrauch innerorts	13,0 l	6 l	6,6 l	6,9 l
Verbrauch außerorts	7,3 l	3,9 l	4,3 l	4,2 l
Verbrauch kombiniert	9,4 l	4,7 l	5,1 l	5,2 l
CO2-Emission	224 g/km	124 g/km	134 g/km	139 g/km

Gewichte und Lasten

	3,2 l	**1,9 l TDI**	**2,0 l TDI**	**2,0 l TDI**
Leergewicht A3	1510 kg	1280 kg	1320 kg	1420 kg
Zulässiges Gesamtgewicht A3	2070 kg	1840 kg	1880 kg	1980 kg
Leergewicht A3 Sportback	1550 kg	1320 kg	1360 kg	1465 kg
Zulässiges Gesamtgewicht A3 Sportback	2110 kg	1880 kg	1920 kg	2025 kg
Leergewicht A3 Cabrio	--	1425 kg	1475 kg	--
Zulässiges Gesamtgewicht A3 Cabrio	--	1925 kg	1975 kg	--
Zulässiges Dachlast A3+ A3 Sportback	75 kg	75 kg	75 kg	75 kg
Zulässiges Dachlast A3 Cabrio	--	--	--	--
Zulässiges Stützlast A3+A3 Sportback+Cabrio	75 kg	75 kg	75 kg	75 kg
Anhängelast gebremst bis 12% Steigung A3	1600 kg *	1200 kg *	1400 kg *	1500 kg *
Anhängelast gebremst bis 12% Steigung A3 Sportback	1600 kg *	1400 kg *	1400 kg *	1600 kg *
Anhängelast gebremst bis 12% Steigung A3 Cabrio	--	1400 kg *	1400 kg *	--
Anhängelast ungebremst A3	750 kg	670 kg	690 kg	690 kg
Anhängelast ungebremst A3 Sportback	750 kg	710 kg	710 kg	750 kg
Anhängelast ungebremst A3 Cabrio	--	750 kg	750 kg	--

* Beim Eintrag der Anhängekupplung kann auch eine Anhängelast bis zu einer Steigung von 8% angenommen werden. Für den A3 2,0 TDI mit 103 kW ergibt sich dann eine Anhängelast von bis zu 1800 kg.

Zeitfracht Medien GmbH
Ferdinand-Jühlke-Straße 7
99095 Erfurt, Deutschland
produktsicherheit@kolibri360.de